水利发展战略规划理论应用与实践

SHUILI FAZHAN ZHANLÜE GUIHUA
LILUN YINGYONG YU SHIJIAN

庞进武　高占义　于理扬　编著

中国水利水电出版社
www.waterpub.com.cn
· 北京 ·

内 容 提 要

本书全面、系统地阐述了水利发展战略规划的概念、意义、影响、相关理论和工作实践方法。全书共12章，主要内容为：概述，水利规划特点与工作方法分类，水利发展战略规划基础，水利发展战略规划编制准备工作，规划基础信息数据调查、收集和评估，发展战略规划基本理论和分析模型，水利发展战略规划的主要研究内容，规划项目和投资规模的确定，规划报告的编制，规划的实施和管理，规划的监测与评估，水利发展的阶段性特征与规划创新等。附录节选了我国"八五"至"十三五"全国水利发展规划的重要内容，便于水利规划工作人员和相关研究人员学习、分析和比较。

全书内容翔实，文字平实，可供各级水利发展战略规划编制工作者使用，也可供相关管理和研究人员参考，还可供高校水利专业师生使用。

图书在版编目（CIP）数据

水利发展战略规划理论应用与实践 / 庞进武，高占义，于理扬编著. -- 北京 ：中国水利水电出版社，2022.10
ISBN 978-7-5226-0694-1

Ⅰ. ①水… Ⅱ. ①庞… ②高… ③于… Ⅲ. ①水利规划一发展战略一研究一中国 Ⅳ. ①TV212.1

中国版本图书馆CIP数据核字(2022)第082081号

书　　名	**水利发展战略规划理论应用与实践** SHUILI FAZHAN ZHANLÜE GUIHUA LILUN YINGYONG YU SHIJIAN
作　　者	庞进武　高占义　于理扬　编著
出版发行	中国水利水电出版社 （北京市海淀区玉渊潭南路1号D座　100038） 网址：www. waterpub. com. cn E-mail：sales@mwr. gov. cn 电话：(010) 68545888（营销中心）
经　　售	北京科水图书销售有限公司 电话：(010) 68545874、63202643 全国各地新华书店和相关出版物销售网点
排　　版	中国水利水电出版社微机排版中心
印　　刷	清淞永业（天津）印刷有限公司
规　　格	170mm×240mm　16开本　25.75印张　420千字
版　　次	2022年10月第1版　2022年10月第1次印刷
印　　数	0001—2000册
定　　价	**128.00**元

前言

水利发展战略规划工作的特殊性表现在：既涉及国家和地方经济社会、生态环境发展大局，又涉及不同发展阶段和一定的治理标准下，流域综合治理和统一管理的总体要求，还涉及与之相关行业的发展。在规划执行过程中，如果受到社会经济发展、自然灾害等因素的影响，规划目标与要求可能需要作出较大的调整。因此，制定一个合理、实事求是的水利发展战略规划，对于各级政府和相关行业制定发展战略规划具有重大意义和影响。

在流域综合规划编制完成后，如何一步步有计划地开展江河治理，一个重要的工作内容是：经过统筹协调研究，制定水利发展战略规划，以保证能够根据各个地方不同情况和不同发展阶段存在的突出水问题，按照“轻重缓急”的要求有序开展相关流域治理工作，有重点地安排各类水利建设项目，提出相应的水管理政策、措施，以实现流域综合规划提出的治理目标。

根据国家经济社会生态发展战略规划安排，在各地方提出区域经济、社会和生态环境发展要求后，水利发展要与国家、地方的发展同步或适度超前。制定水利发展战略规划，可为实现全面协调和可持续的区域发展提供支持，以保证国家、地方经济社会及生态环境的良性发展，并与流域治理保护要求相协调。

由于我国各地经济、社会和生态发展不平衡，各地区的水资源也呈现不同的特点，所以对于不同地区，需要制定有地方特点并与当地发展水平相协调的水利发展战略规划，使得在有限的投资规模条件下，流域的上下游、左右岸治理协调，各地方、各行业部门水资源高效利用，水生态环境保护和水工程管理有效，实现水利投资效益的最大化。

另外，各地在水的治理、开发、利用、保护和监管工作中，受到当地经济社会的发展阶段、人文环境、历史变迁以及自然条件的影响，在不同的技术水平和管理条件下，地方水利发展的重点和目的也有所不同，所以在流域综合规划和各水利建设项目之间、在水利和经济社会发展及生态环境保护之间，需要一个经过全面协调研究的水利发展战略规划来统筹衔接各个方面的发展要求，实现通盘考虑、突出重点、统筹兼顾、量力而行的目的，指导治水、用水、保护水向着正确的方向发展。

在当前国家经济社会快速发展、生态环境保护要求越来越高的情况下，就要不断适应新情况、新要求，综合考虑发展对水的要求，研究流域内和流域之间不同的发展水平，制定在一个发展时期内既能满足各种公益性要求，又能够保证水利经济效益和良性发展的水利发展战略规划安排，合理、有效、持续地发挥各类水利工程的基础作用，更好地防治水旱灾害，开发、利用、保护、监管好水资源，与各行业目标发展的要求相协调。

在水利发展战略规划实施期间，新发生的水旱灾害、经济形势的变化、新的发展思维、外界实施条件变化等因素都可能导致规划目标无法按期全面完成，所以在实施过程中，还需要对规划进行科学的修订和调整。

在以往的水利发展战略规划编制工作过程中，通常考虑流域治理中存在的问题，研究水利建设项目的安排，往往是以争取投资、保障一个时期内水利建设投资规模为重点，对水利项目落实前期工作的情况考虑不够，对各项规划的衔接考虑不够，综合地考虑国家和地方发展战略规划布局对水利建设的要求不足。在制定各级水利发展战略规划的具体工作中，由于缺乏统一的工作要求，规划人员通常按照上一级领导的要求开展工作，所以各地方、各层次的水利发展战略规划工作深度不统一、工作条件不统一，各方意见不够协调统一，有针对性、分阶段地解决水利问题的规划目标不够明确，导致规划实施结果往往与规划制定的目标要求有较大的差距。

本书作者从事水利规划相关工作30多年，参与了全国水利“八五”计划修编工作，组织开展了全国水利“九五”“十五”和“十一五”水利发展规划工作，参与了“十二五”“十三五”水利发展规划的审查咨询工作，组织完成了第一次全国水利普查工作，对全国水利发展的基础条件有较深入的了解。作者还曾实地考察调研了国内外多个河流治理开发利用与保护工程案例，研究了国内外发展战略规划的理论与方法。结合水利规划工作实际，作者深感水利发展战略规划的重要性和必要性，也深感目前国内水利发展战略规划编制工作水平需进一步提高，工作方法有待改进，因此，结合多年规划工作的经验和教训，并总结考察调研和相关研究成果编写了这本书。

本书第一章简要介绍了发展战略规划和水利发展战略规划的定义、工作要求等内容；第二章主要讨论了水利规划工作特点、工作方法以及各类规划之间的关系；第三章主要阐述了水利发展战略规划工作基本要求和过程、应产生的效益、工作机构组建、工作经费构成、工作中常见的问题等；第四章主要阐述了开展水利发展战略规划的准备工作；第五章主要介绍了规划基础数据、信息的调查收集方法和评估要求；第六章介绍了发展战略规划基本理论和分析模型；第七章阐述了水利发展战略规划需要研究的主要工作内容；第八章提出了分析确定规划项目的优化方法和安排原则，并介绍了确定投资规模的方法；第九章阐述了规划报告如何编制；第十章介绍了规划实施和管理工作的要求和内容；第十一章介绍了规划监测与评估的原理、方法和工作内容；第十二章重点分析了我国水利发展的阶段性特征和水利投资规模，对比分析了中外水利发展情况，并提出规划工作创新展望。

附录节选了我国“八五”至“十三五”全国水利发展规划可以公开的重要内容，以便水利规划工作人员及相关研究人员进行系统全面的学习和对比研究分析。

本书力图为水利发展战略规划从业人员提供系统的知识和工作方法，指导水利规划人员开展全面的经济、社会、生态环境与水利协调发展的分析研究工作，从而保障规划成果科学合理、要求明确、切实可行。作者希望本书的出版，能够对提高各级水利发展战略规划的工作水平和成果质量有所帮助；能够对水利发展战略规划工作人员开阔工作思路，对水利专业学生全面了解和认识水利规划工作，有所帮助。

本书在编写过程中，参考了国内外经济发展战略规划相关文献及吴维海所著的《全流程规划》中有关规划理论与方法的论述等内容，分享了于理扬在国外从事经济发展数据分析工作的经验和学习成果，得到了夏军院士、杨小柳教授、周怀东教授、张祥伟教授的鼓励和指导，还得到了戴玮博士、陈皓锐博士以及中国水利水电出版传媒集团副总经理王丽、中国水利水电出版社编辑杨薇的大力支持和帮助，在此表示衷心的感谢！

由于作者的学术水平、理论分析能力有限，书中难免存在不足之处，请读者给予批评指正。

作者

2021 年 10 月

目录

第一章

概　述

第一节　什么是发展战略规划

发展是事物从发生开始的每一个进步变化的过程，是事物的不断更新，是指一种连续不断地变化过程，既有量的变化又有质的变化，是由小到大、由简单到复杂、由低级到高级的变化，是由旧物质到新物质的运动变化过程。

如何在这样的变化中顺应变化，分析各种变化规律，分析各种变化因素，提前研判问题，使发展向好的结果方向发展和可能取得最好效益，这就需要进行战略规划。

为此，首先需要理解战略和规划的含义。

一、战略的定义

人类首先有了战争，才有战争谋划和战略概念。“战略”一词最早产生于军事，即“战争之谋划”或“为将之道”，指的是指导战争全局取得胜利的计划和策略。

战略也可称之为能够做成事的谋略，是泛指对全局性、高层次的重大问题的筹划和指导。

随着科学技术的发展、战争形态的变革和人类社会的进步，战略的概念不仅在军事领域发展更新，而且在更广阔的范围得到了拓展，形成了各种不同的战略体系结构。现代的“战略”是“关于宏观和长远的谋划”，是“怎样运用力量达到根本目标的科学和艺术”。

有学者把中国古代战略思想概括为13个字，即“胜、力、利、道、形、势、柔、知、专、度、奇、变、致”，并深刻阐述了它们之间的内在关系：

“胜”是战略追求的目标；

“力”是实现战略目标的基本条件和手段，是战略的物质基础；

“利”是力量运用的根本动因，是战略制定的根本依据和出发点，也是战略之归宿；

“道”是力量运用所遵循的道义准则和规律；

“利”和“道”是决定力量运用的内在因素，是力量运用的基本战略依据；

“形”是力量的外在表现；

“势”是指力量综合借助外在条件发生最佳作用时的一种外在形态，是最能展示战略艺术的基本着眼点；

“柔”是在综合上述与力量相关诸要素的基础上形成的战略理念，是力量运用的核心战略思想，也是几千年来中国战略的重要指导原则；

“知”强调对双方力量的信息获取和正确思维；

“专”强调集中力量；

“度”强调力量的平衡与作用时机；

“奇”强调出其不意作用力量；

“变”强调力量在时空中灵活组合；

“致”强调战略对抗的主动权和基本对抗方式以及运用力量的作用点。

二、规划的定义

规划的基本意义由“规”（法则、章程、标准、谋划，即战略层面）和“划”（合算、刻画，即战术层面）两部分组成，“规”是起，“划”是落，从时间尺度来说侧重于长远，从内容角度来说侧重战略层面，重指导性或原则性。

规划，规者，有法度也；划者，戈也，分开之意。规划是指有计划地去完成某一任务而作出比较全面的长远打算，是计划的一个种类。规划与计划基本相似，不同之处在于：规划具有长远性、全局性、战略性、方向性、概括性和鼓动性，是确定总体目标后的行动计划。

规划具有综合性、系统性、时间性、强制性等特点。

规划是融合多要素、综合多人士看法的某一特定领域的发展愿景，是比较全面的、长远的发展计划，是对未来整体性、长期性、基本性问题进行思考、考量后，设计的未来行动方案。

从时间上看，实现规划目标要求需要分阶段完成，由此可以使规划实施过程中的行动更加清晰，更具可行性和可控性。通过对规划执行过程中获得的各类数据进行精确分析，可以使实现规划目标的成本更为合理。

从空间上看，规划讲究空间布局的合理性：一方面，特定领域的规划应与土地开发规划、城市发展规划和区域发展规划协调统一；另一方面，局部规划、区域规划、国家规划势必重叠，但应相互包容。

制定合理的规划应当根据所要规划的内容，经收集、整理、分析，得到规划所需要的有效、准确、翔实的信息和数据，并以其为基础进行定性预测和定量预测，然后依据预测结果制定目标和行动方案。所制定的规划方案应符合相关技术及标准，更应充分考虑实际情况和预期投入。

规划用于指导实际行动，因此，规划目标必须具备确定性、专一性、合理性、有效性和可行性；行动方案应当充分考虑实际行动中可能发生的各种情况，以及可能产生的不良后果或不利影响，并提出具体应对或预防措施，以降低规划实施风险。

三、发展战略规划的定义和基本工作要求

对于负责组织发展工作的机构来说，为了使一个区域、一个行业能够取得各个方面的协调发展，制定发展战略规划尤为重要。因为发展战略规划是工作平台和实施依据。

发展战略规划工作既要制定长期目标，还要将规划内容付诸实施，它是一个全方位的工作过程，包括三个基本要素，即方向和目标、计划和指标、约束和政策。

制定发展战略规划应从全局视角，从更广泛的范围考虑各类规划

的内在联系，以使发展战略规划具有宽阔的视野和超前性。

发展战略规划是分层次的规划，可以从满足一个局部、一个区域、一个流域或者一个国家的发展需要的角度出发，制定不同层次的发展战略规划。但不同层次的发展战略规划之间应该是相互关联的，下一级发展战略规划应当落实上一级发展战略规划的目标和要求。

在大多数情况下，各个行业都有本行业的发展规划和实施计划，制定发展战略规划时，首先应利用各类信息平台进行分析，在此基础上，针对各专项规划进行综合研究，然后协调各专项规划，或者替代专项规划，建立起发展战略规划的总体目标要求。

制定一个领域的发展战略规划，其工作重点在于：必须研究该领域的发展变化情况，分析领域内各个方面的现状、存在的问题和各类规划项目，要有相应的工具、方法和可操作的措施，跟踪发展变化的过程，通过对各个方面的发展机遇的研究，分析各个项目的约束条件和要求，进行各项目计划安排。规划决策是否建设某个建设项目，既取决于未来发展需求，也有赖于该建设项目预期效益实现的可行性分析。

四、发展战略规划的综合协调工作

发展战略规划的综合协调工作应满足以下基本要求：①小范围的地域规划必须服从大范围的区域规划原则，而大范围的区域规划应当包容小范围地域规划的特点，并协调好各小范围地域规划之间的矛盾；②国家各个行业的发展规划必须根据国家总体发展战略规划的要求，做好本行业的发展定位，并按照自身的定位要求和行业之间的联系，在服从国家发展战略规划总体安排的基础上，做好本行业规划项目的轻重缓急排序，并协调好相关各行业发展战略规划之间可能存在的矛盾。

一般地，经综合协调的发展战略规划具有以下特性：

（1）兼容性。兼容了相关各个方面的要求。

（2）可行性。提出了规划成功实现的优势和制约条件。

（3）可实施性。提出的发展重要举措可以落实，相应的资源条件可以保障。

(4) 可调整性。能够应对发展过程中的各种突发变化情况，可以进行方向、目标、措施等的及时调整，以保持向前发展的态势。

(5) 创新性。针对规划实施过程中出现的各种新的发展机遇，能够适应和融入新的发展趋势。

五、发展战略规划的特点

发展战略规划将引导战略和行动，包含了建立一个长系列的最终目标和分步目标，重点要在需求和可能的计划分析基础上，建立起根本性、引导性的实际操作指南，建立起实现近期目标和远期目标之间的相互联系。

发展战略规划需要明确主要的总体目标，以及在发展过程中需要解决的主要矛盾，不能因为一个具体的区域或者行业的发展，而对社会、经济和生态环境的平衡发展产生不利的影响。

发展战略规划要在深入分析研究各类发展项目和措施后才能实施。一个行业的发展战略规划将可能引起社会其他各方面产生连锁的发展效益。有些行业发展战略规划实施后，并没有自身的效益，但会对社会、经济和生态环境全局的发展产生巨大的正面效应，并将对今后一段时期内的全面发展产生有力的促进作用。

发展战略规划在实施过程中，应当随着一个区域的发展变化，针对出现的突出问题而做出调整，还须在不同发展阶段，根据当地的实际情况，提出有特点的具体措施。有时候，发展战略规划的调整，是无条件的，是必须执行的。

为适应新的发展变化情况，发展战略规划要提出具体的调整措施，要有在短时期内解决突出问题（如发生经济危机、突发重大灾难、经济社会产生爆发式增长或下降等）的有力应对预案；要与发展要求相适应，留有调整的空间；要有控制工程建设风险的方案，以减少因为发展而带来的负面影响；要在生态环境保护、历史文化遗产传承能够保证的前提下，更新和开发现有的设施，形成健康的发展势态。

发展战略规划能否产生经济效益和社会效益，应当在对规划提出的各个项目进行财务分析的基础上，经计算并分析其可行性，然后得出结论。

第二节 什么是水利发展战略规划

水利发展战略规划具有显著的公益性特点，是在一个特定的发展时期（如5～10年）内，满足国家、流域（区域）内经济社会发展、生态环境保护对水的要求的发展战略规划。水利发展战略规划是水利规划的组成部分，与流域综合规划、水利专业（专项）发展规划、水利工程规划紧密衔接。

一、水利发展战略

在一个流域或一个区域范围内，通过科学的分析，不断地提高防洪标准的过程，不断地提高对水资源的有效利用、节约和保护的过程，不断地维护和改善水生态环境的过程，也就是水利的发展过程。但是，在这个发展过程中，由于各个地方情况不同、对水的要求不同，发展阶段和需要解决的问题不同，水利发展的战略和重点也就有所不同。

一个时期内的水利发展战略是：在深入了解一个流域、一个区域的自然地理条件、水的循环过程和水旱灾害的特点规律的基础上，根据国家、流域和地方发展对水的需求，针对一个时期的社会经济发展状况、自然生态环境保护的要求，对除水害兴水利的政策、建设、管理措施提出具有全局性影响的策略和总体布局。

这些策略必须要考虑到开发利用水资源和减少水旱灾害的各种措施可能带来的各种不利影响，并在消除不利影响后，用最小的代价而取得最大的效益。这就需要根据现状，明确一个时期内水利发展的目标和重点，明确在一个发展阶段中，水利现有的强项、弱项，以及发展的机遇、挑战及存在的风险。

二、水利发展战略规划

水利发展战略规划是一个工作过程，即用科学系统的方法，分析相应的政治、经济和社会历史影响，分析江河已有工程和管理措施，分析各类项目和措施对实现发展目标的影响，分析规划可能实现的效益和投入成本，分析规划可能产生的不利影响因素和影响范围以及去除不利影响的成本，然后按照轻重缓急确定具体的实施项目，有明确的实现战略目标的路线图、计划和工作要求，以保证取得水利发展全局效益最大化，保证水利行业和经济社会稳定有序地发展。

水利发展战略规划成果具有以下特点：

（1）一致性。水利发展战略规划必须与国家和地方在一个发展阶段的经济社会发展、生态环境保护目标相匹配，与国家和地方的政策导向保持一致，与流域综合规划目标保持一致，能够实现流域综合规划提出的阶段性治理目标。

（2）服从性。水利发展战略规划应根据流域和地方特点以及地方水利的基础条件等来制定，并服从区域发展的大局。下一级水利发展战略规划应当服从上一级规划的相关要求，并应提出落实上一级规划的具体方案。水利各个专业的发展（专项）规划，应根据投入条件，突出重点，服从水利发展战略规划的总体协调安排，以解决一个发展时期内存在的主要水问题。

（3）时效性。水利发展战略规划与流域综合规划相比，实施周期较短，以确定和实现水利发展阶段性目标为重点，规划要求落实的各项措施更为具体明确，具有一定的计划安排特点。水利发展战略规划明确的建设项目和措施，应实事求是，按照轻重缓急的原则，在规定的时间内安排完成。

（4）阶段性。水利发展战略规划能否在一个不长的发展时期内（一般为5～10年）实现规划目标，对最终能否实现流域综合规划目标有较大的影响，所以，水利发展战略规划目标被认为是实现流域综合规划目标的阶段性目标。

三、水利发展战略规划基本工作要求

水利发展战略规划基本工作要求有以下五点：

(1) 要贯彻国家在一个时期内的经济社会发展战略规划安排，并将国家发展战略规划任务及要求具体分解落实到水利行业内；要协调好水利规划与相关行业规划的关系，使水利发展对经济社会的全面发展、各个行业的发展和生态环境保护形成有力支撑。

(2) 要持之以恒地按照流域综合利用规划和区域水利规划提出的目标和要求，明确在不同地区、不同发展阶段下，需要解决的主要水问题，逐步实现流域综合治理规划目标。

(3) 要统筹考虑经济社会发展的各种需求，从宏观上说明以下问题：①水利发展对社会经济全局发展的影响程度；②水利对其他行业发展的促进和制约作用；③水利对解决经济社会发展、生态环境改善和区域发展不平衡问题是否有推动作用；④与经济社会发展要求相比，水利发展是否达到了同步发展水平，是超前还是滞后。

(4) 要说明在不同地区的水利发展规划项目安排上，是否符合当地的实际情况，是否根据当地存在的突出水问题而有所侧重，采取了“有保有压”的措施；是否在减少洪水及内涝灾害同时，为保护生态环境留有空间。

(5) 要说明发生自然灾害时，能否及时调整水利发展战略安排，以及调整后能否减少对经济社会发展的不利影响。在系统分析现有的社会矛盾和问题的基础上，还要说明能否通过水利建设和管理措施，解决或减少流域上下游、左右岸的水事矛盾，并避免新的水事纠纷产生。

四、制定与实施水利发展战略规划的原则

制定和实施水利发展战略规划应遵循以下原则：

(1) 以人为本，减少生命财产损失，为未来发展提供空间，保证人的生存环境的改善。

(2) 根据当前的经济发展水平、人们的生活水平、可安排水利发展的财力，对全社会发展中存在的水问题进行全面分析，提出解决水问题的措施和政策，研究是否会对可持续发展产生不利影响。

(3) 统筹兼顾，不过度强调提高防洪减灾标准和水资源的开发利用，而产生不利的生态环境问题；不过度强调一个方面的水要求，而影响区域的水资源优化配置；在有限的财力条件下，在一个区域范围内，不因集中建设水利工程而使得区域之间水利发展差异过大，发展不平衡。

(4) 在一个发展时期内，寻求建立确保公共财政对水利的合理投入机制，以应对气候等变化，保证社会公平协调发展；在水资源时空分布不均的极端气候条件下，能够达到减少洪水灾害损失，保证区域内有应急的供水能力的目的。并且，可以按照用水的重要性有序配置水资源。

(5) 在全社会总体财力有限的情况下，水利发展也要有“度”的概念，强调发展的重点，明确地方用水的限制和底线，避免因水利工程建设而产生集中的工程移民等问题，形成社会不稳定因素。当地方对生活水平质量提升、保护历史文化遗产、生态环境有明确要求时，有一定的、可调控的生态环境用水空间，不会引发不利的生态环境变化和不可逆的环境危害。

(6) 为水利发展实施过程中的各个项目打下好的规划工作基础。明确在利用当地各类资源的条件下，哪些计划实施的项目可以完成，哪些项目还需要协调内外制约因素（如生态环境、土地利用条件、工程技术支撑条件、前期工作条件、移民搬迁落实和相关社会稳定措施等）。要说明哪些项目计划在实施后，可以为地方带来更大的发展效益，产生新的发展机遇。应当避免在一个时期内各类水利发展目标混在一起，因为人为因素而分不清主次和轻重缓急，以致规划实施后未能解决实际问题。

(7) 对已制定的规划，要有明确的政策、保障措施使之得以落实，确保有人、有机构专门负责实施过程中的各项具体工作。

(8) 其他涉及水的各专业（专项）发展战略规划应符合并满足水

利发展战略规划的总体工作安排和成果要求，作为水利发展战略规划在某一个方面的具体细化落实内容，应当说明其编制的必要性和规划成果实施的可行性。各专业（专项）发展战略规划应避免存在相互制约的矛盾。

总之，水利发展战略规划是基于经济社会发展和生态环境保护要求，在分析了整个水利行业发展所处的机遇和发展需求并协调了其他行业和各级地方的要求后编制的。它既要考虑国民经济和社会发展的各项发展规划目标要求，对水利发展的制约因素和发展潜力进行综合评估研究，分析未来发展对水利的有利影响和不利影响，也要考虑水利发展各个专业的目标要求和发展规划，是一个综合考虑水利行业内外各方利益要求、经各方协商取得一致意见的可操作的发展解决方案。它将水利行业内外各方的利益融合在一起，使各方相互理解、相互包容、协调共进，在发展理念上达成共识，在规划实施过程中各司其职，实现总体发展效益。因此，如果对水利发展战略规划的基本要求、需要考虑的问题把握准确，如果提出的发展总体布局、解决水问题的阶段性目标、分步实施措施和保障要求确实可行，规划成果切合实际，各方就可以以之为指导，责任到位地组织实施，如果落实到位，必将对地方经济社会发展产生积极、重要的影响。否则，编制的水利发展战略规划将可能被“束之高阁”，成为不可操作的一堆文件。

第二章

水利规划特点与工作方法分类

第一节　水利规划工作发展过程分析

在原始社会，人类敬畏自然，常逐水而居，因水而兴，也因水而亡。由于人口密度不高，生产力水平低下，人们对取、用、排水的要求不高，取用的水资源在水资源总量中所占比例是微不足道的。当因水资源干涸而难以生存时，人们就会迁徙寻找新的水源。由于财产有限，洪水灾害损失并不突出，人类与大自然和谐共生。

人类在水资源充分的地方长时间生活，当地的生产力和社会就会逐步发展起来。随着农耕社会的发展，人类大规模地开垦土地，引水灌溉，取用水量逐渐加大，对水的自然循环过程和河流水量变化逐渐产生影响。在经济社会财富积累较少时，生产力有限，人们没有能力去建设大型水利工程，达到调蓄水量、增加水源、减少灾害的目的。在水资源缺乏的地方，由于用水条件变化，而产生了对获得用水的争斗，以致发生战争。

当人类经济社会和生产力得到了足够的发展，人类对自然资源的开发索取的能力增强，对水的需求也不断增加。但是，由于客观的自然条件限制，在干旱时期，水资源难以满足人们饮用、灌溉和生产等用水需求，而在洪水多发的时期，洪水则可能将人们在一个区域内积累的财富一扫而空。

在一个区域内，人们为了达到生存发展的目的，必然会利用生产工具不断地向大自然索取，例如在河道湖泊围垦、开荒种植。虽然一时满足了人口增加、生产力提升对水土资源的需求，但却挤占了水的调蓄空间，导致林木草植被破坏后难以涵养水源，地下水被抽取后土壤条件发生改变，致使人类自身发展受到限制，生存环境恶化，加大了因水而产生的矛盾，甚至引发更大的干旱和洪涝问题。人类因此逐步认识到自己的发展方式存在问题。

随着人类科学技术水平的逐步提高、对水的自然循环规律认识的加深，人类开始大规模地兴修水利工程，以便更有效地利用水和应对干旱、洪涝灾害。人类从自然条件为我所用的目的出发，利用当地的河流，修建蓄水、引水和防洪工程。在水利工程建设取得成功的地方，形成了一定的防洪减灾能力、增加了水资源利用量，当地社会得到快速发展，成为文明兴旺之地，孕育了灿烂的历史文化，如中华文明、两河文明、尼罗河文明等。所以说，水利工程是人类文明进步的标志。

当人类社会经济、科学技术进入快速发展时期，人类对水的自然规律有了比较深刻的认识，对水资源的利用能力和防洪减灾的能力都有了大幅度的提高，在一个流域或一个区域内，随着居住条件改善、工业化发展和城镇化水平提高，人们对水的开发利用的需求进一步加大。为了增加粮食产量，人类大规模地开发土地，发展农业灌溉，大大地增加了灌溉水的用量；在城镇面积扩大后，为了满足用水方便、交通便利的需求，人类利用江河湖岸岸线，侵占河道，束窄了行洪断面，增加了洪水威胁；为了发展工业和城镇供水，人类增加了引水水量，然而工业废水和生活污水未经处理便排入河湖，造成水体污染，形成了一种恶性用水循环。经济社会发展对水的自然循环过程的影响越来越大。

随着现代经济社会的快速发展，人类对水的开发利用有所过度，由此带来了一系列问题，并影响到人类自身的生存环境。由于各地经济社会发展不平衡，水利规划工作需要考虑各地方对水的利用程度的差异，必须在科学分析的基础上，从更大的区域范围着眼来研究解决水的问题，还须吸取以往的经验和教训，节约用水，保护好水生态环境。水利规划工作必须全面科学地研究分析各类水利工程建设的利与弊，以求在适当的投资建设条件下，形成相对完整的水利工程体系，取得最大的全局效益。水利规划是一项需要长时期实施的系统工作，需要开展全面综合的分析研究工作。它涉及多个学科，须协调多个部门共同开展系统性的工作。水利规划工作的目的是为促进未来经济社会和生态环境健康发展构建良好的水利条件。

综上所述，从经济社会发展历史看，在不同经济社会发展阶段，随着科学技术水平和人类生活水平的提高，人类对水的需求是不同的。水利规划工作是在研究分析人类经济社会发展和生态发展需求以及大自然可能提供的水资源条件后，从单一的治理和利用水的目标要求，向多层次、多目标的综合要求逐渐转化的过程，是人-自然-经济和谐共生、可持续协调发展的必然结果。因此，为了促进经济社会、生态环境可持续发展，水利规划工作需要将各地方、各行业对水的开发利用和保护的要求结合起来，在大范围，对全流域进行综合规划和全面科学的分析研究，通过水利发展总体布局安排和各项措施的优化落实，逐步实现流域防洪抗旱减灾和水资源节约开发利用效益最大化，保证经济社会与生态环境的协调发展。水利规划工作是明确各项水利工程建设和水管理措施，制定相关水利政策和改革的一项综合性基础工作。

随着水利规划目标和内容的不断扩展，水利规划工作所涉及的学科也在不断扩展。在水利规划发展的最初阶段，规划工作涉及自然地理、水文水资源、工程技术、经济分析等学科知识。水利规划确定的工程建设项目，必须进行可行性分析，以保证安全可靠、效益最佳和不利影响最小。随着经济社会的发展，水利规划需使用系统的分析方法，对各类水利工程的综合减灾兴利效益加以分析，使一系列的水利开发利用工程达到综合效益最大化。例如，对调水工程，除保证工程安全运行外，还必须对调出区、调入区进行综合分析，须根据自然生态环境保护要求，实现生态环境的有效保护，还须进行全面的财务经济分析，保证调出区和调入区的经济社会发展效益最大化。

由于水利规划的工作内容在不断地扩展、延伸和深化，水利规划工作人员需要掌握比较广泛的、系统的知识，制定水利规划需要将水利方面的发展要求与国家的经济政治政策、国家宏观管理、社会发展、自然景观、生态保护、历史文化、社会稳定和大众心理、其他涉及水的行业发展等方面的要求，密切地结合起来，这样才能满足国家各级政府的宏观管理要求，满足人和经济社会发展对水的需求，符合自然发展的客观规律。

在对流域内水的基本情况有了科学的认识后，在各地区的经济社会现有的基础条件下，如何根据当地社会发展的各项目标要求，按照当地现有的水利工程基础条件，制定在一个发展时期内，既符合流域综合规划提出的长期治理目标方向，又能为当地经济社会发展提供一定标准下的水安全保障总体布局，并为当地未来提供可持续发展条件的水利发展战略规划，是一项十分重要的工作，是水利发展需要研究的核心内容和关键所在。

第二节　各类水利规划工作的特点及工作方法

水利规划按工作方式一般可分为四类，即基础性规划、水利发展战略规划、水利专项规划（或专业发展规划）和水利工程建设规划。

各类水利规划的实施目标、重点、任务、工作范围和层次不同，实施的区域、阶段和战略途径不同，一些规划之间还存在着关联关系。根据各类水利规划的工作层次及特点，需采取不同的规划工作方法，分析并明确各类规划之间的关系，才能更好地做好水利规划工作，提出切实可行的规划方案和项目实施安排，保证各类规划上下之间和专业之间协调一致、合理衔接，形成符合各类水利规划重点和任务要求的水利规划成果。

一、基础性规划

基础性规划中具有代表性的是流域综合规划。

流域综合规划的范围包括流域全境内江河、湖泊，以及江河、湖泊经过的各个行政管理区域，它是根据流域所处的水文、自然地理等特性条件，分析流域的水循环过程、自然地理特点、存在的水问题、经济社会发展需求以及人文历史特点，全面研究流域综合治理、开发、利用、保护，并根据流域历史发展进程和已有的水利基础条件，为解决流域在一个长时期内（规划期通常为30～50年）存在的突出水问题，而做出的流域治理的总体布局安排。

流域综合规划主要由防洪、治涝、城乡供水、灌溉、水力发电、航运、跨流域调水（流域内水资源合理配置）、水土保持、水资源保护、河流梯级开发、流域管理、环境影响评价等各项具体规划内容组成。

流域综合规划的主要任务：①明确在一个相当长的时期内流域治理、除害兴利的目标及要求，明确流域内各地区各类用水需求以及水生态环境保护的要求；②通过制定政策原则、建设各类水利工程和落实管理等各项措施，达到流域内各地区经济社会发展基本符合全流域水的条件要求，使全流域内上下游防洪减灾以及各个行业对水资源的利用等综合效益达到最大化，与水生态环境保护要求相协调并和谐发展；③从流域全局治理要求出发，达到在一个规划时期内，流域内的水利建设发展协调有序，使各项涉水的工程建设有相应明确的依据、定位；④拟建水利工程建设项目能够确保重点，能够解决流域内存在的突出水问题；⑤在规划实施过程中，当流域内的自然和经济社会条件、人民生活水平发生变化时，按工作程序对流域综合规划进行调整。

流域综合规划是内容最为全面的水利规划，规划周期较为长远。制定这类规划需要大量的基础性资料（如水文、自然地理、生态环境、经济社会发展布局等），规划工作的技术性要求高，规划成果应满足科学、合理的基本要求。规划涉及水的自然情况分析研究、流域内行政和各有关行业部门管理等多方面的要求，覆盖的范围广，不能单纯地从水利建设方面的要求出发去研究解决流域存在的水问题。规划对未来发展的展望目标，需要经过全面的研究分析后确定。

制定流域综合规划应当依据相应法规，从“多种规划合一”的基础性分析着手进行。其支流规划应依据干流综合规划进一步分解细化。在其他规划工作中（如区域经济社会发展、土地开发利用、城市、交通、能源、生态环境规划等），流域综合规划应起到相应的基础性规划作用。

在江河、湖泊开发治理、保护的最初阶段，需要全面调查，理清江河、湖泊在全流域范围内的定位及其存在的水问题，研究国家经济社会发展政策，分析流域内外各个方面的基础条件，协调主要的涉水矛盾，全面、客观、公正地做好对未来流域治理的展望分析，实事求是地制定一个长时期内的治理目标要求，进行合理的发展布局安排。对规划确定的水利建设项目，还须进一步考虑在已有的工程技术等条件下能否实现，经济上是否合理，未来产生的综合效益是否最大。因此，基础性规划的工作周期较长，完成实施规划目标要求的周期也较长。而且，在国家重大政策调整或自然灾害等不可预见的事件发生的情况下，这类规划需根据新的变化情况及产生的新问题进行调整，再次通过调查、分析、研究，宏观调整规划重点内容、目标要求、发展布局等。不过，规划工作基于的流域自然地理等基础条件不会发生大的改变。

基础性的流域综合规划的规范要求和工作内容，在《水工设计手册》（第 2 版）第 2 卷、《江河流域规划编制规程》（SL 201—2015）中已有明确的论述，此处不再赘述。随着流域（区域）社会经济的发展和变化，在流域综合规划编制和修改调整的具体工作中，相应的工作内容、要求和重点会有一些变化，但是，必须按照规范要求，在工作中严格地执行规划的技术工作标准。

二、水利发展战略规划

（一）水利发展战略规划的特点

（1）水利发展战略规划应当依据一个发展时期内的国家政策要求来制定。

规划需要按照国家地方经济社会发展规划（国家、地方的中长期发展规划、五年规划）要求，在流域综合规划的指导下，根据经济社会发展水平、水利基础条件与生态环境协调发展要求、已经发生的自然灾害情况等，重点研究在一个发展时期内，水利发展与国家的政治、经济形势及发展速度，国家投资的重点和方向、各地区发展实力的关系；需要科学地判断实现规划目标的宏观条件和支持保障能力，分析水利发展对国家和地方经济发展的影响以及推动保障作用。

水利发展战略规划的目标和指标要求应当与国家发展战略规划要求对接，应当与流域综合规划的目标任务相协调，还应有明确的水利各专业发展规划支撑。

也就是说，水利发展战略规划的目标和指标要求应当分解到水利各专业发展规划中，并有相应的实施条件、明确的发展项目和措施。

(2) 制定水利发展战略规划须深入了解发展现状和客观条件，还需开展组织协调、分析研究等工作。

制定水利发展战略规划必须服从国家发展的总体目标要求。不同层次的发展战略规划（如国家、行业、流域、省级及省级以下层次），其工作重点不同，制定的发展目标和指标要求也不相同。在研究了流域综合规划治理要求以及流域内外各地经济社会、生态环境发展思路的基础上，由于有关地方和行业的发展水平和速度不同，有各自的特色和发展重点，规划工作的方式方法也不尽相同，因此做好水利发展战略规划工作，需要完成大量准备和协调工作、数据统计和分析工作，需要多个行业部门参与，综合分析多个层面的地方、行业发展与水利发展的关系，需要具体研究水利发展目标、指标要求是否符合实际情况。

(3) 制定水利发展战略规划应当考虑国家和地方的财力、物力等条件，做好规划任务完成与实现的可能性分析以及应变措施落实研究工作。

制定规划需要根据国家对地方发展的政策要求和支持条件，根据各流域和地方的经济发展水平和规划项目前期工作基础，对规划项目进行经济技术评价，汇总、调整和修改，对重点项目能否实施进行分析、研究以及协调工作。并且还要避免规划项目与地方、行业发展目标不一致，而给发展全局带来不利影响。

应将水利发展战略规划项目与其他规划项目进行协调平衡分析，避免计划实施的水利发展规划项目产生涉及流域、地方、行业之间的发展矛盾和发展不平衡问题。

规划执行过程中，如果发生不可预测和难以人为控制的灾害、经济社会重大政策变化等情况，则须对规划内容进行必要调整。规划人员应当根据变化，在短时间内分析由此而产生的有利和不利影响，及时修改规划内容，或进行规划调整，甚至需要根据新的发展环境、新的发展要求，重新研究制定新的规划。

（4）水利发展战略规划工作涉及多方面的问题，应当抓住重点，解决一个时期内的突出水问题。

在水利各专业（包括防洪、灌溉、水土保持、水力发电、水运、城市供水、城市防洪排涝、水环境治理等）发展战略专项规划编制完成的基础上，研究制定水利发展战略规划。应当对各地发展的阶段性要求、地域生态环境特点、水利发展重点等因素进行综合考虑和分析，规划工作不能面面俱到，不能把方方面面的发展要求和项目进行简单汇总。

规划人员须总结以往水利发展中存在的问题，研究规划目标、指标要求的合理性和可行性；须预判未来水利发展可能出现的问题，提前谋划解决水事矛盾和协调各个方面不同意见的方案，预先提出解决因发展而可能产生的社会稳定问题的预案。

（二）水利发展战略规划工作现有问题和不足

（1）目前，在水利发展战略规划工作过程中，由于从国家到地方各层面难以确定统一的水利发展战略规划目标和指标要求，在各个层次和专业的水利发展战略规划工作中，还没有统一和具体明确的工作标准，对规划工作的定位、过程、质量要求不尽完善，尚难以确定统一的工作要求，尚缺乏规范的工作方法、工作程序，缺乏有效的规划项目优化排序；规划项目调查研究工作尚缺乏明文规定的协调工作机制，难以全面地研究规划的综合效益影响和对未来发展的基础性作用。由于缺乏必要的定量分析，水利发展战略规划容易形成仅仅是“估计”的成果。

（2）水利行业内部各专业发展各有特点，水利发展战略规划中的防洪、除涝、灌溉、水土保持、水污染防治、水环境保护等分项规划属于公益性发展规划，服务于全社会的需求，而水电、水运、供水等行业发展规划则还含有经营管理目标，所以，制定水利各专业发展战略规划的工作方法不尽相同，既要综合考虑，又要有所侧重，进行专门的经济分析，按照统一的标准开展评估分析工作还有一定的困难。

（3）从规划的各个工作层面来看，基层的水利发展战略规划成果应起到支持本地区、本流域和全国水利发展战略规划工作的基础作用。如果地方水利发展战略规划应做的准备和基础工作不够，没有深入研究地方的发展要求，那么研究制定的基层规划发展指标体系就不够科学；如果基层对全局性的总体发展理解不够深刻，仅简单地层层分解全国水利发展战略规划目标、指标要求，由此确定的基层规划发展目标及指标要求将缺乏科学性。一些地方之所以难以提出有特色的、能解决本地突出问题的发展战略规划成果，其原因主要是照搬上一级发展战略规划内容形成本地的规划成果。总之，如果基层的发展战略规划的工作基础、工作过程与总体发展战略规划要求不符，也未与地方实际情况相结合，就会造成上下级规划的目标和指标要求体系无法系统对接，上下级规划之间、各行业规划之间“各说各事”，规划工作成果“两张皮”的问题。

（4）在一个发展阶段内，如果水利发展战略规划的核心任务是多上工程建设项目，多争取项目投资，为扩大工程建设规模做准备，那么规划确定的建设项目将可能与规划发展目标要求、指标要求脱节，起不到支撑规划发展目标和指标要求的作用。对不同规划项目进行效益指标比较时，由于缺乏科学的方法，有时仅凭经验而定，有可能使一些效益更为突出的项目得不到优先安排实施。另外，规划项目储备机制还不够科学、不够完善，致使发展时期内有限的水利建设投资难以发挥最大效益。

（5）规划工程建设项目时，如果不考虑发展的客观规律和建设条件，不考虑规划项目的前期工作水平、财力、物力、人力以及生态环境和文化遗产保护等的要求，没有深入分析规划项目与其他行业发展的关系，没有协调项目建设涉及的各方面的关系，没有提出项目引发社会稳定问题的解决预案，而将各类可能实施的工程项目都纳入规划中，并强烈希望在一个规划时期内将它们全部建成，试图在较短的时期内解决多年来存在的水问题，那么规划往往是难以实施的，也难以达到规划预期的目标效益。如果工程建设项目盲目开工，在发展形势和要求发生变化时，就可能出现一批“半拉子”工程。那么，发展战略规划工作就是失败的。

三、水利行业内的各专业（专项）规划

水利行业由防洪、灌溉、供水（调水）、发电、航运、水资源开发利用保护、水土保持、水生态环境、水管理、水利信息化、水利基础工作等专业组成。这些水利专业各有特点，它们是水利行业发展的基础。只有水利各专业发展规划满足水利发展战略规划的总体工作要求，才能有高质量的水利发展战略规划成果，才能在水利各专业发展指标分析平衡的基础上，形成总体的发展目标要求和指标体系。分析国家、省级、地方各级水利发展战略规划，不难发现，只有地方水利各专业发展战略规划编制得科学合理，符合地方发展的实际情况和要求，才有可能形成地方和国家总体的水利发展战略规划，才能有科学完善、上下一致、可实施的水利发展战略规划体系。

在实施流域综合规划和水利发展战略规划的过程中，可能会遇到突发情况，需要制定水利专业（专项）规划予以应对。具体来讲，有以下情形：①发生洪涝灾害，须进行水利灾后重建规划；②连续干旱，须进行抗旱规划；③为保证国家一个时期内粮食稳定发展而扩大灌溉面积，须安排进行农业灌溉和水资源专项规划；④当国家经济社会发展布局发生大的调整时，须安排地区性水资源配置规划；⑤为解决经济社会高速发展过程中突发的水污染问题，须制定水污染防治规划；⑥为解决国家贫困地区发展问题，须制定水利扶贫专项规划。上述规划都属于水利专业（专项）发展战略规划范畴。

水利专业（专项）规划是在深刻了解流域自然规律、水资源、水利基础条件、经济社会发展安排的前提下，为解决一个发展时期内存在的某一方面的突出水问题而开展的规划工作。制定水利专业（专项）规划应注意有效控制不同专业（专项）规划考虑不周全、互不衔接的问题。在实施过程中，应当降低对实现流域综合规划、水利发展战略

规划以及其他相关行业规划各项目标的不利影响，并与正在实施的其他各类规划没有矛盾。制定水利专业（专项）规划可以针对一个时期内出现的新情况、新问题，利用现有的财力、人力、物力和技术水平条件，采取专门的政策措施，调整规划的重点内容，能够解决当前和今后一个时期内的突出水问题。

水利行业内的各专业（专项）规划的外围约束条件是：应符合流域综合规划的原则要求，应在水利发展战略规划的指导下，研究其目标要求是否有必要进行调整。各专业（专项）规划在制定过程中，应当进行充分的协调分析，明确在一个发展阶段的重点方向，其规划工作要求与水利发展战略规划工作要求相似。如果需要进行规划调整，也应当在调整水利发展战略规划后，再实施专项规划调整工作。

专业（专项）规划工作只针对某一特定专业（专项）进行深入研究，并且应当按照该专业技术标准和规程规范要求展开工作，以达到相应的工作深度要求。如果其规划成果不与其他规划相矛盾，则不必与其他专业（专项）规划进行相互比较分析。

在各专业（专项）规划明确了各自发展目标、指标和任务要求并编制完成后，应当对这些规划进行综合比较。在分析研究各水利专业（专项）发展规划的基础上，按照水利发展战略规划的总体目标、指标要求等，进行水利各专业（专项）发展规划的权重平衡分析，并按照“轻重缓急”进行排序，提出优先发展的重点要求，进行各专业（专项）规划协调沟通，进行必要的规划调整修正。

四、水利工程规划

根据流域综合规划，流域治理重大水利工程项目的影响因素多、影响范围大，一些重大水利工程不仅涉及本流域和相邻流域的发展，而且涉及流域内上下游、左右岸、省际间的利益及生态环境。由于一些重大水利建设项目方案难以达到规划工作阶段的技术比较深度要求，因而需要按照规划总体布局对多个工程建设方案进行深入比较、分析和研究。

为了遴选流域内的重大水利建设项目，确定项目开发次序，需要对各工程项目进行深入的技术经济和生态环境因素分析、研究和比较，这就需要在流域综合规划的基础上，开展水利工程规划工作，对多个重大水利工程进行深入的规划比较和相应的技术经济、生态环境比较，对工程效益、社会效益等进行分析论证。

水利工程规划工作属于技术工作范畴，其技术深度要求一般比单个水利工程的项目建议书、可行性研究技术工作的深度要求低，它侧重于在前期投入较少的条件下，对单个工程项目或多个工程项目间存在的重大问题，进行较为全面的分析并提出工程可能产生的不利影响和处理方案。因此，水利工程规划是对重大水利工程进行全面的影响比较和分析的前期工作，以落实流域综合规划为目标，分析各类工程项目的利弊，为项目安排提供依据。水利工程规划工作应当按照技术规程的要求开展。

例如，长江三峡水利枢纽不仅对长江中下游的防洪、泥沙和水资源调度，全国的能源以及长江治理布局影响巨大，还对淹没区的移民安置、社会稳定和生态环境有重大影响，因此，针对三峡水利枢纽开展了一系列工程规划和专题研究工作。

又如，南水北调工程涉及我国东、中、西部区域水资源调配，影响我国发展的大格局。该工程由东、中、西三条线路组成，需要深入分析研究调水对长江上、中、下游的有利和不利影响，需要对淮河、黄河、海河流域水资源和从长江调入的水资源进行综合配置，对水量调出区和调入区进行生态环境影响评价，对国家产业发展布局以及调水工程的经济效益和社会效益进行全面分析。而其中的每一个单项调水工程又涉及一系列的技术问题，必须对各调水工程的规划方案进行技术经济比较，对国家、地方以及市场的各种投资和水价变化进行系统分析，对工程涉及的移民问题更需要进行妥善处理，提出稳妥的搬迁安置方案。因此，只有在各调水工程建设方案达到基本相同的前期工作基础上，进行综合全面的工程规划分析，系统地比较，才能周全地分析各方利弊，最终确定解决全局性水问题的效益最大、不利影响最小、具备建设可能的最优调水方案。

再如，我国七大江河流域综合规划所确定的重点防洪治理骨干工程对流域治理全局的影响很大，且又涉及多个地方行政管理区域，所以，应本着全流域治理“一盘棋”的原则，在国家和地方财力有限的条件下，谋求最大效益的治理成果，这就需要对各类、各地的重大水利工程进行多方案比较和效益分析，进行跨省际的利弊影响分析与协调工作，征求相关各方意见，以便在制定国家和地方发展战略规划时，明确重大水利工程的建设时机和建设优先顺序。

河势整治、堤防建设、行蓄洪区建设工程方案均涉及流域上下游、左右岸、省际间的防洪和用水效益，应当明确统一的治理标准，应当进行多方案的优化比较，应当在总体安排下，明确具体的、相互间协调的工程实施方案。为此，应在各行政管理范围内已有的水利基础上，进行统一的工程规划协调，按照总体安排要求，进一步细化明确各自管理范围内的治理原则、标准以及工程、管理、调度等具体方案。各类水利工程规划是在统筹考虑全局的规划原则下，细化具体工程规划内容和标准的工作过程。工程规划应遵循相应的技术规程规范，必要时，还应根据工程项目存在的问题以及项目实施的难易程度，开展相应的科研实验，进行专题研究。

第三节　各类水利规划之间的关系

在了解水利规划分类、分级和各类规划特点的基础上，还应当了解各类规划之间的关系，以便更好地把握水利规划工作特点，利用好现有技术规程、规范和标准，提高水利发展战略规划的编制质量和水平。

一、从工作流程的角度分析各类水利规划之间的关系

开展流域综合规划工作需要综合运用多种技术手段和方法，对流域内的自然规律、水文规律、地理条件进行深入的查勘了解，收集并积累流域内各个方面的基本资料，进行多方面的技术经济比较，进行各个行业的工作协调，开展重点治理工程和措施的初步技术方案分析

研究，以便对一个流域内的基本情况有深入了解，为制定解决流域内水问题的总体规划布局方案提出科学依据。

水利工程规划工作则须在流域综合规划的基础上，随着流域治理工作任务的逐步开展，按照相关技术规范、规程的要求，进一步细化工作内容，深入开展流域治理重大骨干工程的前期工作，进行多个工程建设方案的技术经济分析和比较，并深入研究工程建设带来的有利和不利影响。因此，水利工程规划工作需要增加相应的野外勘测工作内容，增加更为详细的有关自然、经济和社会等方面的综合分析报告，以便在流域治理工程建设时机成熟时，通过各工程建设方案的比较，为确定最佳工程建设项目打好基础。

如果不遵循上述规划工作流程，那么就难以形成流域总体治理效益，就难以根据流域的自然特点形成各方面协调一致的总体规划意见和具体的工程建设安排。

水利发展战略规划和相关水利专业（专项）规划，是在流域综合规划和水利工程规划的科学分析成果基础上，在国家和地方对一个时期内各方面的发展有了比较明确的要求后，通过对水利发展的各层次间、各专业间、各工程项目间的综合技术指标、经济效益进行比较和分析，提出的适应国家和地方经济社会发展的战略规划和项目安排。制定这两类规划，需要在国家和地方经济社会发展需求的大背景下，考虑流域内已有的水利基础，解决水利在各个专业之间和地区之间发展不平衡和不充分的问题，以满足地方发展对解决水问题的要求，并与当地的经济社会发展和生态环境保护要求相适应。

水利发展战略规划和水利专业（专项）规划工作的重点有以下三个方面：第一，根据国家经济发展情况、投资能力等，在流域综合规划和水利工程规划的技术分析基础上，确定在一个发展时期内，哪些是涉及地方发展、需要迫切解决的全局性突出水问题；第二，通过经济分析和统计分析等理论和方法，对照国家和地方发展战略规划提出的目标、指标要求，确定水利同期发展的目标、指标要求及各项任务要求；第三，进行水利发展项目的优选和投资效益分析，研究确定发展需要的政策措施、技术支持条件、合适的投资规模和投资年度安排，提出项目执行过程中可能出现的各种风险的防范措施，分析水利发展项目对地方未来经济发展将产生哪些影响、起到哪些促进作用。

二、从工作周期角度分析各类水利规划之间的关系

制定流域综合规划和水利工程规划，往往需要较长的工作时间，必须按照技术规范和规程的要求，在合理的工作周期内，投入经费去开展外业和内业工作；需要进行长时间的各类基础资料数据的积累和分析工作（如河流水文、泥沙变化观测），由勘测设计专业技术人员按照各自专业工作深度要求进行多方案技术比选，对于复杂的、难以一时决断的问题，还需要开展科研试验观测工作；需要与水利有关的专业技术人员进行技术方案对接和协调（例如，与交通部门和电力管理部门对接，协调航运、电力发展需求；与各城市管理部门对接，协调城市引水规划和供排水规划；与农业主管部门对接，协调农业发展规划等）。制定这两类规划时，只有把规划范围内的各地的相关意见协调一致后，才能形成规划初步成果。这两类规划的审批过程较长，须经国家多个行业主管部门协同审查同意，再经国家综合部门进一步协调。当规划具备各个方面要求的法规条件，并经由国家相关部门按照程序批复同意后，方才形成最终规划成果。因此，这两类规划的编制工作历时长、要求高，审批周期长。

水利发展战略规划和水利专业（专项）规划往往根据国家中长期发展规划或地方发展要求、经济社会形势变化等情况来确定规划工作的开始时间和完成时间（如五年规划和十年规划、中长期发展战略规划等）。一般工作要求是：以上一个发展规划执行期内的水利发展情况、水利工程项目投资安排、自然灾害情况为基础，开展相应的调查分析工作；在规划执行过程中，根据规划进展情况，研究是否开展规划相关调整工作，以适应发展变化。水利发展战略规划和水利专业（专项）规划工作须从国家层面逐级下沉落实到基层层面，制定这两类规划所需基础数据数量大、范围广，数据收集分析工作任务重、时间短，因此既需要各级水利和经济、投资管理等方面的专业人员参与，也需要各级水利技术人员、建设管理人员和统计工作人员参与。

由于这两类规划涉及的工作层次、人员数量多、专业门类广，而各专业工作人员的工作水平不一致，因此需要对工作人员进行精心的组织，确保收集的数据真实，确保对已经发生的各类情况和未来发展存在的问题和风险分析准确。总之，这两类规划的编制工作需要动员的社会力量更为广泛。

但这两类规划的编制工作周期较短，五年至十年规划期的水利发展战略规划的编制工作周期仅为一年至二年，规划需要明确的发展目标一般限定在十年以内，通常对五年发展目标做精细分析，对十年目标进行展望。在不长的规划实施时期内，能否实现规划提出的目标要求，各种项目和措施能否落实，很快就会见分晓，这就对规划编制工作涉及的组织协调、待落实项目的分析研究、客观形势分析和投资可行性研究等工作提出很高的要求。

同时这两类规划的审批周期也较短。那些涉及其他行业部门或规划实施影响大、发展战略安排问题突出的发展战略规划，须经国家或地方的综合管理部门和相关行业部门联合审批；一般性的发展战略规划或专业规划通常由行业主管部门审批。经批准的规划是规划执行期内开展相关工作、建设相关项目、落实相关措施的依据和指南，也是各单个工程建设项目立项和投资安排的基础，还是检查规划实施情况，开展规划后评价，检查规划目标、指标要求和任务完成情况的依据。

三、从规划层次角度分析各类水利规划的关系

（一）流域综合规划与水利发展战略规划的关系

流域综合规划是在充分研究流域的自然特点后，从综合治理角度出发，确定较长时期内的流域治理发展目标，并对流域内经济社会、生态环境可持续发展目标提出水的安全保障要求。形成的流域综合规划方案确定了流域内防洪减灾的各地标准、水资源利用及减灾兴利的总体要求，平衡了流域内各个地方和各个行业在水的治理、开发利用、保护过程中的各方面利益关系，因此，可以认为流域综合规划是一个总体的、长远的要求，对水利发展战略规划以及其他各类发展专项规

划和工程规划，起到了总体指导和原则控制的作用，相当于是各类发展战略规划的一个总体要求和“外围控制线或底线”。

水利发展战略规划必须在流域综合规划等规划的指导下，按照其明确提出的目标、原则、任务、要求等，根据流域在一个时期内经济社会情况、发展重点方向、生态环境保护要求等，制定出一个发展阶段的目标、原则和任务，并作为一个时期内的各种水事活动的指导原则。在已形成的流域水利基础条件下，通过一个时期的发展战略规划实施过程，对可能出现的发展问题、自然条件的变化、技术进步，不断开展研究分析工作，提出相应的工作结果，并可对流域综合规划是否需要调整提出意见。

总的来说，流域综合规划要求对流域的自然情况有更深刻的了解，它侧重于对大自然的开发、利用、保护，与经济社会环境协调发展的长远目标有关。而水利发展战略规划必须与现实的经济社会情况、发展要求贴近，其规划目标是实现流域综合规划长远目标中一个时期内的阶段性发展目标。只有在一个个发展战略规划顺利实施，并且阶段性目标完成和实现的前提下，才能一步步地实现流域综合规划的长远目标。根据阶段性发展情况，水利发展战略规划也可对流域综合规划目标的实现起到调整和修订的作用。

（二）水利发展战略规划与地方水利发展战略规划、水利专业（专项）规划的关系

在水利发展战略规划中，须将国家发展战略规划中明确的发展指标、目标、原则和任务中涉及水的指标、目标、任务进行分解，如果有些目标、指标要求超出了流域综合规划的要求，应当提出相应的修订要求，并将修订后的各类发展目标、指标、任务要求再分解到各水利专业（专项）规划的发展要求中，形成对水利发展的总体“外包线”和“底线”要求，然后再进一步分解各地水利发展战略规划的目标、指标、任务要求，协调各级水利发展要求，明确地方经济社会发展中的水的约束条件，并且控制一个发展时期内不考虑实际条件盲目发展的问题发生。

目前，这些指标分解、汇总分析、协调研究工作的工作基础和工作方法还存在许多不足，难以按照上下一致的工作标准实施，需要利用新技术手段予以完善。在水利发展战略规划调整修订工作中，同样也存在上述问题。

地方水利发展战略规划的目标、指标要求和项目措施，是支持和完善国家水利发展战略规划的基础，应当按照国家水利发展战略规划的总体要求制定或调整，要有重点、有序地发展，以保证在流域综合规划指导下，地方和区域水利协调平衡发展；避免一些地方不顾当地的财力、物力、人力和管理能力等客观条件，提出不切实际的发展目标，盲目建设工程；避免在后续发展条件不够时，留下“半拉子”工程；避免因工程的移民安置问题形成社会稳定问题；避免过于集中建设一批水利工程，对自然生态环境造成过大的扰动破坏。

各类水利专业（专项）发展规划的目标、指标要求和任务也是水利发展战略规划的基本内容，是对发展战略规划的补充完善和充实细化。各类水利专业（专项）规划提出的目标、指标要求和任务应有明确的、体现总体协调发展的原则。各类水利专业（专项）规划对水利发展战略规划的支撑作用，体现在专业（专项）规划工作中，即根据各自特点、专业要求进行更为深入的研究分析，平衡区域间的不同发展情况，明确各自专业（专项）规划的重点内容和实施的优先顺序，保证与水利发展战略规划有明确的主次关系且又互成体系的工程治理措施、政策保障措施、管理措施，明确各专业（专项）的分类投入资金比例、投资来源和年度投入安排，形成水利发展战略规划成体系、有序发展的总体思路和落实措施。

编制国家和流域的水利发展战略规划，需要有各地水利发展战略规划和各类专业（专项）发展战略规划的工作基础和成果，在其基础上进一步分析和突出规划的重点，进行综合平衡分析，与国家发展战略规划进一步对接，优化配置有限的财力和利用条件，以保障国家发展战略规划具备基础条件，能有序有效地实施，从而获得预期效益。如果缺乏科学的工作流程和方法，形成的国家和流域的水利发展战略规划将可能是一个将各地、各专业的水利发展要求汇总的“大杂汇”，将毫无特色、重点，毫无实施章法，将导致各地形成各自为政的局面，也难以满足国家和地方的发展需求，难以解决水的基本问题，难以达到投资的最大效益。

从流域综合规划提出宏伟的长远目标，到水利发展战略规划明确一个发展时期内一步步实现目标的过程，再到水利专业（专项）规划从各个方面具体落实目标，水利发展战略规划起到了在一个发展实施期内承上启下、综合平衡、统筹调动各方面资源和能力，集中解决存在的水利突出问题的重要作用。

（三）水利工程规划与流域综合规划、水利发展战略规划的关系

在流域综合规划宏观布局中，水利工程规划起到了具体落实的作用，它解决流域综合规划确定的重大工程能否实施的问题，解决关系复杂的系统水治理工程能否统筹安排的问题。水利工程规划更注重以下方面的工作：

（1）通过进一步深入的工程前期工作、专题论证和科学试验，明确重大工程是否成立、是否有其他更好的替代方案。

（2）研究并解决实施重大工程和系统治理可能产生的地区之间、行业之间的连锁影响问题和发展建设与经济社会、生态环境矛盾。

（3）协调重大工程与系列子工程之间的关系和统筹实施。

（4）分析重大工程和系统治水工程建设制约因素，确定上下游、左右岸的不同标准，进行效益协调。

（5）研究一个发展时期内的国家和各级地方政府的经济状况，是否具备工程开工建设的条件和时机，能否按照工程建设要求落实投资，是否存在工程建设风险等。

因此，水利工程规划是在流域综合规划确定的原则下，通过深入的技术经济分析，在一个发展阶段内，为制定水利发展战略规划和专业（专项）规划奠定工作基础的规划。

在当今经济社会发展形势下，在大数据时代，在各江河基础资料和工程建设已有的基础条件下，在遵循已有规范规程的前提下，开展水利规划工作应注意以下几点：①应用新的技术手段做好各类规划的

技术经济分析和多方案比较分析，以提高工作质量；②建立规范、标准、一致的工作方式、方法，有具体落实的手段和措施，将有利于进行各类规划工作同尺度、同深度比较，使各类规划工作有章可循；③进行深入的规划理论、方法研究工作，避免规划成果仅仅是一纸研究报告，防止规划基础工作不扎实而导致提出的规划成果指标、目标、原则、任务要求相互矛盾。

当水利发展战略规划涉及的各地方、各专业规划工作都规范化，并符合统一的工作质量要求，水利规划整体工作水平必将提高。

从当前工作实践来看，迫切需要解决水利发展战略规划工作的理论依据和方法问题，这是本书后续各章论述的重点。

第三章

水利发展战略规划基础

第一节　规划工作基本要求和工作过程

一、水利发展战略规划工作基本要求

发展战略规划是一个工作过程，而不仅仅是一个工作成果。规划成果不是一份会议纪要，也不是一部鸿篇巨制，更不是一摞发展需求清单。如果规划成果是通过一系列的“机械式”工作过程编制而成的话，那么它很可能缺乏可操作性。

开展发展战略规划工作不能仅靠小范围的人员组成一个工作组来完成，而应当吸引和鼓励与之有关的各个领域的人员参与，共同工作。发展战略规划工作提供了一个工作平台或一种交流方式，每个参与者可以从各自的专业角度出发，提出建议，相互启发，最终集聚智慧，集体形成整个规划成果。在此过程中，各个领域的战略研究方面的专家定期在一起共同工作，形成一个稳定的发展战略规划工作核心团队。

成功的发展战略规划对发展起到推动和催化作用，其中一些规划还对发展起到了的决定性作用。例如，新的发展领域可引导社会发展方向；大的调水工程可带动新的产业布局；提高防洪标准，可以为城市扩大规模和重大工业、企业落地提供保障；新的国家发展战略也必然对水利发展提出新的要求。这些发展变化必然对水利发展现状产生影响，这就促使地方各级行政领导决策开展水利发展战略规划工作。如果没有这些外在因素的促进，地方行政领导往往不会主动开展发展战略规划工作。这与地方为解决某方面的问题提出开展规划工作的要

求和意义是不同的。

制定某个流域的水利发展战略规划需得到该流域内各个地方和各个行业的支持。由于规划涉及面广，规划工作将是一个复杂的、动态的变化过程，无论是在规划编制工作准备阶段，还是在工作过程中，做好相应的组织工作都尤为重要。一般来说，在水利发展战略规划领域有经验的研究机构，都有组织开展水利发展战略规划工作所需的协调能力和核心工作团队，但为了取得良好的规划成果，流域内各地负责发展的综合管理部门、水行业管理等相关部门最好共同参与、共同承担规划工作。

为了保证规划工作顺利完成，从开始考虑工作计划时，就需要组建一个由有关方面负责人、当地领导、关注并从事相应规划工作的专业人士组成的工作组；还需要建立一个工作合作机制，为各方人士坦诚地讨论地方发展条件、各领域发展思路、水问题以及打算发展的水利项目等提供条件。

为了达到上述要求，应当尽早地组织一批对水利发展战略规划有深度研究的专业人员共同工作，并在规划工作过程中逐步补充其他人员参与规划工作，根据工作进展成立新的工作机构。

在工作过程中，需要建立和强化水利发展战略规划与其他各个行业发展战略规划之间的关联关系，因为这些发展战略规划之间可能存在矛盾，这些矛盾会在规划形成和执行过程中一而再、再而三地相互作用、相互影响，从而影响到规划的实施效果。

制定发展战略规划是一项艰巨的任务，工作周期较长，须有负责全面工作的领导主持日常工作。在大多数情况下，这些领导每天要投入大量精力组织开展相关工作。如果负责规划工作的领导难以把握好规划工作方向，对待规划工作的态度不温不火，不能积极地带领大家开展工作，将难以取得工作的成功。

一些地方开展发展战略规划工作后的实际成果表明：重启一项日常性的工作，要比开展一项经过深思熟虑和细致设计的发展战略规划工作容易得多。水利发展战略规划经常出现的问题和工作风险是：规划可能远未达到应该发挥效益的潜力。

通常而言，开展水利发展战略规划首先需要回答以下问题：

(1) 在一个区域范围内，水利发展的需求和机遇是什么？水利发展的阶段和环境如何？

(2) 在一个区域范围内，水利发展的远景是什么？根据经济社会发展的要求，需要制定什么样的水利发展远景目标？什么样的水利发展目标比较适合经济社会发展需求和发展机遇？

(3) 在一个区域范围内，实现水利发展目标的最好的基础条件和可以利用的资源有哪些？最好的战略谋划和项目有哪些？当地资源利用到什么程度，才有助于实现水利发展目标？

(4) 水利发展战略规划可能产生的影响有哪些？影响范围有多大？如何才能得到公众的支持？

(5) 可持续推进的水利发展战略规划的关键标准和度量指标是什么？

为了回答上述问题，地方领导应当组织相关人员聚焦本地水利关键问题，进行评判和展望，并展开讨论，研究实现水利发展目标的关键途径。

二、水利发展战略规划工作过程

开展水利发展战略规划应有 6 个月或更长时间的准备期。一般来说，需要投入 9～12 个月的时间进行规划编制工作，后续还需要投入一段时间讨论和修改规划。

水利发展战略规划工作过程和内容大致如下。

(一) 组织和预规划

该阶段应确定规划工作人员和其他需参与规划的有关人员，包括自始至终参与规划的工作人员，以及规划涉及的相关地方、行业领域的参与者；应组建一个全程执行规划工作的组织机构，机构人员包括掌控规划方向的领导者、分解并分配工作任务的工作组织人员、规划工作所需的财务人员和技术人员等。

完成这项工作通常需要 1～2 个月的时间。

(二) 提出发展愿景

研究并提出在未来一个明确的发展时期内，一个地方期望达到的远景状况。这项工作应该在参与规划的关键人物与相关人员取得一致意见的基础上开展，它将起到引导规划成果的重点和方向的作用，是影响后续规划工作的关键阶段。

（三）分析评估

分析地方水利现状和涉及水利的各个行业及专业的情况，通过预测性研究，了解并分析与当地有关的经济社会、生态环境条件，地方可利用的资源和各行业发展状况；分析水利发展对当地的影响程度，水利在当地发展中已有的条件、基础、所处的发展阶段，存在的不足及问题；分析水利与当地其他各类基础条件和可以发展的资源是否匹配；评估和分析水利发展基础中存在的强项、弱项、发展机遇、风险及制约因素；并且也需要通过分析当地的社会经济、人口和生态环境，以了解当地发展趋势。

提出远景并完成分析评估工作通常需要 4～6 个月的时间。

（四）提出规划初步成果

该阶段应确定规划初步方案，列出规划需要达到的实际目标、项目和战略意图，形成发展战略规划纲要。

通过分析当地实际情况得出当地需求后，分析研究规划初步成果对当地各方面发展的影响。基于规划纲要初步成果，测算得出水利发展增长方式和可能的范围，提出水利发展战略规划初步目标和实施项目等，明确完成规划所需外部环境、基本条件、潜在机遇以及相应约束条件。

在这一工作阶段，需要邀请当地相关领域的代表讨论和修改规划方案，对战略目标、项目和发展理念进行论证，进一步完善和提高水利发展战略规划初步方案。

这项工作的工作周期通常为 1～2 个月。

（五）公布发展战略规划纲要

利用地方政府和相关组织机构的网络平台和其他信息传播途径，

向当地公众代表，相关机构，以及对当地发展有影响的人士、专家等公布战略规划纲要内容，并征求意见。

完成这项工作预计需要 1～2 个月的时间。

（六）项目评估与排序

该阶段应对列入规划的项目进行评估，确定项目后再进行优先级排序。为了达到规划目标，必须确保列入规划的项目具有最大的实施可行性，即项目实施失败的风险最小。对列入规划的项目进行优先级排序，主要考虑三方面因素：实施可行性，产生的效益，社会和环境影响。从战略设计上能实现规划目标的项目，必须予以优先安排。可利用已有资源促进发展和已经实施的项目，可优先确定。从发展的角度衡量，对未来有利且确保能建成的项目也应优先确定。

这个阶段的工作需要 1～2 个月的时间。

（七）制订发展战略规划行动计划

水利发展战略规划行动计划的制订工作，应当在规划开展早期进行，或者与发展战略规划和项目确定工作同步进行。其工作内容为：陈述发展战略规划中各类项目的优劣排序，明确规划项目需要达到的必要条件（包括上层条件、工作人员条件以及信息基础和财政资源），明确实现相应的目标和完成相应项目所应具备的物质条件。

研究制订的行动计划应面向地方和各有关方面征求意见，并综合相关意见对行动计划进行评估、修订和调整。

完成这项工作需要 1～2 个月的时间。

（八）实施行动计划

实施行动计划，首先需要建立一个规划实施机构，以便组织制订规划分步实施计划，进行行动安排。该机构还负责组织规划修订工作。

（九）评估规划效益

评估规划和相关项目产生的效益，并根据规划实施过程中的条件变化调整规划目标和项目，使之符合实际，具备可行性。评估工作应当根据发展的变化情况，在一个季度或一年内开展一次。

（十）规划更新和调整

为了适应规划实施过程中不断变化的条件和效益产出情况，在规划执行阶段，不定期地需要对发展战略规划进行分析、研究和调整。这项工作通常根据规划进展情况、重大外部条件变化情况，按照工作程序要求，经上级批准后安排开展。

（十一）公示与宣传

在规划制订和实施过程中，应及时、随时开展宣传工作，通过网络等各种媒体广泛宣传规划相关内容，以便规划相关各方和社会公众及时了解规划进展、效果、执行情况以及更新调整等方面的信息。

发展战略规划的制定和实施工作流程如图 3－1 所示。

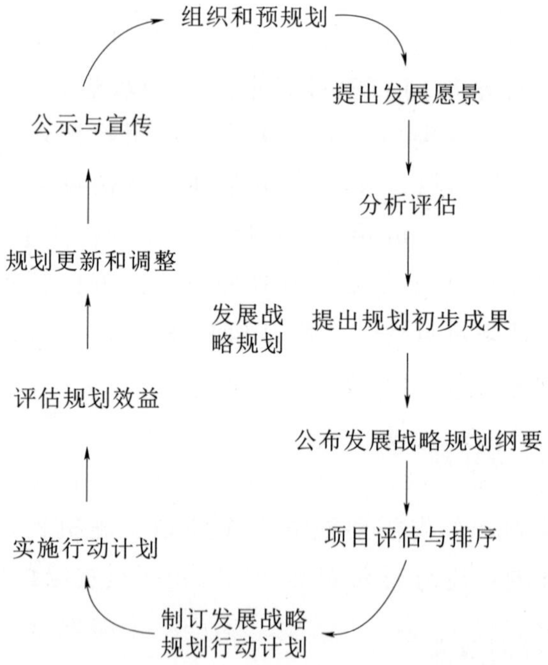

图 3－1 发展战略规划的制定和实施工作流程图

总而言之，发展战略规划的制定和实施是一个连续、循环往复的工作过程，而非一个一成不变的工作结果。发展战略规划在执行过程中，不是呈直线型发展，而是基于发展战略目标，一而再、再而三地根据阶段性的完成情况和彼时客观现实情况进行调整，向着规划目标不断靠近。所以，规划工作是一个连续循环的过程。

由于经济社会和生态环境的发展变化，水利发展战略规划需要进行再调整和再研究，本书后续章节将进行专门阐述。

第二节 规划应产生的效益

一、水利行业效益

水利发展战略规划对水利行业应产生以下效益：

(1) 能够根据国家发展的全局要求，明确水利发展在其中的定位、要求和支撑作用，对流域、区域的全面发展提供相应保障。

(2) 能够根据流域和区域水利的基础条件，明确一个时期内水利发展的阶段、目标、重点，并与相关涉水行业发展相协调，为防汛减灾、供水、灌溉、发电、航运和经济发展、生态环境保护提供基础条件。

(3) 能够明确本流域、本地水利现状，提出在一个发展阶段内解决水多、水少、水脏等相关问题的水利发展工作的重点，并根据本流域、本地区发展要求的变化情况，提出水利发展安排的“轻重缓急”排序，明确各个地方水利发展重点要求。

(4) 能够对水利发展各类项目进行经济效益指标分析排序，提出在一个时期内，在国家、地方以及各类建设资金、人力、物力条件受到一定限制条件下，能够解决重点水利问题并取得最大经济社会效益的方案。还应根据投入等变化情况，调整一个时期水利发展的规模和速度。

(5) 能够估计到水利发展过程中可能产生的不利影响和不稳定的

因素，并对各类不利因素有明确的防范措施。

(6) 能够通过确定一个阶段的水利发展目标，促进涉水行业的发展，提高依法治水、科技、管理水平和人员素质。

二、社会效益

水利发展战略规划应当向社会公众全面展示未来水利发展的框架蓝图，以明确表明在未来协同防治水旱灾害、提高供水能力、解决水污染和水生态环境问题的多目标要求上，如何根据当地、区域、流域的实际情况制定出重点目标和实施计划安排，明确项目实施的理由，把握建设时机和原则；明确在一个时期内可获得的效益成果，达到规划目标所需要的基础条件，对当地未来社会经济发展的总体影响等。

水利发展战略规划在治理水患、利用水资源和保护水资源的各项实施计划中，从总体上要回答公众所关心的问题，即“我们做这些事是为了什么?”。另外，规划还应当提出完成规划目标所需动用的资源有哪些，所需投入有哪些，实现设定目标的路线是什么。规划内容按照规定告知上下各级和社会公众，以便社会各界共同参与，共同为实现规划目标而努力。

水利发展战略规划应当在深入分析研究地方各个涉及水方面的实际情况和历史水旱灾害案例的基础上制定，以便人们清楚地了解地方的涉水基础信息，如自然地理信息、自然条件、已有的水利基础条件、社会经济和生活水平提高对涉及水的各项需求，完成规划需要的人力、物力、经济技术条件和组织实施能力，当地实施规划的有利和不利条件等。这些信息是制定规划行动计划、完成项目前期工作和制订工程计划的基础，也是有关各地方其他相关领域和行业、当地社会经济安全和发展所关心的重要内容。

水利发展战略规划是对水利发展成效进行后评价的一个标准，便于在一个发展周期内对规划和实际发展状况进行比较分析。后评价主要分析以下情况：规划实施后，水利是否发展到应有的阶段，是否对经济社会产生了有利影响；在发生水旱灾害的情况下，是否要对规划进行必要的调整；在利用了当地的人力、物力和财力后，是否产生了相应的效益；是否解决了水的制约因素；是否符合当地实际发展需求，并争取到了好的发展机遇等。

后评价是通过内部评价和外部多方介入评价两种方式完成的，是公开、透明、公正的。通过后评价，能够明了规划设定的目标和采用的方法是否正确，规划项目和计划安排能否按期完成。在规划实施过程中，及时评估规划实施后的成效，能够为充分利用当地资源条件、及时采取有效措施纠正执行偏差提供依据，从而实现更好的效益。

第三节 规划工作组织机构

在各级发展战略规划的组织编制机构都应当将合适的人安排在合适的工作岗位上。任人唯贤是任何一项事业获得成功的关键。所以，评判一个发展战略规划是否成功，首先要看规划编制机构组织得是否成功，工作是否有效率。也就是说，只有把合适的人组织在一起工作，才能把规划涉及的各项工作做成做好。

制定地方水利发展战略规划，组织领导机构必须起到把握规划工作方向和控制规划成果质量的作用。评判规划组织领导机构是否有领导能力和工作效率主要依据以下五个方面：

（1）能够指导发展战略规划工作全过程。

（2）能够对工作过程进行框架性设计和具体实施安排。

（3）能够管理工作中的各种可利用资源（如人力、技术和财力）。

（4）能够将相关工作人员组织起来，并授予工作的权力责任范围。

（5）在规划工作进程中，能及时组织开展检查、引导、纠错等工作。

一、规划工作领导机构的人员构成

规划工作的领导机构应当包括以下人员：

（1）与规划相关的各经济发展组织相关人员。他们能为规划工作提供支持，并且能在地方经济发展过程中起到组织、协调、决策和管理的作用。

(2) 能代表地方行政领导的人员，或地方公共机构、财务机构中负责发展工作的人员，以及与规划相关的行业和部门代表。

选择合适的人加入领导机构是整个规划工作的基础。选聘那些做事公平公正的人、能建立良好的人际关系的人来开展组织工作是非常重要的。另外，还应当邀请与水利行业相关的各专业机构的代表加入领导机构。领导机构人员要负起具体的工作责任，起到相应的作用。

在规划工作过程中，领导机构人员应该经常开碰头会（如月会），通过会议形式，发挥领导核心作用；通过分配各项工作任务，进行工作指导，树立指挥开展规划工作的权威。

领导机构成员通过开会讨论，了解工作进展情况，加强工作联系，就规划工作重要内容交换意见，有利于保证每个地方和相关规划工作机构更好地了解规划工作要求，有利于上下各级了解工作新情况和吸取工作经验。

领导机构成员的职责分工通常根据成员的工作范围、工作能力和能够动用的资源来确定。领导机构中起核心作用的人应当负全面的工作责任，其他各位成员应履行各自的职责，保证发展战略规划的整体性，不使之成为各专业领域的规划。与规划利益相关的各方代表在规划编制过程中和规划执行阶段的各项工作中都应当全程参与，各负其责。

二、领导机构的日常工作管理

通常情况下，规划工作领导机构的各项工作任务由工作小组负责安排、协调和执行。领导机构应根据实际情况制定管理规章制度，对工作人员进行严格管理。当需要与地方政府相关机构和有关组织联系，或地方政府和组织机构委派工作人员参与规划工作，日常工作管理就显得特别重要。

将来自各方的规划工作人员集合在一起工作，应该按照工作关系和责任要求，进行明确的分工，并有效管理，使每个人都能从工作大局出发，尽到自己的责任，并充分发挥工作能力。

领导机构中的主要负责人起核心作用，应该为大家创造良好的工作条件和环境，营造良好的工作氛围，使每个成员在了解工作实际情况的前提下，公开公平地讨论各项工作，充分发挥每个人的工作经验和才能，领导成员主动积极地针对规划工作中发生的各种问题进行研究分析，并提出解决问题的建议和方案。

第四节　规划工作经费

编制水利发展战略规划需要经费支持。规划经费通常是根据国家和地方政府的有关规定，经国家和地方发展计划和财政主管部门审查批准后划拨。地方政府编制水利发展战略规划所需经费也可通过地方筹集解决。

制定水利发展战略规划需要大量的投入（包括时间、金钱和人力），但是一旦制定了正确的发展战略规划，在今后的若干年内，产生的效益将远大于初期的投入。如果经费不足，规划工作将难以顺利开展，从而影响规划质量，那么后期在规划实施阶段，就得投入更多的经费来弥补和调整，反而造成资金的浪费。

水利发展战略规划工作的经费需求主要与以下几个因素有关：

（1）分析地方基本情况（经济状况、水情、资源条件、发展优势和劣势等）的工作将耗费较长时间和较大经费，须由专业技术人员运用专业知识、利用相关技术分析得出结论。相关费用包括购买计算机等设备和数据分析软件，进行信息资料处理的费用。费用的多少取决于信息的数量、类型以及分析要求。

（2）联系规划相关管理部门，分析调查研究、收集资料产生的费用；为了达成一致意见，根据工作需要开展座谈讨论和召开各类工作会议租用临时办公用房和设备所需费用；委托专业咨询机构开展相关工作所需费用；文件印刷、会议文件和现场记录材料准备、完成相关成果报告所产生的费用，以及人工日常费用等。

（3）在规划制定工作过程中，可能会出现一些不可预见的情况，规划工作机构将不得不调整工作经费，以保证规划工作顺利进行，所以必须考虑承担不可预见的工作费用和管理费用。

水利发展战略规划编制费用额度取决于以下几个因素：①规划的规模；②规划所涉及的地方机构级别和范围；③完成规划所需时间；④规划编制工作是否交由专业咨询机构承担，由什么样的咨询机构承担；⑤可以落实的规划编制预算情况等。

一般地，小流域或者地市以下行政区域内的水利发展战略规划编制费用相对较低，而大流域或者省级以上行政区域的规划需花费较大的资金才能编制完成。水利发展战略规划编制费用不包含规划实施工作过程中的费用。

制定水利发展战略规划的费用，取决于领导对规划的工作要求和项目确定的范围。规划经费应当根据工作经费计算办法，按照工作量与经费相匹配的原则提出预算，并报上级主管部门审查核定批准。

规划工作经费应根据工作计划和工作实际需要及时安排到位。

由于水利发展战略规划属于国家和地方公益性基础工作，国家和地方政府应提供相应的专项经费、技术支持和必要的工作条件，并为组织开展规划工作提供支撑。

高等院校和地方研究咨询机构是编制水利发展战略规划可以利用的资源力量，这些机构能为规划工作提供技术支持。一些研究院设有规划研究中心，专门开展规划研究工作。除此之外，由于开展发展战略规划一些特殊工作要求，一些行业部门、企业以及国家和地方的发展研究基金组织也可以提供研究经费，用于开展规划专题研究工作。

第五节 制定水利发展战略规划的必要条件和不利因素

发展战略规划不是一项科学研究成果，而是经过各个方面协调、共同工作后形成的工作成果。发展战略规划在现有的经济社会物质基础上，将对人与人之间、地区与地区之间、社会发展和生活各个方面的关系产生非常深刻的影响。无论是个人的生活和事业发展，还是社会的进步，发展战略规划都有着重要的作用。如果发展战略规划没有做好，哪怕是事关发展的一个很小的因素，如果考虑得不够全面，未来就有可能变成发展的障碍。发展初期的小问题如果没有得到重视和妥善解决，那么在发展变化过程中，它可能会不断积累变成难以改变的趋势性大问题。另外，原本只需要通过协调沟通就能解决的矛盾，如果置之不理，随着时间的推移，它可能变成需要花费巨大的人力、物力、财力才能解决的大问题。

当水利发展战略规划符合地方特有的条件，其编制完成后必然会受到地方的重视，得到落实。

一、制定水利发展战略规划的必要条件

（1）地方有关各方面能一致认识到目前最急迫需要解决的水问题是什么。

（2）地方有共同解决水问题的理想和愿望，能准确判断发展条件的优劣，能明确阐述如何解决主要水问题与各项发展间存在的矛盾。

（3）为解决目前的水问题与发展之间的矛盾，地方有广泛的支持者，有可利用的各类资源。

（4）在规划实施工作中，地方能团结一心，协同工作，共享资源及成功经验，按照规划提出的要求组织实施。

（5）在未来发展过程中，地方对如何解决规划工作中的新情况、新问题以及承担相关风险有深刻的认识，并能基于现实研究确定对策和解决预案。

（6）在规划各阶段工作中，地方工作组织和相关人员的工作态度积极主动，能全心全意自觉投入工作中，能吸取有益建议，进行有效的内外沟通协商，相互帮助，取长补短，团结治水。

（7）在规划实施过程中，地方组织能持续关注地方发展变化，获取各个方面的信息，不断反思，认识新的发展状况，学习成功经验，及时调整规划。

（8）地方能够为规划实施工作的开展不断补充新的工作力量，逐

步实施规划，并能团结全体工作人员朝着共同目标前进，实现规划目标。

二、规划制定工作中的不利因素

规划制定工作中，如果出现以下情况，规划工作将难以取得成功，甚至可能失败。

（1）在规划工作开始时，规划工作团队就缺乏共同理念，对发展战略规划目标缺乏兴趣；规划工作团队的领导者缺乏相关知识和能力，不了解实际情况，脱离群众，脱离实际，对未来发展存有错误的预期。

（2）规划工作的领导团队和工作团队不能很好地理解和执行规划工作要求，没有周密的工作计划安排，对规划进展和实施情况漠然不知，自满自大，不思进取。

（3）缺乏良好的内部和外部工作关系以及沟通协调机制，规划工作未得到全社会的广泛支持。

（4）地方负责人不关心规划工作，对个人利益考虑得过多，不愿意多考虑未来发展会如何变化，只愿意沉浸在当前已有的条件环境中，得过且过。

第四章

水利发展战略规划编制准备工作

第一节　规划工作的前提条件

制定一项成功的水利发展战略规划须基于良好的工作基础，应达到以下要求：

(1) 在地方政府强有力的领导下，组织与规划相关的各方力量积极开展相关工作，并协调当地水利发展内部和外部的方方面面的关系，使各方达成规划共识。

(2) 经系统的分析研究工作，规划工作中一系列复杂的问题已经得到了解决。

(3) 对当地治水的基础和进展情况有深入的了解，得出的规划结论、意见和建议既符合当地的水情特点、社会经济发展实际需求和地方发展的阶段性要求，也符合解决当地实际存在的水问题的要求。

(4) 规划提出的地方治水方向是正确的，既符合国家政策，也符合流域综合规划提出的水利治理发展方向，同时也符合当地各涉水行业的要求和群众的需求。

(5) 规划成果同时也说明了水利发展涉及的一系列工程移民及拆迁、生态环境保护、跨行政区域水事矛盾等问题的解决措施，以及控制水利发展风险的方案。

因此可见，形成一致意见是水利发展战略规划工作的重要基础。协调形成的一致意见可成为各有关方面对规划工作的支持力量，从而保证规划的各项工作能顺利开展，规划成果能得到客观公正的评价。

发展战略规划提出的任何一项发展项目都需要获得有关方面及组

织机构的技术、政策和财政支持，获得生态环境保护部门的许可，才能得以批准实施。因此，规划中确定的项目能否开工建设，同样也需要以各方协调一致的意见为基础。

为形成共识、协调一致地开展水利发展战略规划工作，在工作开始前，就须组织规划涉及的各利益相关方和环境保护部门的有关人员加入工作团队。有关各方在充分理解规划工作内容、有关信息和方案的基础上，表明态度，提出意见，这对最终形成好的规划成果都是十分重要的。因此，在规划工作中，如何形成一致意见是首先需要做好的工作。

研究确定规划目标和各类建设项目时，为了使各方达成一致意见，需要有以下工作前提条件。

1. 确定规划工作人员

明确谁将参加规划工作，应了解其以往工作经历、工作经验和能力。制定规划需要考虑各个方面的发展要求，因此开展规划工作应当听取来自各方的要求、意见和建议。参与规划工作的人员如果不具备相应的能力，未能反映真实的基本情况，那么规划成果就是在不真实和不客观的基础上形成的，必然难以实施。

2. 明确规划内容

发展战略规划涉及面广，不能将各种发展要求无主次、无重点地全部纳入一项规划工作中去实现。哪些是水利发展战略规划需要考虑的主要内容，在规划工作一开始就应当明确。否则，在整个规划工作过程中都会出现各种各样偏离规划最初愿景的争论，将可能不断地调整规划工作方向，那么规划工作将难以完成。

3. 明确规划主要目标，做好组织协调准备工作

水利发展战略规划涉及地方众多行业和每个民众，对相关行业、企业和组织都将产生影响，因此制定规划必须首先明确在一个发展阶段内，哪些是主要目标，其对相关行业和民众利益有什么影响。在规

划工作一开始就应当根据实际情况，针对规划主要内容，讨论和确定未来发展的主要目标和要求。如果在后期工作过程中调整规划目标，那么规划项目就得随之调整，工作团队将难以集中力量解决主要问题，而且容易造成资源浪费，甚至导致地方得不到应有的发展。

水利发展战略规划涉及面广，需由多方人士共同参与制定，由于各方的立场和诉求不同，并且规划要研究的问题相对复杂，所以规划目标通常较难确定。要求规划在各个方面都尽善尽美是不切实际的，正确做法是充分考虑与规划有直接或间接利益的各方的诉求，综合确定规划的主要和次要目标。所以在前期准备工作中，做好协调沟通准备工作方案十分重要。

此外，做好组织工作是规划工作顺利开展的基本前提。规划工作开始前，如果工作系统的协调准备不充分、不到位，后续工作将遇到许多意想不到的困难，甚至造成规划工作中断。

进一步而言，水利发展战略规划工作能否成功，与能否取得真实的基础资料以及是否基于事实开展工作有直接关系。但要获得符合要求、真实的、可进行比较分析的基础资料，只有通过沟通和协调工作，使各方达成共识，才能实现。这是开展规划工作的重要前提。

同时，想要取得好的规划成果也需要协调规划相关各方的意见，使大家达成共识、形成一致意见，以便明确规划的主要目标，利于工作团队解决发展中存在的主要问题和抓住发展的大机遇。

在规划工作成果完成前的最后阶段，需要先由协调中介方站在公正、客观的第三者立场上对规划工作讨论和争论意见进行协调统一，对规划工作成果进行客观评估。

此外，水利发展战略规划目标要靠众人的共同努力和贯彻落实才能实现，在规划实施过程中，进一步协调来自各方面的各个层次的工作意见，对于切实有效地推进和落实各项具体项目的开展，也是非常关键的。

4. 明确规划的利益相关方

规划的利益相关方可以是个体，也可以是组织和行业。他们对当地社会有关水的各方面的发展或者与之有关的某些方面，都有着一定的期望。规划编制完成后，规划成果必然会对利益相关方产生有利的或不利的影响。由于规划的利益相关方了解当地发展的真实情况，对规划最有评判权，因此在规划工作开始时，就需要明确规划的利益相关方的范围、层次等，并通过进一步分析，明确哪些是在规划中获益的一方，哪些是受损的一方。

第二节 规划工作人员要求

为保证水利发展战略规划具有广泛的代表性和整合了各利益相关方的需求，规划工作除必须有水利方面的专业人员全程参与外，还应在适当的工作环节邀请以下人员参与：

（1）了解当地发展历史、当地经济社会发展的强项和短处，对当地经济社会发展机遇有深入了解和预测的专家。

（2）从事区域经济社会发展和自然环境保护研究的专家和学者。

（3）具备水利和相关专业知识背景的地方领导和政府工作人员。

（4）关注社会各方面的重点问题、了解地方历史上水利问题产生的原因，支持水利建设发展和水生态环境保护的人士。

（5）在规划执行阶段，能为规划项目顺利实施带来新的资源的机构代表。

（6）在规划工作中，能提供法律上、工作程序上是否合规等咨询意见的专家。

（7）曾参与水利发展战略规划工作，并从事管理或规划实施工作的人员。

（8）有成功处理重大水事矛盾经验的专家。

（9）信息系统、数据库管理和GIS应用方面的专家。

一、规划工作人员基本要求

建立水利发展战略规划组织和实施工作构架是一项具有挑战意义

的工作。规划工作过程和结果是否成功，主要取决于参加规划工作的人们。通常，规划的利益相关方代表会参与规划工作，由于参与规划工作的人员来自多个行业、单位、组织，各有诉求，所以在规划工作开始之前，选择合适的人员组建工作团队是非常重要的。

为了水利行业、国家和地方的协调发展，参与规划工作的人员无论来自哪一方，都应该站在客观公正的立场上，按照规划工作要求，以“小局利益服从大局要求”的原则工作，在自己的职责范围内开展工作，求同存异，而不应该在规划工作中按照原单位工作风格行事。

参与发展战略规划工作的每个人员，在工作中都可能存在认识上的局限，所以对社会公众感兴趣的水问题和其他与水有关的问题应当进行广泛讨论和深入的研究分析，才可得出全面的、与地方公众意见基本一致的客观认识。规划工作人员应具有很强的事业心，具备全面考虑问题的能力，能够通过规划工作过程中发生的表面现象，分析还有哪些潜在的不利影响因素；能够研究并提出保证每一步规划工作稳妥进行的意见，分析预测可能的规划结果；要有勤奋的工作态度，能及时收集和反馈各方面的意见；在参与筹划规划工作安排的过程中，能认真研究如何建立有效的工作方法、如何获得有意义的和有价值的意见和建议。

规划工作人员应具备以下条件：①能够在规划工作过程中保持稳定的工作状态；②具备工作岗位所需要的工作能力和相关知识；③具备完成规划工作所需要的组织协调能力；④负责规划项目评估的工作人员，应有虚心学习的态度和求知欲；⑤在有大量的工作需要完成的情况下，规划工作组的领导成员相比于一般工作人员需要有更多的奉献精神。

二、规划工作主要领导人员要求

为了保障规划工作顺利展开并取得成功，在整个工作过程中，需要组建一个经过上级批准或者各方同意、有权威性的工作领导小组，作为整个规划工作中的核心。

（一）规划工作领导小组组长

规划工作领导小组的主要负责人（小组组长）必须由最合适的人来担任，并且其作为主要负责人的领导地位和工作权威应予以保障落实。

规划工作领导小组组长应具备以下能力：

（1）有从全局角度思考工作的能力，具有广阔的视野。

（2）能把涉及规划的各利益相关方组织在一起，共同开展规划工作。

（3）能权衡各方面的意见，考虑问题全面，能做出正确的决定。

（4）能决定将哪些类型的意见列入规划工作中进行研究讨论，并能说明相应的理由。

（5）能判断规划结果对参加规划工作各相关方的有利和不利影响。

（6）能预测规划项目的效益和实施过程中可能产生的矛盾和问题。

（7）对规划工作中的矛盾和问题，能按照轻重缓急原则提出解决办法。

（8）分析归纳规划工作中各利益相关方提出的观点时，能着眼于以下几个方面来考虑：

1）在规划中，各方感兴趣的重点是什么，是否能全部包含在规划工作过程中。

2）各方能否从规划成果中获得利益，获得的利益是什么。

3）规划结果对各方有什么影响，能否解决他们关心的问题。

（二）规划工作领导小组成员

规划工作领导小组成员应符合以下要求：

（1）被公认为是有能力、负责任的人。

（2）具备做好规划工作的知识和经验，并且有能力将规划工作做得更好。

（3）具有组织新的工作机构、开发新项目、安排好规划工作计划的成功经验。

（4）具有号召力，能将规划工作需要的有用人才召入工作团队中。

（5）具有公正、讲道德的好品质、好名声。

（6）具有待人真诚、尊重他人的品质。

在确定规划工作领导小组成员时，可以优先考虑选择与水利发展直接相关的行业部门负责人和地方领导；其次，还可以按照水利发展战略规划成果的效益影响情况，选择领导层人选。另外，还需要考虑选择其他一些与规划工作相关，在工作中能起到重要作用的人员，如管理规划工作资金的部门人员、提供工作保障设施设备的管理人员、有个人影响力和权威并能够建立良好规划工作关系的人员、具备规划工作需要的各种专业（专项）能力的负责人等。

三、规划工作组织管理人员要求

规划工作领导小组组建后，将从参与规划工作的各方代表中选出各工作组组长。规划工作领导小组可以提出各工作组管理人员的候选人名单。

推荐各工作组管理人员候选人，通常考虑以下几个方面的要求：①根据工作实际需要，综合考虑候选人工作能力和兴趣；②优先推选那些在以往规划工作中做出突出贡献的人员；③重点考虑能为规划工作提供支持条件的组织机构代表或个人。

一般地，选择候选人的工作流程如下：

（1）收集每一个候选人的简历了解候选人的工作经历、工作能力、工作经验等情况。如：他以往是否参加过发展战略规划工作，是否参与解决规划工作中出现的问题，等等。

（2）了解候选人所属机构情况，以及他曾担任过的工作职位、工作表现、感兴趣的工作内容等。

（3）征求候选人本人意见，按照每个候选人的特点进行分类，根据工作岗位要求，选择可以担任相应工作岗位的人员建议名单。

（4）与其他推荐方式提出的候选人进行比较，研究是否还有其他更为合适的人选。

（5）提出候选人名单并报规划工作领导小组研究批准任命。

四、规划工作其他人员要求

在整个水利发展战略规划工作过程中，所有规划利益相关方全程参与是非常重要的。但并不是每一个利益相关方都必须参与每一项工作，实际上许多利益相关方并不愿意直接介入具体工作，也不愿意参加每一次工作会议。规划的利益相关方愿意参与规划工作，主要是因为规划工作内容与他们自身的未来发展需求、发展机遇等密切相关。也可分类分析规划工作需要哪些方面的人员参与（也就是哪些方面的人员参与有利于工作顺利开展），再确定相关人选。

常规做法是：请有关人士作为专职代表，代表规划各利益相关方参加规划各项相关工作。这样可以提高工作效率并节约时间。

在规划工作过程中，轻易获得的反馈意见可能较为简单直接，对于规划全局而言缺乏理性，如果对这些意见没有进行认真的研究和妥善处理，在后续工作中将可能会逐步积累更多问题。所以，让有不同观点的人、在地方影响力大的人、可能对规划工作造成阻碍的人都参与规划讨论、报告起草等工作，将有利于尽早地实现沟通和协调各方意见、取得各方理解的目的，形成“求大同存小异”的有利工作局面。

第三节 规划工作组织架构

水利发展战略规划编制工作是由一批专业人士根据工作目标和工作条件，以负责的态度，按照专门的工作组织安排，共同努力工作后完成的。根据以往水利发展战略规划工作取得的成功经验，通常，规划工作组织架构如下。

一、领导小组

领导小组全面负责领导规划编制和实施工作。领导小组成员应全程参与工作，保证规划工作的连续性和顺利完成。

领导小组的主要职责如下：

（1）研究决定工作中的重大事项、组织人员构架。

（2）批准规划工作目标、战略步骤、规划项目和工作计划。

（3）负责安排各项工作任务。

（4）落实规划工作所需经费来源。

建立工作组织和管理队伍后，规划工作领导小组组长应采用个别谈话等方式，与每个成员深入交流沟通，提出工作希望和要求。同时，召开领导小组全体成员会议，根据成员的特长和能力，进行工作分工，并讨论明确规划分阶段工作计划和预期完成的阶段性目标任务等。

领导小组应根据工作情况，及时组织召开工作会议，会议主要内容包括：检查已开展的规划工作任务进展和责任落实情况，估算完成工作需要的时间；分析规划工作面临的形势，讨论目前开展的规划工作方式是否合理可行，讨论需要重点支持的工作方面和安排增加人员力量的方案；对于那些在规划工作计划中没有安排，但已出现了问题的事情，研究提出解决措施；决定需要下发或者回复的文件以及下一步需要立即开展的工作计划等。

为提高工作效率，尽快形成会议结果，在召开会议之前，领导小组应当发出通知，让各个方面做好参加会议的各项准备工作。领导小组成员也可以在会前深入基层做调查研究工作，重点了解各项工作进展情况、工作成效、经验、工作方式以及工作人员的能力水平等，总结工作经验教训，并帮助基层协调解决工作中的问题。这将有利于领导小组了解真实情况，有利于上下级之间建立良好的工作关系。

二、顾问工作组

顾问工作组通常由决策咨询专家组成，为制定水利发展战略规划提供有益的建议。顾问工作组人员规模较大，通常包括规划相关各专业的代表。

顾问工作组主要是帮助规划领导小组组建专家团队深入开展调查研究工作，并对关键地区和关键行业领域的发展方向、影响规划目标实现的关键性问题、将要实际开发的项目的合理性等提供研究决策咨询建议。这项工作不仅可以促使规划领导小组广开言路，从而拓展了信息资源的渠道、并且也增强了未来规划工作成果的可信度。

顾问工作组的工作相对独立，他们不从事日常的具体工作，而是在战略和技术方面，按照需求参加工作讨论，并提供咨询参谋意见，帮助规划领导小组调控整个工作过程。

从总体工作要求上说，顾问工作组的工作任务是检查每一项规划成果与各关联成果之间是否存在矛盾，并在分析研究后向领导小组提出咨询评价意见。

顾问工作组成员通常也会按规定参与规划工作，针对规划工作中存在的一些日常问题提出咨询意见。顾问工作组同样也可根据工作情况，在需要时出面提供专业的咨询意见。在规划需要重点反映的突出领域，顾问工作组要有能力和工作经验帮助各级领导和社会大众更好地理解规划成果。顾问工作组提出的政策建议应当对形成更好的规划成果起到促进作用。

规划领导小组是否批准成立顾问工作组，需要考虑以下因素：

(1) 在规划前期准备工作中，是否需要请专家研究分析规划的范围是否合理，规划工作的方式方法是否合适，以及规划工作组是否听取了来自各方面的咨询意见。

(2) 在规划工作中，是否需要请专家对规划的关键成果有没有偏离正确的方向进行重点检查。

(3) 是否需要请专家帮助审核规划初步成果报告或报告简本。

(4) 在确认规划目标和战略步骤时，是否需要请专家帮助进行必要的研究分析工作。

(5) 是否需要请专家帮助审核规划提出的项目和实施计划的有关建议。

(6) 是否需要请专家帮助审核规划执行中需要利用的资源（如工作经费等）。

为促进规划领导小组和各规划工作组工作的顺利衔接，应根据规划工作需要，请顾问工作组的专业人士参加规划领导小组组织的有关会议。

三、工作组

工作组是开展规划工作的重要基础力量，其职能是组织开展日常工作。如何组织和发挥规划工作力量，将直接影响规划工作的顺利开展，也影响到规划重点目标的实现和规划方向的把握。

一般地，规划工作人员须按照工作阶段和工作需要，分成不同的工作组，例如研究组、协调组等。一个阶段的工作完成后，可以根据新的工作重心，对工作组人员进行必要的调整。

工作组的工作效能将直接影响和决定规划工作的安排、方法和工作重点能否切实落实及顺利完成。制定水利发展战略规划需要开展流域（或区域）经济状况和发展方向分析、规划编制工作计划制订、项目可行性分析等许多方面的工作，这些工作任务处在不同的工作阶段，须按照先后顺序逐步开展，还须根据工作进展情况及时调整。另外，根据工作重点和工作对象，需要投入的工作力量有所不同，如果工作组不具备相应的工作能力，那么很难想象在要求的工作时间内，工作组能完成大量的、复杂的工作。

基于工作组所处的关键位置，应赋予工作组检查规划工作实际进展情况和工作质量的权力。如果赋予顾问工作组相应的职责，富有经验的顾问工作组成员也可以担任工作组领导。工作组成员则可以在规划工作后期承担检查和审核规划特殊内容的工作。

工作组织机构的领导多为从事发展管理的领导或负责人。工作组成员还应当包括对完成规划工作有帮助的组织机构代表。例如，某些地方的经济发展战略规划编制工作组需要有金融机构代表、有特殊代表性的中小企业代表参加。工作组理论上还应该包括负责规划项目实施工作的代表，或者在特殊领域进行项目安排的组织代表。这些代表积极参加相关工作可以将其所在机构组织的核心层提出的要求迅速地在规划工作中落实。

对年轻的规划工作人员而言，在工作组工作，可以扩展他们的知识面、增加职业经验、提高工作能力，扩大工作范围。参与过规划工作的人员在工作组工作，可以在总结以往规划工作经验的同时，发现以往工作中未被重视的问题和不足，研究并提出解决这些问题的可行方案，并向现任领导提出改进工作的意见，通过工作锻炼，提高工作水平，提出新的发展理念，获得工作提升机遇。所以组建工作组既要考虑年轻人，也要考虑有规划工作经验的人员。

四、执行工作团队

需要强调的是，如果规划不可执行，那么规划制定工作就是无用的。

为了确保规划能够成功执行，在规划编制工作完成后，应当建立规划执行工作机构。这个机构负责协调规划的全面实施，保障各类资源（如技术、财务和人力）得到充分使用，并监督和评估整个规划的进展情况。

可以在规划编制工作团队的基础上扩充人员，建立规划执行工作团队，形成新的规划执行工作领导层；也可以通过重新组合，建立规划执行管理机构。最为理想的规划执行工作团队包括参与规划编制工作的人员、制订规划实施计划的人员和负责不同规划项目的人员。同时还包括负责公共管理的政府部门工作人员、参与投资和建设工作的人员等。

对于人数众多的负责执行或者参与各个规划项目具体建设的工作人员而言，规划执行工作团队将起到指导和把握方向的作用。

根据规划实施规模和实施范围，应当成立相应管理机构（如委员会），还应当选聘全职专业负责人来开展规划实施阶段的各项工作，以及未来一个时期的水利发展战略规划编制准备工作，以保证在工作过程中有专人负责各项日常工作。成立专门机构所需经费，一般由实施规划的政府机构、有关经济实体共同承担。

五、咨询团队

聘请外部咨询团队服务于水利发展战略规划工作，对规划工作得到更加广泛的支持、提高规划工作质量和控制规划工作进度都十分有帮助。咨询团队可以协助规划工作团队开展规划工作过程设计、数据研究分析、专项调查和信息收集工作，起到促进经济发展各个部门和社会各个阶层形成水利发展共识、协调促进规划实施等方面的作用。咨询团队还可以带来其他行业及地方规划工作的成功经验。社会各阶层则认为咨询团队是持客观公正的工作态度和立场介入规划工作的，因而对规划成果更为认可。

由于咨询团队与地方水利发展没有直接的利益关系，他们可以超越地域范围和地方认知局限来开展水利发展战略规划咨询服务工作，可以提供地方也许不认同但却公正、客观的成功发展经验和咨询意见。当咨询团队能向地方领导提出新的水利发展战略建议和研究成果时，他们也能凭借专业知识，说服当地持有反对或不同意见的具有社会影响力的人、单位或机构。

实践证明，在规划工作中，邀请专业咨询公司、高校和研究机构提出咨询意见并一起工作，对提高整个规划工作水平和成果质量将起到十分有益的作用。通过第三方咨询工作，可对规划理念、规划执行情况等进行客观公正的评价和指导，对做好规划的各项工作安排将起到很好的促进作用。

由国家和省级批准成立并资助的咨询机构，具有较高的业务水平，在规划工作中具有不可替代的作用。但是，从各地水利发展战略规划执行结果来看，如果地方各部门和社会各界都没有参与规划工作，或者在工作中没有起到主导作用，而仅仅是由咨询机构单方制定规划，那么规划成果的可行性就令人担忧了。地方开展规划工作，是否需要咨询团队参与核心工作，是否需要其提供全方位的咨询服务，应当根据地方实际情况来决定。

地方有关领导应参与规划各阶段的工作，以保证规划工作按照要求顺利实施，保证规划成果按照既定目标完成。而规划咨询团队的主要工作责任是受雇于地方领导和规划工作领导小组，做好参谋服务，没必要全程参与规划的各项工作。在规划制定和实施工作初期，咨询团队参与相关工作将起到积极的促进作用，但各项规划工作进入正常轨道后，咨询团队就没必要再参与具体工作。咨询团队的工作定位是，根据工作需要，帮助规划工作团队提高工作效率和成果质量，而非起领导和负责规划工作的作用。咨询团队应防止工作错位。

总之，引入合适的咨询团队，有助于加强规划团队与各相关行业、部门的沟通联系，有助于协调各规划相关方的意见，为做好规划工作打好基础。

第四节 建立规划协同工作机制

制定发展战略规划是一个协调各方意见、统一各方对未来发展共同认识的工作过程，在规划工作准备阶段，参与规划工作的有关人员应当讨论形成协同工作机制，做好问题解决预案，避免在工作中因协调不一致产生矛盾。

一、内部沟通

规划工作组织内部的信息沟通工作十分重要，必须保证工作组织内部成员及时了解各部门的工作进展情况和存在的问题。根据规划工作环境和工作条件，可采用每月发送一期工作简报的方式，使规划工作人员了解工作进展；规划工作核心部门的领导和工作人员还可通过发布工作报告、电话及时沟通，与相关人员单独谈话、召开小组工作会议等方式，将工作信息和工作要求及时传达给相关部门和人员。无论采用何种途径和方式，规划工作组织内的各级工作人员都应当建立良好的工作沟通交流机制，做好信息沟通与传达工作。

有效的内部沟通可取得以下效果：通过坦诚、公开和高效的沟通交流后，所有工作人员对工作面临的挑战和困难有正确的认识；各级人员都能获取全面的信息，如果对具体工作存在不同认识，则通过及时讨论，消除工作中的分歧，达成共识；在应对工作中的问题和困难时，通过协商，形成一致或大多数人支持的意见，尽快确定解决方案。

二、统一思想，形成共识

为做好发展战略规划各项工作，须把相关方人员组织起来共同工作。来自不同行业、领域、部门的工作人员，思维方式、工作方法不同，对社会现状的认识以及对未来发展的要求和期望也不同，工作中难免会从各自的角度去考虑问题，看法不一致、做法不统一。具体制定规划的工作人员，对发展规划的目标、任务、要求也有各自的看法和认识，而且由于每人的工作经历、经验不同，也会出现观点不一致的问题。但制定规划需要从大局出发，站在大多数人的立场上考虑问题，如何客观的分析研究现状，用正确的方法规划未来的发展，并协调和运用各种社会资源，使之利于未来发展，那么相关人员就必须统一思想，对未来发展战略形成共识，按照各方认识同的工作安排，协调一致地开展工作，共同努力奋斗。

水利发展战略规划涉及区域水资源分配和区域防洪安全标准的提高，在确定规划目标、安排重大水利建设项目建设顺序时，不同地区有不同要求，可能产生对立观点，形成矛盾。解决这一问题，也需要规划利益相关方统一思想认识，形成共识。

大家在一起工作，一起解决涉及多数人利益的问题时，通常是通过交流思想，协调意见，相互影响，最终形成解决问题的方案。规划制定工作中，如果每个工作人员感到自己在工作中的重要性，并在共同合作中自我感觉良好时，相互间的工作矛盾就会减少。每个人都在工作中有成就感，自觉地投入到工作中，愿意主动地去解决工作中的矛盾和问题，就能取得最好的工作效果。

协调一致的工作方法是鼓励工作团队建立一种互相帮助、协同合作的工作关系，激励各级工作人员提出新的理念和设想，集思广益，寻求解决问题的最佳思路和方案。在各类发展战略规划的工作过程中，工作框架都是在统一思想、形成共识的基础上建立起来的。

统一思想、形成共识，也是寻求建立一种简单、实用，能解决矛盾和问题，形成一致意见的工作方式。这种工作方式，应能促使规划工作者、参与者团结一致，面对各种现实问题，收集、整理、分析各类基本情况和各种发展需求，进行广泛深入的调查研究，形成合力，共谋未来发展。

现实工作中，一个团队提出的集体性的结论性意见，通常是在全体成员讨论后，由团队领导综合得出的，而非团队每个成员意见的简单汇总。这就需要团队领导具备判断、整合不同意见，促使团队成员形成共识并集体决策、予以执行的工作能力。

统一思想、形成共识的基本工作思路如下：

（1）让更多的人参与规划工作，鼓励参与者提出创造性的建议，参与讨论，共同解决规划工作中存在的问题和矛盾。

（2）共同工作，建立工作联系和信任，鼓励每个参与者坦陈自己的意见和建议。

（3）鼓励每个参与者寻找解决矛盾和问题的工作切入点，提出工作思路，共同寻求解决矛盾和问题的正确途径。

（4）寻找各个方面都感兴趣、对各个方面都有影响、对各个方面都有利的工作基础，以求形成工作合力，有力地推动规划工作开展。

工作中形成的共识应当让规划参与者及时知晓、了解并遵循。如果规划参与者能发出自己的声音，提出建议，合理要求和建议得到认可或响应，那么规划工作中的反对声便会减少，工作对立的情况将减少，错误决策的现象也将减少。

（一）达成共识的工作流程与步骤

1. 召集规划相关方代表共同工作

由于水利发展战略规划工作涉及面广，需考虑和满足多方需求，所以把与规划有关的各方代表召集在一起工作是非常必要的。这样做的目的是，确保制定的规划能充分满足各行各业各地对水的需求。

规划相关方代表包括：地方各级政府的发展和改革、财政、市政、交通、农业、生态环境保护等部门代表，与水利有关的行业组织代表，等等。但上述机构代表人数不宜太多，规模不宜太大。如果相关的各个方面的代表都希望参加规划讨论，参与人数过多的话，应进行分组，每组成员人数应控制在10～12，以便于相互交流，也有利于每位代表充分表达自己的意见。

2. 确定参与讨论的人员

参与讨论的人员应具备同等知识水平和专业素养。人们的认知水平差异过大，看问题的观点不同，对同一问题的看法就存在较大差异。参与规划讨论的各方代表，如果知识水平不同，对规划基本情况的理解千差万别，那么就很难形成共识，达成一致意见。规划工作将难以顺利开展。所以，开展规划讨论工作，应对人员构成和参与人员的素质提出要求，按一定标准进行选择。

3. 规划组织方提供规划基础信息

开展发展战略规划讨论工作，规划组织方不能采取“你需要知道”和“这些情况你应该是清楚的”的策略，要求参与人员应知应会。因为，参与讨论工作的人员，其工作范围不同、工作经验不同、知识水平不同、掌握的相关信息不同，对水利发展状况的认识可能不全面、不深入。实际上，各面代表参与讨论，沟通信息，也就是为了全面了解情况，从而做出正确的决定，提出更好的水利发展意见。

在讨论前，为了让参与人员更为全面地了解水利发展情况，规划组织方应提供以下基础信息：

（1）地方和流域的经济社会发展状况、生态环境状况、水资源条件等信息和有关数据。

（2）地方和流域未来发展的强项、弱项。

（3）水利行业发展的机会和风险。

（4）水资源对地方现状和发展的影响、制约等。

（5）哪些水利发展项目是地方通过自身努力就可完成的；哪些水利发展项目需要地方与其他地区和行业部门协作，共同努力才能完成。

（6）影响水利发展建设的内部和外部因素有哪些。

（7）其他需要规划工作讨论了解的情况。

以上信息可以通过召开规划讨论会议，邀请外部专家介绍分析，规划小组面对面讨论，网站公布，或通过邮件、电话等传达给相关工作讨论参与人员。

4. 集思广益与讨论议题设定

为了避免漫无边际地讨论，事先安排好讨论议题是非常必要的。但需注意，在规划工作组广泛征求意见、开展相关讨论时，一开始不要设定过于明确的讨论议题，应鼓励各方代表提出自己的规划看法、意见、设想和希望。地方有关部门代表参与水利发展战略规划工作讨论时，如果一开始就安排讨论规划具体要求和项目，或者讨论具有倾向性的规划意见，容易引起其他方面的代表的质疑：制定这项规划是不是为了某些行业和地方的利益？是否还有其他利己动机？是不是因为一些地区为建设有争议的工程，而通过规划明确其开工定位？规划是不是只利于其他地区？所以，在规划工作初期，在工作基础相对薄弱的情况下，开展具体的项目安排方面的讨论，往往不可行。在这一阶段，集中讨论的议题应避免过于具体，主要是征求各方意见、需求，并对开展规划工作的必要性以及如何开展规划工作进行讨论，从而明确规划工作目的和工作流程安排。

讨论编制水利发展战略规划必要性的常见议题有以下几个方面：

（1）为促进地方经济社会全面发展和生态环境保护，是否有必要编制水利发展战略规划？如何全面协调各方面对水的要求，为未来发展提供良好的水利基础条件？

（2）通过规划明确的水利建设项目能否为地方经济社会发展和生态环境保护提供更好的水安全保障？

（3）水利发展战略规划能否为制定地方经济发展规划起到基础性的作用？是否能支持其他行业的发展，并为地方提供更多的发展机遇？

5. 明确工作计划，再启动讨论会议

为保证讨论的有效性，使之能集中解决一个工作阶段中的问题，讨论工作组织者首先应做好相关工作计划，事先研究需要讨论的工作内容。如果没有明确的工作计划，就贸然开展规划工作讨论，讨论的目的性不强、内容不够明确，将难以对整个规划工作的推进起到实质性的促进作用。

成功的规划工作讨论可以达到以下效果：参加讨论的各方代表提出的建议、意见、要求得到充分重视，经集体讨论，深入研究后，合理建议得到采纳；同时，每位参加讨论的人员都清楚下一步应开展哪些工作。

工作讨论贯穿规划工作的始终，当规划工作进入一个新阶段，在前一次工作讨论的基础上完成新的工作任务后，又需要解决新的问题，规划工作相关机构就需要根据工作计划再次组织开展工作讨论。参加规划讨论的代表，事先应做充分的准备工作，明确哪些是在现阶段就需要开展的工作，哪些是需要在各方讨论后再开展的工作，这将有力地促进整个规划工作的有序开展。

6. 营造氛围，让讨论参与者说出真实想法

为取得有效的讨论结果，讨论工作组织者需要营造良好的讨论氛围，确保参与讨论的每个人都能说出自己的真实想法。参与规划讨论的各方代表，通过讨论交流，更为全面地了解地方现状和基础条件，对当地的水情、发展的思考将更为全面、深入，可以得出比较全面的认识，提出更为中肯的意见。当各方代表对当地社会经济发展和生态环境保护对水的要求进行全方位的衡量、分析、比较，就容易得出在哪些方面需要解决当前突出的水问题的结论。那么，他们会认为参加讨论是非常有意义的，讨论形成的意见和结论是有价值的。

如果某方代表受邀参加规划讨论，他（她）本人对当地的水的基本情况也有所了解，但由于讨论时间安排得不足，没有机会发言，他（她）就会感到参加这样的规划讨论没有意义。在讨论会议上，如果只有一部分人表达了自己的意见，其他人没有机会发言，那么与会人员对相关情况的了解必然不够全面，在对水的问题的认识上就可能产生偏差。所以，组织开展规划讨论的工作人员应当细致地做好讨论日程安排，控制好每位代表的发言时间，这将有利于参加讨论的各方代表充分交流，相互启发，通过充分而深入的讨论统一思想认识，形

成较为一致的、客观的结论性意见。

规划工作组织者根据工作计划，按以上六步工作法组织有关讨论，确保参加讨论的各方代表都充分表达了自己的意见、建议、要求和希望，并在每一阶段的讨论中，对所有人的建议给予及时回复，采纳有益的建议，而不是在规划工作的最后阶段才给予回应，那么参加规划讨论的各方代表都将感到自己得到重视和平等对待，讨论工作是有意义有价值的。这有利于各方代表主动参与规划工作发挥主观能动性，对规划工作的推进起到积极的促进作用。

每次讨论结束，对各方代表提出的基本达成一致意见的相关结论、策略等，规划讨论工作的组织者应及时进行归纳总结，形成文件，并交给各方代表，请他们带回各自单位，经所在单位主管领导同意后给予确认。

当参加讨论的各方代表对地方水问题、经济社会发展阶段、未来发展对水的需求等问题形成一致看法后，规划工作组织者再通过进一步征求意见，进一步协调，最终形成一致的结论性意见。

结论性意见形成后，规划工作组织者就没有必要再反复进行集中讨论和研究，而应针对存在的各种水问题进行广泛的调查研究，并把调查工作中收集的新情况、新问题，提交给参加讨论的各方代表进一步研究讨论，在获得各方趋于一致的意见后，可召开工作会议，形成最终意见，并在会后形成会议纪要通知各方确认。经各方确认的会议纪要作为开展下一阶段规划工作的基础性文件。

需要注意的是，在上述工作过程尚未完成、各方意见尚未趋于一致的情况下，就召开会议进行最终讨论和决策，有可能出现各方意见分散，交锋激烈甚至对立的局面，以致工作会议延长、收效甚微。如果还需在会后进行反复的协调，那既增大了工作的难度，又延长了工作的周期。将不利于推动整个工作的进展。

（二）开展协调工作

1. 确定协调工作人员

在各规划相关方、规划参与者、规划工作者统一思想、形成共识的过程中，负责协调工作的工作人员起到十分重要的作用。一般地，负责协调工作的人员应具有拟订工作方案计划、控制工作进度，管理讨论工作过程、协调不同意见的能力。为保证讨论工作顺利开展，取得良好效果，协调工作人员还应能控制节奏、调节氛围，把握讨论方向。讨论工作结束后，协调工作人员应及时归纳总结讨论成果。协调工作人员一般应经过培训，或从有协调工作经验的人员中挑选。一般而言，负责协调工作的人员应具备以下条件：

(1) 具有社会学、管理学等学科知识以及与水利发展战略规划工作相关的多种专业知识，有一定的工作经验，工作背景良好，最好有参加地方或行业发展战略规划工作的经历，了解一个地方经济社会发展的基本情况。

(2) 具备理解需要协调的规划工作问题的能力，在讨论研究工作中能根据工作需要，清楚地说明需要协调解决的问题的基本情况和产生的原因。

(3) 具有良好的个人品格、服务精神和工作作风，能与地方领导以及参加规划工作的各方代表保持良好的工作关系。

(4) 在各项协调工作中，能保持第三方的中立立场，对各项需要讨论的规划议题没有自己的偏见，能够负责并完成工作计划明确的各项工作。

需要注意的是：无论是规划工作组织机构的协调工作人员，还是规划工作组织机构指定的负责具体讨论工作的协调工作人员，均应经参与规划工作的各方代表认可，并按有关程序经审查和批准后上岗。

2. 工作方法

在协调解决一系列的规划矛盾和问题时，协调工作人员将随时面对有利和不利的工作局面。有利的工作局面包括：①经过短时间的讨论，与会人员对规划中的一些问题便形成基本一致的解决意见，得出相关工作结论或建议；②参加规划工作讨论会议的各方代表都有充足的时间阐述各自观点，提出建议，在进行了充分的讨论后，虽然对一些问题存在分歧，但能够通过下一步的工作研究，协调解决分歧，讨论的氛围和谐、热烈、富有效果，能够解决问题；③通过讨论和协商，各方代表相互之间建立起了良好的联系和信任，能够坦诚友好地交换意见；④形成阶段性讨论成果，并能为下一步规划工作的开展营造相互支持的良好合作氛围。

不利的工作局面包括：①有些代表在表达自己的建议和想法后，在讨论会议上或者会后，又改变了意见，导致前一阶段的协调讨论工作成果无效；②在协调讨论工作过程中，与会者受到来自外部的压力，屈从于外部强势力量所谓的“集体思想和意见”，难以表达个人及所代表的组织的意见，或难以客观地表述当地水问题的实际情况；③一些与会代表受权威人士、技术专家等人员观点的影响和左右，不敢或没有如实发表自己的意见。

为取得良好的工作成果，协调工作人员应在组织开展工作之前分析每项工作的内容、要求以及发展变化趋势，研判并分析工作中可能产生的问题和矛盾，寻求恰当的解决方式方法，提出处理矛盾和问题的预案，做好工作前期准备。另外，还应事先做好工作计划安排，明确协调工作模式和讨论规则，促使与会者按照明确的工作规矩、方式方法和工作过程进行工作讨论，避免和管控不利工作局面的产生。如果面临不利的工作局面，协调工作人员应设法予以妥善解决，绝不能为了尽快完成讨论工作而放弃工作原则，回避问题和矛盾，甚至迫使或诱导与会代表通过相互妥协达成一致意见。如果讨论工作结论未真实、客观地反映大多数人的意见，将对下一步规划工作造成不利影响。

（三）常用工作方法

讨论协调工作方法，需要通过相关工作实践和讨论问题的实际情况来确定，既可采用单一的工作方法，也可以将多种方法组合使用。规划工作中，为统一思想并形成一致意见，常采用“头脑风暴”式讨论、投票表决、问卷调查、面谈等方法。

1．“头脑风暴”式讨论

开展“头脑风暴”式讨论，非常有益于及时地提出新的工作思路。

“头脑风暴”式讨论有利于形成积极的讨论氛围，产生有创意的成果，通常可运用于以下情况：①讨论某些特殊问题；②就未来发展设想开展的启发性的讨论；③正式讨论研究解决有关问题前进行的集思广益、公开性的讨论。

需要注意的是，如果事先没有准备明确的讨论提纲，采用这种自由开放的讨论方式，容易出现话题“跑偏”，讨论效果不佳。与会者提出的有些建议、意见对确定规划目标、制定战略或确定项目和计划可能毫无用处。另外，在讨论一些有争议的议题时，也要谨慎采用“头脑风暴”法。

开展“头脑风暴”式讨论，可采用集体讨论和分组讨论两种形式，讨论时间一般为 2～3 小时，通常按以下步骤进行：

（1）组织方宣讲讨论规则。为达到通过讨论获得尽可能多的建议的目的，组织方对提出的所有建议都应该采取尊重的态度。由于讨论的目的不是评判建议是否，所以应当鼓励参与讨论的每个人尽可能多地提出独立见解，并对每个人提出的建议一视同仁，客观对待。

讨论组织方也可以请参与讨论的各方代表提出需要讨论的议题，明确讨论时间等事项。

（2）简要介绍现实情况，再针对主要问题进行讨论。在讨论开始前，讨论组织方有必要让每一个参与者了解讨论的主要背景情况。在提出一个讨论提议前，组织方宜用 5～10 分钟进行现实情况回顾分析，再提出讨论主题和要求。组织方可以给每一个参与讨论的人提供一张讨论清单，以便讨论人员对主题问题有足够的了解。

（3）讨论人员针对需要讨论的问题进行思考。讨论组织方应留出一定的时间，请讨论人员针对讨论的问题进行思考，这将有利于大家在讨论过程中聚焦。

（4）请讨论人员主动提出建议。任何一个参加讨论的人员，只要愿意发表建议，讨论组织方都应该尊重并鼓励。为了让讨论组的每个成员都积极地参与讨论，讨论组织方事先应准备 1～2 个建议，并要求每个成员事先准备 1～2 个建议。对各讨论小组提交的建议进行讨论时，首先讨论小组中大多数代表一致同意的建议。在讨论过程中，讨论组织方应当做好记录，可以专门指定一个工作组进行会议记录和归纳整理工作。为保证记录内容的准确、完备，工作人员可将会议记录投射在投影屏上或写在黑板上，以便讨论人员核对、补充和确认。

（5）对讨论提出的各项建议进行分类和归纳。在讨论过程中，讨论组织方应根据讨论进展情况安排休会。休会期间，讨论组织方组织人员，将讨论提出的建议进行分类整理，并统计每一类议题的建议人次。

（6）提出会议讨论成果并进行意见反馈。最后，讨论组织方应和所有讨论人员共同进行会议成果总结，并予以确认。如果参会人员一致同意会议形成的讨论总结，则应以会议纪要等形式确认；如果参会人员有不同意见，讨论组织方应鼓励其陈述观点，再次讨论协商后总结会议成果内容，并形成会议纪要。

通过上述“头脑风暴”式讨论的合理工作步骤安排，通常可以得出各方意见基本一致的讨论结论。

2. 投票表决

投票表决是通过协调工作形成一致意见的工作方法，是按照大多数人认可的原则来形成基本一致的结论。用于集中各方意见，解决分歧。

讨论组织方将规划相关方代表集中起来，在没有硬性要求的情况下，各方代表会自由、充分地表达自己的意见，讨论相关决策，以达到实现自己诉求的目的。讨论工作中，当各方代表相互之间都不太熟悉时，采用投票表决的方式形成决议尤为有效。但在实际工作中，有时会遇到以下问题：①小组讨论没有形成一致意见，无法开展全员投票表决工作；②参与讨论的人员对会议议题的了解不够全面，在投票表决时盲目投票；③有的讨论人员对讨论形成的结论有不同意见，或者讨论形成的结论中存在对立、矛盾之处，而讨论的组织方也难以协调解决，导致投票表决工作无法开展。为了有效地开展讨论，避免上述问题产生，讨论的组织方在讨论工作开始之前，应当建立讨论工作规则，妥善地做好讨论分组安排。每个讨论小组的人数控制在10～12

人。讨论时间一般不少于2小时，讨论的组织方还应当保证每个讨论小组有不同的、有代表性的讨论议题，并且应当避免在每个讨论小组内只安排或者过度地强调某一方代表感兴趣的讨论议题。

如果讨论人员相互不认识，讨论的组织方可以安排5～10分钟，请每位参加讨论的人员进行简短的自我介绍，打破与会人员因彼此不熟悉而形成的沉默、尴尬局面，避免讨论会议开场和过程中的“冷场”问题。

主要做法如下：

（1）讨论的组织方以报告等形式陈述讨论主题，直到每一位讨论人员都知晓和了解。

（2）安排5～10分钟时间，请参加讨论的人员思考讨论议题，鼓励他们尽可能多地提出自己对讨论主题的想法和认识，并要求他们在独立思考后提出各自的建议。根据参加讨论的人员各自所处的社会地位，以及他们对水利发展的认识，讨论的组织方可以采用多种形式获得他们的意见。每人提出3～7个建议即可。例如，针对如何解决地方水利存在的问题，讨论的组织方可以请各位讨论人员列出：什么是当地目前最主要的水问题，解决水问题的主要方案是什么、有什么建议或要求，等等。

（3）各组讨论人员对本组提出的建议，按照重要性进行排序，并对比较集中的意见和建议进一步深入地讨论，形成最终意见，明确在下一工作阶段可以继续进行讨论的议题。各组所有的讨论结论意见均需列出，并让每一位讨论成员知晓。在这一步工作中，参加讨论的人员通常以循环发言的方式，逐个陈述各自的思考和认识。讨论的组织方不必对任何讨论内容或问题进行说明。

（4）集中讨论各组提出的建议。各讨论小组选出本组代表，各组代表说明本组提出的重点建议及其理由。参加讨论的全体人员集中对各组提出的建议进行讨论。在这个工作阶段，通过各组代表阐明本组重点建议内容的方式，让全体讨论人员了解需要集中讨论的问题有哪些。讨论的组织方可以根据工作需要，归纳、整理、合并各组提出的建议，加以分类，避免重复性讨论，提高讨论工作效率。

如果有讨论组要求将其提出的建议列为重点建议，需经全体讨论人员评价认可。讨论组织方按照建议之间的关联关系进行排序，列出需要重点考虑的建议，以及第二、第三等级的建议，再按重要性进行排序。

（5）通过集体讨论，提出次序最优先或优先的建议。如果讨论人员一致认为某些建议非常有价值，但是它们并没有被列入优先考虑的行列中，那么讨论的组织方可以要求并组织开展进一步的讨论，最终确定需要投票表决的重点建议的数量。在进一步分析各讨论组提出的特殊建议的理由之后，讨论的组织方也可采用优先顺序排序法，明确那些需要进一步讨论的特殊建议。

在这个工作阶段，一般不采用投票的方式对讨论形成的决议进行排序，但要求参加讨论的每一个人了解重点建议的内容，知道哪些重点建议是经过归类、优先排序后确定的，并能判断其是否具有优先讨论的必要性。

（6）采用恰当的投票方式，表决讨论会议决议。如果采用电子投票，则每一位参与讨论的人员按照自己的意见，通过投票系统投票。讨论的组织方可以按照程序，运用投票统计软件或其他汇总统计方法统计投票结果。

如果采用人工公开投票，可以用“选边站队”的方式进行，但要注意避免从众行为的发生。

无论采用哪种投票方式，当投票结果未达到要求时，就需要通过反复多次的投票，得出最终表决结果。

（7）公布投票表决结果。讨论的组织方将投票结果公布于众，并应当通过进一步的工作，确保参与讨论的每一个人充分理解和认同投票结果。讨论的组织方应征求每位讨论人员的意见，请其提出讨论工作改进措施。

其他有效的讨论方法还包括：请参与讨论的成员和各个方面代表写各类建议议案。其中包括：写对未来发展各种可能的建议方案、写对未来展望的最好和最坏情况分析，提出如何实现规划目标的工作思路、工作路线图等。

在组织讨论时，对于那些不愿意在公众面前表达自己看法，喜欢在独自个别的情况下表述自己意见的人们，或者由于有一些其他原因，而不愿意参加会议讨论发言的人们，讨论的组织方通常可以请他们采用匿名的方式表达自己建议，也可以提供一些“一对一”的个别讨论交换意见的机会。通过采用各种有针对性的工作方式，往往能够了解到对方坦诚的内心想法和信息，也能够得到一些有价值的建议意见。

3. 问卷调查

通过问卷调查采集规划相关方的有关意见，经研究分析、归纳总结，得出大多数人认同的意见，也可形成统一的认识。在规划工作实践中，可以用问卷调查法决议某些事项，或确定某些问题的解决方案，还可以运用它对规划目标、各种战略安排和规划项目进行评估比选。其工作重点不是在分组讨论时收集结果，而是在一系列调查中选择有用的信息。

开展问卷调查活动，主办方应做好问卷调查系统的管理工作，保证反馈成果有效，并要注意，不能把反馈成果随意传播。

采用问卷调查法，还应注意以下问题：①以问卷调查方式征求每个讨论成员的意见，应当要求每个成员以匿名回复的方式完成问卷调查；②通过问卷调查得到反馈意见之后，各讨论组还可开展互动讨论，针对反馈意见进一步讨论和征求成员意见；③在最后一轮收集反馈成果的工作开展之前，须明确要求各组提出的反馈意见经过了小组大多数成员的认可。

采用这种办法可以消除个人偏见，可以消除与规划工作不相关的事，还可以消除因为个人可能受到某种集体压力，而被迫同意趋于一致的偏见问题，把不切实际的调查结果减少到最小状况。

问卷调查工作过程如下：

（1）确定问卷调查范围。调查对象的范围可以广泛些，可以把与调查目标有相关关系的各方代表都邀请来参与调查。例如，通过尽可能多地邀请与水利规划有关联的各方代表参与问卷调查，可以收集大量相关数据，从而得到令人满意的调查结论。

（2）为得到特殊问题的调查结论，应制定专门的问卷调查表。确定调查范围后，组织方应根据调查目的，有针对性地设计问卷调查表。问卷题目不宜过多，通常控制在被调查者在20分钟内完成为宜。组织方应尽可能地回收每一份答卷。问卷调查表可以通过电子邮件等方式定向地发送给被调查者，也可以利用网站或手机发布和收集。在特定条件下，对于需要采用问卷调查方式了解的特殊问题，可以通过一对一的面对面交流或电话问询沟通等方式收集意见。

（3）整理问卷调查答卷表，并做分类分析。在完成了第一轮问卷调查答卷的整理、分类分析和总结工作之后，组织方应将调查结果反馈给第一轮问卷调查对象。第二轮问卷调查应在第一轮问卷调查结果的基础上进行。例如，在第一轮问卷调查中可以明确要求被调查者回答其对水的需求、其认为的水利发展关键问题以及水利发展与当地经济社会发展的关系等问题。在分析和总结第一轮调查答卷，得出相应结论或解决了相关问题的基础上，第二轮问卷调查可以进一步要求被调查者回答水利发展对地方经济发展有什么影响等问题。第三轮问卷调查便更深入、具体地要求被调查者给出行动方案、解决措施以及相关项目实施顺序的建议等意见。在实际工作中，有时需要开展多次问卷调查方能达到工作要求。

（4）编写调查结果总结报告，并将结论反馈给参与调查的每一个人。一般采用数据分析和文字说明的方式，向被调查者反馈信息。开展问卷调查活动的主办方应将调查总结报告和相关分析一并发给每一个被调查者，或在参与问卷调查的人员和规划编写工作组人员共同参加的会议上，通报调查总结报告和调查结论。

（5）规划制定工作的组织者按照问卷调查的反馈意见，邀请和召集规划项目投资等方面的有关代表召开会议，通报调查结果和规划项目建设相关意见。

问卷调查法的优点：①参与问卷调查的人有足够的时间，可经过认真思考填写问卷调查表；②参与问卷调查的人拥有更为自由的表达方式，可以以匿名的方式，更加真实地表达自己的意见；③有不同意见、有独自见解的人都有机会充分表达自己的意见，可达到充分反映各方代表意见的目的。

问卷调查法的缺点：①采用问卷调查法收集有关信息后，一般通过走“中庸”之路的途径达到各方意见协调一致的目标，所以在工作过程中消除了个别意见，也就难以获得富有个性的建议和方案；②耗时长；③当必须进行多轮问卷调查时，需要参与者持续参与问卷调查活动，给调查组织工作带来较大困难。

4. 面谈

面谈是个人对个人、面对面地交流讨论有关问题的工作方式。在人数较少（通常为2～5人）的讨论小组内，组内人员也可采用面谈的工作方式交换意见。面谈工作方式主要用于向各级领导征求意见。

如果需要与多人分别面谈，那么与每一个人的面谈都应当采用同样的方式，每次面谈应当问同样的问题。当然，根据每个面谈对象的具体情况和其关注的领域，可以有针对性地再询问一些不同的问题。

如果在人数很少的讨论小组内进行面谈，尤其要注意，由于各组情况不同，面谈讨论工作预案也应有所不同，避免每个小组成员对问题都是泛泛而谈，还应避免每个人谈的内容或观点相同。另外，需要注意的是：面谈工作一般在收到有价值的反馈意见后进行，是在对小组成员所提问题进行进一步分析的基础上进行的，是在自然放松的氛围下，采用灵活的形式进行的。

发展战略规划编制工作组的一些人员常采用面谈这一工作方式。因为面谈的对象层次不同，但无论是个人对个人的面谈，还是以小组为基础的面谈，所收到的反馈意见都是面谈对象负责任地提出的，可信度极高。

工作中，常将面谈与问卷调查相结合，即在进行了大量的重要数据分析和说明的基础上，再开展全面、充分的面谈工作，这将取得丰富的调查成果，并有利于达到意见一致的协调工作目的。相应的调查总结报告和相关的反馈内容，在征求意见后，将可由参加面谈的人员和发展战略规划工作组成员共同完成。

在规划领导小组召开的会议上，规划工作组可将有关协调讨论的反馈意见、调查成果报告、解决有关规划工作中存在问题的建议，下一步的工作计划、提交会议审议批准，以明确下一个规划工作阶段的工作安排和工作过程管理要求。

三、转变规划工作合作方式

从政治、经济、生态环境和社会发展进步等方面来看，水利发展战略规划对全社会未来发展远景目标的顺利实现有着重要影响。各地政府和人民群众都希望防洪安全得到保障，社会稳定，水资源满足社会发展需求，水生态环境优美。而水利发展战略规划制定工作为各级领导和不同地区的群众提供了一个凝聚力量，理清发展思路，共同解决水问题，团结一致工作的平台，使社会各界人士明确了水利未来发展方向。

水利发展战略规划将全面展示一个流域或一个区域当前和未来对水的开发、利用、保护的愿景和目标，将明确提出水利建设项目安排，这些是地方政府、投资机构和人民群众极为关心的事情。但在规划实施过程中，由于领导人的见识和思路不同，执行人员的工作水平和方式方法不同，各地政府建设水利工程的目的不同，水利建设项目因建设条件、建设时机不同而有所差异，所以可能产生矛盾，甚至于规划目标不能实现，规划执行结果不符合预期。

在任何工作中，不产生矛盾是不可能的，做好发展战略规划工作过程中的各项具体协调工作，就是为了避免在未来规划实施过程中产生重大问题和矛盾，影响地方的良性发展。

一般而言，地方领导是在对当地情况进行深入评价，对各领域的重点发展项目进行权衡后，从战略上谋划未来，经过研究分析明确了什么样的资源可以开发利用，然后组织完成发展战略规划的编制工作。在此过程中，地方领导须面对未来发展要求，慎重决策发展方式以及未来发展过程中可能面临的问题与矛盾的解决方案。因此，越早地分析和研究规划执行过程中的问题和矛盾，越快地协调好各方意见，把问题和矛盾解决在萌芽状态，越有利于发展战略规划的顺利实施。

探索问题和矛盾的根源有利于揭开事物发展中的内部问题，有助于在获得广泛的有用信息后，通过分析研究、集体决策，解决问题和矛盾。解决发展中的问题与矛盾的关键在于，相关各方能友好合作，共同应对，这是在战略上能否转变发展方式、能否成功发展的基础条件。为此，必须谋求各规划相关方更为有效的合作。

在规划执行工作过程中，是否能有效地开展合作，是各地领导层工作是否有最佳表现和成果的标志之一。

建立良好的合作模式，须注意四个方面：①将人与问题区别开，关注于什么是各方人士关心的问题以及问题产生和存在的原因；②聚焦于社会的关注点，而不是提问题的人所处的地位。通过换位思考，从一个人所处的位置，了解其他潜在的一些问题的原因；③为了水利行业和其他行业共同发展和提升，应当研究未来的发展实施道路，明确在发展过程中社会共同的关注点和不同的关注点之间的结合点；④坚持用客观的准则判断是非。基于什么是好的、什么是不好的标准，客观分析问题和矛盾，建立共同遵守的准则来解决问题和矛盾，使发展战略规划的协调和讨论工作建立在正确的原则之上。

以友好、有效的合作方式开展讨论、进行沟通、并协调各方意见，在达成一致意见后，可按照以下 3 个简单的步骤，共同解决问题和矛盾：第一步，决定什么是需要特别优先达到的发展目标；第二步，分析并明确在这些目标实现的过程中可能遇到的障碍、问题和矛盾；第三步，制订系统解决每个障碍、问题或矛盾的路线图。

考虑主要障碍是谁/什么，在明确是谁/什么后，分析各类问题和矛盾之间的关联因素有哪些，然后考虑采用什么政策，并仔细研究需要调整哪些方面的工作，以及在工作中还需要获得哪些方面的重要支持。

解决问题和矛盾最根本的办法是：以各级管理和工作层面的相互尊重为基础，工作组内部按照工作程序要求和权限，明确工作制度和决策程序，制定工作计划，认真研究、全面客观地分析存在的问题和矛盾；在工作执行过程中，全体工作人团结一致，勇于担当负责。无论在什么情况和条件下，各级管理人员相互尊重，都是建立良好沟通交流机制的工作基础。

第五章

规划基础信息数据调查、收集和评估

制定符合实际的水利发展战略规划，必须对规划区域内的基本情况进行调查，明确需要收集哪些与规划有关的各类基础信息数据，并对调查成果和各类信息数据进行客观真实的评估。本章重点介绍在制定水利发展战略规划工作中，如何进行基本情况调查，如何收集需要的信息数据，如何开展评估工作。

第一节　水利发展战略规划基础信息数据概述

制定水利发展战略规划是一个调查基本情况和收集信息数据的工作过程，在调查、收集和分析相关信息数据后，要让有决策权的领导知晓收集的基础信息数据来源如何、各类信息数据之间有什么关系，还要让决策者知道并理解规划工作中采用的信息数据分析结果对于确定发展战略规划起什么作用。如果决策者对信息数据的真实性认识上有偏差，对信息数据之间的关联关系没有充分的认识，制定的发展战略规划有可能是不成功的。

因此，在水利发展战略规划编制工作中，关注并确定什么是正确的信息数据来源，关注最新的可使用信息数据是十分必要的。除此之外，解释和说明信息数据的工作必须要按照统一的规定要求完成，以避免分析出现差异。

能清楚准确地反映一定时期内发展变化情况的信息数据，可以直接阐明这个时期内水利发展的实际内涵，并对制定下一阶段的发展战略规划有直接的帮助。在制定国家发展战略规划的工作过程中，需要综合各个行业、各个地方的发展要求，如果水利发展战略规划有扎实的工作基础，就具备在制定国家发展战略规划的综合平衡决策中，与各行业、各地方的规划及项目竞争的优势。

准确的信息数据分析同样也可以作为规划完成情况的绩效考核标准，用于监测和评价发展战略规划的执行情况和完成时达到规划目标要求的程度。

在制定水利发展战略规划过程中，要根据水利相关特点进行当地情况调查、信息数据收集和分析工作。虽然有许多收集、分析大量信息数据并获得高质量分析结果的技术方法，但更为关键的是，要研究确定一个时期内水利发展的真实基础条件是什么，以及制定水利发展战略规划需要哪些信息数据。收集的信息数据资源应当反映当地水的特性，满足评估范围内的统计分析要求。

制定一个发展时期内的水利发展战略规划，需要重点了解以下方面的情况：

（1）流域（区域）范围内经济社会发展变化基本情况数据。

（2）流域（区域）范围内人们生活条件的变化。

（3）流域（区域）范围内水文水资源等自然条件变化情况，自然灾害发生的过程和损失情况。

（4）流域（区域）范围内总体用水量变化情况，各个行业用水量、用水结构、节水指标变化情况。

（5）流域（区域）范围内水利工程建设发展情况，各个地方落实规划中明确的水利发展项目进展情况，相应的配套工程建设情况。

（6）国家颁布的经济社会发展战略政策变化情况，有关地方是否根据本地的水利发展制定了专门的政策措施。

（7）国家对生态环境保护的要求以及政策变化情况，是否具备安置工程移民的空间和条件；各地在具体落实国家各项政策要求的过程中，是否根据地方实际增加了规定和要求。

（8）国家制定一个时期内的发展战略规划时，有哪些政策性导向和重点扶持的行业，对哪些地方的发展做出了专门的区域发展规划安排和要求；有关地方是否具备建设水利工程的能力（财力、物力、人力）。

（9）有关地方政府期望建设的水利工程项目和采取的管理措施是否对流域（区域）内的其他地方产生影响，是否需要协调边界水事矛盾。

（10）将要建设的大型水利工程的前期工作条件是否具备，在发展战略规划期内能否建成，建成后能否对解决国家发展战略规划中存在的突出问题有直接的促进作用。

（11）各个地方和流域需要建设的大型骨干工程在地方和流域水治理中将发挥什么样的作用；各项具体工程设计和可能产生的效益如何。

水利发展战略规划需要收集的上述11个方面的数据量是非常大的。经过一般性的分析比较，从大量数据中提取出对规划工作有用的数据，既满足规划工作需要，又避免处理过多的无效数据，就必须根据各个地方和流域发展的实际情况以及水利发展战略规划的重点要求，有针对性地、实事求是地收集相关数据。

为了了解和掌握上述情况，需要收集以下五类重要数据：

第一类：国家经济社会发展类指标。包括国家和各个地方的GDP指标、防洪和供水区域内的经济发展速度和质量、有关各类基本建设投资量、财政收入情况。

第二类：自然灾害损失类指标。包括各个地方发生自然灾害的经济损失、因灾死亡率、灾难影响范围和损失分布范围。

第三类：国家和地方的财力指标，对水利的投资情况。包括国家和地方水利建设投资占财政支出比例、对水利发展的各种可能投资来源；在建的水利工程投资到位率、完成率，各类型水利工程投资安排情况。

第四类：工程建设指标情况，分类进行项目比较的经济技术指标。包括大型骨干水利工程投资概算（其中包括工程移民、生态环境补偿工程投资占工程总投资比例）、形成可利用的单方水的投资数、水电单位千瓦造价、单位公里堤防造价、水闸每米长度造价、当地“三材”单位价格、单方土石工程价格、单方混凝土价格、每个工程移民人均投资等。

第五类：影响水利发展的内部和外部条件指标。包括水利发展建设涉及的对相关地区的影响补偿情况、相应的补偿工程投入、工程建设工作过程中存在的问题、各类工程前期工作经费落实情况、勘察设计单位工作力量情况等。

由此可见，制定水利发展战略规划需要收集的信息数据十分庞杂，为了保证规划工作质量，需要根据各个地方和流域发展的实际情况，以及规划的重点内容，按照统一的标准和要求，有针对性地收集和分析各类信息和数据，既获得规划工作所需信息数据，又避免处理过多的无效信息。因此，在规划工作初期，应当整理一份规划所需数据清单，这对于保证规划工作基础的一致性而言，是非常重要的。这份数据清单将明确在规划工作过程中，收集的相关数据具有一致性，确保规划采用的各类信息数据之间有效关联，避免出现因信息数据变化而引起规划工作的基础信息数据前后不一致的问题，同时也有利于规划人员在同一个工作基础上，实事求是地确定规划的重点投资项目和可利用的各种资源条件。

从收集大范围的有关经济发展信息的数据中，可以了解国家宏观经济形势下的水利发展条件和可能的建设规模，定位水利行业发展与其他行业发展的关系；可以通过国家发展重点规划项目安排，了解各地的发展布局，从而明确各地水利发展重点，明确国家发展布局与流域治理协调发展的要求；可以了解各地经济社会发展水平和地方财政情况，以便研究新的大型水利骨干工程在规划期间内开工建设的可能性。

从收集的水利信息数据中可以了解各地水利发展的进展情况和完成情况；可以分析正在建设和近期开工建设的各类水利工程的投资执行情况、地方各类水利工程投资重点、各地建设管理情况等，以便预测各地在规划期内开工建设新的水利工程的可行性；通过数据分析还能充分了解地方各行业、各区域发展的进展情况和建设市场动态，研究水利发展与地方经济社会发展的协调关系，了解生态环境保护措施是否落实到位。

为了满足编制全国和地方各级水利发展战略规划的数据要求，应根据规划工作质量和工作进度要求，制订统一的信息数据收集分析工作标准，各流域管理机构和各地应当按照该标准开展相应工作。

为反映各流域治理工作特点，反映各地根据当地经济社会发展和生态环境保护的实际需求开展治水工作的具体要求，可以在全国规划信息数据收集分析工作标准的基础上，制订本流域、本地区的信息数据收集分析工作标准。经国家级的规划领导小组审查同意后，再开展相应工作，以避免因各地信息数据来源不统一、数据分析方法不一致而导致规划工作基础不同、工作团队对事实理解不同、对未来发展的分析判断产生偏差等问题出现。

为达到了解当地水利发展基本情况的目的，可利用数据分析工具对信息数据进行研究比较。在分析研究工作中，既可以应用这些方法中的一个方法进行分析，也可以根据工作需要，将几种分析方法结合在一起使用，以便根据实际情况得到需要的、有用的数据分析结果。

除此之外，需要注意的是，选择什么样的信息数据，是由负责制定水利发展战略规划的工作人员，根据实际工作需要确定的。

为了避免在规划编制实际工作中产生前后工序不能顺利衔接的问题，需要对信息数据收集和分析两个方面的工作进行协调，在明确需要收集的信息数据要求和范围的基础上，确定相应的分析方法，并形成工作组意见一致的工作方案后，再布置开展整个规划工作的信息数据收集和分析工作。

第二节 规划调查工作的目标、内容和要求

开展水利发展战略规划工作，基础调查必不可少。调查是收集信息数据的常用方法，是获取准确信息的一种途径。实地调查是了解地方各级政府和民众对地方未来发展意见的有效方法。在规划工作中，调查工作是非常重要的基础性工作。

一、调查工作的目标

水利发展基本信息数据与地方经济社会基础信息数据密切相关，所以开展水利发展战略规划基础信息调查工作，首先应调查分析地方发展基本情况。一般来说，水利发展战略规划基础调查工作应达到以下目标：

（1）了解地方政府和民众对当地水利发展的真实态度以及对水利发展的期望和要求。

（2）了解当地存在的水与发展问题；了解当地是否有解决问题的方案，并了解需要首先在什么领域、什么时机开始解决相应的问题。

（3）了解当地在规划期内需要建设的重大水利工程项目情况；了解并明确从建设工程项目中受益的当地群体以及不受益甚至受到不利影响的群体的意见。

（4）了解当地及所在流域内的水利发展有哪些强项、弱项、机遇，面临哪些问题。

（5）了解当地公益性水利建设项目情况；了解并明确哪些工程产生的效益受当地关注。

（6）了解地方各级政府领导、相关行业部门的真实想法和工作态度，研究如何与之建立良好的合作关系。

二、调查工作的内容和要求

调查工作主要是了解当地的经济社会情况、物质基础条件、经济发展条件、政府管理能力、群众生活水平等，为制定水利发展战略规划提供基础依据。

（一）地方经济社会情况调查

地方的经济形势是动态的、变化的，未来的实际经济结构与今天设想的经济结构可能完全没有相似之处。因此，在制定水利发展战略规划时，应当调查了解、分析和研究地方经济社会发展历史、现状和未来趋势，使水利发展战略与之相适应。当地方经济社会发展发生变化时，水利发展战略规划就要及时进行调整。

调查地方经济社会发展状况，数据收集的范围、数量和类型都很重要，需要注意的是，应当分析各地各类数据的差别，应了解和判断这些数据是从本地区得到的，还是从设定的区域范围内得到的，不能仅在水利规划建设项目所在地进行调查和收集相关数据。

为了将水利发展战略规划与区域经济发展战略规划更好地关联，更好地研究和分析水利发展对区域发展的全面影响，需要对地方社会发展变化进行预测。调查工作至少应当了解当地人口数量和人口发展趋势、居民的地理分布情况、地方市场情况、支撑未来经济发展和社会发展的产业情况。还应了解当地经济生活条件。如人均收入水平、受教育程度、经济基础条件、薪酬水平、工业类型、消费零售业（商业）情况、税收情况（税收基本规律和特点反映地方财政能力）等。调查收集供分析研究的数据应当是反映地方发展变化的宏观、全面的统计数据，而非一个个具体的企业数据。

（二）地方物质基础条件调查

发展空间和基础设施条件是地方经济发展的重要基础，也是制定地方水利发展战略规划需要考虑的前提条件。一个地方发展的后劲如何，要看当地制造业、销售业或者城市中心的发展情况。调查分析地方制造业发展情况，需要收集包括各主要产业的配套能力、设备基本条件、产品成本价格等相关数据。对所有新建的和扩大生产的企业，要特别研究分析其未来使用水资源和排水情况，以及水污染处理能力等。在工业和城市发展布局上，要研究分析现有的防洪标准是否达到了国家相应的标准要求，新的发展布局是否会受到洪水威胁。另外，对地方土地利用情况，水利工程建设的位置，需提高防洪保护能力、提高供水保证率的特殊区域、地方对水利建设发展的利益要求，地方能否为水利发展出台新的税收政策等，也应当进行研究分析。实际工作中，常把需要调查研究分析的内容列出详细清单，并把与水利发展有关的可利用的土地位置和建筑物在地图上明确地标出。此外，还需要调查收集以下 7 个方面的信息：

（1）在流域（区域）的水、旱灾害治理中，地方水利建设发展对全局性水利发展和治理的影响程度如何。

（2）当地土地的价值和使用价格，当地群众的居住条件。

（3）水利发展可利用的建设条件。

（4）现有水利等基础设施的位置、现状、能力、条件和效益，与交通、市政等基础条件的发展关系。

（5）地方有哪些水利发展政策。

（6）各类建设项目的投资成本和有关规费情况。

（7）水利建设所需建筑材料、交通运输条件以及建设成本情况。

（三）地方经济发展条件调查

地方经济发展战略规划往往需要分析 3 个基本支持条件。这 3 个基本支持条件如下：

（1）人力资源基础。包括教育、服务、劳动力培训和领导能力培训等。

（2）物质基础。包括交通、给排水、通信、土地、建筑物等。

（3）公共政策基础。包括区域划分、建设搬迁及工程移民政策，以及恢复生产和生活水平的条件、税收政策等。

制定水利发展战略规划需要了解上述地方经济发展的基本支持条件如何。地方水利发展目标、标准和计划，应当与以上 3 个基本支持条件中的物质基础和公共政策基础相适应，这样才能保证水利发展和地方经济社会发展相协调，以明确水利发展战略规划的目标要求与地方发展战略要求是否合适。

（四）地方政府管理能力调查

通过评价地方经济发展和水利建设相关组织，可以了解当地对水利发展的支持力度，还可以评估地方落实水利发展战略规划的能力。通常情况下，这项工作在地方基本经济社会情况调查研究工作完成后进行。

地方政府的综合管理组织主要有政府办公机构、发展改革委员会、财政部门、规划管理部门等。

水利相关组织机构包括地方水利水务、城市管理、市政工程、农村管理、环境管理、建设管理、工程移民安置等部门。

发展水利投入大，收效缓慢，地方政府通常会谨慎地研究、复核、审查对水利等公共基础建设发展的投资力度，充分考虑国家、地方以及银行、金融机构的投资政策等。

通过对地方政府管理能力的调查研究，可以分析判断如果当地批复了水利发展战略规划，其在未来落实、执行规划的情况；从地方发展“一盘棋”的角度出发，分析什么是当地目前发展的最主要问题，了解当地方有可能增加基本建设投资规模时，是否有能力进一步建设一定规模的水利工程基础设施项目；了解在影响地方发展的薄弱环节和突出的水问题得到解决后，地方能否保持方方面面的可持续、稳定、协调、健康发展。

需要分析与水利发展相关机构的能力情况如下：

（1）领导层支持情况。领导机构的组成情况和协调能力，政府领导掌握的发展资源情况。

（2）各有关部门工作人员情况、工作协调难度。

（3）可利用的水利建设施工能力情况。

（4）当地发展决策过程，有关技术、金融等机构的服务能力、服务成本和服务过程。

（5）地方临时成立的组织机构的可信任度和工作执行力。

（6）政府组织制定政策的可操作性和执行力。

（7）可利用的财政资源、可利用的额度和相关附加条件等。

（8）不动产（房地产）和设施情况。其形式、数量、可利用量、使用年限和相应条件；工程移民安置空间和生态环境条件赔偿落实能力及条件。

通过分析地方政府审核审批规划建设项目进展以及工作责任落实情况，通过评估已开工建设项目前期工作效果以及建设管理落实情况，可以了解当地政府机构工作执行力以及对各类建设项目的管理能力。

根据工作需要，可以绘制一幅地方政府管理机构框架图，在图中标明与水利发展战略规划工作相关的管理机构及其具体岗位，并注明每个岗位的工作人员具体负责什么工作、在机构中起什么作用、处理事务的能力如何、是否处于工作组织的核心位置等。这幅框架图也可同时显现当地政府管理机构的综合管理能力和有关职能部门之间的工作关系，可据此分析地方政府管理机构对现有的建设项目在服务上是否存在管理衔接问题。

（五）地方生活水平和生活质量调查

生活水平，即通常所说的生活条件，主要用于反映当地的文化、历史、娱乐、自然环境等情况。一个地方的生活水平和生活质量是吸引人们在当地发展的一个重要因素。难以用一个简单的概念明确描述生活水平、质量，也不可能用一个测量单位来说明生活水平质量，因为生活水平质量涉及人的主观认识，每个人对其所包含的内容都有不同的看法。所以，一个地方的落户难度、生活成本、居民搬离该地的意愿，从某种程度上可以间接反映该地的生活水平、质量。

第三节　规划调查工作方法和步骤

调查工作是需要花费大量时间和费用的。通常情况下，调查工作要求的深度与可落实的经费是存在矛盾的，如何解决这些矛盾，往往取决于需要采用的调查样本数量和问题分类、分析调查的反馈意见数量、有多少反馈意见需要分类并进行分析和说明，等等。如果不能很好地处理这些矛盾，完成调查工作的时间和费用将可能成倍地增加。

在开展调查工作之前，各规划工作组首先需要检查所有可利用的公开数据和已经调查得到的数据资源，以确保所寻找的信息是新的并且是可以利用的；其次分析预期的调查结果与所花的费用以及调查人员付出的劳动时间是否匹配；最后在决定开展调查前，必须事先做好调查工作的方案研究、设计和管理工作。由于存在调查经费不能满足调查工作需要的可能，所以可能产生因调查数据收集不足而导致的分析误差。为了达到既保证调查成果质量又节约经费的目的，也可以请有经验的咨询公司设计调查方案和分析调查结果。

调查是了解社会各界对水利发展的要求的一个好办法，所有的调查回复都应当有助于政府机构了解工作的实际情况。例如，如果被调查者建议政府发展“海绵城市”，而相关建设项目已经在当地实施建设，这表明被调查者并不知道在自己生活的地方已经开展相关项目，这也就说明项目没有达到应有的效用和影响力。

设计一个调查工作安排是一个综合分析的过程。一个成功的调查设计安排可以提供有用的信息，而一个失败的调查设计只能提供少量有价值的信息，白白浪费了时间和金钱，花费大而功效小。因此，设计好调查方法，对做好具体的调查落实工作是十分重要的。

一、成立调查分析管理工作核心小组

在开展调查工作的过程中，根据调查工作的范围、深度和质量要求，需要动员投入调查工作的人力、物力也不同，为保证调查工作的各个层面都能按照统一的要求顺利地开展工作，需要成立调查分析管理工作组织。

调查分析管理工作核心小组的主要工作是讨论需要调查的内容，分析调查工作中存在的问题，并进行研究和作出决定；根据工作需要完成的调查主题、需要形成的调查结论等，提出核心小组工作会议需要讨论的议题。

核心小组的负责人（或调查协调人）应由具有专业知识和丰富社会经验的人士担任，负责安排核心小组的各项工作。负责人应能够组织引导工作讨论，能够把握讨论内容与核心小组的工作主题有关，确保核心小组听到的所有观点是真实的且符合民意的。

核心小组除了有关键的领导参加外，还要有各个方面的代表参加，以保证能够听到各个层面绝大部分人员的观点。而且，各个层面人员参与得越广泛，就越能得到好的调查工作成果。

如果核心小组对当地的水利发展状况、经济条件情况了解不够，则调查工作方向就可能会存在偏差，在调查工作中一定会存在问题。在调查工作中，核心小组应注意及时了解工作中存在的问题并分析原因。如果有很多问题，核心小组应当安排会议进行讨论，研究问题产生的原因和不同问题之间的关联，并要提出多种解决方案。

一般的，核心小组成员人数宜控制在5～11人。这个人员规模有利于召开工作会议时，每个成员有机会充分表达自己的观点并进行深入讨论，在讨论会前，为了避免参加调查工作会议的成员对核心小组需要讨论的议题不理解，或者对工作结论有不同观点，核心小组必须事先做好充分的组织协调等准备工作，工作人员应准备好各类参会文件和以往的会议结论，以备讨论研究工作时所需。

在讨论会上，参与核心小组工作的人员有可能相互之间并不熟悉，为了做好调查工作，共同研究解决问题，避免泛泛而谈，核心小组应当营造积极的工作氛围，鼓励大家深入讨论问题，尽快解决调查工作中的实际问题。工作人员应做好所有参会成员的发言记录，会后应形成会议记要并分发给每个参会者。

核心小组召开工作会议讨论不同的问题时，可以有针对性地邀请相关领域的人员参会，以便更好地解决调查工作中存在的问题。这种方式也有利于保证会议讨论能真实反映当地实际情况，有助于解决相互关联的工作问题，有助于在形成工作决定前明确复杂的影响因素。

必要时还可召开核心小组会议预备会，向参会者介绍核心小组工作意图和期望达到的效果。在预备会上，还可通知有关事项，或者介绍核心小组议题背景等相关信息。开预备会有利于提高核心小组正式会议的效率。

在调查工作过程中，如果出现了一些工作问题或者产生了一些矛盾或冲突时，核心小组应根据地方实际和调查工作进展状况，慎重考虑，并研究决定作出会议安排。对调查工作中产生的特殊问题，应提出专门议题，安排专门的会议研究解决。

在调查工作中，对需要由调查工作负责人作出回答的每一个问题，核心小组的工作人员应尽可能在事先准备好一个回复建议。

二、调查工作方法和步骤

一般情况下，调查工作按照以下方法和步骤进行。

（一）明确调查对象

调查得出解决问题的结论意见将有助于规划决策。根据规划工作要求明确调查对象，是有的放矢地做好调查的前提条件，其一般要求如下：

明确调查的主要内容：明确哪些是制定规划工作需要调查的信息，哪些是与规划结果有关且是必须要做的调查工作。明确调查的主要内容（含调查的问题）必须与规划结论和规划工作的重要性密切相关。

调查对象包括当地居民、相关规划建设项目参与者；相关组织机构，如水利发展项目的受益者、非受益者（甚至会受到项目的不利影响，并为此需要付出代价者）、生态环境保护机构、有关行业协会、公用事业单位；此外，还包括因工程建设必须搬迁的企业业主、拆迁房屋的所有者。

与水利发展战略规划有紧密联系的固定人群（如受到规划影响的固定住户、某年龄段人群、地方群众代表、特定相邻区域的居民等）、企业单位和政府管理机构也是调查对象。

有些调查需被调查者给予明确的反馈意见。例如，为提高地方防洪标准、扩大防洪保护范围进行的调查，应获得该地政府、企业单位、固定住户、其他公用事业单位等的调查反馈意见。再如，为提升当地农业灌溉水平、增加灌溉面积、提高当地水资源利用率开展的调查，则应把当地农村群众和相关政府管理机构、农业协会主管工作人员、环境保护管理机构作为重点调查对象，并获得其反馈意见。

（二）设计调查方案

常用调查方式包括：电话问询调查、面对面谈话和现场调查、信函和电话传真调查、电子邮件和网站调查。

调查时，根据不同的调查对象可采用一种或多种调查方式。采用多种方式调查，通常先进行信函问询调查，再采用面对面谈话的问询调查。具体采用哪种方式，取决于用哪种方式更为有效。面对面谈话和现场调查有四种形式：

（1）在商场和旅游点等公众场合下，随机采访。

（2）查勘重要的工程建设项目并召开座谈会和项目讨论会。

（3）在工作地点或者居民区问询。

（4）在社区中心，为了公共事宜，专门召开现场问询会。

在调查工作过程中，如果有当地领导、知名人士首先出面参加调查，并对调查工作给予肯定、推荐、引导，调查工作往往会比较顺利。此时，如果采用信函和电话调查以及现场调查形式，可能回复率会高些。否则，从成年人那里了解真实的情况和得到回复意见往往比较困难，而且比较费时、费力、费钱，回复率也比较低。

电子邮件和网站调查是目前越来越流行的调查方式，不仅费用低，而且可以利用现有的电子技术进行即时统计，但也存在回复率低的问题。该方法还可以减少一定的分析工作量。

（三）选择调查样本

即使已经有了明确的调查范围，也没有必要调查这个范围内所有的基本情况和每个成员的意见。选择具有代表性的基本情况和有限范围内的人群进行样本调查是有效的方法。调查样本的大小、范围以及调查方式由调查经费、要求完成调查工作的时间决定。

由于江河治理工作具有涉及范围大、跨行政区，且与许多行业、地区、人员相关的特点，所以确定水利发展战略规划和发展项目的调查工作范围以及选择调查样本，都必须根据各地特点和各个项目的要求全面统筹考虑，应当满足统计学基本要求，还应开展广泛的工作讨论和深入研究，并取得有关各方面的一致意见。

选择调查样本最大的挑战是确保这些调查样本具有代表性，能代表既定的调查范围和人群。这是影响调查工作成功与否的重要因素。

在通常情况下，要对选定的调查对象进行分类，选择的样本规模越小，调查结果的信息相关性越低。例如，某企业经营者被选为调查对象，他就是该管理范围内所有经营者的样本，如果他既能代表有多年经营经验的经营者，又能代表从事经营活动时间不长的经营者，那么调查成果肯定是可信的。

选择调查样本时，应考虑到被调查者不回复意见或反馈意见不全面的情况，所以选择的样本数量要足够多。在调查工作中，应注意监测和统计回复比例，以便于及时调整调查样本，鼓励更多的参与者参与调查回复。

对从小范围样本中采集的数据分析得出的结果，可以作为参考，不可作为真实信息使用。

谁将会回复调查？并且如何将他们的选择列入确定的样本中？可以从政府各级组织机构管理人员名单中直接选择被调查者。有两种选择样本的方法，具体内容如下：

（1）整体样本（分组样本）。确定整体样本需要按照地理位置将其分成网格，分组通常用于包含所有特定的相关区域。例如，在人口调查中，可以在相同区域内，随机将不同人员组合在一起成为一个样本；也可以根据不同调查要求，选择不同的分组方式。

（2）随机样本。这个方法是利用计算机程序软件，从电话号码黄页中随机抽取若干个样本。

（四）设计调查问卷

调查的问题最初应是可以简单回答的问题，并将感兴趣的问题作为调查主题。通过面对面的谈话问询（或回答问题），调查者与被调查者建立起信任关系后，可以在调查后期安排一些回答较为困难的问题来询问。在需要回答的问题中，如若涉及较多的个人隐私或个人观点建议时，可以将其放在调查的最后再提出。当调查者和回答者之间建立起信任关系后，应按照问题的主题，将要问的问题放在一起问，请回复者按照问题的顺序回答。有以下五种问题设置的形式：

（1）综合选择。按照已经设定的观点，选择回答的意见。大多数回复者会花费较长时间，在思考之后给予回复意见。采用电话问询调查时，对回复时间和范围应有所要求。因为对回复者来说，很难记住所有需要回答的内容。

（2）“是”或者“不是”的选择。回复选择肯定或否定的回答，如同选择是真的还是假的回答。

（3）给出回复建议或意见后，回复者可以随机选择个人意见回答。要求回复者，在已经给出的意见基础上，随机选择符合自己的意见观点回复，通常的意见是：强烈赞同、部分赞同、不赞同、强烈反对、无意见。可以设置各种方式的选项。

（4）填充题（针对问题）。请回复者针对问题提出简短的回答。例如：你在这个地区生活和工作多长时间了？这个地区的主要防洪问题是那些？较好地解决水资源短缺的办法有哪些？在设定回答范围时，需要回答的问题不必太专业和具象化。例如：如果发生洪水灾害，您房间内的水位可能有多高？之前发生这样的灾害时，你们采取了什么措施保证自己和家里财产的安全？

如果需要准确回答的问题较为敏感，可采用列表的形式，让回复者进行选择更为适用。例如：此次灾害所造成的财产损失大概为多少？可以列出选择项：①100 万元或低于 100 万元；②100 万～500 万元；③500 万～1000 万元。

（5）公开回复，没有答案。此类问题设有相应的答案选项，需要回复者自己进行答复和评论。例如：在这个地方开展防洪工程建设的理由是什么？

对于分析问题数量和回答问题的质量来说，前三种问题的设置比较容易，因为这三种问题形式比较容易做出回答。最后一种回答问题形式，在答复人没有可以选择答案的情况下，回复的答案中会包含更多的信息。这些回复的答案需要进行编辑和分析后才能得到结果，难以进行数量统计和比较，另外，由于需要付出更多的精力和时间才能回答问题，所以回复者也不愿意采用这种回答形式。

选择这些问题，在用词上要注意准确无歧义，避免回复者有不同的理解认识或曲解，使得回复者一时难以理解而直接回复“我不知道”，从而避免调查工作复杂化。

采用邮件调查时，不宜设置没有答案选项的问答题来采集意见。

采用电话问询和面对面交流方式进行调查，回复者回答问题较为容易和直接。总之，调查者应当避免提问那些回复者无法回答或难以理解的问题。

（五）安排调查时间

在安排调查计划时，要确保调查能够得到足够的信息，以供详细分析工作所需。但是调查工作花费的时间不能太长，能够获取被调查者的回复意见即可。如果调查工作花费的时间过长，被调查者可能会拒绝配合完成调查。调查时间的长短应取决于采用的调查方案和调查管理可用时间，采用不同的调查方法，安排的调查时间也不同，一般地，电话调查为15～20分钟；面对面调查为30～45分钟；邮件或电传不要超过10页纸，完成的时间宜为10～15分钟。调查时间越短越好，尤其是对影响范围大的调查。要避免调查范围过大、调查时间过长，并要注意避免获得的信息过于单一。

（六）明确调查回复要求

在收集调查回复意见时，要跟踪回复的情况，并分析已经收到的回复数量占要求回复的数量的比例。可采用以下三种方法，达到既能够满足提高回复比例，又能够保证回复者权益的目的。

（1）回复者在回复时签名，或者在相关的表格上签名，以表明参与了调查。

（2）给每一位被调查者分派一个号码，被调查者回复后，在对应号码做标记表示其已经回复。

（3）明确告诉每一位被调查者，他们的回复只是个人回复，不会告诉其他人。

如果已经收集了被调查者个人的回复签名或已标记分派号码，则可以向被调查者提供收到调查回复的证明标识，并向他保证其个人信息不会被公开（或不会用于除调查外的其他目的）。

除此之外，对于无明确答案要求的问题回复，应用更为小心的处理方法，不能透露给任何其他回复人。

（七）开展试点调查

进行试点调查工作是十分必要和有益的，可以消除那些模糊的、混乱的，或者有错误导向的问题，同时也可以很好地测试调查时间是否合适。

试点调查的参与者在工作完成后，仍可以参加正式的调查工作，试点调查工作可以作为提高参与者调查管理工作能力，积累工作经验的一个过程。

（八）管理调查过程

做好调查信息收集管理工作，以利于后续的分析工作。如果调查采用的是邮件或电子传真方式，通常会给予被调查者 7～10 天的时间思考和回复调查问题。如果调查工作要求以电子邮件的方式回复反馈意见，则要求被调查者在四周时间内回复为好，而回答调查问题的时间建议不超过 15 分钟。如果回复率偏低，可以再次发送提醒邮件。

（九）分析调查回复信息

对调查回复信息可采用同步回复卡方式来评估不同的答案。这个卡片由调查管理组织方负责，以不同的回复表格形式制作。工作人员在制作回复卡片时必须小心谨慎，以避免将问题和对应回答编码搞错。

对于自由发挥式回复如何进行编号，是一项有挑战性的工作。但是为了分析调查结果数据，还是必须要做这样的编号，必须尽可能地按照逻辑分类或者回复种类分类，对于那些不对应任何分类的回复，可以将其归类为“其他类”。

调查分析需要基本的统计知识。因此需要有第三方咨询公司来协助进行分析。笔记本式电脑可以最大限度地用来进行简单的调查结果分析。调查结果也应该用相应的专业术语进行分析表述，也可以用图解比例和交叉表格等方式进行分析，相关分析结果的准确性将取决于调查回复样本的精确程度。调查结果可以是在进行估计分析后的结果，并且，应该根据这些分析结论，分析研究提出具体的处理措施。

第四节 规划基础信息数据来源和处理

一、明确信息数据收集的区域范围

水利发展战略规划往往是按照流域治理要求进行编制，与明确的流域范围以及流域内各行政管辖区的经济社会情况有直接的关系。大多数流域水利发展战略规划的工作范围大于一个省（自治区、直辖市）的行政管理区域，并且与其相邻的区域范围有关。所以，在一个明确的发展阶段内，明确水利发展战略规划需要评估分析的信息数据收集区域范围是很重要的，是开展工作的基础。

例如，一个地方的水利建设项目除了会对本地产生效益外，往往还对该地所在河流的上下游、左右岸有直接或者间接的利益影响，那么在分析中就应将相应的影响因素考虑进来。

此外，安排重点防洪工程建设除了考虑本地的工程效益外，还要考虑其在流域范围内其他地区可能产生的效益。所以，除了在确定的行政管理区域范围内收集相关的信息数据外，还需要在这个区域范围之外的防洪保护区内收集基本信息数据。由于信息收集的范围不能只局限在一个地区范围内，就需要以一个地区的信息收集作为基础，按照防洪工程特点和可能在流域治理中产生的效益，扩大信息收集范围。除此以外，收集当地和流域内有关各地方的地区经济总量等信息数据也是十分重要的，一般应收集了解以下情况和相关信息数据：

（1）分析区域范围的经济社会发展趋势情况，如经济集中程度和人口发展趋势。

（2）分析区域范围内城乡发展（如市中心区和小城镇）情况、周边相邻地区发展情况。

由于大多数信息数据（如统计数据）是按照省、市、县、居民区等行政管理范围进行统计集成的，各级政府往往只能提供其行政管理区域内的有关数据，对于分析防洪工程效益而言，就有可能存在信息数据量不足，计算分析得出的防洪效益失真的问题，因此就需要将几个区域内的信息数据进行组合分析，这需要通过扩大调查范围，明确信息数据收集区域范围，提出适合相应范围内新的信息数据，并进行按类分析，才能满足工作要求，以对防洪工程效益进行比较精确地分析。

此外，应该按照不同工作层次要求，明确各类信息数据的收集要求，进行数据分析。如：按照国家、省级和地方市级层面的不同工作要求，开展各类信息数据收集分析的范围和内容也是不同的；根据各个地方存在的不同水利问题，具体的信息数据收集和分析各有重点；地方局部的水利发展建设往往受到流域（区域）水利规划要求的控制，受到上一级行政管理部门对发展建设项目的控制，需要按照上一级的具体要求来收集相关信息数据；开展省级和市级水利信息数据收集工作，既要考虑流域（区域）水利发展要求，也要注意采集省市之间的水利发展数据；要按照区域范围内的经济财政情况、社会发展变化情况、物质基础、建设条件、工程技术及前期工作准备的可能性，整合各个地方的水利信息数据，才能客观地反映流域（区域）范围内的生活生产条件，可能的发展变化。

二、明确信息数据的来源

用于分析地方发展基本情况的信息，主要有三种收集途径：①从国家和地方已有的数据中收集信息；②从当地市场物价和已经实施的各种建设项目产生的实际费用统计数据中收集相关信息；③从水利发展战略规划利益相关方和当地领导对水利发展的态度和意见中收集信息。

分析一个区域内的发展基本情况需要多种信息资源，其来源如下：

（1）国家信息资源。通常根据国家有关部门的统计，获取人口、商业、房地产信息、经济数据和劳动力就业等情况。

（2）省级信息资源。通常包括省（自治区、直辖市）、市、县、乡和其他地区，按照国家规定的统计信息获取。

（3）省级以下的地方信息资源。通常由当地的规划、税务、经济发展等部门，以及当地规划组织、大学和研究咨询机构提供。

（4）其他信息资源。通常可以由当地公共事业、大学和研究咨询机构、行业协会、媒体和新闻单位、发展研究机构等半官方组织提供。

如果没有合适的信息数据资源，政府提供的数据（如普查数据）也可作为可靠信息资源。这类数据成果收集涉及的范围广且公开透明。另外由于该类数据收集的时间长，历史数据资料也能方便地查询到。当前数据和以往年复一年的数据之间具有逻辑性关联，通过抽样标准检查，这些公开数据可信度高。

由于在工作中对日常数据需求的日益增加与许多政府部门提供数据滞后之间有矛盾，一些信息公司基于政府数据进行再开发整理，提供最新的数据资源。如果规划工作采用这些数据，应分析数据源的可靠性。

水利发展战略规划研究工作需要的大量信息数据通常可从国家和地方公布的信息资源中获得，既可直接利用地方已有的信息资源，也可在利用当地信息的基础上，进行一定的分析。获得真实信息数据最可靠的办法是：根据实际情况和不同的工作条件，有针对性地组织开展规划的调查研究工作，获得一手原始信息资料。

三、信息数据分析与处理

（一）数据分析

在进行了大量的、足够的数据分析的基础上，还要进行数据质量分析。

在研究地方经济社会和水利发展状况的基础上，通过分析地方水利发展项目的数量和质量，应当得出当地水利发展是否合理、与经济发展是否平衡的结论。

进行数据分析工作时，应尽量采用最新原始数据，不能不加分析地利用已有的全部信息数据。特别是在信息数据的质量方面，最新数据将有利于完善信息，也有助于数据分析工作，即分析大量数据的规律性，分析数据是否合理，质量是否可靠。在调查工作过程中，可以从当地人民对水利发展的认识和看法上，直接感觉和认识到当地对水利的重视程度。将这些直观感觉和认知与收集的信息数据进行对比，可以得到大量证据，说明当地水利的真实情况是否与当地的经济社会发展相适应。

统计和深入研究收集得到的数据时，需要注意以下问题：

(1) 各地统计数据应按同一体例格式整理，以便相互比较。基本要求是：按地理位置分类、类别分类或统计区域分层归类。

(2) 要以县为基础，反映省和国家的统计数据。

(3) 在运用各类统计数据时，应按相同的分类标准加以分析。

(4) 要按照统一分类编码来统计信息数据。

(二) 数据处理

数据常见问题和解决措施如下：

(1) 数据覆盖面不够。缺少的数据信息应通过实地调查获得。

(2) 数据过时。一般可采用向前推 1～2 年的数据方法来分析当年数据。

(3) 数据标准不统一。不同组织机构引用数据的标准可能不一致，可事先要求提供数据的部门作出相应说明，提出数据使用的标准和数据处理原则。

(4) 数据因行政区域变化而产生变化。制定流域水利发展战略规划时，需要开展跨行政区域数据分析工作，应当运用先进的技术手段和方法对数据进行分类整理和归纳，形成流域基础信息数据库。这是流域管理机构必须开展的一项难度较大、工作量较大的基础性工作。

(5) 物价变化对数据产生影响。此时，需要根据国家的物价指数变化情况，考虑当地实际情况，开展价格变化情况的专项比较工作，提出明确的价格变化标准要求。

(6) 引用数据不确定。当统计数据反映不了其背后的一些变化情况，例如地方营商环境、生活质量和经济规划等，就需要采取实地调查等方法深入了解统计数据背后的实际情况。

（三）数据关联分析

信息数据本身不具有任何意义，当建立起数据间的关联关系，或者建立一套参考体系，按照一定的标准进行数据比较，数据才有了意义。在发展战略规划工作中，大多数发展变化情况的数据比较分析，是在一个发展过程变化中，一个类型的发展数据与其他方面的发展数据进行比较分析，或者一个地区的发展数据与其他地区对应的发展数据进行比较分析。

例如，对地方经济发展情况进行分析时，可以按照不同的典型案例形式，开展典型性分析。再如，通过就业率统计分析可以了解地方工业发展状况，或者通过居民收入统计分析可以了解地方就业岗位情况，从而了解当地经济社会发展情况。

趋势分析可以表明一个因素在一个周期内的变化情况，也可以分析得出引发变化的原因。例如，是什么因素促使工业产值增长？是什么原因导致工业产值下降？显然，如果一个重要的工业行业长期保持增长，就须警惕发展中的潜在问题，如自然资源的供给是否可持续、生态环境质量是否有可能下降等。

此外，还常采用相关数据计算方法分析事物发展的绝对变化、相对变化及百分比变化等。工作中经常使用的数据比较分析方法还有变量比较分析、地区间比较分析、典型案例比较分析等方法。

分析、解释和理解数据需要具备相应的专业技术水平和能力，相关人员需要通过学习数据分析方法相关课程、经过专门的培训和实践后，方可胜任。有关可以利用的数据分析工具，可参考有关教科书，本书在此不做具体介绍。

第五节　规划基础信息数据的评估

一、评估的作用

完成地方基本信息数据的收集工作后，须进行信息数据的评估工作。采用标准化的科学方法获得准确、真实、有用的信息数据，并按照正确的评估分析工作程序解释、分析、研究信息数据，是发展战略规划编制工作取得成功的基础。采用了错误的信息数据，或者缺乏有效的信息数据评估分析方法，制定的发展战略规划必然有偏差，甚至是错误的，那就必将导致发展规划项目的失败。

评估和分析收集的信息数据是研究地方经济等基本情况的基础。无论是在分析研究地方发展条件、发展趋势和可利用资源并提出相关报告文件的过程中，还是在整个发展战略规划和项目库的确定工作中，或是在单项工程计划实施过程中，信息数据评估工作都起到重要的作用，它对财政支持政策方向也有较大的影响。评估结果则对地方发展目标和各类经济活动起到预警和支持的作用。

在经济发展规划中，评估后的信息数据主要用于以下方面：①明确影响地方经济等各方面发展的资产和潜在的负债情况；②设计和预报地方经济等各方面的发展趋势；③监控整个地方经济的发展和运行。

通过收集地方有关经济发展信息数据来评估各地的水利发展状况及其影响，同样也是重要的规划基础工作。在收集地方涉及水的各种基本信息数据后，综合考虑当地各种发展要求，开展相应的评估工作，是制定水利发展战略规划的关键性工作内容。

负责制定水利发展战略规划的工作人员应当牢记，防洪安全、供水安全的基础条件以及水生态环境，对地方经济社会可持续发展、城乡面貌、生态环境的改善都会起到十分重要的驱动作用，所以在水利发展战略规划的各项工作中，不能只考虑水利行业的发展要求；在评估水利发展战略规划基础条件时，收集的信息数据应该更加宽泛一些。如果各地评估本地水利情况所采用的信息数据、工作方法、标准不一致，则既不能全面、客观地反映本地水利的实际情况，也不能通过相互对比分析找出本地的不足，更不能客观地评价本地水利在流域治理的全局要求下能够达到的真实水平。

通过科学、客观地分析研究地方涉及水的基本信息数据，可以恰到好处地明确地方水利发展的定位，可以对地方未来水利发展作出客观的预测，并明确水利发展的支持条件和制约因素。

基础信息数据评估结果既为制定地方水利发展战略规划提供了有利基础，也对地方综合考虑本地各项发展战略规划、统筹研究各个方面的发展条件提供了依据。有了良好的数据基础，地方政府可以全面考虑各项发展要求，进行各个行业发展重点的权重分析，从而明确本地在一个时期内水利发展战略规划的重点目标、重点项目、具体的实施计划、日常的工作安排等。

由于地方水利与其他行业的发展有相互影响作用，通过相关信息数据的收集与评估，可以明确地方发展水平以及水利发展涉及的各方面因素，据此研究水利未来发展趋势，协调解决地方水利发展与其他方面发展的主要矛盾，以便根据发展的“轻重缓急”要求，安排好具体的实施工作计划。

在对流域（或区域）的经济、水资源条件、生态环境、社会文明发展条件进行正确的评估后，可以分析得出该流域（或区域）实施水利发展战略规划后的效益，也可以反映水利在这个流域（或区域）经济社会中的定位和重要性。

采用正确的信息数据资源评估地方的各种发展条件，有利于地方进行资源重组优化和推进各类发展战略规划安排；有利于地方更好地利用各种政策统一协调安排好各种建设项目，为地方水利发展迎来更好的发展机遇；也有利于规划编制机构在流域（区域）特定的自然条件和发展需求下，制定更为有效的水利发展战略规划。

二、评估工作的目标

规划基础信息数据评估工作应达到以下目标：

（1）在总结当地水资源开发利用基本情况的基础上，反映当地经济社会发展未来对水的需求，反映当地防洪安全的基本条件和要求，反映当地生态环境对水的影响，反映当地水利管理的条件和现状，反映当地水利存在的主要问题和一般问题。

（2）反映当地经济社会发展的实际情况，反映当地政府和公众对水利发展的态度，反映当地落实上级水利发展目标的条件和措施；反映当地水利发展对流域治理将产生什么样的正面和负面影响，以及是否会与相邻地区产生水事边界矛盾。

（3）明确当地水利发展的阶段和水平，分析研究未来发展趋势，提出当地水利发展机遇，分析水利对当地经济社会发展的支持力度；明确当地水利发展涉及的各方面因素，以及需要协调解决的主要矛盾和需要安排的主要工作。

三、注意事项

应当综合评估地方水利发展状况，这既对确定当地经济发展目标和战略有用，也对确定与当地经济发展水平相适应的水利发展目标和项目安排有益。通过评估工作，应能对以下问题作出回答。

（1）当地对水利发展是否真有要求？

（2）当地社会经济、生态环境发展的主要目标是什么？与水的发展有无直接联系？

（3）随着流域（或区域）的全面发展，当地水利发展在其中的重要性和发展所处的阶段及地位如何？

（4）从全流域治理需求看，当地水利发展处于什么样的状况和水平定位？

（5）当地经济社会、生态环境发展是否真正地受到了水问题的威胁？是否有必要再提高相应的防洪和供水标准？是否需要改善水生态环境？

（6）当地是否有大规模基础设施建设的条件？如果开展大规模的基础设施建设，与提高当地的防洪、供水标准要求是否协调一致？

（7）当地供水能力和水质是否需要提高？生活水平是否需要宜居的生态环境条件？

（8）发展水利和解决水问题能否对当地未来全面发展起到积极作用？

（9）在当地，现在就大规模地开展水利建设是否必要？能否取得合理的效益？建设时机是否成熟？当地社会及政府财力如何？

（10）水利发展的主体责任在哪一个层次（是在国家流域治理的大局层面，还是在地方本身发展要求的局面）？水利发展目标与国家水治理目标是否一致?

(11) 水利发展可以动用的各种资源情况如何?如占用土地,拆迁、移民安置如何进行,是否有安置空间?水利建设工程移民和拆迁是否会引发社会稳定问题?

(12) 水利发展对生态环境有什么负面影响?是否有不可解决的政策上的问题?如果水利建设对生态环境保护核心区有不利影响,禁止建设的"红线"政策是什么?

(13) 当地居民对水利的认知程度如何?对水利发展的目标、结果有无认知偏差?对水利发展的具体要求是什么?

(14) 当地历史文化以及自然生态环境保护要求对水利发展有什么要求和影响?

(15) 地方是否有发展水利的决心,是否有如果现在不进行水利建设则未来在水的问题上将受到威胁的危机意识?

(16) 当地经济状况、影响力和影响因素随着区域、国家和国际环境的变化,有什么样的改变以及变化的程度如何?水在当地的基础作用是否也会随之变化?

(17) 在推进经济发展规划时,全社会可利用的资源如何?水的保障要求是否合理?

总而言之,对水利基本情况的评估并不是单一地对水的情况进行评估,而要考虑社会经济发展的可能性、生态环境的条件和承载力是否允许等多种因素,还要考虑人们的认识水平以及地方发展过程中各种涉水矛盾的解决难度等。评估结果将作为今后监控地方整个水利发展的依据。

四、评估工作方法

评估一个地方的经济发展状况或水利发展目标,不必大量收集和分析数据,而应当收集和分析正确、有用的信息数据。评估工作结果应聚焦于明确和理清经济发展的主要动力是什么,水利发展需要解决哪些主要问题和矛盾,如何协调好水利与经济社会发展的关系。

即便有恰当的信息数据作支撑,可以进行精确的评估分析工作,也应将评估结果与基本的直观推理结果进行对比。例如，想要了解一个商业中心的业务是否急剧下滑，无需使用大量详细的信息数据去研究分析，通过观察主要商店的车流和人流情况，就能得出结论。但若要进一步了解商业衰退的原因，提出解决问题的办法，制定改变商业形势恶化的战略方案，那么详细的信息数据研究分析就十分必要了。因此，需要根据工作具体要求准备相应的信息数据，进行适当的评估工作安排。

过度强调数据收集的重要性，容易使人陷入数据的海洋中。在评估分析工作中，应注意避免陷入过度收集数据的陷阱，主要工作方法如下：

（1）明确分析研究的区域范围，并以此为基础收集该区域范围内的信息。

（2）尽可能采用简单的工作方法，收集对规划工作有用的信息，没有必要收集、了解、知道所有的信息。

（3）对收集的信息立即进行整理、分析和使用，这有助于更便捷地了解地方各个方面的情况和更为直接地了解地方经济发展状况。

（4）持续收集和分析信息。在规划实施期内，应持续开展信息收集和周期性更新工作，以确定哪些关键数据最具价值，这是信息数据库管理工作中最重要的工作内容。关键数据将揭示经济社会发展的趋势，并可作为水利发展战略规划项目库的基准数据。

（5）整编关联信息。规划工作的领导者和决策者往往没有时间去广泛了解有价值的信息，所以规划工作人员应将有价值的信息按一定的标准和格式加以整编，形成内容齐全、重点明确、标记显著的成果，并针对决策者关心的内容，标明关键信息，同时也要确保信息数据资源符合逻辑且相互关联。

五、发展基础条件的评估分析

当地的经济基础情况如何，可通过对当地现在的发展情况与历史发展情况进行对比，或者与其他相似地区的发展情况进行比较分析得出，并可据此了解一个地区的经济活力和发展成效。从地方经济情况分析中得出的结论，有助于决策什么时间在该地区开展水利建设发展工作，明确该地区水利基础条件是否与经济社会发展水平相适应，是否需要提高防洪标准，是否需要提高供水标准或扩大供水规模，是否需要在水利发展战略规划实施过程中调整规划。

通过经济基础分析，能够获得以下信息内容：

（1）当地经济在国家或者区域经济发展中的位置。

（2）当地哪些产业在全国范围内具有优势。

（3）当地是否形成了工业、交通、服务体系。

（4）当地哪些行业处于发展之中，哪些重要产业正在发生变化，引起变化的原因是什么。

（5）当地行业、产业变化趋势与国家和区域内的行业、产业变化趋势的比较情况。

在经济基础分析工作中，经济基础理论提供了判别标准。判断地方经济是否健康发展，要看该地区工业出口能力和活力，即是否给该地区带来了新的收入，是否增加了该地区其他非基础工业的资本循环能力。当地的基础工业发展得好与不好，取决于当地基础工业的重要性，以及其影响力是否超越了当地的区域界限，是否与其他地区的经济有密切的关联。

采用地域优势分析、区位优势分析、经济能力转换等分析方法，可以检查、分析一个地方的经济特点。投入产出分析方法是最为常用的具体项目效益的分析方法。

区位优势分析主要用于分析一个地区的水利发展是否具备区位优势，包括地方水资源条件、地方水利发展与经济社会发展布局的关系等。

通过区域经济和产业结构与需水相关的敏感性分析，可以了解区域范围内产业结构构成情况以及水对产业结构的影响，从而明确哪些产业受水资源的影响大，哪些受影响小。

在国家和地方水利投资规模有限的情况下，应首先判别对水资源保证率要求高的重要行业，然后设计一个系统的比较体系，研究在哪里优先发展水利更为重要、未来预期社会效益更大，最后据此在发展布局和投资上给予倾斜和重点保障。

一些技术方法可以帮助人们了解一个行业或特殊企业与地方或区域经济发展的关系，确认其重要性。但这些技术方法主要在国家层面上应用，原因是需要运用大量经济模型进行计算才能得出比较专业的分析结论，而这些技术方法和经济模型在水利行业尚未得到深入研究和应用。

分析评估时，不能轻易采纳地方相关负责人员的介绍说明，而要根据工作需要（如分析当地是否需要提高防洪标准，是否需要建设大型跨流域调水工程等），委托相应的专业研究机构进行数据收集和分析评估。专业研究机构提出的评估成果经国家和地方权威部门组织审查同意后，方能在水利发展战略规划工作中应用。

在水利发展战略规划工作中，需要针对一些突出的问题，开展专题研究工作，一些专题研究成果是规划工作的基础。一般根据国家重点发展领域和行业要求，以及各地和流域治理的特点，在明确相应的工作要求的前提下，由规划领导小组组织人员进行专门研究，确定需要开展的专项研究工作范围，通过一定的工作形式，委托有资质的专业单位或研究机构，指定专门人员负责组织开展各专题的数据收集、整理和分析工作。

在工作中，要根据国家政策核定经费，保证参与工作的人员和工作力量的投入，在规划工作要求的时间周期内取得相应的成果。研究成果必须经专家和规划领导小组审查后，方可纳入规划的结论性成果中。

水利发展战略规划工作涉及的主要研究专题有以下几个方面：

（1）与农业灌溉发展有关的国家粮食主产区、优质高效农田基本建设、节水灌溉发展、农业产业结构调整等。

（2）按照城市发展规划，提高城市基础设施的防洪排涝标准，提高城市供水保证率，提高城市的节水标准、中水利用率等。

（3）根据国家和区域发展战略规划以及国家重大基础设施建设布局情况等，研究国家（区域）水资源配置战略和水电发展布局。

（4）水利工程建设与生态环境保护、水源地保护协调发展等。

（5）有关乡村发展的水问题。

（6）水利建设发展对国家经济发展的影响和拉动作用。

与水利发展战略规划相关的各专项研究工作，根据国家不同发展时期和发展阶段，其工作要求有所不同，工作的侧重点也可能不一样，应当按照国家规划的具体要求组织实施。

总之，制定水利发展战略规划需要的调查评价工作成果，应根据各个地方的实际情况，通过广泛、扎实的调查工作，考虑广大群众、各级政府和各个行业的合理需求，在进行了深入全面地研究分析有关各类信息数据后形成。

第六章

发展战略规划基本理论和分析模型

在以往的水利规划工作中，规划人员往往根据工作的实际情况，凭借工作经验来编制水利发展战略规划，对规划基础理论知识、方法等的研究与应用不够。本章主要介绍其他行业规划理论、分析模型和规划方法，并与水利规划相对照，以便研究建立水利规划工作理论体系和模型分析方法。

研究制定城市总体规划、经济发展战略规划和产业发展规划均有相应规划理论作为规划编制的基础。

由于流域综合规划涉及的范围广、空间尺度大，涉及的各个方面指标多，在规划工作中，需根据流域实际情况，深入研究流域特点，综合考虑流域内各个方面发展对水的要求，并统筹考虑全流域治理的效益。所以，难以采用单一理论来研究制定流域综合规划。

流域综合规划的治理安排，往往是从解决水旱灾害效果突出、对经济社会发展影响大的重点水利工程建设开始，一步一步地逐步推进，最终达到全流域综合治理的目标；往往是根据各江河在不同地区的特点，安排不同的江河治理方案和各种类型的水利工程；往往是考虑不同区域对水治理的需求，在统一的治理标准要求下，从安排一个区域的局部水利工程逐步地展开到全流域治理建设。

从“八五”至“十三五”全国水利发展规划文件（见附录1至附录6），可以看到从20世纪90年代以来的30年中，我国水利发展战略规划报告中的发展基础条件、目标、指标、要求、工程布局安排、规划保障等规划内容的变化。从中也可得出我国水利发展基本规律：近30年来，我国水利发展经历了从安排流域治理重点水利工程、解决工程投资规模缺口问题，到国家发展战略大局下的重大水利工程建设，到协同国家经济社会发展和生态环境保护，再到水的综合治理、提高节水和水生态环境保护要求这样一个发展变化过程。这一变化过程印证了水利发展规律与经济发展规律的相关性，显现了每个五年规划与其前后五年规划发展的衔接与连续性，也表明了在不同的发展条件下，水利行业各专业发展重点的变化和调整历程。水利发展规律从某种程度上验证了水利发展与经济发展在相关发展理论上具有相似性。

本章介绍的研究理论和分析模型是基于经济发展战略规划的相关理论和分析模型，其优点是对涉及经济发展的各个方面的因素进行综合研究平衡，考虑多种可能，得出经济发展的成功途径。

制定水利发展战略规划需要考虑的因素同样也比较多，规划要求与经济发展战略规划要求有相似之处，所以引进经济发展战略规划基本理论，可以提高水利发展战略规划综合分析研究水平，有助于水利发展战略规划的研究和编制。

本章仅简要介绍与水利发展相关、适用于水利发展战略规划编制的经济发展规划基本理论和分析模型，提出轮廓性的工作概念。第三节着重深入介绍适用性和使用范围比较广泛的 SWOT 分析方法。其他规划理论及其具体内容，可以参考相关文献和研究成果。

第一节 发展战略规划基本理论*

一、区域发展梯度理论

区域发展梯度理论认为：区域经济发展不平衡，就像处于不同的阶梯上，高收入地区处于高梯度，低收入地区处于低梯度，在高收入地区和低收入地区之间，还有几个中间梯度，有梯度就有空间的转移。高梯度地区应用新技术先发展起来，以后随着时间推移，经济发展将会逐步、有序地从高梯度的地区向处于二级、三级的低梯度地区推移。

* 吴维海. 全流程规划［M］. 北京：中国计划出版社，2016.

随着经济发展梯度推移加快，区域间差距可以缩小，最终实现经济发展分布的相对均衡。

区域经济梯度推移过程中有三种效应可同时起作用，即极化效应、扩展效应和回程效应。它们共同制约地区生产分布的集中和分散。极化效应作用的结果使生产进一步向条件好的高梯度地区集中。扩展效应使生产向其周围的低梯度地区扩散。回程效应削弱低梯度地区，促成高梯度地区进一步发展。三种效应综合作用的结果就是不断扩大发达地区与不发达地区之间的差别，其中起主导作用的是极化效应，回程效应起推波助澜的作用。

一般认为，高梯度区域一般采取创新型经济发展战略。中梯度的萧条区可以实行改造型发展战略。低梯度区域可以实行渐进型发展战略。

我国不同地区和城市的区域经济发展不平衡，各地收入和产业空间布局呈现出梯度分布状态，高梯度地区一般性技术应用逐步向中西部地区推移。随着各地经济的有序发展，区域间差距逐步减少，最终实现全国范围内经济分布的相对均衡。区域经济梯度推移过程中，极化效应、扩展效应和回程效应共同制约地区生产力分布的集中和分散。

二、区域发展辐射理论

区域发展辐射理论认为：经济发展与现代化进程中的辐射指经济发展水平和现代化程度相对较高的地区（辐射源）与经济发展水平和现代化程度相对较低的地区，进行资本、人才、技术、市场信息（辐射媒介）等的流动，以及思想观念、思维方式、生活习惯等方面的传播。通过流动和传播，进一步提高经济资源配置的效率，以现代化的思想观念、思维方式、生活习惯取代与现代化相违的旧的习惯势力。一般将经济发展水平和现代化程度较高的地区称为辐射源。辐射的媒介是交通条件、信息传播手段和人员流动等。

我国经济发展水平和现代化程度较高的东部地区与经济发展水平和现代化程度相对较低的中西部、东北三省等地区进行资本、人才、技术、市场、信息的有序流动，可提高经济资源配置的效率，提高经济发展的质量。

三、区域发展增长极理论

区域经济发展增长极理论认为：在经济增长过程中，不同产业的增长速度不同，其中增长较快的是主导产业和创新产业，这些产业一般都是在某些特定区域集聚并优先发展，然后扩散至周围地区，形成强大的辐射作用，带动周边地区的发展。这种集聚了主导产业和创新产业的区域，被称为“增长极”。

增长极的吸收和扩散作用表现为：技术的创新和扩散，资本集中和输出规模，经济效益产生了积极的经济效果。

增长极的作用效应表现为以下几个方面：

（1）极化效应。增长极的推进型产业吸引和拉动周围地区的要素和经济活动不断趋向增长极，从而加快增长极自身的成长。

（2）扩散效应。增长极向周围地区进行要素和经济活动输出，从而刺激和推动周围地区的经济发展。

（3）溢出效益。指增长极的极化效应和扩散效应的综合影响，如果极化效应大于扩散效应，溢出效益为负值，结果有利于增长极的发展；反之，溢出效益为正值，结果对周围地区的经济发展有利。

在经济增长过程中，我国各地区不同产业的增长速度不同，一般来说，增长较快的是主导产业和创新产业，这些产业一般是在特定区域优先发展，再辐射带动周边地区的经济区域，形成增长极。增长极是有技术的创新和扩散，资本的输出和集中，产生直接经济效果等主要作用；引进产业和拉动周围地区的要素和经济活动，继续向周围地区输出经济活动，并刺激和推动周围地区的经济发展。

四、区域发展比较理论

区域发展比较理论主要包括区域差异理论、地域分工理论、区域产业结构比较理论和区域规划理论等。以下简要介绍这四个理论的基础内容。

（一）区域差异理论

古典区位论认为，区位选择总是趋向生产总成本费用最低的地点，这就是“成本决定论”。近代区位论认为，以市场价格分析揭示利润最大化是影响区位选择的决定性因素，使区位论走向宏观化，弥补了传统成本决定论排除市场因素的缺陷，这就是利润决定论。现代区位论认为，合理的区位选择和产业配置受到多种因素的影响，必须对多种因素综合分析。决策者最终选择的区位，不一定是成本最低的或者利润最高的区域，通常是综合优势显著的区位。

（二）地域分工理论

绝对优势理论认为：每个国家都自己生产所需的全部物品是不明智的，每个国家都有擅长生产和不擅长生产的东西，每个国家都有其绝对有利的、适应某些特定产品的生产条件，如果每个国家都按其绝对有利的生产去进行专业化生产，然后进行交换，各国的资源就能正确的配置和有效的利用，从而提高劳动生产率，增加国民财富。绝对优势理论，也可用于不同国家的同种产品。

比较优势理论认为：参与国际贸易的各个国家，虽然在经济发展、资源条件等方面存在差异，但每个国家都能以比较优势的产品参与国际贸易，只要成本比例在各国之间存在差异，各国就能生产各自的比较优势产品，并且在国家间进行交换，通过贸易增进效益。

（三）区域产业结构比较理论

区域产业结构静态比较指各区域某一时点上的产业结构在区域分工阶梯中的相对地位的比较。决定一个地区在全国区际分工中的相对地位的主要因素，是该地区非农业生产的发展水平，特别是主要制造业的专业化程度。地区产业结构静态比较可以从非农产业发展水平和制造业构成技术水平的区域比较两方面进行，非农产业发达、主要制造业专业化程度较高的地区，在经济联系和区际分工中的地位相对有利。

区域产业结构动态比较是指地区产业结构的变动比较，包括产业结构变化状况的区域比较、产业结构转换能力的区域比较。

（四）区域规划理论

区域规划理论包括区域（空间）经济学理论、社会生态学理论、系统科学理论和区域管制理论等。与水利发展战略规划有关的理论应用主要是区域（空间）规划理论。

空间经济学研究关于资源在空间的配置和经济活动的空间区域的问题。空间经济的核心问题是解释地理空间中经济活动的集聚现象，以及经济活动地理结构和空间分布是如何在集聚的向心力和分散的离心力这两股力量的相互作用下形成的。

空间经济学的基本模型包括：区域模型（中心-外围模式），城市模型（研究城市阶层体系的演化），国际模型（产业集聚与国际贸易分析）。

为了从更大范围研究区域规划问题，开始运用宏观经济学进行区域规划研究，包括区域资本积累、劳动力就业、技术创新与国民经济增长的关系、区内产业结构等经济要素与有关影响。

五、政府规制理论

“规制”是规制部门通过对某些特定产业或企业的产品定价、产业进入与退出投资决策、危害社会环境与安全等行为进行的监督和管理。

依据规则性质，规制可分为经济性规制和社会性规则。经济性规制主要关注政府在约束企业定价、进入和退出等方面的作用，重点针对有自然垄断、信息不对称等特征的行业。社会性规制是确保居民生命健康安全、防止公害、保护环境为目的的规制，主要针对经济活动中发生的外部性有关政策。

对规制经济理论的研究主要分为规制规范分析学派和规制实证分析学派。规制规范分析学派产生于 19 世纪，其主要观点是：由于市场经济机制不完善及存在市场失灵，如自然垄断、外部性等，应对企业活动进行规制，在确保资源配置效率的条件下，保证公共利益不受损害。

规制实证分析学派的主要观点是：政府规制的目的是维护个别集团的利益，在规则制定者与规则服从者之间的相互利用，通过经验数据分析佐证规划观点正确。

政府规制内容主要有进入（退出）规制，价格（收费）规制，数量、质量规制，资源、环境规制，等等。

六、赫尔曼的不平衡增长理论

由于发展中国家资源稀缺，所以全面投资和发展所有部门是不可能的，政府只能把有限的资源有选择地投入某些行业，使有限的资源最大限度地促进经济增长，这就是不平衡增长。

在发展中国家，有限的资本在社会资本和直接生产之间的分配具有替代性，有两种不平衡增长的基本途径：一是“短缺的发展”，先对直接生产资本投资，引起社会资本短缺。社会资本短缺引起直接生产成本的提高，迫使投资向社会资本转移，进而实现两者的平衡，然后通过对直接生产成本的投资，引发新一轮的不平衡增长过程。二是“过剩的发展”，对社会资本投资，使二者平衡后再重复此过程。

上述六种规划理论在经济发展战略规划、城乡规划等规划工作中已经得到了比较广泛的应用，但在水利规划工作体系中尚未得到深入的理论研究和系统应用。水利规划领域尚未根据以往的统计分析资料，建立水利规划相关因素理论模型和数据分析模型，尚难以用定量数据说明水利发展在国民经济社会发展中的作用和影响。在水利规划工作中，凭借以往的工作经验进行判断分析研究仍然是主要工作方法。在今后的流域综合规划和水利发展战略规划工作中，如何建立一套有效的工作理论体系，需要深入思考研究。

虽然在流域综合规划、水利发展战略规划等工作中没有直接应用上述规划理论，但在各项水利规划的实际工作中，规划工作者已经自觉或不自觉地将这些理论作为规划分析研究的基础加以应用。

从我国流域治理取得的成就以及各地水利建设完成的情况来看，水利发展规律与经济发展规划的区域发展梯度理论、辐射理论、比较理论等描述的情况相似。例如，在流域综合规划和水利发展战略规划中明确流域水灾害治理的重点，从解决流域重点水问题扩大到解决流域一般水问题这种方法从某种意义上体现了区域发展梯度理论的基本原理。再如，区域发展辐射理论说明了经济发展的核心和扩散作用，而流域综合治理规划和水利发展战略规划通过流域治理重点工程的建设，为流域内其他区域水利发展打好基础，从而带动“面上”水利工程的建设，可以说是区域发展辐射理论在水利规划上的实际应用。又如，在流域综合规划和水利发展战略规划工作中，明确在一个流域内，为了达到流域治理的最大效益，在不同的区域内，治理水旱灾害的方法和在水利发展中的定位和作用是不一样的，往往要根据流域内各个地方的实际情况和条件，在有些区域内进行水利枢纽工程建设，在有些区域内重点进行堤防工程建设，在有些区域内设置蓄滞洪区。这种在流域的不同区域采取不同水利工程措施的方法，与区域发展比较理论有关经济发展的差异、不同地区的分工、区域经济结构的比较、区域内经济分区规划等理论原则，有异曲同工之处。

水利规划属于公益性规划，是由政府主导制定的，因此在水利规划工作中，各级政府的决定因素往往是主要的。从规划工作开始，到明确规划目标、规划原则，直至最终确定规划方案，主要是由政府部门主导开展工作。而政府规制理论提出的基本思路和方法，与水利规划工作要求是基本相同的。

在经济发展规划当中，不平衡增长理论是指导经济发展工作的主要理论之一。制定水利发展战略规划时，由于各地情况不同、经济发展水平不同、水利发展投入能力不同，所以对水利发展不平衡状况的分析与研究就可以运用区域发展不平衡增长理论相关知识和方法。

在今后的流域综合规划修编和水利发展战略规划编制工作中，进行水利规划理论研究是非常必要的，进一步建立水利发展与国家经济社会发展相对应的数据定量分析也是非常重要的。这就需要在各类规划理论发展的基础上，进一步完善水利规划体系的理论基础，并在各类水利规划工作实践的基础上，根据水利规划的特点和影响，深入开展水利规划理论体系的研究工作。

第二节 发展战略规划常用分析方法和分析模型

一、历史分析法模型

解读国家和地方的五年规划、总体规划、专项规划等，一般使用历史分析法来比较规划编制前的经济数据和产业变化，总结成绩，分析不足，发现经济增长的一般规律，为下一个五年发展规划或者本行业、本地区、本产业的中长期规划目标、重点业务增长速度和定量指标的设定等提供科学的分析和测算支撑。

历史分析法模型常用于规划调研分析和规划报告的规划背景分析和发展环境分析。从规划编制实践来看，有些政府规划纲要中总结的上一个发展阶段经济发展的数据和结论并不编入规划报告文本中，仅作为未来发展阶段设定规划目标的重要参考。

二、层次分析法模型

在五年规划和专项规划的背景分析中，有时可以采用层次分析法，将不同经济指标按照总指标到分指标的模式加以研究和阐述，便于报告审阅者关注主要数据和核心观点，便于决策者提炼观点。

三、PEST 模型

PEST 模型中的 P 指政策、E 指经济、S 指社会发展、T 指技术水平。该模型主要用于研究国家和地方产业政策、法律法规、经济形势、社会文化、消费习惯、技术研发和产业化趋势等。运用 PEST 模型进行分析，可以系统地把握特定地区的政治环境、经济基础、产业发展趋势、社会文化特点、消费者习惯、技术研发与应用等现状，有助于产业定位和目标预测等研究工作。

PEST 模型是分析各种规划报告外部环境的基本工具，通过政治的、经济的、社会的、技术的分析，从总体上把握各种宏观环境，评价这些主要因素对规划目标和未来规划定位的重大影响。

政治要素研究主要包括行业发展与政策的关系、环境保护政策、财政政策、政府换届影响、政府预算和相应的法规。

经济要素研究主要包括国家的经济形势、经济制度、经济结构、经济发展和产业布局、资源状况、不同地区的发展水平和未来发展趋势等。分析经济环境的关键要素包括 GDP 增长、利率变化、能源问题、机制问题等。

社会要素研究主要包括社会发展环境中各地特征、民族特征、文化传统、价值观念、教育水平、风俗习惯等。分析社会文化环境的要素包括人口规模、年龄、种族、收入、消费水平、教育水平、户籍政策等。

规划涉及地区的自然环境、地理气候、资源生态条件、环境污染处理政策、措施等，对规划的制定有一定程度的影响。规划中须考虑的社会文化因素包括特殊的利益集团要求、大众对政府的信任程度和社会的责任感等。

技术要素研究主要包括可能引起革命性变化的一些发明，与企业生产有关的新技术、新工艺、新材料的出现、发展趋势以及应用前景。

四、纵横向对比法

纵横向对比法是把一个地区或一个行业的跨年度经济数据和主要业绩，与其他地区或其他国家相应的经济数据和发展数据等进行纵向和横向分析比较，初步揭示一个地区或一个行业的发展程度、水平和定位，或者展现特定地区研究对象的经济特征、市场表现等，进而确定规划目标和重点任务。在规划目标的系统研究与综合编制中，主要采取对比分析法进行分析。

五、系统工程模型

系统工程是从整体出发，合理设计开发和实施运用系统科学的工程技术，根据总体协调的要求，综合运用自然科学和社会科学相关思想、理论和方法，利用计算机对系统的结构要素、信息和反馈进行分析，达到最优规划、最优设计、最优管理和最优控制的目的。

政府在规划研究和编制综合发展战略规划时，必然会对各个行业和地区的发展战略规划进行全面的研究分析，所以，要体现系统思考，协同不同的规划目标；要进行规划目标的测算评估，避免设定的目标脱离实际。

系统工程模型强调发现各类规划问题并找到解决问题的途径。通过规划需求导向的研究，发现发展中的各种问题，然后对各种问题进行结构化分类。不同性质的问题采用不同的规划和研究方法：非结构化的问题以定性分析为主，解决问题依靠规划人员的知识和实践经验；对于发展速度等问题，可以采用计算模型公式，用定量分析和定性分析结合的方法解决。对于某些指导定性结论，也须进行定量分析。

采用系统工程模型可以研究政策变迁对区域规划的影响，通过改变特定区域的制度安排，改变其实施的效率，也可以影响区域发展的速度和质量。

定量分析由定性分析指导，定性结论需要定量分析支撑。

六、交叉分析法

该方法的基本思想是坚持整体概念，统筹兼顾，运用优化分析方法提高管理系统的整体功能。在互联网、云计算和大数据时代，使用系统工程的战略思维，运用数学模型和运筹学大数据等进行规划分析，将可能是政府规划研究与编制的重要方向。

在政府规划工作中，交叉分析法主要用来研究特定区域的协调发展问题、区域资源最优利用问题、区域资源综合开发利用的结构性问题，同时也用于分析和解决结构性和非结构性规划研究的重大问题。例如，流域规划与区域水利规划编制工作是一个多维结构的系统工程，不是仅由一些规划工程师参与的简单的设计活动，它需要请各个方面、各个专业有经验、有知识的人员参与，通过组织协调，按工作程序，在一定的技术系统支持下，并按照特定的规划决策系统决策，才能顺利完成。

七、标杆分析法

标杆分析法是选择政府或者行业成功发展案例作为标杆进行系统分析和研究，提炼其经验、做法和不足，从而为本地区的规划编制和规划执行提供借鉴的方法。

八、战略金字塔模型

战略金字塔模型是总结和提炼政府发展战略规划规律和主要特点，逐步构建规划编制框架的模型。该模型从外部环境等方面分析，建立规划愿景与使命，描述未来发展要成为什么；通过标杆分析和案例研究以及内部资源的充分调研，制定规划目标，确立要达到什么样的发展位置。在此基础上，对规划实施体系进行设计，研究制定组织的总体规划、专项业务规划、职能规划。战略金字塔模型主要是分析规划编制的框架和层次，并系统描述政府规划的不同内容及其功能。

九、平衡记分卡模型

平衡记分卡模型是把组织的使命和战略转化为全方位的运作目标和绩效指标，作为执行战略和监控的工具，它也是一种管理方法和有效的沟通工具。采用平衡记分卡模型，可将宏观、抽象的战略转化为实现方案或工作计划，达到执行战略、监控战略，最终实现发展战略的目的。运用平衡记分卡模型的目的是以战略为出发点，将组织发展的战略落实到具体行动，最终实现财务或经济回报。

对于政府规划目标制定和管理，可以探索使用平衡记分卡模型进行设定与规范管理。通过指标设计，能够全面确定特定的规划目标，避免因单纯追求经济指标而忽略社会责任、妨碍机构发展、疏于日常管理等问题出现。

十、大战略矩阵分析法

大战略矩阵是由市场增长率和行业组织竞争地位两个坐标因素组成，在市场增长率和行业组织发展竞争地位不同组合情况下，指导行业组织进行战略选择的指导性模型。

大战略矩阵是制定备选战略的常用工具，其优点是将各种组织的战略地位放在大战略矩阵的战略象限中加以分析和选择。一个组织的各分部也可按此模型分析和定位。

十一、麦肯锡三层面理论

麦肯锡资深顾问梅尔达德·巴洛海等提出这样的观点：所有不断保持增长的行业组织的共同特点是保持三个层面业务的平衡发展，第一层面是拓展和加强核心业务，第二层面是建立新兴业务，第三层面是创造有生命力的候选业务。一个组织源源不断地建立新业务，革新其核心业务，拓展新业务，保持创新以及产业业务的有序组合与分层开发，一旦出现业务衰退就采取以新替旧的措施。这就是著名的三层面理论。

三层面理论认为：健康的经济组织增长需要综合平衡三个层面的业务，第一层面是守卫和拓展核心业务，第二层面是建立增长动力的业务，第三层面是创造有生命力的未来业务。

十二、PDCA 模型

PDCA 模型中的 P 指计划、D 指执行、C 指检查、A 指修正。该方法就是按照这样的顺序进行规划发展科学管理，并循环进行的科学程序，包括以下四个过程：

（1）确定方针和目标，制定执行规划。

（2）根据已知信息，设计具体的方法、方案和计划，再根据设计和布局进行具体的管理与运作，实现预期的计划。

（3）检查和总结执行计划的结果，分清责任与原因，明确效果和路径的问题所在。

(4) 对检查结果进行处理。对成功的经验加以肯定并予以标准化；对于失败的教训要总结，引起重视；对于没有解决的问题，应提交给下一个 PDCA 循环解决。

PDCA 模型用于制定政府规划实施方案和行动计划的目标和方案制定，也可用于检查和修正方案实施进度。

十三、协同模型

协同论也称协同学，是 20 世纪 70 年代以来在多学科研究基础上逐渐形成和发展的新兴学科，是系统科学的重要分支理论，由德国斯图加特大学教授、著名物理学家哈肯于 1971 年提出。该理论探讨各种系统从无序变为有序的相似性，认为千差万别的系统，尽管其属性不同，但在整个环境中，各个系统间存在着相互影响、相互合作的关系。其中也包括通常的社会现象，如不同单位之间的相互配合与协作、部门之间关系的协调、企业之间相互竞争的作用，以及系统的相互干扰和制约等。协同论研究从自然界到人类社会各种系统的发展演变，探讨其转变遵循的共同规律。运用协同论可以找出影响特定系统变化的控制因素，进而发挥系统内子系统间的协同作用。

协同模型应用于各类政府规划、专项规划的研究和报告的编制。无论是规划的环境，还是资源禀赋，都影响和在某种程度上决定了规划目标的制定。实现规划目标需要有与其相适应的产业布局、空间规划、组织体系以及资源匹配、基础设施建设等条件的改善。反过来，这些因素也影响和促进了规划目标的完成。规划目标超水平完成后，将提前实现环境资源目标。实现规划的路径和机制等各种要素之间的相互影响、相互促进、相互作用，在某些方面又相互衔接，彼此协同。

十四、标杆管理法

标杆管理又称基准化管理、参照管理，起源于 20 世纪末，是组织提高绩效的一种有效方式。它是根据既定规划规则进行评估比较的过程，用来改进工作程序并取得更高的绩效。标杆管理是动态的过程，其基本步骤如下：

（1）确定目标和范围，决定标杆管理的效率与优先顺序。

（2）自我诊断和分析内部程序，对正在运作的工作情况进行全面诊断。

（3）考察潜在的合作伙伴，选择绩效评估标准。选择容易被人理解的评估标准，收集数据，实施绩效评估，收集选择的标杆信息，进行差距分析，借鉴研究对象的经验，采纳借鉴程序，研究缩小差距的措施，作出修改。再监察新的结果，进行绩效改善，重新修订和提高绩效评估标准，再次运行上述程序，以达到最希望达到的结果。

以上十四种规划工作分析方法和分析模型，同发展战略规划基本理论在水利规划工作中的应用一样，虽然没有得到系统的研究，应用水平也有待提高，但在实际工作中，对水利规划工作中存在的各类问题进行分析研究时，往往也应用了这些方法和模型的基本思路。

对水利发展五年规划的前后发展结果进行对比分析时，采用的方法与历史分析法模型基本一致。分析流域（区域）内各省、各市的水利情况时，常采用层次分析法模型进行具体研究。对国内外或全国各地水利基本情况相似地区的发展情况进行比较分析时，多应用纵横向对比法。

但系统工程模型、交叉分析法、战略金字塔模型、大战略矩阵分析法、协同模型等方法，在流域综合规划、水利发展战略规划等工作中，在各类水利工程和治理措施的效益分析工作中，尚未得到很好的应用，缺乏通过各类方法分析后得出的量化的结果。

今后的水利规划工作必将进行多目标、多层次的协调、研究和决策，是否能运用这些规划分析方法和分析模型进行水利发展的效益定量分析研究，需要水利与有关自然类学科、经济、社会和生态环境、大数据分析应用等相结合，进行各类理论方法的综合交叉研究分析，以得出更加科学、准确的结果。所以，在工作中需要加强各种分析方法和分析模型的应用研究工作，提高水利规划的工作水平。

现阶段规划工作中常采用 SWOF 分析法，该方法简单实用，有助于更加客观、准确地分析水利发展的各类变化因素。

第三节 SWOT 分析法

一、SWOT 分析法的原理和内容

制定水利发展战略规划也是分析流域（区域）水利发展现状、潜力和解决发展障碍的工作过程。在这个工作过程中，理解了流域（区域）水利发展的现状、潜力和解决发展障碍等方面的因素后，将有助于当地领导者更好地分析当地的水状况和未来发展竞争优势。实际上，每个人、每个单位和企业决定未来在某地发展业务时，都会重点考虑该地的优势和劣势，而作出决定也许是基于对真实情况的分析，也许是通过一种直觉认识。

一个地方的竞争能力如何，往往取决于其内部和外部因素。SWOT 分析法是一种常用的相关因素分析方法。其中，S 是（strong）强项、W 是（weak）弱项、O 是（opportunity）机遇、T 是（threaten）威胁。该方法用于分析某地有哪些强项、弱项，有哪些发展机会和威胁。内部因素是影响当地变化的基本主体，外部因素尽管也影响当地的发展，但是其特点是滞后于当地的内部影响。外部影响因素主要有以下 10 个方面：①法规改变（国家和地方的法规改变）；②政府部门的行政干预；③发展趋势因为情况变化而改变了原来设定的重点；④在国家和全球经济形势影响下，各级财政收入受到影响，原定的重点项目不能按时完成；⑤产业结构调整或转化而影响到水利行业供水供电改变和防洪标准改变；⑥社会和政治改变；⑦发生了严重的自然灾难，使得发展的布局和重点改变；⑧人口统计改变，人口迁移变化；⑨技术更新；⑩发生战争或处于战争时期。

运用 SWOT 分析法对一个地方的未来发展进行深入研究分析，有助于地方领导决策在什么时间采取什么措施来抓住发展时机和采用什么政策促进发展。分析考虑因素有以下方面：

（1）强项。地方目前具有的优势，并有可能进一步提升能力的方面。

（2）弱项。地方目前面临的问题、挑战，存在的不足或糟糕的社会经济现状等。

（3）机遇。地方基于未来发展趋势，能够采取措施追赶或转变的方面。

（4）威胁。根据地方变化趋势，可能衰退或处于不利境况的方面。

在开展 SWOT 分析时，简单地定义强项和机遇的因素是科学的，应当开展深入的调查分析，明确地方已有的强项和面临的机遇。

（一）现状：强项与弱项

某地区已经存在或者正在发生的、在可能或者不可能之间有影响的内在和普遍的特质，通常被定义为该地区的强项或弱项。

定义一个因素是强项还是弱项，最好的办法是将这个地区与基本条件相当的其他地区进行比较，通过比较分析，提出强项和弱项的构成要素标准。下面介绍如何判断和区别强项和弱项。

1. 强项

强项指的是一个地方具有竞争优势和吸引力的资产品质。一个地方的内部强项也许是劳动力素质，也许是地方政府给予的商品竞争价格方面的优惠政策或所处的地理位置，还可能是得天独厚的可利用的空间、丰富的水资源或良好的取用水条件等。

一个地方的外部强项是其对外部的影响力。例如，当地有重要的大学和研究机构，具有知识和技术创新方面的先天优势，或当地处于联结周围地区铁路、公路等交通和对外交往的节点处，具备地方发展的交通便利条件和对外物流交往的优越条件。

这些因素为该地区的经济社会发展提供了竞争力，使用其优势，可以将外部的一些资源为本地区发展所用。如果将地方的强项定义为特别强项，需要将强项因素进行关联组合分析，并按等级进行分类，然后分析在未来条件下，这些视为本地区强项的因素是否具有重要优势。重要优势取决于该地区强项与其他地区强项之间的比较，更具竞争力的，方可定义为特别强项。例如，某地民众的文化教育水平较高，在知识和科技方面具有优势，该地还有地处交通要道的地理优势，并有通商传统，那么，与其他不具备相应交通条件或者需要长时间培养和集聚人才的地区相比，该地区就具有特别强项。又如，某地临近江河湖海，航运码头可作为地方强项，但如果该地现在和未来经济不够发达，发展缓慢，交通辐射能力不够，没有多少货物可以利用水运，那么，航运码头就不是该地的强项，至少在现状条件下，难以成为该地区的强项因素。

具备潜力的强项，是指在地方规划掌控之下，在一定水平的公共投资和其他投入后，改革现有的政策措施和理念思路，才能建立的当地优于其他地区的竞争优势。通过改善地方发展条件，发挥地方现有优势，可以改变地方现状，改进不足，提高地方的发展水平。例如，一块尚未开发的可利用的闲置土地，对当地而言，是未来发展的潜力因素，对投资者而言，具有发展的吸引力。如果将地方发展要求和投资者利益相结合，在闲置土地上建设当地必要的公共设施，既为当地的发展提供了新的物质基础，同时又为投资者获得利益创造一定条件，为当地的经济社会发展提供必要的吸引力。这一新的物质基础条件便有可能成为当地未来发展的强项。

2. 弱项

弱项指的是对地方发展起阻碍和约束作用的因素或趋势，它会对当地发展的竞争优势形成不利。弱项可能有以下形式：①人们的思想认识等社会因素；②自然条件、自然灾害等物质客观因素；③客观的历史文化和传统影响；④在发展规划中全局发展定位错误等。弱项对地方未来发展不利。

内部弱项条件包括资金短缺、人们的思想观念与发展要求不一致、经过培训的劳动力缺乏、基础设施不足和高犯罪率等。

外部弱项条件包括地方环境封闭、地方税费高、地方政府制定的发展政策不够优惠、当地的自然地理条件劣势等。

为了更好地分析一个地方的基本情况和特点，应进行有关强项和弱项因素的影响程度分析，通常采用“以重至轻”的分析方法，即对一个地区的各个方面的基本数据进行调查、收集、整理和分析，将该地区的强项和弱项按照影响程度和范围，根据“轻重缓急”要求和“影响力的权重”大小进行排序，找出需要进一步强化的强项和需要首先解决的弱项。然后分析强项和弱项相互之间的影响和它们对当地的影响作用，使二者形成良好的发展互动，解决不利的关系问题。以取得在当地现有条件下的最大发展效益。

3. 可以修正的因素

可以修正的因素包括三类：可以在短时间内修正的因素、可以在关键期内修正的因素、可以在长期时间内修正的因素。

（1）可以在短时间内修正的因素指的是可以通过采取行动和少量投资迅速改变的不利因素。例如，如果一个产业园的外部吸引力可以通过政策环境的改变而增强，那么当地政府就可以动用力量，通过调整产业重点或改变利用方式，改善产业园政策环境。这些行动可以由当地管理部门直接决定。

（2）可以在关键期内修正的因素，指通过公共和个人的行为，在2～6 年内可以得到重点修正的因素。例如，由于气候变化，在一段时期内，政府和民众对水利的重视不够，防洪排涝工程建设缓慢，防洪安全能力降低，使得当地遭受洪水灾害，损失严重的情况时有发生。这些问题属于可在关键期内修正的因素，可以在较短的时期内，通过提高全社会对防洪问题的关注程度、论证提高防洪标准的必要性、政府增加防洪治理投资、采取防洪排涝工程治理措施、建立和强化各个行业发展规划协调和管理机制、全社会加强监督等各个方面的合作、跟踪防洪排涝问题解决落实情况等方式予以解决。

（3）可以在长时间内修正的因素，是指为了解决已预测到的未来发展问题，通过公共和个人的努力以及相互理解和坚持工作，在未来一个阶段可以修正的因素。例如，为了谋求和相邻地区共同发展，提高区域的防洪标准和水资源供给能力，需要修复因地区之间相互不信任而产生的边界水事矛盾和合作关系，以使双方在各个层面取得一致的洪水灾害治理意见，积极地实施水利工程建设。这项工作往往需要较长的时间完成，也需要投入较大的力量。

4. 不可能修正的因素

不可能修正的因素指那些不能对当地的能力和影响力进行修正的因素。例如，气候条件和自然灾害是不受人类控制的，但它们却影响甚至决定一个地区或一定范围内的各种建设项目和经济发展的成本。台风、暴风雪灾害等不受人为控制的因素便是不可能修正的因素。

5. 中性因素

中性因素指那些对强项和弱项分析都不适用的因素。例如，各地政府都要求增加税收，而各地群众都要求减少税收，增加个人收入等因素就是中性因素。在所有的发展战略规划和项目投资分析中，中性因素均需进行客观公正的评价分析。

（二）未来：机遇和威胁

每一个地方都存在对经济社会发展起积极作用或消极作用的潜在因素。机遇指促进地方发展保持优势和成功的潜在因素，而威胁是指当地未来潜在的、对发展产生负面影响的阻力因素。

1. 机遇

地方得到发展机遇，如果能因势利导地加以利用，通过利用新的发展资源，取得新成果和良好效益，当地经济社会就能得到发展。反之，如果地方不具备把握机遇的条件和能力，那么机遇也就不存在了。

例如，对高校毕业生进行再培训，使他们成为地方劳动力市场的新生力量，以带动当地未来经济社会发展，这有可能是地方内部发展的一个机遇；如果当地周边地区的经济影响力有快速的提升和发展（如将新建一个汽车制造厂），对当地和周边区域发展可能形成一个外部驱动的机遇。当地如果没有相应能力的劳动力，那么就会丧失外部发展机遇。

有时威胁因素也可以转化为机遇。例如，严重的洪水灾害对地方经济社会的发展而言，是一个威胁因素，但是在国家和地方各级政府的重视和努力下，地方进行了全面的水利规划，做了充分的水利工程项目前期准备工作，开展了大规模的水利工程建设，进行了系统的江河治理，那么该地就把威胁及时地转化成了未来发展的机遇。相邻地区如果没有开展水利规划和项目前期工作，或者水利建设进展缓慢，那就失去了这次水利建设带来的地方经济社会发展机遇，今后仍将蒙受洪水灾害损失。

2. 威胁

威胁，是指在未来发展中可能发生的令人不安的危险趋势，或者可能导致地方未来经济竞争力和基础条件发生不良情况的发展趋势。威胁将导致地方失去现有优势、发生经济衰退。

外部威胁是地方不能控制或制止的因素。例如，地方工业外部潜在的威胁主要有依赖国际市场进口货物、关税变化等。这是地方难以控制、客观存在的威胁。

地方能够尽力控制并产生作用的是内部威胁。例如，某地的内部潜在威胁是当地领导没有采纳好的规划，从而导致经济社会发展不平衡，产生了发展后劲不足的问题。如果当地政府修改制定了符合当地实际情况的发展规划，调整了当地的发展方式，落实完善了各项发展的政策措施，就能够解决相应的发展后劲不足的问题，从而可以控制和消除影响当地未来发展的内部威胁。

威胁因素应按照发生概率、影响程度和范围进行等级分类。

在分析工作中，对于机遇和威胁，按照下述标准进行提炼也许对分析工作有帮助：

（1）已经存在的发展趋势变化情况。

（2）发展或者衰退的自然特性及内外客观条件变化。

（3）发展趋势发生变化的可能性、时效性。

（4）在什么时候和情况下可能发生发展趋势变化，对当地的影响时间长短和影响程度情况。

(5) 哪一类的发展趋势将对当地的经济社会发展有直接影响？其影响程度如何？地方是否有能力克服不利的发展趋势？

二、SWOT分析法在水利发展战略规划工作中的应用

成功的水利发展战略规划应当能够充分发挥地方已有强项，克服弱项，抓住一切有利的机遇，对威胁做好充分准备。SWOT分析法为完成发展战略规划建立了方向性的观念，并为制定发展目标和实施措施提供了切合实际的基础工作方法。需要提醒规划工作者的是，强项和弱项反映的是当前的、现实存在的客观事实，而机遇和威胁是潜在的、未来的发展条件。

SWOT分析法可以帮助规划人员确定以下内容：

(1) 一个地方现实和未来竞争优势如何，以及如何与其他地方进行比较。

(2) 对一个地方重点发展的未来挑战，是否是必将要经历的，还是可能会经历的？

(3) 实现流域（区域）水利发展目标的主要障碍是什么？

(4) 地区环境、国家环境、国际环境对当地发展有什么影响？自然气候变化未来趋势怎样？哪些影响因素可能会反复变化？哪些影响因素可能会对水利发展产生直接的影响？

(5) 在执行水利发展规划的工作过程中，当地有哪些资源可以进一步利用？哪些影响因素需要事先加以充分研究，给出应对变化的措施和政策？

实际工作中，可运用图6－1所示的SWOT分析简图进行相关分析，以便找出解决措施。

SWOT分析	强项	弱项
机遇		
威胁		

图6－1 SWOT分析简图

完成SWOT分析后，对于那些对未来发展影响最大、最为重要的

因素，必须优先研究和确定，这将有助于明确发展目标和各项措施的核心和重点。需要优先考虑的每一种因素，都应按照规定要求进行更为细致的分析评估，并进行相关因素的数值化分级。例如，一个影响因素按其影响程度分为 5 个等级，1 级最弱，5 级最强。分级工作过程应当根据当地的实际情况，经当地各个方面认可后确定。

规划工作中，可以采用纵横向对比法分析影响发展前后情况变化的各种影响因素，对不同地区的发展条件进行比较分析，这对确定当地的 SWOT 更为有利；可以委托专业咨询研究机构进行相关分析工作，但被委托机构应具备以下条件：①与当地有过工作关系，关注过当地社会经济发展和水利发展等情况；②具备相关工作经验和专业知识，曾针对地方发展项目收集过资料，对当地的各项因素进行过等级划分，具有确定该地区 SWOT 各因素和开展对比分析工作的经验。

第七章

水利发展战略规划的主要研究内容

水利发展战略规划需要研究的各项工作内容是比较多的，需要明确哪些是保证规划成果能够得到各个方面认同的研究分析工作，是规划可以顺利开展和成功的前提。本章主要介绍在规划工作中，需要开展的主要研究工作的内容、要求、方法。

第一节　规划发展愿景和规划原则研究

一、规划发展愿景研究

愿景是组织对未来勾画的蓝图，是对未来的憧憬，是设定的未来长期目标。研究和逐步确立愿景的过程充满了激情、智慧、理性、行动和判断，要求工作人员既有发散性思维，又有收敛性思维。它是一个反省甚至是妥协的过程。在确定愿景的过程中，主要工作人员可以抛开经验，不那么理性，大胆展望和假设未来，通过征求、讨论、研究各类意见，通过思想碰撞，建立起共同的愿景，并对其不断地修改、补充、更新。但是，共同愿景必须符合政府行政的规范要求，应容易被感知、识别、认可，体现政府和行业管理部门的奋斗精神与理想。

构建共同愿景需要自我超越，突破已有成就、目标、愿望等，确立新的目标愿望。建立共同愿景的基本途径是：培养共同语言，开展团队学习，进行各层次的交谈以及实现自我超越等。

愿景的基本特点：①推动性，良好的愿景可推动组织面对挑战，超越现实，不懈创新；②激励性，良好的愿景将清晰表达出组织领导者对于未来的观点，并激励社会的各个方面朝着良好的愿景发展；③方向性，愿景指引内部和外部组织的未来努力方向；④协同性，愿景是同一组织内部的各个部分向一致的方向努力的过程。

在基于现有的基础和可以实现的条件下，提出对未来的发展愿景的展望，也就是提出了未来发展的方向。在一个地方（或一个行业）形成了一个对未来发展的共同展望，就意味着在这个地方（或行业）已经通过工作将不同的发展要求进行了协调、分析、研究，做出了各个方面意见基本一致的决定性选择。

在制定发展战略规划的工作过程中，每个参与者都会有自己的发展愿景。确定规划相关各方对未来发展的共同展望的意义在于：通过工作，使得各自的发展观基本一致，形成合力，统一行动。其主要的工作目标是：通过协调，在参与规划的各方形成了对未来发展的共同愿景的基础上，将各方不同的发展规划任务综合成一个发展战略规划的成果。因此，确定对未来发展的共同展望是完成发展战略规划工作的第一步。

如果一个地方（或一个行业）对未来发展难以形成共同一致的愿景，那么，继续开展下一步的发展战略规划工作就没有什么意义了，即使形成了发展战略规划文本报告，在规划的实施过程中也必将难以执行。

当一个地方（或一个行业）明确了未来发展愿景后，制定的发展战略规划必将是一个统一行动的总体指南，可以明确各项发展的定位和基本要求；必将会使所有人员都相信这个愿景展望是科学的，以使得在执行规划和实施项目过程中，各个方面能遵循其基本要求；必将是一个灯塔，以照亮并引导人们走向未来发展之路。所以，发展战略规划必须是在明确的、一致的发展愿景基础上，建立明确的同步发展目标、各项行动计划安排，以确保为实现未来的发展愿景打下坚实的工作基础。因此，其内涵、价值观在整个规划工作过程中都是非常重要的，也将影响整个发展规划实施过程以及每一个项目和实施行动计划的安排。

建立一个共同的发展愿景，要求主要参与者能够达成一致意见，并为取得规划成果而共同承担责任。因此，研究制定未来发展愿景是具有挑战性且耗时的工作。只有集中各个方面的工作资源，采用有效的工作组织方式，研究和提出的未来发展共同愿景才会是正确、有效的。

为了达到上述要求，在制定战略发展方向时需要先考虑以下问题：①是否每一个人都需要参与到制定未来发展展望的工作中；②当地是赞同的意见占多数，还是反对的意见占多数；③在未来发展中能够取得成功的主要方面有哪些；④战略发展目标是否可实现？实现的条件和要求是否合适；⑤提出的发展愿景能否起到调动各方积极性的作用。

形成统一的发展愿景的过程，就是统一各方对发展的认识的过程，这有助于在制定战略规划过程中解决一系列问题。因此，该项工作应尽可能早地开展。在现在这样多元化的社会，地方尽早提出未来发展愿景，有助于尽早地统一全社会各个行业对未来发展前景的认识，取得社会各界的理解和支持。

在工作方式上，地方可以安排有关咨询公司或者中介机构制定未来发展愿景。第三方可以站在客观公正的立场上，分析当地的实际情况，有利于形成良好的工作成果。

对于规划工作团队而言，提出并确定宣传战略发展目标的关键词，有利于使社会大众对未来发展共同愿景留下深刻印象，从而产生积极的社会影响。

从事该项工作的人员应该对下列问题进行评估：①如果继续按照现有的发展路径前进，在下一个十年里将会是什么状况，发展方向是否正确；②一个地方（或一个行业）的关键人士是否知道当地在未来十年内将会达到什么状况？是否同意其发展方向；③当地社会的各个方面、工作过程、政策法规、组织体系和信息系统等条件能否支持和适应未来的发展要求。

二、确定规划原则

规划原则是在一个规划工作时期内的工作依据，包含了制定规划的主要原因及整个工作过程的工作目标和线路图。其范围包括：规划的基本工作原则，什么是规划需要优先考虑的内容和要求，如何确定规划工作的行动计划。

规划原则必须反映各个地方、各个行业和大众的要求，必须是由规划工作的领导团队提出，并且能够特别清楚地阐述规划的工作目的、行动方案和规划将产生的作用意义。

提出一个规划原则，首先需要回答以下问题：

（1）开展规划工作的起始原因是什么？为了谁而做规划？

（2）规划工作目的是什么？我们在其中所作所为的关键要求是什么？

（3）与其他的规划有什么不同？需要开展哪些协调工作？

（4）开展的规划是如何定位的？规划工作成果如何满足“上位”规划要求？又如何与各类“下位”规划协调？如何形成相互支持的发展规划体系？

（5）需要在规划中解决什么突出问题？

（6）开展规划的现状条件是什么？什么是组织开展规划的基本保障措施？

第二节　规划背景研究与分析

规划背景研究的主要信息来源是形势大局、国家政策、法律法规。各类规划背景研究与分析的主要依据包括以下方面：

（1）发展的变化趋势、经济金融形势、政治经济环境、水旱灾害情况和特点、国家政策和法律法规变化、地方政策和发展环境。

（2）政府的经济和社会统计数据基础报表、涉及水的行业统计数据、重点工程的经济指标数据。

（3）各类政府的规划文件、上级和本级政府已有的规划文本、国家主体功能区规划、土地利用规划、城市发展总体规划以及各方面利益相关者的情况。

在该项研究分析工作中，需要安排进行各类的调研工作，对国家相关政府机构和相关的专家学者开展调研，以获得相应的研究资料和有关数据。

规划背景分析是各级政府规划研究与编制的基础和起点，也是国民经济和社会发展五年规划纲要编制时需要系统研究和编写到有关规划报告文稿的重要组成部分。规划背景分析的重要工作是规划报告编制依据的研究和归纳。例如，水利发展战略规划是根据国家中长期国民经济和社会发展规划的建议编制的，与此同时，还需要考虑流域规划和相关区域发展规划的基本要求。

规划背景基本内容的系统研究一般包括：总体背景、行业背景、政策背景、基本情况背景等；其中，总体背景及宏观环境分析包括当前政治、经济、文化、技术等一系列的具体分析。

关于规划的宏观环境分析：一般的研究和表述的方法是跟踪行业的发展趋势，分析国家最新的政策，通过研究国家和规划主管部门（如发展改革委等相关部门）的产业政策和行业的导向、国家将要发展的重点行业和重点地区、重大自然灾害的影响、国家的产业布局、重点工程建设布局等，评估未来几年内本行业的发展选择。例如，是否发生了流域和区域性的水害灾难，国家明确的西部大开发、落实扶贫政策、环渤海湾经济带、长江经济带、珠江大湾区规划、长江和黄河的保护要求等对水利发展的要求和影响。这些宏观因素变化对确定水利发展战略规划的影响是比较大的，往往也是起到决定性作用的。

关于规划的微观环境分析：微观环境分析包括行业背景、政策背景和竞争背景等分析。行业背景、政策背景对于规划编制的影响很大，从水利行业发展战略规划考虑，主要是以增强水利的核心竞争力，加大重点工程的建设，来加快水利发展及优化升级，加快培育新的重点发展内容为重点。例如：在防洪和兴利之间如何全面协调发展问题。竞争背景的分析包括：分析本流域和其他流域之间的相关利益关系，分析流域内有关省的水利发展的竞争关系。

发展变化的趋势分析是政府经济和行业规划的重要内容，对特定行业的未来趋势预测是水利规划的基本工作之一，也是测定特定地区的水利规划目标的重要依据。从水利规划的角度来看，分析水利行业发展的未来趋势，主要应充分考虑未来经济社会发展的需求和地方发展目标，从而研究确定水利发展的主要地区、发展的标准和水平。这是一个重要的规划依据，通常使用 SWOT、PEST 分析方法等分析工具。

“没有调查就没有发言权”，在这个研究阶段要强调开展实实在在的规划调研工作，将规划调研工作深度和范围具体化。为避免不必要的重复性调查研究，需要根据每项规划的具体情况提出调查工作计划，经规划工作领导小组研究确定后实施。在规划编制之前，组织相关人员就宏观环境、产业形势等问题进行系统规范的前期调研与访谈是十分必要的。资料收集是规划编制的基础和前提条件，规划基础资料包括政策法规、产业环境、研究对象的现状、区域经济数据、各种发展规划以及自然条件分析等。

第三节　规划发展基础研究分析

规划发展基础研究主要涉及流域、区域内的土地、环境、人口、能源、交通等资源，自然地理和工程基础条件，社会发展、产业基础和现有禀赋条件，以及地方政府要求和资源条件支持能力、水利基础条件等。其中，资源条件包括有形资源和无形资源，有形资源包括财务、组织、实物、技术等资源，无形资源包括人力、创新能力、资源规划管理等。研究分析的目标是实现水利可持续发展，提高灾害防御能力和水平，提高水资源的利用效率，改善水生态环境状况，尽快形成人水和谐发展的良好环境，为经济社会全面健康发展提供保证。

发展基础是各流域、区域水利发展战略规划和有关专项规划的主要依据，也是国民经济和社会发展五年规划纲要的目标设计和重大工程实施的基本条件，是规划报告文稿的重要组成部分。

发展基础一般分为政治经济基础、社会基础、行业基础、资源基础、人才基础、技术基础、前期工作基础等。规划报告在研究和分析发展基础时，可以采用标杆分析法，对特定地区、特定城市、特定行业进行案例分析，研究被分析行业发展的管理经验、发展过程中的主要教训等，为规划制定与框架构建提供有益的实践经验。

发展基础的规范研究是规划编制的重要工作内容，需要规划编写人员花费大量的时间和精力研究基础现状，提出合理的发展趋势与思路，进行科学的调研和综合的研判。

发展基础的研究与分析内容主要包括：自然资源、基础配套、水利工程和水利发展现状、社会环境、省际间水事矛盾协调、流域综合治理的关键工程进展和技术创新配套情况。分析的模型采用横向比较法、系统工程模型、案例分析法、标杆分析法、差距分析法、战略金字塔模型。

研究规划的发展基础时，一般需要做大量的行业分析和现场调研，为规划报告撰写积累一手资料和思路。人口要素的分析一般是分析人口数量对于区域水利发展的影响，人口迁移对地方经济和用水保障的影响；资源条件的分析在发展基础的分析过程中，需要分析土地、交通、环境、能源等要素。通过特定地区的水资源条件分析，初步拟定地方经济发展规划实施需要的重点水利工程和有关基础设施的配套项目，可以为下一步的发展提供基本依据。

各类规划的发展基础如何，一般需要研究特定的政府管理部门、特定的区域在前一个发展阶段的经济指标完成情况和管理能力，已经建设的水利工程完成情况、取得的经验和存在的问题，以及人才、技术现有水平，资金状况等。据此阐述已经取得的水利发展业绩和水平，预测未来几年或十几年的发展规律和方向。

阐述生态环保现状是研究发展基础的重要内容。基于绿色发展的大环境，规划要研究现有的节约用水水平、节能减排、居民生活与消费、生态环保等状况是否符合国家的政策和发展导向，是否需要进行水利发展结构性的战略调整；这些内容需要认真研究比较，并加以详细阐述，才有助于科学预测水利发展的模式和特征。

在研究水利行业（专业）规划编制工作中，要研究地区发展要素和经济结构等发展基础，分析其他行业的有关项目，对其他行业可能发展的重点内容、重点项目进行研究。需要研究流域内外、各个地方、其他重要领域的发展基础、规划定位与水利发展的关系，各个行业重点项目和发展路径相互的关联关系。

发展基础是地方发展和社会活动的基础，是水利发展布局的基本依据，同时，水利发展战略规划与其他行业特定规划的战略定位相互依托，才能被确定为重要的规划方向。因此，水利发展战略规划与其他行业、有关地方的规划目标，发展策略和重点工程密不可分，在规划报告编制时，文字描述要体现这一相互关系，并尽可能揭示其中的规律、定位原则、相互之间关系。

对发展基础的分析研究，是规划工作的重要内容之一，需要与国家相关政策、法律法规等保持一致，体现和充分考虑未来的政策法律风险，通过政策法规的适应性研究，分析把握发展规律和潜在的发展空间，体现规划实施主体的内在禀赋。发展基础在很大程度上依赖于现有规划背景的描述，要从多个维度，从优势和缺陷等方面，综合分析发展规划的环境和重点存在的问题，避免片面和主观的结论。

在水利行业发展战略规划研究工作中，既要立足于现在，也要对将来可能出现的问题，例如气候变化、特大灾难发生、政治经济形势变化时应有相应的调整措施。需要关注国家即将出台或已有的政策、国家的地区发展战略布局和变化，从国家和区域发展战略层面的分析与研究，通过有高度的系统思考进行综合分析、科学研判国家政策法规可能带来的影响和规划项目的变化。需要研究一些行业发展和经济现象形成的原因、存在的问题和缺陷，研究如何破解制约发展的瓶颈问题，如何实现战略转移，进而预测新的可能的发展模式和产业升级路径。

第四节　规划目标、指标要求和战略安排研究

研究制定可实施的发展战略规划是一项需要经过数月时间，投入大量力量，在分析研究地方各类发展需求、面临的挑战与机遇，协调了各方面的意见之后，才能提出现实可行的实施方案的工作。

制定发展战略规划也是明确一个地方（或者一个行业）发展走向的工作过程，所以在规划中就要同时明确提出达到规划目标的实际行动路线。这就需要在充分了解当地基本情况的前提下，提出对当地的强项、弱项、机遇、威胁等各种挑战的分析结果。这些结果将有助于在发展战略规划中，决定当地未来的发展目标、战略安排和行动计划。本节将重点提出如何设计规划目标、指标要求和战略安排。

一个工作范围和职能单一的组织机构，是难以承担研究制定发展战略规划的目标、指标要求，以及相关的战略安排、项目计划工作的。对于一个要求各个方面都能接受的规划工作结果而言，首先需要明确谁可以承担这样的工作任务，这是尤为重要的。

需要反复强调是，如果没有一个基本一致意见的前提，整个发展战略规划工作将会陷入困境。取得最好的发展战略规划成果，是规划工作组织和工作人员所希望看到的，但是，如果规划成果虽不够完美，但却能够得到各个方面接受，并且形成了共赢发展的规划效益和影响，才是规划是否成功的关键所在和重要标志。

在本书前面的一些章节中，已经论述了在发展战略规划工作开始的时候，为了取得参加规划工作的各个方面和社会各个层次共同支持，需要讨论建立起对未来发展形成共识的技术方法，在这里再提出来，同样也是十分重要的。

发展战略规划工作的基本核心内容是确定目标、指标要求和战略安排。

一、规划目标预测

目标代表对所有的未来展望，并且反映了发展战略规划完成后具体的系列成果要求。

目标是一种定性和指导性的描述，以支持对未来的展望，代表着规划工作过程希望产生的成果，也提出了一个决策和发展战略明确的参照点要求，以及随之而产生的指标要求和项目实施安排。目标同样也可以用于教育和激励大众参与到规划实施工作过程中来。所以，目标代表着发展成果的目的。

目标是对未来的展望，或者是实现规划原则的直接产物，代表着组织开展规划的委员会或者领导小组，在集中各个方面力量，通过努力工作后希望达到的要求。

水利发展战略规划的目标是各级政府、专项规划编制的重要内容，也是国民经济和社会发展五年规划纲要和各类规划的研究核心内容之一。

其规划目标主要依赖于顶层政策与上级规划目标，规划编制背景、发展基础和已有的资源条件禀赋。同时要考虑发展形势大局，国家政策、地区发展布局和发展区域能够提供的发展空间等。

规划目标在不同类型规划中的内容与结构不同，其基本内容一般包括指导思想、愿景、使命、规划定位、中长期目标、年度目标、管理目标等。

规划目标的研究分析的内容有：主要经济指标、水利发展目标和各个专项目标（如防洪标准、供水量、堤防达标、增加灌溉面积、水电和泵站新增装机等）、节约用水目标、管理目标、科学技术创新指标、生态目标、重点建设目标等。

设定规划目标可以依据的理论包括：区域发展梯度理论、区域发展辐射理论、区域发展增长极理论等。

规划目标分析的模型有横向比较法、系统工程模型、平衡计分法、积分卡法、比较优势等。其中，规划目标是战略金字塔模型的第二个层级，主要解决一个行业的发展指标和应达到的位置，一般为中长期目标，如五年战略目标、十至十五年规划目标。

二、确定规划目标

水利发展战略规划的核心目标是分析研究、科学确立和正确选择达到预期位置的最佳途径。其规划目标根据规划的类型而有所差异。专项规划的目标主要聚集于特定的领域。

规划目标的实现依赖于水利发展对外部环境变化规律的认识、政策发展、组织基础和发展需要资源等，要充分考虑各种要素之间的衔接和协同，注意可操作性和前瞻性的有机结合。

总的来讲，一般遵循如下规范：

（1）确定规划的愿景和指导思想。通过规划愿景和指导思想的界定，为规划实施主体的领域和行动指明方向，有助于相应的目标和管理目标的实现。通过愿景定位，给规划有关内容提供了蓝图和奋斗的方向，坚定了规划的实施主体、规划的利益相关方和外部投资者的信心，也可以确定未来的行动纲领、工作目标。

（2）制定规划长远目标并分解阶段性目标。水利发展战略规划报告具有鲜明的全局发展特色和时代的烙印，一般体现在各级政府，社会公众较为关注的相关水领域和管理类考核指标。首先确定总的编制原则、规划目标和规划定位；其次，进行目标分解和衔接，以突出重点水领域、明确优先、强调解决制约因素、保持融合发展为原则。

（3）对规划目标的未来前景进行预测和描述。规划一般要描述规划期内的发展前景，主要目标、主要指标未来可以达到的状态，给上级主管部门、有关利益相关方一个比较清晰的、量化的、定性的说明，同时，也要给投资的各方机构和将要进行合作的其他各个方面有一个信心和行动的方向。

（4）规划愿景和管理目标在专项规划中阐述比较多。由于水利发展战略规划的一些专业领域规划编制重点不一样，规划目标的基本内容和呈现格式也是不一样的，有些规划需要明确相应的愿景使命、各项指标、科技创新的内容，有些规划可能只涉及发展指标，这就需要根据具体的规划要求和管理的要求进行评估后确定。

（5）根据专业或指标重要性进行描述。规划目标一般是从最为重要的指标开始研究，重点阐述主要发展指标和管理目标方向，可以给各类规划的评审决策和规划使用者提出清晰的指标体系和导向，以便于规划区内优势资源有序匹配，按各项工作的优先次序得以安排。如：国家的五年规划纲要，一般要反映 GDP、产业结构、社会教育、公共服务、科技创新、国家重点建设等发展指标。

（6）指标和规划目标不宜过于保守或过于冒进。总体规划、全局性规划的指标和规划目标较为概括和简要，不应过于繁琐，避免采用与规划主题弱相关或无关的指标等。一般不会阐述具体的指标（如企业的发展指标）。同时，对规划的目标要优先进行分析，应明确哪些是经过努力可以基本实现的指标，各类目标指标不应该明显超出经济发展规律或过于消极悲观。

（7）不同类别的规划指标各有时代的烙印。规划指标与指标类别和需要解决的核心问题等密切相关，不同地区的同类发展规划及指标体系，也可能不同；同一地区、同一类别的规划在不同的发展时期，其指标体系可能存在差异。例如，本书的六个附录所列的六个水利发展五年规划的目标、指标体系，因各地的基本情况不同，发展要求不同，水利发展的重点不同，在不同的发展时间内，是在不断地进行调整和完善的，并且不同地区的水利发展目标指标应该也是有所不同的。

对于能够达到的目标表述，应该是清晰和简明扼要的，通常可用积极的话语陈述表明。如：

强化防洪工程建设，确保地方人民生命财产安全！

大力开展农田水利基本建设，保证国家粮食安全！

开发利用、节约保护水资源，保障城乡高效供水能力！

开发水电清洁能源，为经济发展助力！

为了美好的明天，保护好水生态和水环境！

三、多目标规划研究

在发展战略规划工作过程中，可能会提出许多的规划目标，而这些众多的目标往往是难以同时成立的，发展战略规划目标之间的相互间互补是很重要的，至少是在一个特定的发展时间段内，规划目标之间应不会产生相互间的负面影响。

如：在国家和地方基本建设投资规模有明确限制的前提条件下，一个地方的水利发展战略规划的目标是：明确在一个地方的东部要大规模建设防洪基础设施；而在同一发展战略规划内，又提出了另外一个目标是要在同一地方的西部也同时要提升水利基础设施水平，而地方的基本建设投资有限，难以同时满足两个目标的建设需求，就产生了在一个规划内需要有两个目标同时实现、相互之间不协调的问题。分析其原因是：在地方水利发展过程中，什么是首先需要解决的主要问题和矛盾不明确，产生了在同一个发展战略规划时期内，同时实现两个发展目标有困难的问题。

又如：通过全面分析，明确了在一个地方的水利发展战略规划中，必须控制经济社会发展用水总量为主要目标。而在这个规划中，包含有农业发展灌溉规划，如果农业发展灌溉规划提出的新增加灌溉用水总量超过了水利发展战略规划明确的发展用水总量目标，那么，农业发展灌溉规划的目标与水利发展战略规划控制用水总量目标之间就存在矛盾。这就需要在明确的总目标前提下，各个行业目标要与总目标协调，调整发展的用水需求结构，落实节约用水措施，以确保发展大局的目标要求能够实现。

在一段时期内，由于受到基础条件的限制，有发展重点要求，而可利用的资金、资源等有限，所以在编制发展战略规划时，必须确定规划目标实施的先后顺序，最重要的顶层目标必须优先明确、确保实施。

规划的重点领域分析过程是确定规划优先考虑的内容和实施先后顺序排序的工作过程。

对规划的重点领域进行分析的目的是：一个地方（或者一个行业）领导在明确规划目标工作中，要充分考虑当地的经济、社会、法规和政治环境因素。在每一个具体的规划目标分析中，既要考虑其有利发展变化的积极因素，也要考虑那些对规划起到阻碍作用的不利影响，以及相应的各个规划目标之间的层次关系，规划发挥作用后的影响力和影响范围。

在讨论分析工作中，如图 7－1 所示的分析简图可以帮助规划研究人员分析哪些潜在的力量可以帮助实现规划目标，相应的成本是多少，可以利用的各种需要的资源总量是什么，通过对这些因素分析，能够帮助在规划工作中进行比较，明确在规划目标中的短期、中期、长期效益大小、影响范围的先后顺序。

目标表述

有利因素：	阻力因素：
1. ……	1. ……
2. ……	2. ……
3. ……	3. ……
有利因素的变化趋势顺序	阻力因素的变化趋势顺序

图 7－1　规划目标之间的影响因素对比分析简图

四、规划指标要求分析

各类发展战略规划是由其不同的发展指标要求来具体体现的。指标要求是提出规划的绩效标准，并且明确什么是规划实施过程中要完成的内容和范围。指标要求是实现目标的具体化，是完成目标的质量要求的指导性表述，是以各项具体的明确要求来支持规划对未来展望。

指标要求是用一系列实施质量标准和准确计算结果表述的。指标要求必须有其特点，以使得这些指标要求在规划的时间段内，在完成了大量的工作后，可以容易地进行检测和监督。

有效的指标要求是确定最新的规划指标依据，应符合下述评判标准：

（1）有特点。有效的指标要求是公开的、社会大众可以理解的、现实存在的标准要求。指标要求的特点是：要有相应的发展战略和行动计划作为基础，并且提供了判别规划是否能够成功的标准。

（2）可测算。根据规划工作的时间过程，考虑在向规划目标实施过程中可能发生的变化条件，按照标准、准则依据要求，在分析了大量实际情况的基础上，通过测算确定，并且可用简易的方式表达。

（3）现实性。提出的指标要求是在规划可能涉及的领域范围内，能够基本在当地实现的指标要求，并且对于如何实现相应的指标要求，也需要同时提出相应的未来条件和创造的机遇。

（4）方向性。完成规划指标要求，需要明确建立和采取的各项具体的专项措施，以及行动方向。

（5）时效性。在规划实施的时间范围内，明确各个规划指标要求实施完成的时间限制和先后顺序。

五、战略安排研究

战略是如何实现已明确的发展战略规划目标和指标要求的具体谋划，是明确提出如何达到其目标和指标要求的各项具体措施、各种办法、实施计划安排，以及对可能出现的问题、面临的机遇提出相应的应对方案。

战略将回答如下问题：

“我们如何去实现?”

“我们如何完成这些目标和要求?”

在发展战略规划已经明确了目标和指标要求后，制定战略安排是随即需要开展的工作阶段。

一个战略包含制定明确的实施项目和计划安排，以及与之对应的完成目标和要求。

一个好的战略是真实可行的，而不是一个将各个项目和计划安排列成一个“希望清单”表格。如果再将与整个发展战略规划目标要求无关的项目和计划安排表都列入其中，那就不是一个战略安排。

在制定发展战略工作过程中必须牢记：一个地方的强项、弱项，机遇和威胁因素是影响实现目标和指标要求的关键。战略安排就是围绕这些因素而建立起来的，应在对规划重点进行广泛的讨论后，明确战略安排要采用的重点措施。在各类项目安排中，要通过战略分析研究，明确各项措施的优先权和先后顺序要求，并同时分析明确提出各个项目可利用的各种资源和条件。

战略安排应基于以下条件：①当地的经济发展目标和要求；②当地经济基础条件；③当地可利用的资源；④当地内部和外部的约束条件；⑤支持当地水利发展的希望和方向。

规划选择的战略安排应以地方的经济条件和能够利用的资源两个方面为基础，采用的战略安排应在当地已经承诺实施，并可以使用现有的基础条件，在经过当地社会有关各方面同意后，方可决定实施。

战略安排可以是以组织、计划安排和建立形成新的发展能力等形式出现。

一个规划可能只包含有一个目标和一个战略，或者包含有几个目标和几个可选择的战略安排，也可以是几个目标和几个战略的组合安排。

第五节 空间规划布局研究

空间规划是政府规划的重要内容。空间规划理论是研究在一定区域范围内，社会经济各个组成部分以及组合空间之间的空间位置关系和相互作用影响，这种关系反映空间集聚规模和集聚程度。无论是单一的水利工程建设、流域的系统开发治理，还是区域经济社会发展，水利发展都离不开空间布局的总体安排。

水利发展的空间规划布局是国家主体功能区规划的基础和重要组成部分，是根据国家总体发展战略规划、经济规划、流域综合规划、土地利用总体规划等规划定位，在研究重大水利工程布局、协调前期工作进展情况后编制的。主要有：在各个流域综合规划治理的地理布局基础上，在一个发展时期内，水利发展战略规划在不同的流域、区域内的位置布局，与经济社会发展、生态环境保护规划等各类发展项目协调同步；在水利各类发展要求、各类重点项目具体安排落实的基础上，与其他行业发展重点项目同步发展、相互影响，为实现国家总体发展战略规划目标，提供水利行业的发展基础条件。重点要描述的是：在一个地区、一个流域内，水利建设发展所处的空间位置与当地的经济社会发展等各方面重点的彼此关联性，明确在国家的经济社会、土地开发、生态环境总体规划发展中的定位和作用。

空间规划主要研究的内容是：在一个特定区域内，重点工程进行合理的空间布置和功能定位，进而实现与流域综合规划、国家经济发展战略规划相结合的各类工程位置、功能、作用、效益界定；研究确定如何根据上层次规划和本层次规划目标等，使其与主体功能规划、土地利用总体规划各相关要求相衔接。

水利发展战略规划中的空间规划布局在不同的专业（专项）规划中的基本内容和分析模型是有差别的，但需要明确的主要内容包括：重点工程和流域系统治理的空间及功能布局情况，重点工程的影响因素，重点工程与配套工程的协调，跨流域调水工程与其他建设工程的安排顺序，各单项工程的空间布局，等等。

空间规划组合的内部结构有线性组合、中心式组合和网格式组合。空间规划组合的外部结构有收敛的空间和扩散的空间。

空间规划的理论依据包括空间结构要素理论、空间结构尺度理论、空间结构演化理论、空间结构协调理论等。分析模型主要有比较优势理论、增长极模型等。从具体的空间规划内容看，有其具体的特征与规定。

由于空间规划工作涉及的范围广，需要的各种技术手段方法要求高，在理论和实际工作中尚处于探索阶段，国家有关主管部门在推进“多规合一”等工作中，还需要进一步统一认识和明确规范要求，因此，相关介绍在本书中仅供参考。

在水利发展战略规划工作中，目前对于空间规划的工作，主要是研究决定水利工程建设各类项目在各个流域（区域）中的位置分布和相互之间的关系，避免在一个地理范围内过于集中安排同类项目，以达到水利发展“空间均衡”的目的。空间规划的主要要求有以下三点：

（1）按照特定规划要求进行空间布局。在系统调研分析的基础上，对待定的重大工程，在各个流域内、流域之间明确其空间定位，确定其分布和土地利用、其他与工程有关的各个方面影响条件等。分解和落实经济发展规划和重大项目实现预期的发展目标。

（2）注重与总体规划等管制规划要求的衔接。空间规划需要按照一定的编制规则和主体功能区的要求，以及各个行业发展的总体布局等编制，必须研究经济社会发展总体规划、土地利用规划、国家和地方的中长期发展规划，系统研究上述规划对空间布局的要求和项目的需求，结合管制性的政策文件，进行具体的空间设计、区位设计等。

空间规划遵循上位发展规划，要与主体功能区规划、经济发展总体规划、土地利用规划、流域综合规划等相衔接，有序地组织编制，注重做好各个规划之间功能的紧密协调。

（3）要根据规划目标组织编制。需要实现特定的规划目标和实施效果，且能够达到上位规划或者本规划的主要目标，这是编制空间规划遵循的主要思想。空间规划需要利用大数据和绘图等工具，需要依托大数据云计算应用等信息化平台，需要创新规划技术和编制标准，以达到高效率、低成本、可视性强的效果。

第六节　各级各类规划的衔接研究

水利发展战略规划由国家、流域和地方分层次进行，上层次规划对下层次规划应该起到控制与引领作用，下层次规划对上层次规划有反馈与修正、支持的作用。因此，总体规划、分区规划、详细规划之间相互有影响，需要相互衔接。省级规划要以国家规划为指导，与所处流域的水利发展战略规划有密切的相互支撑关系。

水利发展各个专业（专项）规划是以全国水利发展战略规划为基础，是以水利发展的特定领域为对象编制的规划，是在特定领域内，对国家规划的细化，是政府指导该领域发展以及审批核准重大项目安排、政府投资和财政预算支出、制定特定领域相关政策的依据；通过编制专业（专项）规划可以针对水利发展的重点领域和薄弱环节，对关系全局的重大问题，在若干方面展开规划各项要求具体化，深化各项具体的政策措施；水利发展各个专业（专项）规划必须符合国家规划的总体要求，并与全国水利发展战略规划相衔接。

因此，必须以国家的总体规划为基础，进行层层的目标、指标要求分解，以做到彼此的衔接，发现各个层次规划之间存在的各种问题，对各类问题进行结构化分类，用不同的规划和研究方法解决发展过程中的不同性质的问题。

一、规划衔接依据与内容

（1）规划衔接依据。规划衔接主要是需要对其进行一致性协调衔接、评估和修订，实现不同规划之间的功能衔接、定位协调和前后呼应等。衔接的依据是各类发展规划的关联性，以及“多规合一”改革。协同论是各类规划紧密衔接与调整的理论依据之一。

（2）规划衔接内容。国家水利发展战略规划与水利各个专业发展规划和地方各个层次的水利发展战略规划衔接，与生态环境保护规划、土地利用规划、城市发展规划、国家国民经济和社会发展中长期规划之间的衔接，是各个规划之间主要的衔接内容。

具有战略性、基础性、约束性的规划是国民经济发展总体规划，包括人口规划、区域规划、城市规划、土地利用规划、生态环境保护规划、流域综合规划、水资源综合规划、海洋功能区划、海域使用规划、粮食生产规划、交通规划、防灾减灾规划等。其中，大体上是国民经济和社会发展规划定目标，土地利用总体规划定规模，流域综合规划和城市总体规划定布局，主体功能区划定政策。水利发展战略规划要充分考虑这些基本的国家规划要求。

二、规划衔接要点

规划衔接要把握以下几个方面的问题：

（1）规划衔接要突出政策性和规划基本方向的一致性。要根据不同的政策要求进行规划衔接，要注重不同的政策的衔接与程序的规范，在研究不同规划之间衔接时，要充分考虑地方经济发展与功能定位，谨慎、合规地组织有关工作。

（2）规划衔接要注重经济效益和社会效益的协调。不同规划的各自评估修正和相互衔接，具有法规约束和经济要素的制约。规划修订时要研究分析不同规划的调整目标，尊重已有规划的核心条款。科学评估需要修改规划的重点内容和工作环节的合理性、合规性，并作出充分论证与专家评审，注重经济效益和社会效益结合，这是规划编制与衔接的重要思想。

（3）规划衔接要注重规划之间的顺序及工作合规。在规划编制修订优化过程中，要遵循上述基本的规划编制与衔接的规则。由于各个地方经济的特殊性、实效性和差异性，在某一发展阶段和特定地区，可能低层次的规划定位、功能调整与上层次的规划定位存在某些不一致，如果需要提醒有关部门对上级规划适当评估与修改，或者需要优化上层级的规划具体条款，就需要正确处理各类规划之间的工作程序和相互的衔接关系，努力做到经济发展和社会效益的最大化，做到各类规划的修订和衔接编制的合规合法。确保规划修订有理有据，杜绝长官意志，避免违法、违章或者违背有关制度流程程序，私自组织规划编制修订与规划实施。

（4）深刻领会各类规划之间的优先顺序和关联性。要研究各类规划的基本功能和法律地位。做好规划之间的衔接平衡。根据不同功能分区的主导功能发展方向，开发时序管制原则，避免规划之间的冲突，体现国家利益和经济社会发展规律。在规划衔接过程中，要遵循规划的核心观点要求和分析体系。当不同规划之间存在矛盾时，除了执行各种规划之间的对接规则外，还需要考虑国家利益及社会民生，进行重大规划决策，对具体问题和矛盾进行化解。

第八章

规划项目和投资规模的确定

在发展战略规划的目标、指标要求明确后，规划的下一步工作就应在充分考虑到当地可利用的各种资源和能力的前提条件下，选择符合发展战略目标、指标要求的各类项目，决定重点工程的实施安排。

在确定规划项目工作中，有三个阶段的工作循环过程：选择好的项目、分析评估项目、顺利执行项目。

第一节　规划项目选择分析与评估确定

一、项目选择

负责规划工作的领导和负责规划执行的工作机构，一般会通过自己的专业知识和经验去选择一批前景较好的、与规划有关的项目和计划安排。但是，项目选择工作还有其他方法可以采用。

通过一些会议、讨论或者通过电子邮件，也可征集到与规划有关的项目；通过各个方面的协调，形成一致同意意见，也可以选择好的项目并安排好计划；通过重要的专业工作分组讨论，同样也是一个征集好的项目的有效形式。无论采用什么形式，当地政府和领导、有关行业的负责人和项目涉及的群众都应该参与其中，通过各个层次的广泛讨论，逐步集中形成一致意见后，再选择并确定项目。

一些相关人员的意见往往也是至关重要的，其原因是：首先，这些项目无论好坏，都将会对他们今后的生活产生直接影响；其次，他们是对当地发展条件情况了解最清楚的人，知道当地发展需要什么，也不希望在不了解当地情况下，确定项目和计划安排；第三，他们是当地发展是否可行的直接利益相关者，如果与他们无关，他们将对规划工作和发展没有兴趣而不予关注，难以调动他们的积极性和支持；最后，应该使他们感到水利发展对当地经济条件和个人生活环境的改善提高有直接影响，并且他们也将会认识到：如果他们不从大局出发赞同未来的水利工程建设和相应的计划安排，当地未来的防洪、供水和水生态环境将难以得到改善提高，当地的各个方面的发展也将会受到水的制约，处于不利状态。

在规划工作开始时，如果经常在一起开会，他们就会介入到规划工作过程中，并且为了达到最好的规划目标，他们会在工作中，主动提出对未来的想法、工作建议和解决问题的办法，研究落实建设项目条件。

在规划的最初阶段，就可以考虑一系列的可选择项目和计划安排。项目计划应围绕着流域和区域水治理目标，满足水利发展战略要求，符合水利发展指标要求和发展战略安排的基本方向。在这个工作阶段，应尽可能地广泛评估涉及规划的各个项目任务书，评估这些项目是否可以达到目标或要求，当地是否有相应的资源和能力去执行这些项目。在这个工作阶段，对于项目的分析工作深度要求是：仅达到了解项目一定的技术和实施条件的深度要求即可，局限于列出项目清单。明确各项目与未来发展方向不会有大的偏差，明确在以往的水利发展基础上，这些项目是否值得关注；各个项目的任务书，应按照标准要求进行准备，这将有益于下一步深入分析的工作顺利进行，加快项目评估工作的进展和保证统一的工作质量要求。

二、项目分析

在分析各类项目任务书时，对于相同特性的项目，应通过讨论形成一个明确的评判原则，按照优先顺序进行分类；这些相关的项目通过优先顺序分析后，有助于对实施计划安排的先后排序做出判断。

建立项目评判原则的目的是：排除那些在实施过程中不能或者目前还不具备实施条件的项目，对最有可能实施的项目的各种有利和不利条件、效益影响等进行深入的对比分析。

分析一个项目是否可行，还应包含其管理是否可行的研究内容。决定一系列符合规划要求的最佳候选项目，需要研究其是否能够顺利实施，并考虑其存在的问题和不足，以及解决项目实施障碍需要采取的措施是否落实、可靠。应根据每一类项目的特点，在获得相同一致的项目信息基础上，进行项目的可行性分析研究。

项目的可行性如何，可分为两个方面进行分析和判断：第一方面，分析项目是否符合规划任务的目标要求，按照最符合规划目标要求的项目，根据效益情况，进行项目的优先顺序排序；第二方面，应对初选的各类项目进行更为深入的可行性研究，包括对项目的实施条件和时机、实际的财务分析、市场可行性分析，以及其他一些影响项目是否成立的关键因素研究。

各具体项目的可行性研究分析应包括以下几个方面：

(1) 项目的基本情况，项目与发展战略规划的关系（或项目与一个发展时期内的规划目标的关系）。

(2) 项目的经济效益，即达到战略规划要求和项目预期可能的贡献率。

(3) 项目涉及的地方利益和要求，是否会产生不同行政区域之间的水事矛盾。

(4) 项目开发中可利用的资源、各个方面必须的投入和其他的可以利用的投资来源。

(5) 哪些是项目尚不明确的、潜在阻力因素。

(6) 项目是否可行的结论意见。

对项目的可行性分析还需要对有关项目涉及的问题做出回答。如：项目投资来源的可靠程度，项目的前期工作完成时间，批准同意项目实施需要的时间过程和工作程序，政府和公众的支持力度，以及处理其他可能出现问题的解决方案。

当项目可行性研究成果出来后，项目各个方面相应的信息众多，需要对每个项目进行评分，并将各个项目评分进行逐个排列。

例如，哪些项目是得到了当地支持的，哪些项目在财务上是有保证的，哪些项目是符合国家地方政策可以积极扶持的。这个项目指标信息的实际排列，将是战略规划领导小组和工作组分析判断项目是否可行，进行项目优选的依据。通过项目评分排列，可以一目了然地将项目优劣情况展示出来，高评分的项目反映了其可行性更高。当项目的相关指标变量发生变化，项目产生的效益等都将不同，亦可通过项目评分排列进一步进行项目效益判断。

在确定各类项目的指标时，需要上至领导层、下到具体工作层，对项目各类指标的内涵理解和标准是一致的，需要通过讨论批准后确定。

三、项目评估

对不同项目的选择和排序应按照如下的评判程序进行：

（1）按照是否符合规划目标和指标要求进行优先顺序排队。将各个项目按照是否反映战略规划要求的目标和指标要求进行排序，在明确的一个发展战略规划时间周期内，研究每一个可选择的项目，并进行比较，判断哪些项目与规划目标要求更为吻合。如果一个项目不能满足规划目标及各个指标要求，可记为“0”分；如果一个项目能够满足规划提出的规划目标及各个指标要求，按照评判准则，可以尽可能地赋予该项目高分。

（2）项目影响分析。根据当地的各方面特点和条件，可以决定一个项目积极的和消极的影响因素。对于投资每一类项目来说，总是存在有利和无利情况，或者是投资效益的大小。一个项目产生的各个方面效益如何，对相关地方的影响是不相同的，因此，对于每一个项目在投资后产生的效益影响大小等级应该予以评估。例如：对一个新的水利建设项目投入后，可以优先提升当地的防洪水平和安全生活标准，但有可能对当地经济却没有产生新的动力。按照项目投入后产生的影响进行排序，并将效益影响大的项目排在序列的前列。

（3）项目经济可行性分析-时间。评估项目的经济可行性时，应将项目开始实施的时间点、工程周期、计划安排的可能性作为评估的一部分。在项目排序上，对于那些需要长时间完成的项目，将存在有更大的不确定因素，因此，完成工程周期短的项目应置于优先的位置。换句话说，预计应该在1～2年内完成的项目，实际却用了5年时间才完成，可能会导致投入成本比预期的要增加很多，而且即使相关项目在延迟工期后能够建设完成，项目有可能离最初希望完成时间的投资效益以及产生的连锁影响要求相差很大，而可能达不到规划目的。

（4）项目经济可行性分析-成本。每一个项目要估计其运行成本和当地财务的支持能力，还要考虑当地公共和企业的财力支持能力是否可落实，以及是否能够达到预期的投入要求。同时，由于国家和地方的财力有限，在一个项目上有了这些投入和费用成本后，就难以用在其他项目上，因此，还要进行包括项目的“机会成本”等方面的分析。如果项目的成本高于投入能力，以及预计项目实施时间过长的话，应被列为不予优先考虑的项目。

（5）社会及政策可行性。那些在地方政府公共管理部门、行业管理机构和当地群众支持率高的项目，要列为优先安排的项目。社会力量是否支持该项目，可作为项目选择的基础。其原因是：在发展战略规则中，对当地而言，这些规划项目是否有效益，当地是直接受影响者，当地需要的最好的项目是那些投入少、效益大、不良影响最小的项目；而那些当地不满意的项目，将可能在项目实施前，难以协调各个方面意见，前期工作进展困难；在项目执行过程中，可能会出现各种各样新的问题而难以实施，最终导致不能产生相应的项目效益而失败。

（6）技术可行性。当地是否有相应合适的技术力量和人才负责执行规划项目，项目的技术条件和指标是否合理，项目是否有当前难以克服的技术困难，项目前期工作深度和相关影响分析研究工作是否做到了应有的程度，当地的各个相关行业的知识水平和技能是否满足支持项目建设要求，当地所有的资源是否可以利用，是否有不利的生态环境问题，项目所在地是否有能力组织实施并控制相应建设规模的项目等。这些评判标准对一个项目是否可行将起决定性作用。例如：一个大规模的水利建设发展项目，由地方负责组织实施，而在地方却没有相应的有经验和组织能力的技术管理人员，就需要分析当地是否有能够顺利完成该工程建设的能力；如果该工程将大幅度地增加当地交通流量，需要研究当地的交通和物流系统是否具备相应的能力。

这些评判标准可以用来分析每一个备选项目，并且按照相应的推理工作过程建立起一个排序系统。在按照要求将每个项目进行排序后，将这些项目的评判依据建立起一个矩阵图。尤其是可以用这样的矩阵图，建立“三步比较”方法，评估每个项目的各项特点：第一步将各种信息输入垂直的矩阵图；第二步将各个项目的数据，在水平方向输入，进行项目之间的信息比较；第三步是将相应的项目数据进行判别分析，在垂直方向按项目指标输入，在水平方向输入其他项目的指标数据；在相应数值输入后，可以对每个项目进行比较，详见图 8-1。

项　目　指　标	项目 1	项目 2	项目 3	项目 4
是否符合目标要求				
开发时机				
不利影响				
影响时间长短（短期、中期、长期）				
财政条件				
政策上可行性				
群众是否支持				
是否可以执行，组织能力、人员能力、发展方向等				

图 8-1　项目分析矩阵图

四、项目确定

确定项目的判别标准如下：

（1）检查选择的项目与发展战略规划目标是否相符合。通过自我检查，判别分析为什么选择的项目与规划目标不相符，不相符的程度是多少。

（2）确定选择的项目对当地发展的直接和间接影响，项目是否对其他行业发展产生了直接或者间接机会，或者蕴藏其他发展机会，项目实施后对当地（或者区域）的各种影响范围有多大。

(3) 研究项目的完成时间和需要的费用；确定项目实施后是否能够解决当前和今后突出的问题；对比其他项目，在该项目上投资是否效益更大，是否值得投资。

(4) 考虑项目计划安排对流域治理、相邻地区的成功发展是否有好的影响，或者对其他关联项目影响有多少。

(5) 考虑当地政府、各个行业和居民群众对项目的支持力度如何。

(6) 确定选择该项目的建设时机，研究使用当地资源是否就可以帮助完成该项目建设。

一个项目也许能达到发展的目标要求，并且经济可行的，但是，如果该项目不满足现行政策要求和当地的支持，也不可能建设成功。所以，一个项目或工程在开工前的分析结果，应尽可能地满足多项评定标准要求。

在一些项目的评审中，即使有些项目的各项指标并不处于优先考虑的位置，但是，由于这些项目的效益影响范围大，有很强的可实施性（人力、物力和财力资源已经准备完毕，并可利用），而可能被安排优先开工。如果没有一个项目符合选择标准，就需要对各类项目选择标准进行再分析后，予以确定。

在分析明确淘汰了一批难以列入开工规划的项目目录后，留下的项目，应该根据一个时期内投资建设规模的可能性，再按照顺序要求，进行评估比较。

如何进行不同类型的项目比较和选择？基本方法是选定一个项目开工建设后，分析比较该项目是否可以给另一个项目带来成功发展的机会，是否可以通过该项目的实施，形成地方产业发展链条和循环发展，如果是，则应该列为重点考虑的优先实施项目。

另外一个分析的方法适合于分析不同行业、不同专项之间的发展战略规划项目，即用不同参数进行分析。如：为了分析地方总体发展战略规划实施安排中的各个行业规划项目优选排序，需要分析地方政府和各个行业对各个项目的组织能力、项目基金是否优先落实、是否能够在项目实施后解决当地最薄弱、最突出的发展环节问题，是否对未来的发展影响较大，项目技术和建设条件可行性如何、是否与发展战略规划的其他项目计划安排有比较大的兼容性，并对其他行业发展有积极的、辅助的推动作用等。

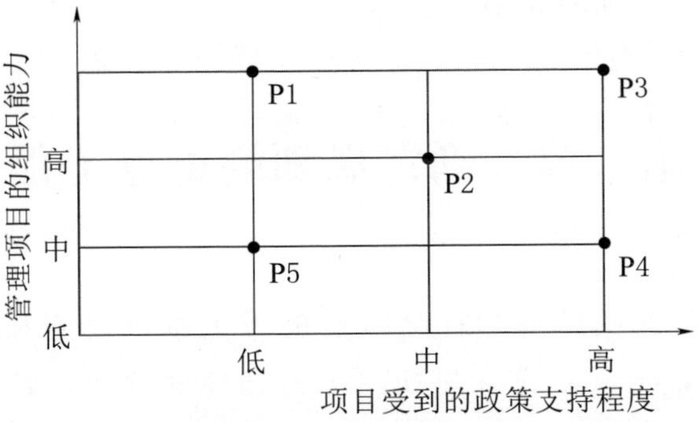

图 8-2　项目评估图

如图 8-2 所示，需要对各个项目的政策支持程度、管理项目的组织能力两个因素进行评估，P1、P2、…表示不同的项目计划。两个因素分别是项目受到的。分析结果表明：如果项目处在图中右上角的位置，将有极大的可行性和有效性的潜力条件；如果项目处于图中左下角的位置，则表示项目安排和实施难以成功。如果项目处于左上角或者右下角，则需要分析项目未来的潜力或需要增加的条件，才可使得项目能够开工。

结果是：P3 项目将有最大的可行性。

通过以上的分析研究后，确定整个发展战略规划的项目，还需要进行各个方面的协调选择，才能形成最后确定的、包含了各个方面优先考虑的总体规划项目及计划安排。

规划项目实施前需进一步分析的内容包括：进行不同项目和计划安排的可行性分析。主要有：项目可行性研究、市场研究、成本-效益分析（投入-产出分析）、财务影响分析等。另外，对于每一个项目和计划安排，还应进行投资计划、监管计划、实施进度评价以及实施组织及管理设计、项目检查安排程序等工作落实分析。

其中，投入-产出分析（成本-效益分析）是确定一个项目经济是否可行的方法。这是一个财务分析工具，是用一个项目或计划的所有投入，与这个项目或计划产生的效益成果的分析。

具体分析各种费用的原则和方法，已经是经济学中成熟的基本内容，可在相应的参考书中，根据各类项目的分析要求选择应用，这里不再进行具体和详细的介绍。

第二节 确定规划的重点工程

重点工程是国民经济和社会发展的重大基础设施和骨干工程，对国家和地方经济社会发展有起动、辐射和导向作用；符合国家产业政策和投资方向，对国家和地方经济社会发展、生态环境保护有重要影响，与人民群众生活密切关联。

重点工程根据建设程序和工程实际情况分为：重点前期项目、重点预备项目、重点建设项目和重点扫尾项目。地方政府规划中提出的重点工程是对本区域发展较为重要，投资相对比较大，战略价值比较高，投资回报效益、社会效益显著的重点工程项目。

有关“重点工程”，在规划中主要包括重点工程、重点任务、重大项目等。由于不同规划的规范格式和行文风格不一样，在一些专项规划报告的编制与研究过程中，根据不同的格式和具体要求，也使用“重点项目”“主要任务”“发展重点”等不同说法。

重点工程处于发展战略规划的顶层。研究确定重点工程的规划时，需要研究重点工程的开发环境、基础、发展优先顺序，与规划目标的关系，相应的配套基础要求，以及现有的发展环境、业务基础等。

一、确定重点工程工作的理论依据

确定重点工程工作的理论依据为不平衡增长理论。由于我国资源的稀缺性，不可能全面投资和发展所有部门或者行业，各级政府只能把有限的资源，有选择地投入到某些行业，使有限的资源能够最大限度地促进经济增长。

二、确定重点工程的工作要点

（1）政府确定重点工程遵循的基本原则一般包括：重要性准则、竞争性选择和可行性选择。“重点工程”是发展战略规划的核心内容，也是有关规划编制部门需要花费大量时间和精力研究的重要课题。重点任务和重点工程的确立，可采用文献调查、实地调查，定性与定量相结合的方法，需要认真组织相应的基础性研究，进行综合分析考虑后确定。

国家和地方各级政府五年规划纲要的规划内容和重点工程一般涉及工业体系、农业体系、安全体系等方面。各省市五年规划纲要中重点工程包含的范围相对狭窄，重点工程的规划内容各有侧重。专项规划报告文稿的“重大工程”以行业发展要求为主。

（2）重点工程应突出一个发展阶段的重点。重点工程、主要任务、发展领域等是为了将规划目标和布局具体化、详细化。因此，确定重点工程、主要任务需要对应规划明确的重点，系统地体现规划的主要发展路径或实施项目、工作安排等，应该相互呼应、有理有据，而不是与规划目标无关。

（3）重点工程要体现先进性和代表性。规划编制的重点工程、主要任务要根据拟确定的工程任务的重要性、相关性、规模和影响力，以及实施单位的重要性、能力与资源等，尽可能描述工程的目标、技术、路径、实施单位、投资额、需要的资源和预期的效果，以及对于特定行业和领域的影响等。重点工程应有代表性，具有一定的经济价值和社会效益。

（4）确定重点工程应当反复论证和研讨。研究确定重点工程安排时，一般要经过调研、论证、评审、修改等多个环节，有多个领域专家和主要决策者等参与，由政府主管部门和行业权威部门审核与反馈，要多次与有关单位及相关部门沟通交流、论证；探索实施重点工程的可行性、合规性和先进性等。该工作贯穿规划前期调研、规划编制、观点沟通、规划评审、文稿修改、规划定稿等全过程，需要与有关单位已有的规划编制经验等进行比较和衔接，确保规划质量和内容达到预期的要求。

第三节 确定规划的投资规模

在研究水利发展战略规划的投资规模和实施安排时，为尽快发挥工程效益，应首先安排续建工程的投资规模。当正在建设的各类项目结转投资规模较大时，要在考虑价格上涨因素的情况下，对于结转的重点工程项目，保证工程建设合理工期，确保投资基本需求，使在建工程及时建成发挥效益，避免因缺少投资而形成“半拉子”工程，影响投资效果。

对于新开工项目的投资安排，要按照实现规划明确的目标要求，以保证重点工程项目的投资需求安排为主，按“轻重缓急”要求，安排新开工项目建设投资规模。对已经批准立项的水利项目，如大江大河治理、重点水源的骨干水利工程等，要及时开工建设，尽快发挥效益。

按照持续稳定发展水利的要求，在水利发展战略规划的分年投资的安排上，在争取各个方面增加投资规模的前提下，要设计安排并基本保证各年度总的投资规模投入稳定。要充分考虑续建项目逐年减少的趋势和新建项目投资逐年增加的实际，安排好各年的新开工项目，以使规划各类项目总投资规模的分年安排，维持在一个基本稳定并且平缓上涨的幅度范围内，形成稳定的年度“投资流”（投资过程），避免年度投资需求的规模起伏变化幅度过大而难以合理安排。

在水利发展战略规划报告完成后，要汇总各类水利建设发展所需投资，形成总的规划投资规模；要分析各类水利发展需要的投资分别占规划总投资比例，各类型投资所占比例，要与规划明确的目标、重点要求相对应，避免规划明确的重点建设工程投资占规划总投资规模的比例较低，避免规划明确的重点发展地区的投资比例占规划总投资规模的比例较低；国家明确的新发展项目投资，在规划总投资规模安排比例上，要与国家政策明确要求新增加的投资增幅相适应。如果有一类水利工程建设投资规模占规划总投资规模的比重过大，而这一类水利工程又非水利发展战略规划明确需要完成的重点目标和任务，就需要对这类投资规模进行调整，以保证水利发展战略规划的重点目标和任务所需要的投资得到保障。

规划中的工程投资和非工程投资的比例要适当，处理好规划总投资规模中，工程建设投资规模与非工程建设、前期工作、科技发展、水利基础工作、工程管理投资规模之间的比例关系，使水利发展协调有序。

在安排各流域、各区域的投资规模分布工作时，要充分考虑各个工程项目的前期工作条件，既考虑到我国江河防洪治理任务较重，重点保证大江大河大湖治理和涉及全局性治理的工程需要，也要考虑投资向中西部倾斜，形成全国水利发展和投资安排在区域上的合理性和平衡性。

从地区分配上看，国家投资对西部以及经济落后地区的工程投资要较经济较为发达的东部沿海地区的工程投资比例高；从投资工程项目类型上看，国家投资要首先保证大江大河大湖治理和跨省、跨流域的重点骨干工程的需要，对流域治理的公益性重点工程项目的国家投资比例要较有一定经济收益的工程（水电、供水）项目高，也要较一般性的地方工程项目高。从各种类型水利工程项目投资规模占总投资规模的比重看，投资要反映并体现出在一个时期内，国家发展战略规划对于水利发展的要求，水利发展的重点要得到基本的保证。按照国家投资政策和水利项目的效益情况，要逐步加大受益方的投资责任和投入力度。

在研究水利发展战略规划的工作中，需要研究国家的投资体制改革政策，研究在不同的条件下如何拓宽水利资金来源渠道。水利建设项目投资如何做好分级负责，建立多渠道、多层次的投入机制，要从水利公益性强这一特征出发，研究形成水利投资的稳定增长机制，年度投入增加的力度应高于物价增长的幅度，以使水利投入增加幅度与国民经济发展相适应。

水利建设项目涉及范围广泛，投资需求量大，应研究按照不同的项目性质，采取不同的投资政策。研究水利投融资体制改革，建立健全长效投入机制。通过投资补助、财政贴息、发行债券、股票，广泛吸引各类社会资金，积极利用外资和政策性贷款，建立专项的水利发展基金。要研究加强水利资金使用管理监督，确保资金安全和工程质量，进一步提高投资效益，确保水利工程管理良性运行。

第九章

规划报告的编制

水利发展战略规划成果由水利发展战略规划纲要、规划报告、系列专项发展规划报告、项目数据库、系列研究成果和图册组成。其中，规划报告是规划成果的核心内容。

在进行了大量的规划工作基础之上，完成好水利发展战略规划报告的编写工作，是规划能否取得成功，能否得到批准，能否得到各方面和公众的认同，能否切实指导未来发展的关键工作环节。如何确定规划报告的编写内容，往往是由规划组织单位，根据各地方、各部门和各专业对水利发展的阶段性要求不同，发展的重点内容不同，进行分析研究后确定。但是，在大多数情况下，为了表述明确规划的基本内容，规划报告编写提纲和内容有其基本的要求。

本章论述的主要内容是根据水利发展战略规划情况，提出规划报告基本的编写内容、工作要求和流程步骤。

第一节　规划报告的编制原则、方法与流程步骤

一、规划报告编制的原则

（1）符合国家的政策要求。国民经济和社会发展纲要是各类规划及各项建设的总体战略部署，是制定其他各类规划的重要依据，因此，所有的行业发展战略规划报告应符合国家中长期发展规划的政策和法规的要求。

专项规划是对流域或地区发展战略目标、发展重点和任务的具体

落实，专项规划报告同样也不得与国家规划纲要相违背。

（2）体现政府权力职责。五年规划、总体规划、专项规划等有政府管理特点，所以规划报告应该符合国家和地方政府管理和服务职责，满足当地经济社会发展的基本需要，体现政府的意志和责任等。

（3）反映经济社会发展规律。规划的任何一个事物，既有共性又有个性，对各类规划报告的原则描述，应揭示其发展的独特规律，反映经济社会以及自然灾害防御的内在逻辑。

（4）综合各方一致意见得出结论。在制定各类规划报告时需要有高度的综合性，要考虑经济社会各方面因素，吸收专家和有关各方的参加，要听取各方的意见，考虑规划实施的可行性与先进性等。

（5）有完善规划的保障机制。各类规划与行动方案一般通过下一层的规划或者具体的重大项目安排予以实施并执行，无论是哪种规划保障措施都要与国家政策法律法规相一致，有利于各类规划目标的实现，及与各类规划行动方案的配合。

二、规划报告编制的基本方法

（1）定量与定性结合进行分析研究。在各类规划报告编制过程中，对于发展现状的基本描述，必须进行定量指标分析，发现缺陷和问题。在各类规划中，对于规划的关键因素系统研究，尽可能采用定量指标进行规范分析；对各类规划的发展方向、规划目标、发展趋势和基本规律，必须有定量指标进行描述或测算；在政策建议方面应研究有关经济形势与行业特征，提出针对性的建议和措施；在规划定位方面也应有一定的定性描述和未来展望，定性描述需要清晰和科学的基本判断。

（2）自上而下与自下而上结合。在有关规划报告研究领域内，上一级与下一级规划应相衔接、相融合。如地市级的发展规划与本省的有关规划要进行衔接，也要征求下级基层的意见与建议，作为修改本级规划报告的重要依据和必要补充。

（3）理论分析与实证研究相结合。在规划报告编制工作过程中需要一定的理论分析，以及必要的实证研究。规划编制必须以事实为依据，进行必要的科学分析，对各类规划存在的问题和方案，要开展基础现状调查研究，进行分析佐证，必要时进行实际调查与专家访谈。

（4）理论模型和案例研究相结合。在规划报告编制工作过程中，需要使用理论依据和分析模型进行系统设计和规划编制，系统研究国内外某一行业、已经发展区域的经典成功案例，分析其内在规律和发展特征，找出其可持续发展的经验和核心特征，剖析其存在的问题和缺陷，为规划报告编制和后期执行提供经验借鉴或者可能的实践预警。

三、规划报告编制的基本工作流程

发展战略规划报告的编制单位主要有：政府组织各部门参与，自行进行研究和编制；政府委托规划设计研究机构、社会工作团队或者咨询公司等编制规划报告；政府与外部机构联合编制规划报告等多种形式。

各类发展战略规划报告的编制背景、规划依据的原则、内容、具体要求各不相同，一般地，规划报告的编制包含以下基本程序：

（1）进行规划立项。贯彻执行上级有关政策和具体规定，结合本地区的经济社会发展、自然灾害情况、水旱灾害防治的实际要求，不同的发展阶段履行特定的审批程序，确定相应的规划编制任务，进行规划编制机构和人员的筛选，确定规划立项。

（2）组建规划报告编制团队。通常规划涉及的专业并不是单一领域，所以参与的专家要尽量吸收各相关专业人员，在进行规划报告的编制与审核时，应当组建由多个部门及专业专家组成的团队。

（3）收集相关资料。根据规划总体要求，制定具体的调研和资料收集计划，分工到人，列出完成报告的时间表，系统收集有关社会、经济、自然灾害方面的资料，访谈相关行业专家、相关部委领导以及上级主管部门领导等。

（4）评估原有规划报告。研究是否进行新的规划调整，其原因是：总结以往工作，考虑有的规划报告可能到期，需要重新制定发展战略规划报告；以往的规划在实施中发现某些问题，需要解决问题和进行规划修编；以往的规划报告在执行中遇到了外部条件和环境的变化，需要重新调整规划。

（5）撰写规划报告初稿。这是规划工作的核心。正式规划报告的编制工作不可能在一个环节完成，需要经过工作团队反复讨论和论证、审核与修订，还需要专家研究讨论，经过特定的审查审批工作程序后，再予以确定。

（6）衔接各有关规划报告的内容，以现有规划报告编制为基础，研究国家政策和区域政策，研究国家经济形势和发展趋势，做好专项规划、各级规划与总体规划的衔接，重点关注和分析五年规划与国家政策法规是否一致。

总体规划报告确定的重大规划方针和实施措施，在专项规划报告、各级规划中是否得到延伸和细化，专项规划和各级规划报告在指导思想、发展目标、具体任务、政策措施等方面是否符合总体规划报告的核心要求，规划报告内容是否体现了总体规划的精神方向，同时下一级的规划报告应该与上一级的规划报告相衔接。

（7）征求修改意见。将编制的规划报告方案，在一定范围内（包括政府和有关各方），采取一定的交流和认证的工作方法和模式，组织专家进行讨论，吸收各类专家和有关各方的反馈意见，以便进一步完善和优化规划。

（8）修改规划报告。根据各方意见和信息反馈，对规划报告进行必要的优化修改和适度的调整。

（9）评审论证规划报告。在送审之前进行专家论证，可以委托同级的规划咨询委员会论证，也可以由规划编制单位自行组织论证，由论证单位提出论证报告。未经论证的规划报告不得报批，不得批准和公布。

（10）报送审核审批规划报告或专项规划报告。由规划编制单位提出规划报告草案，经上级主管部门或本级综合管理职能机构审核后，由编制单位上报本级人民政府批准。需要报请人大会议审议的，应执行有关审批程序，经审核同意后，由各级政府和有关职能部门签发并颁布。

（11）对外发布规划报告。在执行了审批程序之后，公开发布发展战略规划报告。专项规划报告由本级政府或由授权的职能部门批准发布，除法律、行政法规另有规定外，本级政府批准的专项规划报告，由行政负责人签署公布。

（12）中期评估。发展战略规划或专项规划可以在实施的中期阶段组织评估，并将评估结果报同级人民政府或有关部门。

（13）修订或废止规划报告。经过中期评估或其他原因，需要对原有规划报告进行修订或废止的，规划编制单位应提出规划修订方案，按规划报批程序执行并对外公布。

四、规划报告编制的步骤

从各类发展战略规划报告的编制要求来看，各个行业、各个地区的发展战略规划，首先需要在国家的发展战略规划中明确相应的定位和审批程序。一般来说，各类经济规划、专项规划、城市总体规划等的编制步骤和框架是有所不同的，主要原因有以下几个方面：

（1）环境与资源能力的分析不同，政府规划主要分析特定规划的外部环境、产业政策和内部环境、资源、能力、愿景等。

（2）政府规划或上级战略研究，主要研究政府和上级单位的规划、战略定位与发展思路。业务战略和产业战略规划，主要研究具体产业和业务发展方向和定位。

（3）目标确定不同，主要确立规划目标和重点任务路径等不同。政府规划往往是从全局性、公益性发展角度出发，整合社会各个方面的资源，明确发展的目标、方向、政策等；业务战略和产业战略规划主要是根据国家政策要求，分析自身的发展条件，估计未来的社会、市场等情况，确定自身发展的路径，避免产生不利的竞争情况出现。

（4）职能战略不同，政府规划主要研究保障战略实施的各种自然资源条件和基础设施条件，如土地交通、环保投资、技术研发、融资市场等方面的因素。

（5）预算与战略管理不同，业务战略和产业战略规划主要进行预算的编制，实施战略风险控制和优化战略安排。

规划报告的编制应遵循“五步法”：

第一步，规划背景研究。主要内容有：规划编制依据，宏观环境，微观环境，发展和竞争格局，法规政策，上位规划条件，等等。采用的分析模型一般包括历史分析法、层次分析法、PEST 模型、SWOT 方法等。

在规划背景分析中，需要通过组织行业的访谈、座谈、交流，进行抽样的现场调查走访、问卷、网上调研等方式，与有关地方政府了解经济基础和发展现状；需要确立调研计划和时间安排，组织项目调研组，有计划地收集整理分析资料、国家政策、发展布局、政府提供的各类规划文本、地方的有关文件、统计的年度报告、经济数据。在这个阶段采用了历史分析法、标杆分析法、比较优势法、PEST 模型等工具后，要研究撰写特定的规划的编制背景和外部环境的调研报告，或者问题的分析报告，提交给规划组织单位，进行交流论证，为下一步的规划编制与推进提供基础参考。

第二步，规划发展基础研究。主要内容有：自然资源，基础配套条件，产业集聚现状，社会环境，技术创新，基础配套，等等。分析的模型主要有横向比较法、系统工程模型、案例分析法、标杆分析法、差距分析法、战略金字塔模型等。

发展基础研究主要是分析研究流域和区域的现状，以及各个行业、产业、社会、市场、自然灾害防治等情况，研究分析相应的资源和能力、发展潜力、对水利发展的要求，参照标杆对比分析区域等情况，提出现阶段发展存在的水问题和可能面对的挑战，寻找发展的空间和明确自身发展的优势。

第三步，规划目标与发展重点研究。主要内容有：水利发展各个专业发展指标与相应的主要经济发展指标，管理目标，技术创新，生态环境目标的协调性研究，明确下一步发展的重点和主要方向。分析模型包括横向比较法、系统工程模型、平衡记分卡法等。

规划目标与发展重点研究工作主要是研究、设计和确定规划的重点目标、指标、发展布局；对重点发展内容如何进行管理；对如何充分利用科技、人力和各种可利用的资源进行分析；对交通条件、投资可能性进行选择和定位。

第四步，空间规划与重点工程研究。主要内容有：发展的空间布局，功能布局及区位，配套能力，重点工程发展的顺序，工程与项目的空间布局，等等。分析模型有比较优势理论、三层面模型等。

空间规划与重点工程研究主要是确定规划发展的空间布局、重点工程的任务、实施步骤和区域分布的安排，通过规划编制和讨论，确定规划研究对象的规划实施线路图和工作重点。

第五步，规划保障研究。主要内容有：组织体系，资源配置，交通条件，生态环保，教育技能，科技研发，公共服务，金融体系，激励考核，行动方案，等等。分析模型包括系统工程模型、标杆分析法、PDCA（即计划→执行→检查→修正）法、差距分析法等。

规划保障研究主要是确定规划实施的保证措施、政策措施等，包括政策、组织、财物、土地、交通、金融、环保、人才服务平台等。

第二节　规划报告主要内容的表述原则

对于不同规划报告的风格和格式是不一样的。一般而言，对规划报告的文字描述风格要稳重简练，用图和指标数据说明具体问题。发展基础的规划思路和报告风格差异较大，如国家层面的国民经济和社会发展五年规划纲要，一般是文字和数字描述，有时候也采用一些指标数据和特定专栏等；对于需要实施十五年的规划纲要，一般是文字描述与专栏结合，有些也加入线性趋势分析图等。规划报告撰写要点如下：

（1）规划报告的愿景撰写。有的报告是将其直接描述出来，有的报告通过战略目标等间接地予以描述。多数政府规划报告不直接阐述规划研究对象的特定愿景及使命，而将其在专门的基础研究报告中进行表述。

（2）规划报告的规划背景撰写。规划背景撰写应该反映一个发展时代的特点。例如：在流域治理与发展的开始阶段和关键阶段，国家发展的重大政策将对制定水利发展战略规划起到决定性作用，规划报告需要反映出不同发展阶段的形势要求；又如：在流域已经形成了一定水利基础条件后，处理好开发与保护的协调问题，将决定今后一个时期流域治理的方向，规划报告在反映水利工程建设和水生态环境保护的要求上应该有所不同。

规划背景的宏观环境分析报告文稿撰写有不同的表述方法。有的规划报告文稿是从国内、流域、区域、地区分层级的研究综述后，再分别阐述；有的文稿是先阐述各层级的主要特征，然后进行结论性的概述；还有的是从政治、经济、文化、社会等维度，研究具体规划。其各个研究报告的风格与最后形成的规划报告文本可能是不太一致的。

规划背景的微观环境分析报告文稿，可以划分为行业、产业和市场等背景，并得出各自基本的结论，也可以采取横向比较分析或者纵向比较分析的基本要素，分析包括政治、法律、经济、自然灾害、科技创新等。行业研究的方法很多，其中横向比较法、层次分析法是经常使用的方法。

（3）规划报告的发展基础撰写。不同部门、地方政府各类规划的发展基础报告可能根据不同的研究成果撰写。一般遵循如下的报告编写规范：阐述水利发展、开发资源与基础，寻找未来的发展定位；阐述各类规划发展基础状况，着重分析水资源条件、地方发展基础和需要、技术条件、交通条件、土地条件、生态环境条件、地方下一步发展的重点产业优势，以及政府对水利发展的态度以及可能提供的帮助。

（4）规划报告的目标内容撰写。规范的规划目标文本撰写，是规划编制的核心工作，在各级政府的各类规划中可能也有不同的理解和要求，需要科学调研，精心编写，多次沟通和组织评审后确定。多数政府的规划报告可能不会对其规划愿景进行详细的撰写，而是在进行反复的文字加工和提炼后，侧重于说明发展目标和指标要求。提出的这些规划目标和指标要求，需要有随着国家经济社会政策与改革方向的调整而进行调整的分析，但是在报告中并不反映出来。

（5）规划报告的重点工程内容撰写。重点工程、主要任务、重点发展领域等是规划报告撰写的重点内容之一。这一部分内容语言应该简练朴实，杜绝夸张性、模糊性的语言描述。重点阐述主要效益、建设时间、实施者、技术路线、投资额及预期效果等。展示的方法可以有多种形式，如专栏等，但在专栏内的描述语言同样也要简洁实用。

第三节　规划报告中保障体系编制要求

规划报告中的保障体系文稿重点是提出构建实施规划的各个方面基本保障条件要求，此部分的编制往往是比较困难的，在文字表述上容易空洞和宽泛。编制好的规划保障体系报告内容，往往需要有好的研究分析工作基础，明确的重点内容要求，具体如下：

一、规划保障体系编制的工作基础

制定规划保障体系是研究和确定规划具体实施的组织机制、运行体系、资源配置、公共服务平台及奖励机制等。一般根据规划报告的发展基础、发展环境、规划目标、重点产业、重大工程、主要任务等报告基本内容，从为了实现规划目标和任务出发，确定需要哪些保障基本条件等方面编写。

编制规划保障体系的内容，需要在研究规划实施过程中的组织体系、资源配置、交通条件、生态环保、科技教育研发、公共服务、金融体系、激励考核、行动方案等工作基础上提出。

对于水利发展战略规划来说，完成规划保障体系编制的基础工作包括：明确组织领导责任、政策措施、资源条件、生态环境限制、基本建设条件、土地资源条件、人员安置条件、政府公共服务等基本要素。具体如下：

（1）组织领导是规划实施的基本保障。

（2）规划目标分解是规划保障的重要工作之一，分解落实规划目标要做到责任分工明确，具体任务有人负责。在进行具体目标分解后，建立责任制的思路如下：规划目标分解为各个专业的中长期业务发展目标，再分解为年度业务目标和年度行动计划，明确每个相应的专业需要达到什么样的要求，根据每个分解的目标要求，分析现有的管理责任有哪些缺位和不足，提出建立新的管理责任机制要求。

（3）从规划保障的基本要素来看，投资、土地、物资、环境保护、移民安置等相应的资源配置保障是实现水利发展战略规划需要落实的重要保障内容。其中，需要由政府配置的资源主要包括：①政治资源及行政权力，人力资源、政府管理和劳动力能力资源，这是保障水利建设顺利开展的条件；②财政资源，这是保证建设资金落实的基本要求；③其他资源，如日常运作管理信息等。

（4）规划保障应有相应的人口与交通等配套基础的保障支撑。规划保障中要测算人口（劳动力）、交通、土地的需求量，并应与水利发展的建设安排、重点工程建设内容相适应。

（5）水利发展战略规划中的重点项目实施基础条件是规划保障机制的重要内容，必须有相应的物流及公共服务的基础，必须有省市间协商同意的文件。

（6）为了构建各个地方水利发展规划的投融资保障机制，各地区要结合各自发展基础和规划实施的核心需求，确定适合的投融资保障体系。

二、规划保障编制的基本要求

规划报告中的规划保障文稿，其语言要简洁并体现专业性，要有一定的政策高度和专业要求，要尽量避免使用生僻和不规范的日常用语。

各类规划报告中的规划保障文稿内容和写作风格差异很大，一般情况下，发展战略规划的规划保障报告文稿也可以简要地对组织与运行管理机制和落实措施等内容进行撰写。

（1）围绕规划目标进行描述。主要是系统的研究规划目标、总结和提炼规划目标实现的措施、机制体系，以及资源和服务平台等，并将这些内容重点阐述，为规划审核、科学决策，为上级单位提出必要的政策资源配置等要求，提出相应需要的政策、制度和文件依据。

（2）重点阐述主要措施或机制。各类发展规划保障文稿包含的基本内容和行文格式各不相同。无论何种风格的规划保障，应该重点研究和描述为了实现规划目标的主要内容和重点工程实施，需要出台的政策、策略、组织机制、资源分配、服务平台、运行模型与开发机制等。

（3）体现规划对象的特征和基本规律。水利发展战略规划有其行业的特殊性，既要有经济性保障，也要有社会性的保障，既体现规划的流域特征、地域特征、行业特征、公益性特征，同时要符合经济社会发展规划要求的经济规律等。

（4）与国家的政策法规和地方产业政策保持一致。由于国家政策法规、地方条例和产业政策对于经济和水利的发展有限制性和阶段性的强制约束，编制规划保障措施，需要结合政策法规，研究有关禁止性条款，并保持与政治和政策的一致性和合规性。例如：生态环境的基本要求对水利发展战略规划是一个强制性的约束。又如：如果在一个流域、一个地方存在有特殊的水问题，严重地制约了当地各个方面的发展和进步，也就需要在规划的保障措施中，提出出台专门的政策法规措施，以保证实现当地水利工作与经济社会协调发展。

通过建立规划保障机制，可以探索规划的有效性和实用性。在各类规划保障体系的构成要素中，需要有创新探索和增加规划的有效性、匹配性等评估。主要评估的内容有：在规划实施过程中，是否能够根据发展需要出台相应的政策措施，重点工程是否能够有投资保证，规划是否有实时更新的机制，是否有规划的灵活性，是否有上下级和行业之间的沟通能力，是否有实施的协调性，通过上述要素的评估，可以对已有规划得出其是否有有效性的结论，以便于提交有关部门在决策时参考。

第十章

规划的实施和管理

想要成功实现规划的发展目标和指标要求，不仅需要好的、可行的规划实施行动计划，还要对规划实施过程进行行之有效的监督管理。因此，制订合理的规划实施行动计划，明确监督管理要求，也是保证规划工作顺利完成的重要工作。

第一节　制订规划的实施行动计划

一、行动计划

行动计划指的是执行规划选择的发展战略而采取的实际行动。

行动计划由不同的项目实施计划组合而成。这些项目实施计划必须按照规划中明确的措施和要求，助力实现发展战略规划目标和达到发展战略规划指标要求。

行动计划应包含如下内容：

（1）采取的实施安排，包括这些实施安排的先后顺序和相互关系。

（2）由谁（或哪些组织）负责各项实施计划的安排工作。

（3）各项行动计划完成时间表。

（4）行动计划实施后，预计产生的影响和结果。

（5）需要的投资、基金等经费数量，包括各种资金的来源。

（6）行动计划实施的前提条件、基本标准和要求。

二、项目实施

实施发展战略规划是推动社会向前发展的重要力量。在规划项目实施过程中，各个规划项目若没有通过各项具体行动产生结果和效益的话，发展战略规划则无任何用途可言。因此，规划项目的实施和完成，是发展战略规划工作的重要环节。

在一个流域或地区，各个行业部门和各级政府都会在一个时期内编制各自的发展战略规划，但是，无论完成了多少发展战略规划，在一个时期内针对当前突出的问题和矛盾，将各类资源适当地集中起来，投入到重点项目上，落实到各项重点行动计划中，一步一步地按照战略安排去组织实施，才能使发展战略规划真正起到应有的作用。

领导层是整个规划工作的核心，必须在规划工作一开始就介入，并且在规划实施阶段仍处于工作组织中心，这样才能将各种资源集中起来，使规划得到落实。

如果发展战略规划在制定时就已经协调了各个方面的意见，取得了完美的规划成果，明确了实施行动安排，那么这意味着规划涉及的各个方面和各个层次都达成了一个清楚的、决定了的、没有实施障碍的一致意见，规划的实施行动安排需要利用的各种资源和资金是落实的，是可能达到预期的产出的，在规划项目的完成时间上是有保证的。

但是，从国内和国际看，从各地和各个行业的现实情况看，发展战略规划在实施完成后，要想达到规划当初明确的目标、指标要求，要想实现规划当初提出的美好愿景，往往是困难的。规划项目延期实施（尤其是在有争议的地方实施一些项目），规划原定目标和指标要求随着新的情况必须调整，保障规划实施的资源条件、投资落实情况发生了变化，人们的认识改变，气候和自然生态条件变化，发生了难以预计的灾难和战争等，都将对规划实施产生巨大的不利影响，因此，在发展战略规划实施过程中，须注意以下两点。

（一）规划应当具有适应性、灵活性

让规划相关方了解规划实施过程中的真实情况和实际效果，最好

的办法是让他们参与规划实施工作。规划实施过程中普遍存在的问题是：规划项目投资突然减少，项目预期收益将发生变化，从而使项目的其他建设条件发生改变。其原因通常是由于各类投资下达迟缓，或者国家和地方经济现状发生改变，这些不利影响将引发规划项目执行的不良综合反应，将延长规划项目工期、增加项目投资。

在规划实施期内，由于地方情况随时可能发生变化，规划项目实际上很少能完全按照原有规划要求实施，因此应在规划或项目的实施上（如工期和资源利用方面）留一定余地，以便应对实施过程中相关条件变化所引发的不利影响。如有必要，可以采取加强建设管理和项目监控、及时进行项目评价等措施，以避免或减少工期延误，保证规划项目顺利实施。

能否顺利实施发展战略规划，不仅取决于各级管理机构对宏观形势的把握、应对变化的管理能力和对规划项目的微观管理能力，还取决于各级管理机构提出的解决问题的方案和措施的针对性、解决的彻底性和工作效率。工作中普遍存在的问题是：各管理部门和应负相应实施责任的单位，在实施规划项目或计划安排时缺乏合作。这将导致在项目执行工作中出现相互扯皮的现象，从而延误工期。为避免这种情况发生，参与规划实施工作的各组织机构在共同工作时必须有一个清楚的工作原则——团结、沟通、主动合作。

为了保证规划项目和计划能够顺利安排、成功实施，各级领导应以工作大局为重，在为推进规划项目的总体进展而全力工作的同时，还应做好协调工作，推进每一个与发展战略规划有关的单项工程的开展，并解决相关问题，使其顺利地运转和实施，并能够及时地发挥效益，为顺利实现整个发展战略规划目标奠定基础。

（二）规划需要保持活力

保证规划充满活力的最佳方法是什么？可以根据实际情况，采用各种各样的方式方法。例如，进行新闻宣传报道，在有关网络媒体上公布并不断更新规划进展和有关数据，公布规划内容、规划调整和修改原因以及新开工的建设项目等，并让大众知晓。再如，由从事规划实施工作的人员编写一些宣传小册子，描述并对比规划前后目标、指标要求，在各级工作范围内进行广泛宣传。还可以采用通报性质的工作简报，刊登工作人员的工作体会和建议，目的是让每个从事规划工作的成员时刻将规划进展和变化印在脑海里。

在规划实施过程中，领导层的日常工作议程中应有规划工作的计划安排。有关部门应经常检查、监测规划工作进展和过程，及时表扬先进事迹，通报工作中出现的问题、错误及原因，把做好规划工作的压力和责任传递到各层工作层面。

第二节　规划的宣传工作

在政府工作中，需要向公众公布基本的政府工作信息。主管发展战略规划的政府部门从规划工作开始，到规划编制工作过程，再到规划执行阶段并取得了相应的成果，最终到完成规划评估结论后的整个过程中，经常进行规划工作信息宣传是十分重要的。

通过广泛宣传，可以使社会各界对规划工作过程和成果都有基本的了解，从而提高对规划的支持力度。从规划实践看，有的水利发展战略规划虽然做得很好，取得了丰富的规划成果，对地方经济社会发展起到了重大的推动作用，但由于公共宣传工作落后于规划工作或者没有开展相关宣传工作，公众既不知晓规划工作成果信息，也不理解规划意图和规划内容，从而认为规划工作没有取得成功。

水利发展战略规划宣传工作应当让公众知晓以下信息：发展水利后，与现状相比，地方其他各个方面的未来发展将发生多大的变化。如果没有让公众了解到地方对未来各方面发展的期望，没有让公众了解到水利发展对地方其他发展起到的基础和支持作用，没有让公众了解到规划工作中协调安排重大水利发展项目的困难，没有让公众了解到经济社会发展与地方水安全和水资源的矛盾，没有让公众了解到规划实施须从全局考虑而局部会有利益损失的现实性，往往会在实施水利发展规划具体项目时，遭到公众误解，致使具体项目实施不顺。

制定规划工作公关战略需要做好信息沟通工作，还需要考虑方方面面了解规划信息的需求。针对公众关心水利发展战略规划结果的诉求，基于真实的信息基础，建立有效的公关战略是规划工作宣传的关键所在。制定规划宣传工作公关战略，不仅要修正规划中的不实信息，而且还要有助于规划工作中各种信息的传递与交流。如：规划各个方面任务是如何提出的，其工作目的是什么，为了达到规划成果所需要的各方面支持，需要利用的资源条件是什么等。

在规划工作中，规划工作人员与外界交流的任务首先是要注意倾听各方面的意见和建议。通常，规划团队会依据工作需要，在规划工作一开始，在建立核心工作小组的同时，以公众参与和支持为基础和出发点，建立一个对外交流团队。该团队应由富有经验的，能与当地各类媒体进行良好、通畅的沟通交流的专业人士组成。

如果当地政府和负责水利发展战略规划工作的组织，在规划工作开始时就有对外沟通交流的工作人员，这些工作人员在今后的规划工作中应优先考虑安排使用。对外交流团队中还可以包含媒体专业人士，因为他们有与媒体打交道的工作能力和知识，了解和熟悉媒体内部工作运行的基本要求。

一、宣传工作方法

（1）举办公开会议或新闻发布会，使大众了解地方水情以及制约地方发展的水问题。

（2）举办听证会听取公众意见。

（3）组织开展交流论坛。

（4）集中进行专题讨论。

（5）对沟通交流情况进行检查和分析展望。

（6）利用公众网站发布信息。

（7）举办规划最新进展情况通报会。

（8）根据规划工作进展和水事矛盾协调等事态发展情况，安排媒体对规划过程进行专题报道，召开重大项目论证的媒体吹风会。

（9）通过广播、电视、社交网站等媒体宣传规划发展目标和效益，广而告之。

（10）进行基层采访和上门调查。

（11）通过电话访谈采集信息。

（12）在社区、学校、超市等公共场合，采用合适的宣传方式与公众互动。

（13）根据规划工作需要，发布重大突发事件相关信息。

在规划制定过程中，对外交流团队应该在关键时间节点开展周期性宣传工作，以强化宣传效果。

二、宣传工作技巧

对于不了解水利发展战略规划工作情况的大众，在回复总体规划或者规划项目相关问题时，可以采用以下方式：

（1）谁是规划的支持者？谁（包括个体和团体）是参与者？

（2）规划的长远愿景是什么？

（3）规划的原动力和项目从何而来？

（4）谁将确定战略或者安排项目？为什么说这样做是重要的？

（5）战略规划或规划项目将对未来带来哪些影响？

（6）在规划执行过程中，将有哪些主要工作内容？

（7）未来形势发生变化，实现规划预期目标的风险有多大？最大的效益是什么？

（8）规划效益有哪些？这些效益如何产生？是谁的效益？谁的利益可能受到影响？如何解决不利的影响？

（9）项目建设所要付出的自然生态环境代价是什么？谁将承受这些代价？

（10）规划编制和执行需要多长时间？

（11）下一步需要立即采取行动的规划工作是什么，规划工作阶段和计划安排有哪些？

（12）其他人如何参与进来？具体应怎么做？

对外宣传时，不仅要通报规划工作进展、捷报和成果，也要通报规划工作中存在的问题和困难，这些信息对于地方以及各方参与规划工作的个人和机构来说，也是非常重要的。

第三节 规划的实施与监管

为了成功实现一个发展战略规划，在完成规划蓝图后，需要及时地从规划编制工作阶段转入规划实施阶段。在实施发展战略规划的前进道路上，仍将面临许多阻碍规划取得成功的困难和问题。如果一个规划工作团队不能有效地监管规划实施过程，任由规划涉及的各个行业自由发展，没有对其进行规划目标、指标要求的约束，那么就可能出现无人认真遵循发展战略规划的局面。一份优秀的规划报告因为规划执行监管不力也就逐渐失去活力，在实施过程中发生人为的方向性改变，而慢慢地被束之高阁，难以发挥应有的作用。

一、规划实施机构

在实施发展战略规划每一个目标和每一个指标要求的工作过程中，一个地方（或一个行业）的各规划执行机构往往会认为自己的发展目标、指标要求已经列入规划，就要开始实施规划安排，而通常对什么是规划中最重要的、必须优先执行的规划内容，以及谁是其中具体的责任人缺乏深入了解，可能会形成在某一个发展条件尚不具备的情况下，各种发展项目一哄而上，各种资源难以被有效利用，造成地方的物价和经济情况发生变化，形成发展进度反而缓慢的不良局面。

在发展战略规划执行过程中，每一个具体的发展战略规划中包含的目标、指标要求，都需要明确落实具体负责人（或实体组织），必须按照规划提出的要求，在规定的时间内完成。如果没有承担完成责任的负责人（或实体组织），去落实好各项具体工作，发展战略规划的结果和效益也将难以实现。

通常情况下，负责制定发展战略规划的主要机构在完成规划编制工作后，仅负责其中一部分规划实施工作。为保证规划全面、有效地实施，一般按照规划的目标要求，把实施规划的责任分为主要责任和次要责任，并明确在实施规划的工作过程中，哪些是负主要责任的实体组织或个人。在规划执行过程中，主要责任者要起到对规划进展情况评价和监督的全面负责作用。因此，为了保证规划工作的衔接，一些参加过发展战略规划编制工作的人和组织机构就不得不在规划的实施工作过程中继续从事各项相关工作。

（一）规划实施的主要责任者

如果官方领导机构或官方授权的组织机构负责规划执行过程中的关键工作，那么在规划实施工作中，他们将负主要工作责任。那些参与过发展战略规划最初的协调工作，参与过研究确定规划目标、指标要求和战略安排工作的负责人和组织机构，也就必然是规划执行过程中的主要负责者。通常情况下，这些主要责任人应由官方组织机构任命。

为完成规划目标和指标要求，在发展战略规划实施阶段，通常会选择一个曾负责规划相关工作的组织机构作为规划实施管理部门，或者由相关管理机构在已有管理职能基础上，适当扩展其工作职能，负责规划实施管理工作。在实际工作中，有时会由多个机构负主要责任。建立什么样的管理机构，取决于规划执行工作组织要求。如果完成规划任务需要综合各个方面的力量，那就需要由规划领导小组指定或者建立召集人（联席会议）工作机制，作为实施规划的联合领导机构。

这些领导机构，应尽可能地在规划工作初期介入工作，而非到必须执行和实施规划时，才负主要责任。

尤其需要注意的是，这些领导机构并不是简单地对规划执行负有主要责任，而是要在实现规划目标、指标要求的工作中起到对规划实施全面组织、协调和推动的作用。

主要责任者应做好以下工作：

（1）制订规划实施计划。主要责任者应根据所负责的地域范围和工作要求，为所负责实现的规划目标、指标要求制订行动计划，并与支持其工作的相关责任单位建立合作机制。实施计划中应明确提出规划实施工作中的各项行动安排，设定行动的时限，明确其中各单项任务的责任人和单位；在规划实施各个阶段，应明确所有参与单位的工作责任。

制定的行动计划应便于执行单位执行和细化、落实。

（2）检查实施情况并提出工作建议。主要责任者应向规划领导小组提出阶段性的工作报告，说明监控规划工作进展状况、完成情况、存在的困难和挑战，以及在实施工作中出现的关键问题。必要时，协调其他责任单位共同完成规划目标、指标要求。

（二）规划实施的次要责任者

官方机构或者官方授权机构、组织或团队在规划实施过程中，为完成规划目标、指标要求从事各项具体工作，负责协助规划实施工作的主要责任者执行各项具体任务，它就是在规划实施工作中负次要责任的组织机构。由于是按照领导要求行事，负次要责任的单位主要起到支持和执行规划的作用。

在规划工作的各个阶段，次要责任者与主要责任者应密切配合，做好各项准备工作，研究并确定具体工作安排和行动计划，明确提出工作完成时限和质量要求。次要责任者具体负责落实完成规划各个目标、指标要求，在日常工作中需要利用一些资源（如人力、经费、信息等），为参加规划工作的单位、机构做好服务工作，在规划实施过程中起到实际操作的工作中心作用。因此，在水利发展战略规划工作一开始，次要责任者就应与参与规划工作的各单位、各机构建立良好的合作关系，做好协调沟通工作，保证规划成功实施。

次要责任者承担的工作主要有以下方面：

（1）配合并协助主要责任者设计和提出规划的战略实施阶段安排和工作步骤。

（2）在各工作阶段，主动承担各项具体工作的落实责任。

（3）及时向主要责任者汇报工作进展情况、存在的困难和新发现的问题。

（4）深入做好调查研究工作，提出解决问题和克服困难的建议。

（5）严格执行领导决定，主动开展各项检查监督工作。

在规划执行过程中，规划工作核心成员（如编制规划报告和工作方案的人员、负责日常执行工作的人员）应与负主要责任者和次要责任者多接触、多沟通，加强联系，收集有关信息，了解其针对规划目标、指标要求而采取的工作措施和执行情况，以便更好地、更准确地执行和落实各项规划工作。应建立上下互动、信息沟通顺畅的工作机制。应鼓励每一个执行单位和每一位工作人员及时发现问题并提出解决问题的建议。

二、规划实施工作会议及其要求

召开会议是各责任单位向规划工作核心领导汇报工作所采用的最为合适的方式。如果在发展战略规划总目标中有5个子项战略目标，就可能要进行5次工作汇报。为避免多次召开汇报会，每个责任单位在汇报工作之前应当做充分的准备工作，并根据会议议题和汇报内容的紧迫性、关联性，尽可能集中地安排会议，对相关问题进行一次性讨论研究。

在规划实施工作会议上汇报工作，负责开展具体工作的各单位均应事先准备并提供规划重要背景资料和规划实施最新进展情况资料。这些资料主要有两类：一类是提供给每个领导成员供大家讨论并形成一致意见；另一类是针对工作中存在的困难和发现的问题提出的解决方案或切实可行的建议，供会议讨论确定或改进。

召开汇报会议，也是将参加规划工作的各个组织机构召集在一起，征求意见，相互沟通，交流经验，消除工作中的误会，共同讨论和解决问题的好时机。

在汇报会议上，各参会单位的主要负责人代表本单位发言，汇报的主要内容包括以下方面：

（1）回顾水利发展战略规划工作过程，重点介绍参加规划工作的各个机构经整合组织后的工作情况（工作进展）；制订行动计划的具体工作安排和落实情况；已经完成的规划工作文件及主要内容；在规划公布前的工作过程中，已经征求的各个方面的意见情况；规划执行过程的监管工作安排。

（2）已经得到的各种投入资源（人力、物力、财力等）情况；规划进展情况报告。

（3）规划工作中出现的问题和困难，以及产生的原因。

（4）与规划相关的地方机构和行业对规划问题和困难的意见、态度；协调工作情况。

（5）解决问题的工作方案和下一步工作建议。

向规划领导核心组织机构汇报工作，每一个参加规划领导工作的负责人和执行单位的领导人都要参会，并参与相关讨论，由专门人员负责会议记录。讨论研究重要议题还应形成会议决定或会议纪要，会后下发相关单位和工作人员，并令其遵照执行。

规划执行过程中，无论在什么情况下，各责任单位向规划领导机构汇报工作都应事先与主管领导沟通汇报的内容，与有关单位交换意见。规划核心领导小组在做出重大决定前，应进行认真的研究分析，充分听取各个方面的意见和要求。

三、规划工作的监督管理

在规划实施工作过程中，成立规划监管工作组织是十分必要的，有利于对规划执行全过程进行监管，为实现规划目标和指标要求提供保障。

为及时了解和掌握规划执行的实际情况，发展战略规划核心领导小组有必要组织一个专门机构或下属机构，设立一个监控实体，选派专门的负责人员密切监控发展战略规划实施执行情况，以便及时加强规划工作管理。如果形成了这样的管理架构，负责监管工作的机构应向规划核心领导小组和地方负责领导及时汇报规划实施工作情况。

规划监管机构的工作内容包括以下方面：

（1）根据规划领导组织决定的工作执行计划，研究制定监控管理工作计划，经批准后下发到各个基层工作单位。在分析工作进展情况的基础上，根据实际情况随时提出监管工作安排建议。

（2）每个季度（或根据工作进展）向规划领导组织提出正式的监

管报告。

(3) 向规划领导小组、执行组织机构和当地政府提供定期或不定期的规划执行工作建议。

为了监控发展战略规划中的部分专项规划执行情况，规划领导组织机构也可以运用多种工作形式开展监控工作。在经过各专项规划领导机构成员讨论和同意后，也可以由各专项规划工作机构根据各自负责的工作范围和内容，采取各自负责的监控管理工作模式。

规划监管机构应与各规划执行机构保持联系并经常沟通工作；随时观察规划执行情况，及时发现新情况、新问题，及时向上一级规划领导机构报告各种变化情况；在完成一个阶段的监管工作计划后，应提出正式的监管工作报告和下一步工作安排计划。

第四节 规划的总结与调整

通常情况下，发展战略规划是要被各级领导和有关人员经常查阅的，因此在规划执行期间需要出规划工作年报。当一个个规划项目竣工后，规划工作即将完成时，执行规划的工作组织机构便面临解散，最后要做的工作包括：做好规划完成阶段的各项准备工作；更新规划执行情况的最新调查信息；将已完成的、可用的统计报告予以更新后，编写规划完成工作总结报告。

准备规划工作完成资料的最初目的是按照发展战略规划领导层的有关工作程序要求，进行规划前后情况的对比分析及复核（包括规划期间的工作失误、实现规划成果时的投资等）。完成规划总结报告阶段工作，最理想的工作状况是在原有的工作机制下，按照既定的工作要求，组织熟悉整个规划工作前后各种变化情况的工作人员、全程参加规划工作的原班人马，完成规划收尾阶段的各项工作。但规划执行工作实际情况是：有些人因为各种原因在工作期间离开了工作岗位，而新的工作人员也不断地补充到岗；有些领导、工作团队和工作人员仅参与了一部分规划工作；有些工作人员仅关注单项工作的具体工作细节和投资安排，而对规划全局不甚了解。那么让这些人员负责规划全面总结工作就存在着一些困难。同理，在前后规划工作人员发生变化、信息和统计资料缺乏连续性的情况下，做好规划完成前的各项收尾工作就比较困难。因此必须根据规划执行工作的实际情况，精心地做好组织落实工作。

通常情况下，在整个规划工作完成前，发展战略规划的目标、指标要求都是明确的，即便有所变化，变化幅度也不会太大。但规划中的各项具体内容却有可能在规划执行过程中作比较大的调整。对规划研究感兴趣的人员以及那些在整个规划过程中都积极参与的人来说，取得规划圆满成功的工作挑战在于：如何运用规划工作过程中积累的各种知识和经验，解决各种问题和矛盾，采取恰当的应对措施；如何深入地总结和分析，为今后的规划工作留下宝贵经验。

在规划总结阶段，应特别注意总结规划执行过程中发生了一些特殊情况后，所采取的措施和取得的经验。例如，在规划执行过程中出现影响地方发展的大机遇或大威胁，规划工作的领导层应当立即研究并采取应对措施，提出规划调整的原则和要求；规划的执行工作层应当及时调整和落实各项具体工作，必要时应从已实施的一些项目中抽调资金投入新的项目上。进行规划总结时，就应深入地总结和分析经验、教训，并研究规划调整对地方未来发展产生的影响。

如果在规划执行过程中迎来新的重要发展机遇，那么必须重点关注一些新的规划目标和项目的落实情况，只有这样，才能抓住机遇，加快发展。在慎重地研究了地方面临的新的发展机遇后，如果能抓住机遇，适应发展变化，迅速实施相关项目，那么，发展机遇将给地方带来长期的影响。做规划总结时，应总结相应的工作经验和教训，不仅总结机遇对原定规划目标产生了什么影响，而且还要分析研究面对机遇采取了什么样的有效应对措施和工作方法，达到了更大和更好的发展战略规划目的。

如果在规划执行过程中，地方发展受到经济危机、发展环境变化和自然灾害影响不得不中止执行原来明确的规划项目，甚至需要调整规划目标或改变规划项目实施的优先顺序及重点，就需要开展规划调整工作。调整规划应避免因不利因素出现而产生新问题，并应针对新出现的威胁，明确新的发展条件和可能。在规划总结阶段则需要实事求是地分析和研究威胁产生的原因，研究在制定规划时是否存在形势判断过于乐观的问题，规划工作中存在哪些不足，是否有考虑不周的问题；通过工作总结与分析，研究在今后的规划工作中如何事先考虑给规划目标留有余地，如何在规划执行过程中提前准备备用措施，以尽可能地减少对发展战略规划实施的不利影响，避免使地方发展和项目投资产生大的波动。

在多数情况下，地方已建成或即将建设的项目以及计划安排，是发展战略规划确定的基础内容，必然与规划确定的未来发展存在关联关系。在规划总结时，须对现有的规划和项目进行反思，这有助于规划决策者研究确定已经实施的发展战略规划是否满足社会要求，是否需要在今后的工作中予以改进。规划总结应重点反思以下 8 个方面：

（1）规划是否存在过高的目标要求（或远景展望）？提出的目标是否得到了各方的广泛认同？

（2）已列入现有规划的项目是否与地方过高的目标（或远景展望）有相应的关联关系？

（3）现有规划发展导向和项目建设安排是否属于当地重点项目？

（4）规划实施后，对解决当地现实问题是否有帮助？

（5）发展战略规划的关键受益群体是否介入规划编制工作和实施工作中？

（6）对整个规划及单个项目的监督评价和评估分析是否到位？评估结论是否公正客观？

（7）规划实施后，是否得到了当地群众认可？是否实现了与当地社会各个层面共同发展的目的？

（8）规划实施以来，当地社会在有关方面（如经济发展环境）是否有显著变化？

如果对上述 8 条中的多数回答为“否”，就必须考虑修改最初制定的水利发展战略规划了。

调整规划须经各个工作层次的充分讨论后决定，需要在规划工作会议、有关负责规划领导小组的核心会议上，明确具体调整的规划内容，形成各级调整规划工作决议。在时间允许的情况下，应组织力量专门成立研究分析工作团队，开展规划调整前的调查分析研究工作，并按照工作权限，向负责规划工作的各级领导层提出调查报告和处理建议。

调整规划的各项具体行动实施后，对出现的机遇和威胁的反应和影响程度如何，是否应对有效，应及时地通知有关方面展开讨论和评判。另外，在原规划仍然有效的情况下，经过批准的各项规划调整措施，可以视为原规划工作内容的补充。

根据工作需要，地方政府和规划领导小组应请一些独立的、非盈利的第三方咨询评估组织机构，对规划目标的合理性进行调查评估，对规划过程（从形成报告文稿到实施完成），进行全程监督和评估，协助开展规划调整工作，持续更新规划信息。第三方机构客观公正地向规划领导层提出工作建议，有助于改进规划工作。

在规划工作的结束阶段，负责规划的工作团队和工作人员，也许会感到又要回到规划工作重新开始的时刻。在为规划工作成功而感到自豪和骄傲的同时，他们也需要通过工作总结和回顾，反思在以往的规划执行工作过程中有哪些是不合适的工作安排，有哪些方面的人员不适应规划工作的要求，有哪些组织将来不必进入规划工作的领导层，同时思考如何通过工作总结调整工作思路，并为今后开展规划工作做好准备。

第十一章

规划的监测与评估

第一节 综　　述

为了研究确定未来发展趋势，规划目标、指标要求和战略安排，为了在规划实施过程中监测水利发展战略成果并测算评估地方发展情况，研究建立规划执行监管机制是非常的重要。监控和评估水利发展战略规划实施情况的方法（包括其内涵和应该把握的要求）是本章讨论的重要内容。

一、规划监测与评估工作的作用

规划监测与评估工作应起到以下作用：

（1）提升规划执行的工作效率和产生的效益，监控水利发展战略规划各个项目的运行情况。

（2）确保实现发展战略规划目标和要求。

（3）减少事先已发现问题的不利影响。

（4）在规划执行阶段，作为解决问题的反馈系统和执行的校验标准，确保与水利发展战略规划要求相一致。

（5）发展战略规划确定的目标、指标要求有错误，或在规划执行阶段发现规划目标的确定基于不真实的基础条件，或者发现规划不可执行，通过监测和评估工作决定是否对规划进行修正。

（6）确保规划明确的各个项目能够有效执行，并且是在正确的轨道上开展工作。

（7）评判规划和各个项目计划经费是否合理。

（8）明确在规划执行过程中是否有必要对规划进行方向性调整。

（9）提升规划的产出效益。

（10）在水利发展战略规划实现后，水利工作能够继续得到社会各个阶层的支持。

二、规划监测与评估的联系和区别

监测工作与评估工作相互关联，又各有其工作内容。监测工作侧重于关注规划的执行和产出结果，而评估工作注重把规划结果与特定的标准进行比较。对于规划而言，评估是对规划实施前后发展的地方状况进行全面的比较；对于项目而言，规划评估结果有助于确定规划项目的效益和价值。监测与评估是规划项目执行的基础。

三、规划监测与评估工作系统的建立

建立什么样的监测与评估工作系统，只能根据水利发展战略规划工作的实际情况而定。一项规划的监测和评估工作的模式并不一定适用于其他规划，其原因有以下几点：其一，在不同的地方和不同的工作机构，由于面临的是不同的市场规模和资源条件（如我国中西部地区与沿海发达地区的发展条件截然不同），可以清楚地看到有不同的工作模式；其二，在全国范围内，与规划有关的重点发展内容、相关的利益要求和工作组织机构各有特点，各不相同；其三，每一个地方的水利发展战略规划都是依据当地特定的发展阶段、所处的位置和需求而专门制定的，所以相应的尺度、测量标准不同。因此，规划监测和评估工作系统必须依据实际情况构建，它是针对不同水利发展战略规划专门建立的工作系统。

在通常情况下，规划项目的监测和评估系统是根据管理的规定要求，在规划项目执行过程中，为便于地方领导了解当地水利和经济社会发展进展情况以及规划项目完成和进展情况而建立的。然而，通过评估提出建议进行规划和项目调整，将延缓规划效益的实现，与地方政府和民众希望尽快实现规划目标、改变现状的愿望和要求有较大的差距。在规划执行过程中，地方基本情况随时发生变化，评估使用的基础信息相对落后，加上评估工作人员的经验和水平有差异，分析评估工作完成时间滞后，这就不符合根据实际情况及时调整规划的工作要求。而通过实时监测获取一定数量的信息，据此分析判断规划调整的必要性，投入更少，且对规划项目的调整更为及时有效。设计好规划项目的监测工作执行流程，有重点地选择监测重要项目实施情况，是保证和提高规划项目评估质量的基础。

监测和评估工作是水利发展战略规划执行工作的重要组成部分。通过评估，能够连续准确地了解规划工作进展情况，并及时地进行调整，以保证规划产生的效益最大化和最优化。监测和评估工作是一个可以提升当地经济社会发展潜力、高效执行规划的工作手段。在质量管理实践中，跟踪实施过程对提高规划成果效益有很大的帮助。

在水利发展战略规划的管理工作中，为什么要开展客观公正的评估工作，主要是考虑了以下几个方面的因素：

（1）在规划工作中，需要明确对那些工作过程进行评估后，可以全面客观地反映整个规划工作情况，以保证工作顺利进行；需要明确做哪些具体的评估工作内容，可以达到监测和评估工作合理有效的工作目的。

（2）如果在规划的工作过程中没有开展评估工作，将难以从工作中及时发现和纠正工作失误和工作方向的偏差，否则，将增加规划工作成功的难度。

（3）如果没有进行评估，即使规划工作取得了很好的成果，也难以客观地、量化地评价这些成果效益的大小，也难以从中得出一些经验教训。

（4）没有很好的评估结果，就不能很好地对规划工作进行总结，难以客观地提出成功经验和失败的教训，也就难以得出今后纠正错误的具体办法。

（5）只有通过客观公正的评估，才能证明规划工作成果是可信的，是够得到公众支持的。

第二节 监测评估原理与方法

有些地方政府在水利发展战略规划执行完成后，再安排规划、项目和实施计划等的评估工作，这种做法是错误的。为了更有效、更有用地开展各项工作，应在规划执行工作的同时，安排评估工作，并与规划进展过程同步进行，而不是在出现问题后，想起来再安排，或者在规划工作要结束时才考虑安排。

一、评估三阶段

客观分析并理性评估讨论规划项目和计划安排，是水利发展战略规划工作过程中从收集资料到广泛地寻求各方支持的一个工作过程。不同工作阶段有不同的评估工作方法，通常按规划工作过程开展事先、事中和事后三项评估工作。

（一）事先评估

在讨论研究规划项目和计划安排时，通过评估工作可以得出其可行性如何和项目影响范围情况。

这个阶段的评估目标是：充分研究和评估规划和项目能获得的各种支持的可能性，可利用的各种资源情况，以便规划确定的发展目标实现。

一个地方不可能有无限的财政和人力资源，所以在发展战略规划中必须对各类项目的各种情况（包括项目成本、地方能力和实际情况、当前项目的执行情况、长远规划项目的各种影响），进行认真的评估审核，并否定一些项目。事先评估得出的基本信息决定了后续评估的标准。

在事先评估工作开始时，应该按照统一的评估标准要求，采用统一的定义和标准开展工作，这将有助于测算得出规划效益和项目效益及预判规划和项目取得成功的可能性。从工作实际来看，事先评估与规划及项目的可行性研究相似，但工作的着眼点不同。

（二）事中评估

在实现规划目标、指标要求的每个计划项目执行工作过程中，应按照协调一致的执行标准实施监测工作。监测应该包括对每个项目执行过程中的分析，同样也要监测与项目有关联的工作内容、产生的效率和效益。

监测应提供有关建设项目的排序是否符合规划方向要求、其投资结构或者其他任何与规划及项目有关的各方面影响因素等内部情况。这一阶段的监测和评估，可以通过单方的调查和收集信息，安排开展正规的调查。经调查了解获得基本情况和相关信息后，建立事中评估标准。

（三）事后评估（后评价）

事后评估工作在项目全部执行完成后开展，通常在项目完成后的一年内安排事后评估。这项工作完成后，经讨论，确定再次评估的时间和周期，如每年或每隔一年安排一次评估工作。在规划和项目效益全部实现之前，也会在对单个项目评估的基础上，在几年内再次安排评估规划和各个项目的总体情况。

事后评估的目的是分析、研究并确定规划和项目在执行期的投资、完成工作周期和效益情况，同样也对项目与最终实现的发展战略规划目标是否有相关性进行评价。

事后评估应根据各个项目的特点，通过讨论，明确评估工作的具体内容和涉及的方面。一个项目完成后的方方面面都可以进行后评估，从项目执行过程（是否有效率），到项目产出（工作质量如何），再到相应的效益影响（产出多少）等。明确对哪些工作、事项进行后评估，最重要的是明确通过监督和评估活动需要解决哪些问题。

通常可以把规划和项目执行工作过程中的问题分为数量和质量两大类型。

以下是评估工作过程中需要考虑的问题：

（1）在执行项目计划或规划时，是否有可以利用的更为有效的资源？利用的方式是否可行？

（2）是否有快速完成规划项目并更有效减少资源浪费的工作途径？

（3）是否有更好的选择项目的计划安排方式，能实现更多、更高的目标，并使得规划得到协调发展。

（4）在规划执行工作过程中，是否有直接或间接的正面和反面的影响？

（5）每个项目的社会效益和本身的净效益和利润能增加多少？

二、评估方法

监督和评估工作一开始，就应明确几个关键内容：谁、什么、何时，以及什么是工作中最突出的问题，具体内容包括以下方面：

（1）数据将由谁提供；需要收集什么数据；提供数据的时间多长。

（2）工作中的主要问题是什么。

（3）监督和评估数据是一个月、一个季度还是一年提供一次。

（4）通过什么途径提供数据（是通过邮件或电子邮件提供，还是通过电话调查或通过网络系统提供）。

（5）项目执行过程是否受到时间限制。

（6）对项目的过程监督到什么程度。

（7）是否是一般性的调查或者大概的现状调查。

（8）是否要找出一些项目的问题，研究对其停工整改，提出处理意见。

（9）是否将一个项目和其他类似项目进行比较；如果进行比较，应该用什么样的标准比较合理。

（10）是否在监督和评估工作后，决定用更好、更有竞争力的项目来替换现有的项目。

（11）如果许多个规划项目相类似，是否值得对每一个项目开展比较评估工作。

（12）是否值得将规划明确的项目与其他地方相似的同类项目进行比较。

在规划项目执行的最初阶段，监测评估团队应介入项目开展监测工作，并经常进行评估分析，在项目开始正常运转后，可以逐渐退出监测评估工作。安排监测评估工作必须考虑工作成本和人员落实问题，考虑监测周期问题。例如一个月进行一次监测评估是否过于频繁，是否任务过重，是否浪费时间；如果一年进行一次，是否不能及时发现问题。

无论在什么情况下，有规律的监测评估工作将有助于项目趋势判断，将使工作开展更为顺利。这是因为在一个稳定的工作周期内，项目进展和变化情况被及时监测到，项目中的问题能被及时发现并解决，其不利影响就会最小。

三、监督主体

开展监督和评估工作应该明确指定负责人或工作组，也就是监督主体。只有在有人负责这些日复一日的过程管理工作时，才会有明显的工作效果，才能全面推动工作开展，才能提供全面的监督和评估成果。个人或工作组通过更好地负起相应的工作责任，才能够深刻地了解项目和计划安排的问题所在。

监督主体必须对发展战略规划目标和规划确定的项目有深入的了解，并要熟悉各类项目是否能全面支持规划目标的实现，还应当充分了解并能分析地方的实际情况，这样才能做好监督和评估工作。

通常，监督评估工作由负责当地经济社会发展和水利项目管理的组织机构成员担任，他们一般不从事具体的规划实施工作。监督评估工作也可以由专门的机构和协会成员组成。在规划项目和计划安排工作方面有丰富经验的咨询机构很多，这些机构中工作经验丰富、对地方发展动态、发展需求十分了解和熟悉的人员是监督评估工作的最佳人选。

由谁来审查和评定监测评估成果，也是一个十分重要的问题。评价监测评估工作组织的工作效果要看收集分析数据以及研究数据关联关系等各项工作是否起到了良好作用、工作是否按时完成、工作质量是否保证，工作中是否抓住了核心问题。

负全责的专门领导小组的工作责任是，复核监测评估结果，对规划工作提出负责任的意见和改进建议，促使规划和项目朝正确的方向发展。该领导小组通常由规划领导小组的核心成员、把握规划执行方向的领导或负领导责任的其他实体单位组成。与规划和项目有关的政府官员、项目投资者以及当地负责发展的各成员单位，无论他们是否负有监测评估的领导责任，通常也需要获得监测评估信息，并对这些信息进行复核与研究，他们有权提出调整改变现状的建议。

四、监测评估成果的应用

有些地方领导组织，担心规划和项目评估结果出来后，不能解决问题，害怕因此影响自己的政绩或在社会上引起不良反应，便不重视监测评估工作，不采用严格的绩效评估体系对规划和项目进行评估。评估结果可能导致保障规划和项目实施的各种资源重新分配，以及规划大调整，偏离原定目标，有些地方和组织出于局部利益要求，对规划评估结果过度关注，并提出不恰当的修改要求。

评估结果为关键规划项目的执行、调整提供依据，如果没有经过应有的工作程序就对规划和项目进行调整和修改，将会对规划涉及全局利益的目标能否实现有较大影响，所以，提出评估结果应十分慎重。

如果监测评估工作结果很好，即使不予公布，这些评估结果也有助于原有规划和项目的推进工作，并将对发展战略规划顺利实施起到加强和促进作用。

如果评估所使用的数据与规划和项目没有直接的关联，那么评估结果就没有使用价值，那么按照评估意见修改规划和调整项目安排就不科学、不可行。规划领导小组应在协调各个方面同意的基础上，使用正确的评估数据、结果，研究和提出一个修改工作方案（包括明确的下一步工作安排要求）。在这项工作中，以下因素应予以考虑：

（1）能否利用评估结果发现规划和项目中存在的问题和缺陷，以便在今后的工作中改进。

（2）评估成果是否可以用来评判项目计划安排的内在关联关系，或者评判项目计划投资来源的可靠性。

（3）评估成果是否可以用来准备工作会议材料，是否具备公开的条件，或者是否可以作为开始下一步工作的依据。

（4）如果一个项目经评估明确为失败项目，规划中与该项目有关联的计划是否还有必要继续执行。

（5）什么时候对规划和项目的目标、要求指标进行再评估最为合适；规划和项目调整的时机如何确定。

（6）评价规划和项目成功的恰当标准是什么？有哪些评判指标？谁来制定评价标准。

将与规划和项目有关的各个方面的负责人召集在一起，共同制定评估标准，编写评估结果的工作安排，是各个阶段监测评估工作的重要工作内容。

监测和评估工作不能按照工作人员的直觉进行，无论技术有多么复杂，每一项评估工作都是在未经实践、基于假设的前提条件下，在提出工作方案后安排实施的。以往的工作经验判断和大众的感知有时能够起到较好的评判效果，这也是有助于领导小组分析研究评估结果并提出修改决策可以考虑的工作方式。

在批准的预算内按期完成规划内容或项目计划安排，并不能说明发展战略规划在执行过程中没有问题。当然，也不能因为在规划执行过程中出现了一个问题或发生了一些不利于发展的变化，就必须立即对整个发展战略规划进行重大修编。真实地评估发展战略规划的执行效果和各种影响，是一个需要经过各个方面进行全面的组合分析的结果，并且这一结果是需要得到大家一致认同的。

仅仅依靠个人或者某个组织的直觉判断和确认一个地方发展的强项和不足，是错误的工作方法，所以，为了客观公正地评估发展战略规划和各个项目的可行性，评估项目和计划安排能否取得成功，也应采用科学的方法。

第三节　监测评估技术

监测评估规划项目和计划安排的工作方法很多。从事发展战略规划工作的人员，如果不能做好自己工作职责范围内的评估工作，将是不称职的。他们应熟悉监测评估基本概念和工作内容要求，并掌握相应的数据内部关系分析方法，以保证在工作中能够将地方发展特有的、涉及的各个关联因素都纳入监测评估分析中，并能向社会各界表述监测评估成果。

事先设定监测评估的基本条件，将对监测评估分析结果的有效性有直接影响。因此，为了达到预期的监测评估结果，并符合设计的要求，在工作中应细致地研究、选择数据，认真分析规划执行过程中发生的情况，慎重地提出建议和分析结论。

一、使用正确数据的重要性

使用的监测评估数据的类型和质量，是监测评估结果能否成立、是否有效、真实性如何的判别标准。没有恰当的高质量的数据，是不可能形成有用的分析结果和决策依据的，也就难以作出正确的项目预测影响或效益分析。选择监测评估数据应十分小心仔细，简单地处理数据结果将直接导致失败的数据分析结果，并产生错误的决定。

二、因果关系

投资一个规划项目是否能获得相应的效益，是评估分析技术工作主要关注点。规划项目能否达到预期效益，有其内部和外部两个方面的原因，这两个方面都可能对效益目标的实现产生直接影响。决定规划项目能否顺利完成，明确其中主要的不利影响因素和主要的相关影响关系是困难的，在缺乏好的计划安排的情况下，预测规划项目系统是否会产生预期的总体效益也是困难的。目前，工作人员仅能运用有效的评估分析技术，对正在执行的规划项目与其计划安排要求，以及其他与该项目基本条件大约相同的项目的投入产出周期进行比较。项目之间可能有相似的因果关系，但不可能有绝对相似的因果关系，比较的结果仅仅是在一定的条件下找出有关联的因素。同样的，把规划项目的评估分析结果精确到某年或某一时刻有确切的产出效益，这也是非常困难的。监测评估调查（检查）工作成果虽然有助于分析各规划项目在发展中的相互关系，但是对那些依据各种变量，各种变量又相互影响发生变化情况，在统计数据缺乏管理的情况下，想要清楚地预测各规划项目在计划安排下产生的结果以及结果之间的关系，几乎是不可能的。为了准确地展现规划和各个项目安排对未来发展的影响因素，而盲目地、大量地去做过多的评估分析工作，反而有可能得不到真实的未来发展情况预测。如果没有深入考虑当地实际的经费投入、计划安排等情况，盲目地进行评估分析，将作出错误的判断，影响发展战略规划的方向。

三、选择评测绩效

规划项目成功的明确标志之一是项目顺利完工，但项目完工与成功实现项目目标效益，达到发展战略规划的要求，形成预期的规划影响，并不是一回事。

项目成功包含四个因素，即组织的效率和效益、规划和项目产生的影响、受益者满意程度、投资回报。为确定一个项目执行得是否成功而进行全过程分析，应重点考虑以上四个因素。这些因素同样适用于分析水利发展项目的投资效益、社会效益和商业回报是否达到预期，也适用于分析发展规划是否取得成功。

（一）组织的效率和效益

可以从项目产出来测算分析一个组织的效率和效益。规划项目完成后，从人力、物力投入以及各方面的资金投入等，全面测算分析整个项目实际投入的成本，重点分析花费在项目管理人员上的经费在项目投资安排上的比例是否合理，并从计划达到的实际效果和产生的影响等方面进行项目效益分析。

组织的效率和效益测算是通过对项目组织管理程序进行分析，得出该组织效率和效益如何的结论。这样的测算也可以用于组织内部有关预算执行情况和工作人员水平评价。组织机构安排是否合理，可以按照个人、团队、独立系统和目标需要进行分析。评估方法包括项目办公室现场检查、重点调查小组调查等。评估完成后应提出分析报告和预算报告，分析报告的主要内容包括以下几个方面：

（1）项目进展情况。已公布需要完成的任务目前已经完成了多少？按照项目安排计划需要完成的任务和工程的完成情况。

（2）项目实地调查了多少次？实地调查过的发展战略规划项目有多少？

（3）对项目进展有直接影响的各类企业、单位及相关部门，进行过多少次实地调查访问？

（4）项目组织管理机构根据工作进展针对项目存在的问题和需要协调解决的矛盾，开展了多少次协调工作会议？

（5）在整个工作过程中，组织管理机构与规划相关方共提出过多少建议？

（6）项目招投标工作进展情况和项目建设投资到位情况。

（7）工程项目建设过程中是否遇到了自然灾害？组织应对自然灾害是否及时有效，是否减少了损失？

（二）规划和项目产生的影响

规划和项目的影响测定用来检查项目的产出情况以及项目产生的影响，以便分析判断在水利发展战略规划组织的努力下，地方状况是否变好，规划是否产生了社会效益。一般地，在分析了经济社会各个方面的情况并建立相应的评价标准后，再进行水利工程项目直接经济效益和间接经济效益评估。评估水利工程项目直接经济效益时，通常基于规划和项目实施目标制定评估标准，或以现状为基准，将现状与规划和项目实施后能达到的最好状况进行比较。水利工程项目的间接经济效益则更为广泛，需要根据实际情况进行全面分析。

设计安排监测评估具体工作时，还应根据水利发展战略规划的重点要求，设计一些专项监测任务，例如规划为当地社会增加了多少就业机会，支持和带动了多少企业的发展；通过水利发展战略规划项目的实施，是否提高了当地防洪能力；对应当地社会发展的用水要求，是否增强了供水能力；是否为改善当地的水生态环境条件打下了良好基础，是否为带动和促进当地的经济发展创造了条件；是否对当地其他各方面的发展变化起到了应有的作用。

（三）受益者满意程度

发展战略规划制定后，规划中的利益相关方对规划未来将要产生的效益都充满了期待。但是，他们对规划成果是非常满意，还是认为与设想的收益有差异？差异程度有多少？可能会因人而异，因事而异，各有不同。

规划受益者对规划结果的满意程度，是由规划项目产生的效益和完成工作的质量决定的。通过调查规划范围内受益者的态度和评价，可以了解他们对规划成果的满意程度。这种调查结果含有个人对一个新生事物的主观认识因素，因此，没有一个明确的标准。

在调查工作中，需要重点注意以下事项：①调查工作人员的经验和工作水平；②工作过程和选择的调查对象是否合理；③被调查人员的社会地位、生活状况，其对社会发展产生变化后的心理认识状况；④规划成果产生的效益是否与被调查人员有直接关系，是否解决了他所关心的问题。

对于水利发展战略规划完成后规划区内的满意程度调查，可以在限定的调查时间内，从规划涉及范围内的地区社会各界选择一定比例的调查对象，调查了解以下情况，并统计调查结果。

（1）对规划中安排建设的水利项目取得的效益的评价。评价选项为“很好”“好”“较好”“不好”，统计各选项的占比。

（2）对每一次的防洪减灾、供水服务、水生态环境改善，公众认为水利工程提供的效益程度。评价选项为“很好”“好”“一般”“不好”，统计各选项的占比。

（3）对水利发展战略规划提出的各项目标、指标要求接受程度，以及各项发展项目和实施计划安排的接受程度。评价选项为“完全接受”“基本接受”“部分接受”“不可接受”，统计各选项的占比。

在调查工作开始前，首先要合理选择调查对象，既要从工程受益区选择调查对象，也要选择因为工程建设利益受到一定损失的人作为调查对象。

在受益于水利工程建设的地区，人们对建设水利工程的态度和评价，可作为受益者满意程度的调查初步结果。除此之外，当地领导和有关组织机构的评价和态度，也是受益者满意程度调查的重要方面。对于因为工程建设而受到一定利益损失的人们，需要调查他们对相应补偿是否满意，以及满意程度。只有综合考虑各个方面的调查结果，才能得到受益者满意程度的最终结果。

（四）投资回报

地方领导更关注发展战略规划执行的绩效。如果监测结果表明，通过实施发展战略规划，某规划项目能取得投资回报，那么就可以判断该规划项目能获得成功，这也为决定是否对规划项目进行持续支持，和在今后的发展循环过程中给予再支持提供了依据。通过以往各种基本建设项目投入与产出的一系列效益分析比较，大部分建设项目的投入产出的因果关系是由多方面的影响因素决定的，并不存在通过一定的投资就能得到应有的回报这样简单的关系。

在使用相同的计量单位进行比较的前提下，计算规划项目投资总规模应包括：①项目的前期工作投入；②项目的建设资金投入；③在项目建设、生产、运行等各个环节，投入的各种管理和运行费用等；④从规划项目前期工作开始到施工完成运行前，按照规定应当缴纳的各种税费。

在实施过程中，在规划项目上实际投入的总投资，常常因受到各种不确定性因素的影响而发生变化。

第四节　研究确定监测和评估基准点

测定发展战略规划取得成就的程度，工作过程是否符合明确的最终目标、阶段目标要求或规划实施过程中已经取得的要求指标是否与最终要求相符合，这项工作即为确定基准点。

确定基准点是将规划项目执行后的监测数据与发展战略规划确定的基本数据底线（称为“基准”）进行对比的工作过程，包括将项目执行和产出与事先建立的标准相比较，建立执行标准，分析项目需求和支持条件等。

确定基准点目前尚无标准工作程序，实践中，通常按四个步骤完成这项工作。

一、确定监控内容

确定规划监控内容，需要考虑监控的工作过程与目的，需要考虑监控的投入和各项工作安排的可能性，具体包括：确定监控的目的（如在经济发展规划中监控增长率），选择监控的内容（如监控与经济增长率有密切关系的就业率增长情况），明确监控需要的投入和工作力量安排。

选择监控的内容，需要考虑以下几个方面的因素：

（1）监控的内容与监控的目的能够有一致性的关联关系。例如，水利建设的投入增长与经济增长是相关的增长关系。

（2）能够在一定条件下反映增长变化的敏感程度。例如，当发生金融危机时，水利建设的投入是否也会随之发生比较大的变化的对应关系。

（3）监控过程中的监控指标是重复出现的、可以验证的指标，例如规划项目每年可以获得的年度投资计划和投资完成量变化情况。

（4）需要综合考虑监控费用的投入产出效益和工作时间安排，避免花费过大的代价去监控一些不能反映全面情况的不重要的指标。

二、建立基准点

建立基准点的目的是分析规划项目是否达到规划目标或发展战略要求，以及规划项目实施后，已经实现的规划成果与规划原定的目标还有多少差异。

可以采用通过调查其他项目的方法确定基准点。例如，调查当地取得成功的项目经验和方法，调查正在实施的项目在执行过程中已建立的标准，或者参照相似的项目和计划安排的经验和教训，在分析收集数据后，根据规划项目的特点和实际情况，提出建立基准点的要求，然后通过研究分析讨论，得到规划有关各方一致意见后，经过审查，建立基准点。

确定基准点的方式包括底线基准、事先建立的标准和最佳实施基准。

（一）底线基准

底线基准是根据当地在规划项目完成前后的实际变化，对变化情况进行对比分析的工作方法，通常也将其称为“如果没有”的分析。使用这一方法需要调查项目开展前的状况，并且在相同的因素和相同的地理条件下，也要调查项目执行后的状况。为了减少确定底线基准的调查工作量，可以在深入调查研究影响规划项目的直接和间接因素的基础上，分析哪些是对完成规划项目起到决定性影响的因素。对那些起到决定性影响的因素，可以采用样本调查法调查。

（二）事先建立的标准

事先建立的标准是指规划项目建设前确定的、衡量项目建成后是否达到规划目标提出的投资绩效要求的标准。该标准是一种相对直观的、常用的比较标准，通常由投资方、基金管理方和管理者研究建立。

例如，对已建成的水库，分析水库建成后平均每立方米水需要投入的资金数量，即单方水投资量（假设建设完成一座库容 10 亿 m^3 的水库，投资 50 亿元，则单方水投资量为 5 元），将其作为新建设水库评估的事先建立标准。

在水库建设过程中，水库建设的投资方都希望水库能够按照确定的概算完成建设。如果已建成水库与新开工建设水库的建设条件相似，考虑物价上涨等因素，则可认为已建成水库的单方水投资量可作为新建水库评估的事先建立标准。新建水库建设完成后，如果其单方水投资量与事先建立标准相符或相近，则认为新建水库的投资与规划预期的投资相比，投资效益良好。当然，对大量已建成水库进行造价分析后形成的一系列水库单方水投资量，也可作为在一个发展时期内新建水库评估的事先建立标准。通过对一系列水库概算分析得出的单方水投资量，可以作为判别今后新建水库经济指标比较的一个参数。

又如，美国经济发展战略规划中有关创建一个就业岗位需要多少投资量的管理规定，要求在实施一个规划项目上，产生一个就业岗位至少要有 3.5 万美元的支出或投资。那么，按这一规定，形成一个就业岗位的费用在 3.5 万美元以下的项目，就是一个好的投资项目。

（三）最佳实施基准

用其他地区或组织已经取得成功的，且实施目标要求相似的规划项目的数据作为最佳实施基准。确定最佳实施基准时，须分析哪些数据是从已经执行的项目中获得的，并分析这些项目取得成功的原因是什么，还应考虑采用哪些影响规划项目成功的主要数据，分析取得成功需要考虑哪些因素，不宜全盘照搬。

三、按照基准要求或高绩效目标要求实施监控

在这个阶段，要按照计划的时间周期和工作质量要求，收集合适的规划项目数据，并与基准要求进行比较。这项工作的过程和结果将决定规划能否按照要求向前推进，规划执行工作过程和阶段能否与实现规划的目标要求相适应，以及规划项目已经落实使用的资源与要求能否匹配。同时，也可以决定规划项目或发展战略规划是否需要调整。

四、使用评估成果

评估并不是决定规划最终成果好与不好的工作过程。评估规划绩效的目的是根据规划进展情况，在充分利用各种信息的基础上，研究决定是否有必要调整规划项目或规划实施战略，以保证规划执行机构能够控制规划朝着正确的方向发展。并且，通过评估工作，规划执行

机构可以根据新的变化作必要的调整，使规划朝着更高的发展目标发展。

发展战略规划的评估结果应当及时地汇报给当地政府领导，根据领导的全面考虑决定，这将有利于规划管理机构对规划执行过程及时地进行调整，有利于在规划工作过程中进一步加强与规划有关的各个方面的合作，有利于理顺和强化与各规划工作组织的关系，同样也有利于规划工作能够进一步得到政府公共管理部门、行业管理组织、大型企业、公众和媒体的理解和支持。

在规划执行期间，一些重要行业，特别是一些大型企业，根据发展战略规划的评估结果，考虑规划可能提供的基础条件而决定在当地选址落地发展，可能会对当地的进一步发展产生更大的影响，能够得到更多的支持。例如，在实施水利发展战略规划后，新建的供水工程、防洪工程、水电站工程等将为地方其他工业发展项目、城市的扩大提供基础条件，将对带动当地的经济发展产生更大的、连续的影响。

对于地方政府和民众而言，与实现一个发展战略规划的长远目标和发展项目所产生的效益相比，在当地实施一个发展战略规划后所能产生的连锁发展产业项目的效益更为重要，更具吸引力。因为后者所形成的财政收入将更具有持续性，也更能展示政府的政绩，从而更容易获得群众的支持。同时，一个发展战略规划实施后可能产生的连锁发展效益，对改变地方发展状况、地方形象面貌，保障当地经济全面健康发展，提高当地组织机构效率，凝聚当地群众的向心力，都将提供可持续、良性发展的基础条件。

第十二章

水利发展的阶段性特征与规划创新

为更好地指导水利发展战略规划工作，分析研究以往水利发展过程中的客观规律，避免对当前客观实际情况和发展定位研究不够，避免超越一个时期发展阶段的水平和要求制定水利发展战略规划，避免安排的水利发展建设项目不能达到发展目标的要求等问题出现，应进行水利发展阶段性特征分析。

在一个发展期内，经济社会发展有内部和外部两个推动因素。一个地区在一个时期内的水利发展过程，有当地经济社会、生态环境等发展对水的需求的内在影响，也有当地发生自然灾害后的外在推动影响。水利发展战略规划成果往往具有显著的时代特征和发展的阶段性特征。

根据一个地区在一个时期内的发展要求，水利发展战略规划的阶段性特征是：在一个发展期内，解决了这个时期内存在的突出水问题，并为今后发展创造了水利基础条件。

制定符合发展规律的水利发展战略规划，需要客观地研究分析不同发展阶段的内在和外在影响因素，方能利用好有限的资源条件，设计安排好水利发展的目标、指标要求和各个具体的项目。如果制定的水利发展战略规划符合各流域和各地方不同发展阶段的客观规律，则达到预期的发展目标要求的可能性就大；如若违背了一个时期发展的客观规律，提出过高和过低的发展要求，水利发展战略规划就可能是失败的、无效的。

回顾国内外江河治理的过程，一个地区的水利发展阶段性特征基本上均是从解决江河湖泊局部的重点防洪减灾、引水灌溉、水能资源利用为最初阶段；到流域综合治理、多目标开发利用水资源，促进流域上下游、左右岸综合治理；再到协调对水的综合利用、保护的发展阶段；在形成了系列水利工程体系的基础上，对水的开发、节约、保护科学有效配置和管控，以至到最后，在一定的自然气候条件下，水利发展与经济社会、生态环境、水资源管控、人与自然和谐同步发展。

第一节 中国水利发展的阶段性特征

一、1950—1990 年 40 余年的水利发展特征

20 世纪 50 年代，我国的水利基础条件极其薄弱。从全国经济社会发展的需求来看，洪旱灾害是影响我国经济社会稳定发展、人民生活水平提高、解决基本温饱的主要制约因素，洪旱灾害对全国的经济、社会稳定产生了巨大的不利影响。在当时的技术条件下，难以在全国各行业百废待兴的状况下，进行系统的水利综合治理，一方面，缺乏系统的水文基础数据，缺乏对流域自然地理情况的全面了解，缺乏现代水工技术和施工能力；另一方面，薄弱的经济基础也决定了缺乏足够的资金支持大规模的水利工程建设。

国家充分认识到水问题的严重性，千方百计地筹集资金，组织起各方面的力量，开始了大江大河的基础资料收集和规划等基础工作，针对一些江河存在的突出水旱灾害，集中了有限的资金，动员了广大人民群众，开展了治理工程建设。

在 1954 年淮河和长江大洪水后，为了重点解决我国东中部地区的洪水灾害，形成了主要江河治理规划初步方案，开始了大规模的水利工程建设。例如，在淮河治理中开展了上游地区的水库工程建设，加强淮河中下游洪水治理，提出了沂沭泗河洪水的东调南下治理工程规划，协调了流域内各省的意见，形成了淮河流域初步的系统治理规划。一系列的防洪工程建设一直延续到现在。

在长江治理中，通过对 1954 年长江流域洪水灾难分析研究，形成了长江治理规划的框架。但是，由于长江治理涉及的流域面广，国家

财力不足，难以开展全流域系统的大规模治理。针对洪水特点，明确在这时期内治理的重点是：长江重要城市的防洪工程要达到一定标准，修建必要的堤防工程，形成一定的防洪保护范围，以减少洪水危害的程度和范围；对确保重要城市和基础设施有显著防洪作用的湖泊和低洼区，设置分蓄洪区，以消减洪峰流量，尽可能避免洪水对全流域的破坏。这一时期长江治理的特点是：在长江中下游地区的局部重点地区进行防洪减灾工程建设。这项举措一直延续到 1980 年长江治理座谈会后，长江中下游地区重点地区的防洪减灾工程建设是这一时期水利发展的特征。

黄河水旱灾害一直是中华民族的心腹之患，洪水灾害影响黄河两岸大范围地区的发展大局。从 1950 年起，根据国家批复的黄河流域治理规划，治理重点一直是黄河中下游的防洪工程建设。以确保黄河下游防洪安全为主要目标，规划了三门峡水库建设，加固建设黄河下游干流南北岸堤防。

1963 年，海河流域发生的大洪水，对华北地区防洪安全影响很大。控制住太行山、燕山的洪水，打通下游洪水出路的防洪治理规划，是根治海河、进行流域系统治理的关键和海河治理规划的显著特点。

在其他各个流域，根据各流域自然情况和水情特点以及地方经济社会发展情况，开展全流域综合治理规划工作相对较晚，各地根据本地实际水旱灾害情况，进行了一批重点水利工程建设，以应对局部突出的水旱灾害问题。

1950—1980 年，我国各个流域治理的主要任务是以防洪减灾为主线，与此同时，各地在国家的支持下，利用本地各种资源，以解决局部的防洪、供水灌溉为主要目的，修建了一大批水库工程和灌溉工程。这一时期水利发展形成的工程体系，对我国改革开放后的社会经济稳定发展以及在一定防洪抗旱标准下解决洪旱灾害问题，起到了重要的基础性作用。在这一时期，我国水利发展是在以工程为主导的水利建设规划体系指导下，随着工程建成，形成了对社会经济发展的基础性作用。所以，大规模开展水利工程建设是这一发展阶段的特征。

但在这一时期，一批水利工程建设采取了群众投工投劳、大干快上的建设方式，工程标准低，技术水平不高，质量把关不严，以致工程质量不高。一批水利工程在建设过程中埋下的隐患，在工程运行管理过程中逐渐显现，有的工程被迫进行改建和除险加固。例如，三门峡水库建设对黄河下游起到了防洪、供水、发电的综合效益，但由于对黄河泥沙问题的看法过于乐观，工程建成后，水库淤积严重，带来了不良的生态环境、社会影响问题，该水库建成后进行了一系列的改造。还有一批工程项目在建设条件发生变化后，没有按照要求完工，遗留尾工多，形成病险工程，留下了安全隐患。

1978 年，国家实施改革开放，国家建设重点转移到以经济建设为中心上来，各行业对发展建设投资的要求迫切，水利作为一个公益性、基础性的行业，市场运作条件比较差，工程建设周期相对较长，投资效益发挥相对较慢，各级政府对水利的投资规模有所减少，水利工程建设逐渐减缓。这一时期的水利发展特征为：在已明确的流域治理规划下，按照重点要求，在投资比较少的情况下，继续进行一些水利工程建设；在已建成的水利工程基础上维持已有工程效益。

二、1990 年至今 30 年的水利发展特征

1990 年以后，随着经济社会的快速发展，水利已有的基础设施对支持全社会快速发展的能力越显不足。1991 年，淮河、太湖发生了流域性的洪水。1998 年长江发生了全流域性的洪水；全社会对电力的需求大幅度增加，对流域综合治理、水利建设发展的认识发生了变化。流域综合治理规划和水利发展战略规划如果仅仅是考虑水利工程建设安排，已不能适应经济社会发展的要求。

在这一时期的水利发展安排上，需要根据已有的水利工程基础，考虑水利如何与经济社会同步发展或略为超前地发展。

水利要从以防洪、发电和农业灌溉为主，发展到提高各地、各行业供水能力、保障国家重点基础设施和城市防洪排涝等各个方面安全；如何在发生流域性洪水的情况下，既不淹“粮仓”，减少农业损失，又不淹“钱袋子”，减少经济损失；如何在城市快速扩展的过程中，将防洪标准同步提高；如何充分利用土地资源，优化水资源的时空配置，

全面提高供水保证率。这些新的情况和新变化对如何更好地进行流域治理提出了新的挑战和要求。水利要适应新的发展需求，在水工程建设基础上，还需要协调社会各方面的要求。相应地要将水管理和水生态环境保护等方面的工作也逐步地纳入水利发展战略规划的范畴。

20 世纪 90 年代初，我国开始了新一轮的七大江河流域综合治理规划工作，无论从规划的理念、目标上，还是从具体措施上，都不再是以明确骨干工程建设为单一规划内容，而开始探讨如何对规划的多目标、多要求进行综合分析，这对规划编制工作的进步起到了积极作用。根据各流域的水资源条件和自然条件、流域所在地方的经济社会发展水平，为适应国家经济社会稳定发展，建立起水的保障体系。由于一个发展阶段的经济社会发展要求变化，流域综合规划和水利建设发展的内容、方式、目标要求也随之改变。

针对几场大洪水后暴露出来的防洪问题，在国家经济实力发展、投入得到基本保证的前提下，水利建设依据流域综合规划以及华北、黄淮海地区和各个地方发生的干旱情况，启动了一大批水利工程。以治淮、治太，长江、松花江治理，长江三峡、黄河小浪底为代表的一大批流域控制水库工程相继开工建设，南水北调工程进入了前期工作阶段。在制定国家水利“九五”和“十五”发展战略规划时，有关部门充分考虑了国家和地方财力情况、各类水利工程的前期工作进展条件，以及国家全局性的发展战略要求，对各类水利建设项目进行了“轻重缓急”排序，保证了各类工程有序开工，顺利实施，基本如期发挥效益。

为了应对新的社会经济发展，在“九五”和“十五”发展战略规划目标基本实现后，在新一轮的规划工作中，从河流治理的上下游统一协调考虑，有关节水要求、控制用水指标，将水生态环境、水污染治理等问题均纳入规划议程进行研究，并明确提出了相应的规划目标要求。

“十一五”和“十二五”水利发展战略规划将相应的用水、节水指标，水生态环境要求作为明确的发展目标要求，在强调流域治理和各个地方水利工程建设发展的同时，也明确了对水的管控、水生态环境、水质等的相应要求。规划理念的发展又上了新的台阶，并为下一步水利改革、江河水量分配、水权、水市场建立打下了基础。

在自 20 世纪 90 年代开始的新一轮流域综合规划编制工作过程中，新疆塔里木河治理规划，流经青海、甘肃、内蒙古的黑河治理规划和甘肃省石羊河规划具有突出的亮点。在已有工程基础条件和已有灌溉用水情况下，不再仅仅是通过单纯的建设水利工程来进行流域治理，而是从确保全河流上、中、下游的水生态环境基本要求出发，以有效配置全流域的水量分配，确保全河上下游治理协调、用水配置满足的全局要求出发，进行流域综合规划，以求达到可持续、科学地协调用水，保证全河上下游不同地区、不同行业的用水需求，既保证经济社会健康有序发展，又使得生态环境得到修复。

综上所述，70 年来，我国水利规划是在深入研究我国主要江河特性的基础上，从以除害兴利、解决水旱灾害突出问题出发，到综合协调各方面对水的需求，再到进一步考虑与经济社会协调科学发展，以促进水生态环境、水管理，保护河流健康生命的工作过程中发展起来的，这是水利发展和规划工作根据治水实践和国家发展要求，一步步地提高、完善、改变及适应的过程。由此，形成了世界一流的中国水利基础设施，取得了一系列世界一流的江河研究工作基础，提高了水利科学技术水平。

第二节 第一次全国水利普查成果体现的水利发展阶段性特点

水库、堤防、水电站、水闸、泵站等水利工程基础设施建设与国家不同时期的经济发展、社会需求紧密相关，相应的建设成果同样也具有明显的时代特点。通过对全国第一次水利普查成果研究，以省级行政区和不同年代为分析对象，对主要的水利建设工程的数量和规模进行汇总分析，可以看到，在不同的国家经济社会建设发展时期内，水利发展的一些基本情况和阶段性特点，充分体现了在不同时期内，随着国家经济实力的增加、科学技术水平的提高，对水利发展的影响。

一、不同时期水库建设情况分析

水库建设数量和规模与我国各时期的洪涝灾害情况、经济社会发展需求以及国家对水利的投入政策紧密相关。我国水库建设经历了“两个高峰期”，一是20世纪50—70年代，共建设水库77975座，新增库容3672.53亿m^3，分别占全国水库数量和总库容的79.6%和39.4%；二是在“98”大水之后，共建设水库7212座，新增库容3865.15亿m^3，分别占全国水库数量和总库容的7.4%和41.5%。

新中国成立时，我国只有348座水库，总库容271.63亿m^3，分别占全国水库总数量和总库容的0.4%和2.9%，仅有丰满、太平湾、水丰、闹德海和鸳鸯池等5座大型水库，而其总库容占新中国成立时水库总库容的97%。

20世纪50年代，是新中国成立后百废待兴的建设初期，各地积极开展水库建设，共建成水库23071座，总库容643.85亿m^3，分别占全国水库总数量和总库容的23.5%和6.9%。由于当时的经济条件、技术水平限制，建成的水库多为中小型水库。

20世纪60年代，是经济发展较快时期，随着工农业用水、居民生活用水、防洪减灾以及水力发电需求的提高，水库建设数量也相对较多，共建成水库22252座，总库容1717.39亿m^3，分别占全国水库总数量和总库容的22.7%和18.4%。多为以发电为主的大中型综合利用水库。

20世纪70年代，是我国工业学大庆、农业学大寨时期，各地也掀起了建设水库的高潮，水库建设速度较快，共建成水库32652座，总库容1311.29亿m^3，分别占全国水库总数量和总库容的33.3%和14.1%。多为以农业灌溉和水力发电为主的中小型水库。

20世纪80年代，是我国改革开放初期，受当时经济条件的限制，水库建设速度较前一时期明显下降，共建成水库7438座，总库容625.65亿m^3，分别占全国水库总数量和总库容的7.6%和6.7%。

20世纪90年代，我国改革开放进一步深入，为满足经济社会发展对水利建设的需求，水库建设进一步发展，共建成水库5482座，总库容960.53亿m³，分别占全国水库总数量和总库容的5.6%和10.3%。大型综合利用水库工程较多，如葛洲坝、观音阁水库等。

2000年至普查时点（2011年12月31日），是我国经济快速发展时期，“98”大水后，水利建设速度明显加快，加之市场经济对以发电为主水库建设的驱动，这一时期建设的水库多为以发电、防洪为主的大型综合利用水库，共建设水库6742座（其中在建水库756座），总库容3793.43亿m³（其中在建水库总库容1219.42亿m³）。尽管水库数量仅占全国水库总数量的6.9%，但总库容占全国水库总库容的比例高达40.7%。

全国在不同时期、不同年份水库建设情况汇总成果见表12-1，全国不同时期建设水库数量与总库容分布情况如图12-1和图12-2所示，全国不同时期建设大型水库数量与总库容分布情况如图12-3和图12-4所示。

表12-1　全国不同时期水库建设数量与总库容汇总表

时期	合计		大型水库		中型水库		小型水库	
	数量/座	总库容/亿m³	数量/座	总库容/亿m³	数量/座	总库容/亿m³	数量/座	总库容/亿m³
1949年以前	348	271.63	5	263.63	19	5.88	324	2.12
20世纪50年代	23071	643.85	72	335.09	610	158.26	22389	150.50
20世纪60年代	22252	1717.39	168	1348.91	815	215.43	21269	153.05
20世纪70年代	32652	1311.29	99	841.95	918	245.52	31635	223.82
20世纪80年代	7438	625.65	49	470.27	368	97.36	7021	58.02
20世纪90年代	5482	960.53	85	816.32	312	102.16	5085	42.05
2000年至普查时点（2011年12月31日）	6742	3793.43	278	3423.17	899	296.62	5565	73.64
合计	97985	9323.77	756	7499.34	3941	1121.23	93288	703.20

二、不同时期堤防建设情况分析

新中国成立以前，我国江河的堤防工程较少，仅有1258.0km，占全

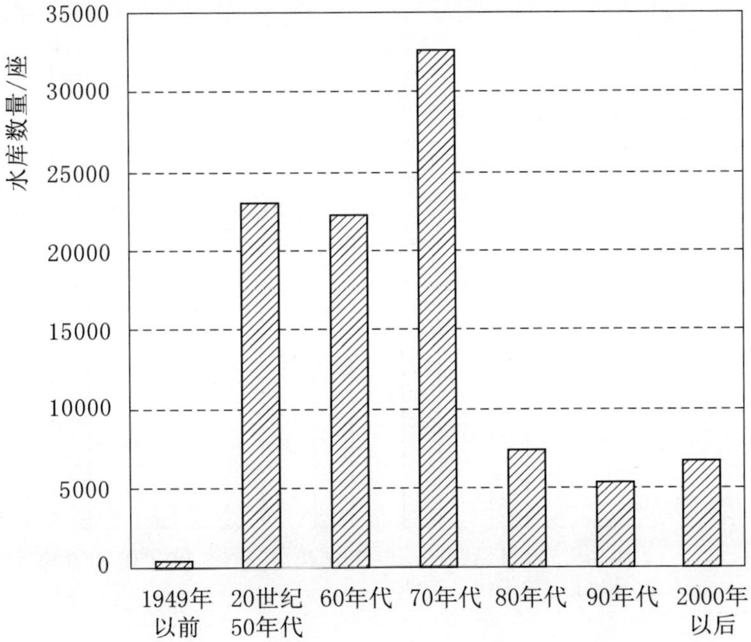

图 12-1 全国不同时期建设水库数量

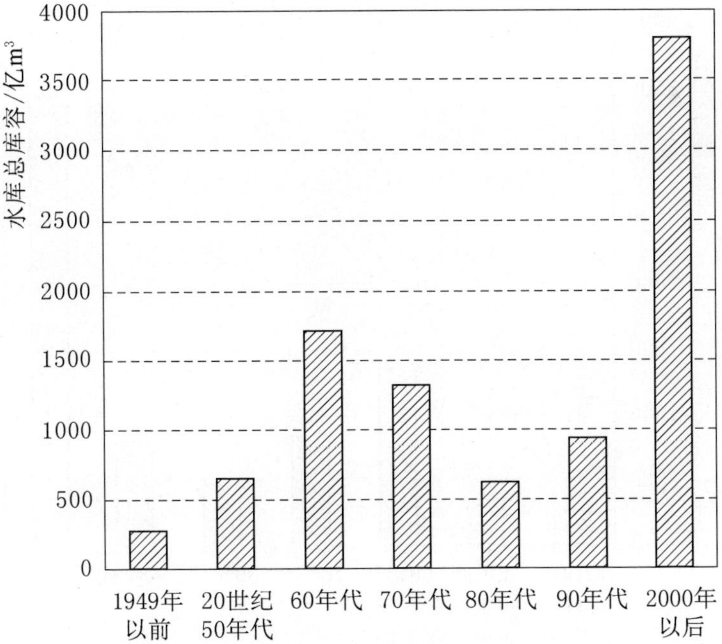

图 12-2 全国不同时期建设水库总库容

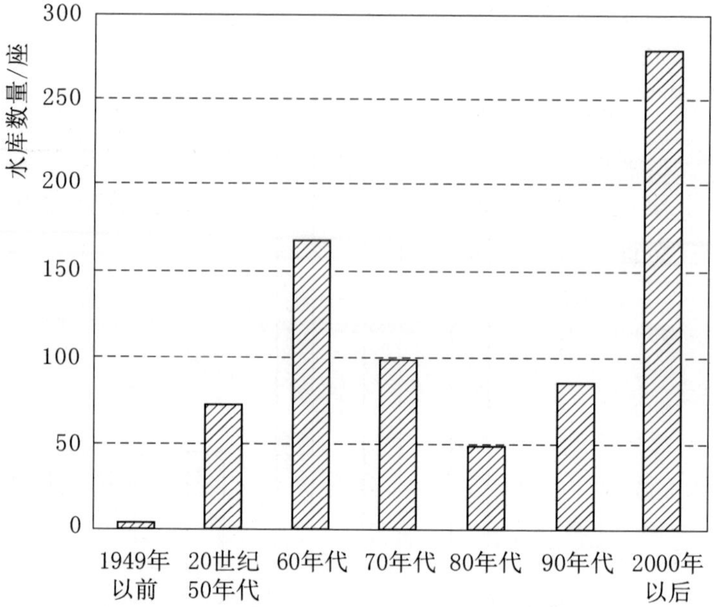

图 12-3 全国不同时期建设大型水库数量

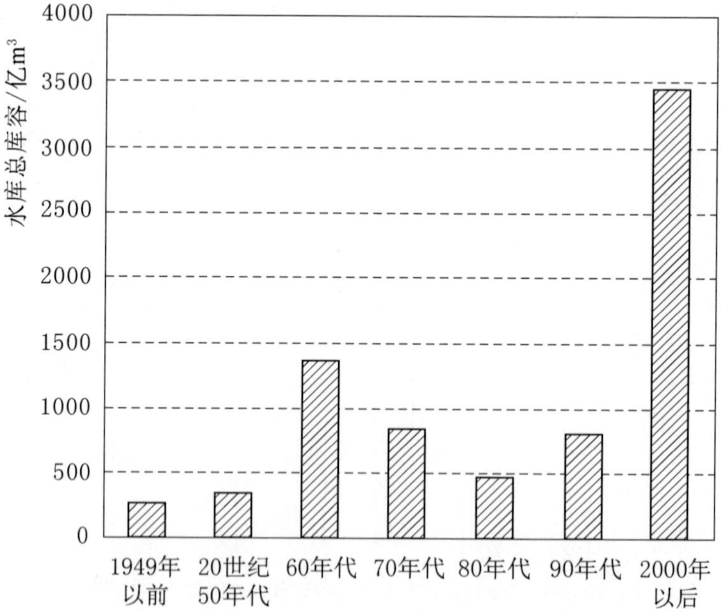

图 12-4 全国不同时期建设大型水库总库容

国规模以上堤防总长度的4.6%。20世纪50—70年代，堤防建设速度加快，共建成堤防132186km，占全国规模以上堤防总长度的48%。其中，20世纪70年代建设速度最快，共建成堤防52314km，占全国规模以上堤防总长度的19.0%。20世纪80—90年代，保持了堤防建设速度，共建成堤防55813km，占全国规模以上堤防总长度的20.3%。2000年以后堤防建设速度进一步加快，截止到2011年年底，共建设堤防74954km，占全国规模以上堤防总长度的27.2%。其中，1、2级堤防建设速度较快的时期分别是50年代和2000年以后，分别占全国1、2级堤防总长度的21.8%和33.1%。

全国在不同时期、不同年份规模以上堤防建设长度汇总成果见表12-2。全国不同时期规模以上堤防建设长度如图12-5所示，全国不同时期1、2级堤防建设长度如图12-6所示。

表12-2　全国不同时期规模以上堤防建设情况汇总表　单位：km

时期	合计	1、2级堤防长度	3级堤防长度	4、5级堤防长度
1949年以前	12580	4256	2463	5861
20世纪50年代	43138	8301	6061	28776
20世纪60年代	36734	3509	3126	30099
20世纪70年代	52314	3068	3947	45299
20世纪80年代	22349	2228	1965	18156
20世纪90年代	33464	4106	3645	25713
2000年至普查时点	74954	12592	11464	50898
合计	275533	38060	32671	204802

三、不同时期水电站建设情况分析

水电站建设数量和规模与我国各时期的经济发展、社会需求以及经济体制紧密相关，我国不同时期的水电站建设呈递增趋势。

新中国成立前，我国只有13座规模以上的水电站，装机容量140.3万kW，分别占全国规模以上水电站数量和装机容量的0.1%和

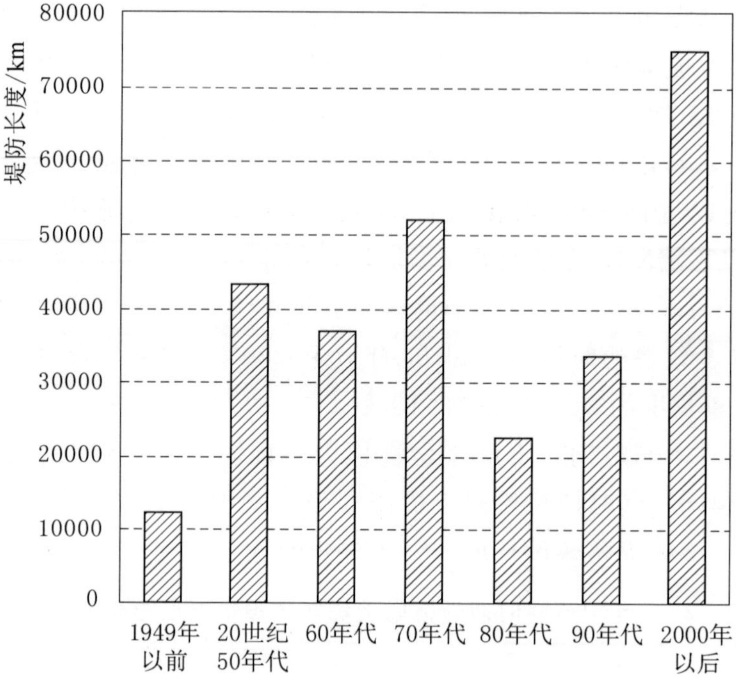

图 12-5 全国不同时期规模以上堤防建设长度

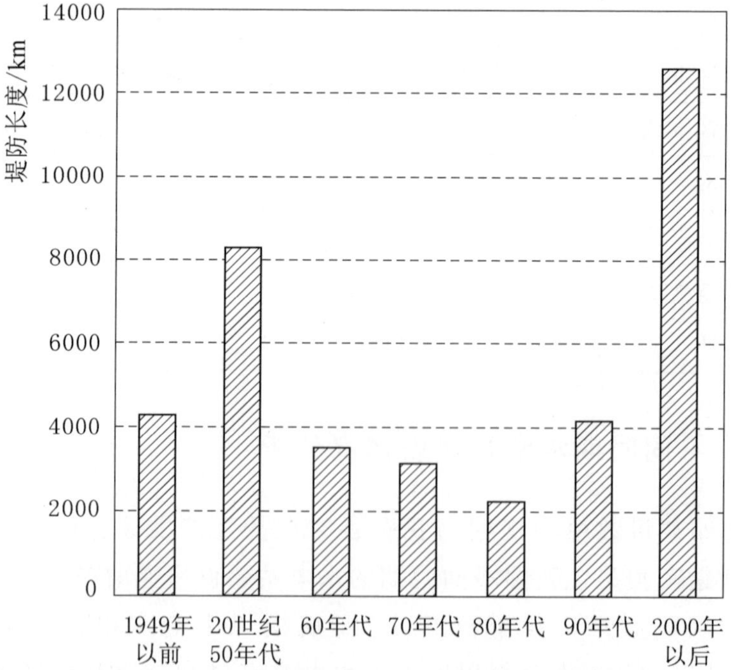

图 12-6 全国不同时期 1、2 级堤防建设长度

0.4%。其中丰满和太平湾2座大型水电站的装机容量就占新中国成立前水电站装机容量的91%。

20世纪50年代，是新中国成立后，在旧社会废墟中开展建设的时期，国家经济实力较弱，开发水电站资金不足，仅建成99座水电站，装机容量67.9万kW，分别占全国规模以上水电站数量和装机容量的0.4%和0.2%，且无新建的大型水电站。

20世纪60年代，是经济恢复和发展的时期，随着工农业用电、居民生活用电需求的提高，水电站建设数量和规模较以前有较大提高，共建成水电站409座，装机容量706.0万kW，分别占全国规模以上水电站数量和装机容量的1.8%和2.2%。这一时期，在黄河干流修建了刘家峡水电站、在新安江干流修建了新安江水电站等共7座大型水电站。

20世纪70年代，是我国工业学大庆、农业学大寨时期，各地也掀起了建设水电站的高潮，水电站建设数量明显增加，共建成水电站2100座，装机容量1139.4万kW，分别占全国规模以上水电站数量和装机容量的9.5%和3.5%，多为中小型水电站。这一时期，在汉江干流修建了丹江口水电站、岷江干流上修建了龚嘴水电站等共7座大型水电站。

20世纪80年代，是我国改革开放初期，受当时投入条件限制，水电站建设数量和规模较前期增速放缓，共建成水电站2823座，装机容量1453.6万kW，分别占全国规模以上水电站数量和装机容量的12.7%和4.4%，多为中小型水电站。这一时期，修建了长江葛洲坝水利枢纽等7座大型水电站。

20世纪90年代，是我国改革开放进一步深入阶段，社会经济进一步恢复和发展，生产、生活用电需求急剧增加，水电站建设逐步适应了市场需求，建设布局逐步合理。国家把开发西部地区水力资源提到重要地位，尤其是在提出“西电东送”战略之后，水电站开发速度明显加快，共建成水电站3553座，装机容量3073.6万kW，分别占全国规模以上水电站数量和装机容量的16%和9.4%。这一时期，修建了白山水电站、漫湾水电站和天生桥一级水电站等18座大型水电站。

2000年至普查时点（2011年12月31日），是我国经济快速发展时期，更是“西电东送”战略全面实施时期，受市场经济的利益驱动，水电站的开发速度明显加快，共建成水电站13182座，装机容量26147.3万kW，分别占全国规模以上水电站数量和装机容量的59.5%和79.9%。这一时期，建设了三峡、溪洛渡、糯扎渡、龙滩和小湾等101座大型水电站。

全国不同时期、不同年份规模以上水电站建设情况汇总成果见表12-3，全国不同时期规模以上水电站建设数量与装机容量按照年代分布情况如图12-7和图12-8所示，全国不同时期大型水电站建设数量与装机容量按照年代分布情况如图12-9和图12-10所示。

表12-3 全国不同时期规模以上水电站建设数量与装机容量汇总表

时期	合计		大型水电站		中型水电站		小型水电站	
	数量/座	装机容量/万kW	数量/座	装机容量/万kW	数量/座	装机容量/万kW	数量/座	装机容量/万kW
1949年以前	13	140.3	2	131.8	0	0	11	8.5
20世纪50年代	99	67.9	0	0	3	21.1	96	46.8
20世纪60年代	409	706.0	7	463.6	8	104.1	394	138.3
20世纪70年代	2100	1139.4	7	410.5	28	296.9	2065	432.0
20世纪80年代	2823	1453.6	7	701.6	15	158.5	2801	593.5
20世纪90年代	3553	3073.6	18	1655.5	37	366.8	3498	1051.3
2000年至普查时点	13182	26147.3	101	17301.0	386	4294.7	12695	4551.6
合计	22179	32728.1	142	20664.0	477	5242.1	21560	6822.0

四、不同时期水闸建设情况分析

从全国不同时期的水闸建设情况看，1949年以前，我国水闸数量较少，仅505座；20世纪50—70年代水闸发展速度较快，共建成水闸39552座，占建成水闸总数量的40.8%，其中，20世纪70年代建成的水闸数量为22651座，占总数量的23.3%；20世纪80年代和90年代，共建成水闸30740座，占总数量的31.7%；2000年以后，大型水闸建

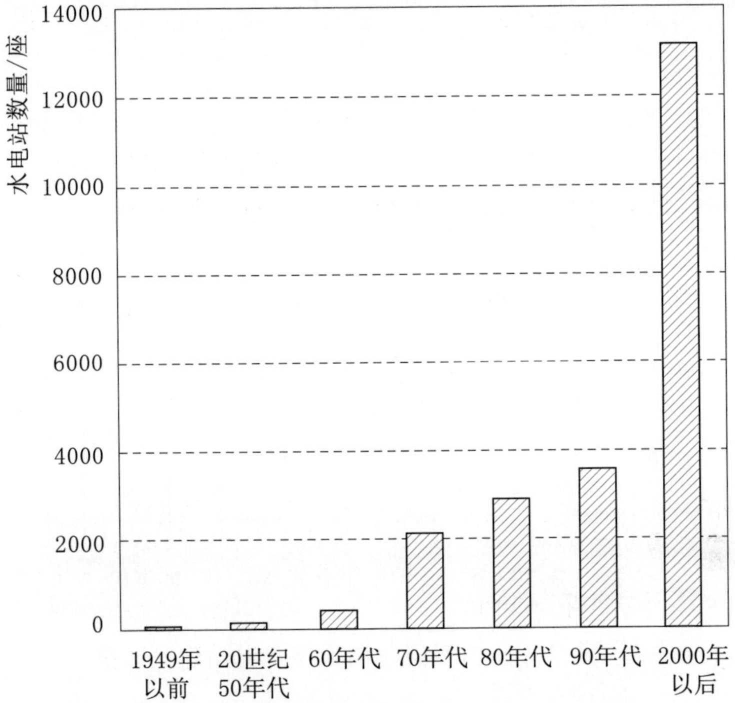

图 12-7　全国不同时期规模以上水电站建设数量

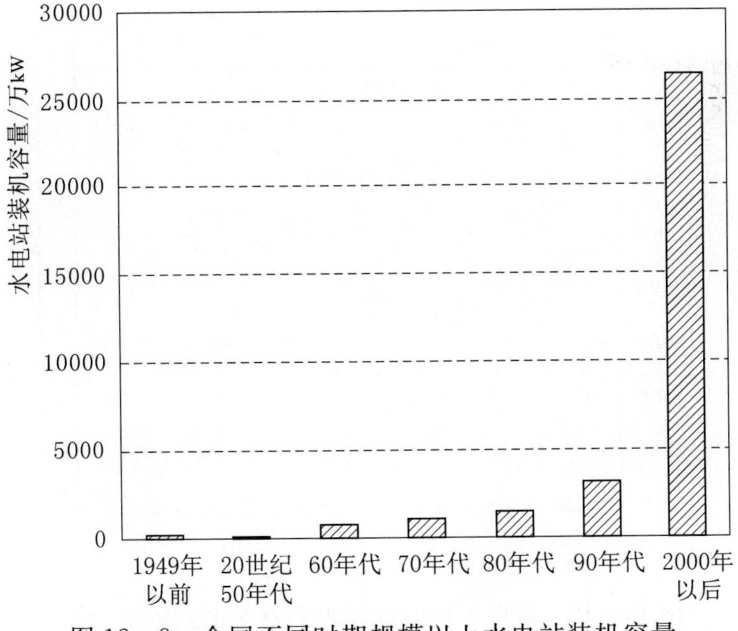

图 12-8　全国不同时期规模以上水电站装机容量

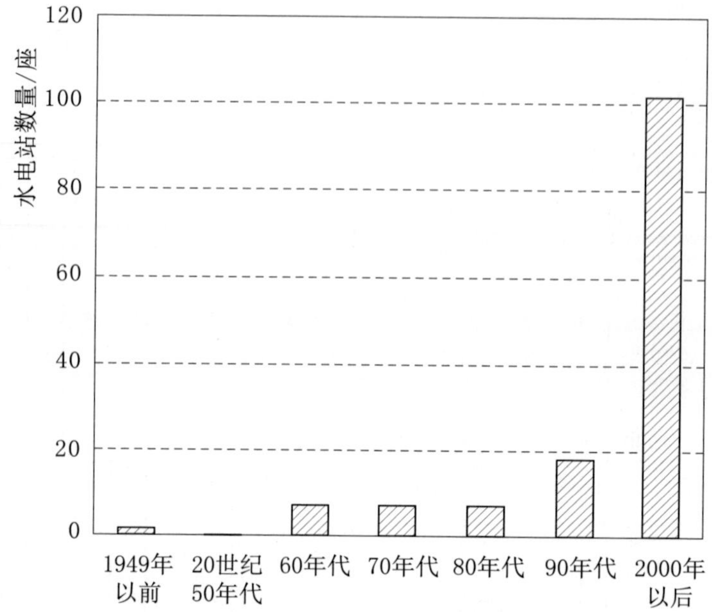

图 12-9 全国不同时期大型水电站建设数量

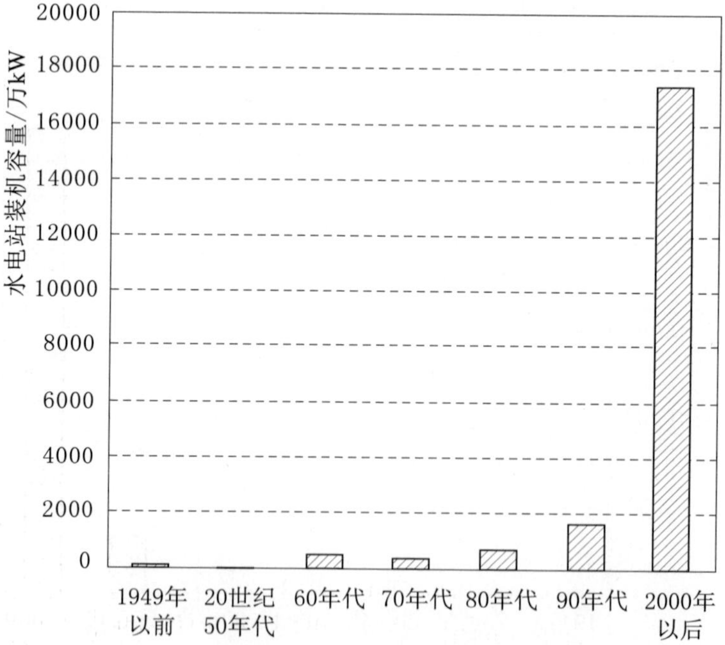

图 12-10 全国不同时期建设大型水电站装机容量

设速度明显加快，共建设水闸 26225 座，占总数量的 27.3%。

全国不同时期规模以上水闸数量汇总见表 12-4，全国不同时期规模以上水闸建设数量如图 12-11 所示，全国不同时期大型水闸建设数量如图 12-12 所示。

表 12-4　全国不同时期规模以上水闸建设数量汇总表　　单位：座

时　期	合计	大型水闸	中型水闸	小型水闸
1949 年以前	505	8	35	462
20 世纪 50 年代	4926	81	490	4355
20 世纪 60 年代	11975	121	910	10944
20 世纪 70 年代	22651	186	1722	20743
20 世纪 80 年代	14360	98	792	13470
20 世纪 90 年代	16380	125	849	15406
2000 年至普查时点	26225	241	1536	24448
合计	97022	860	6334	89828

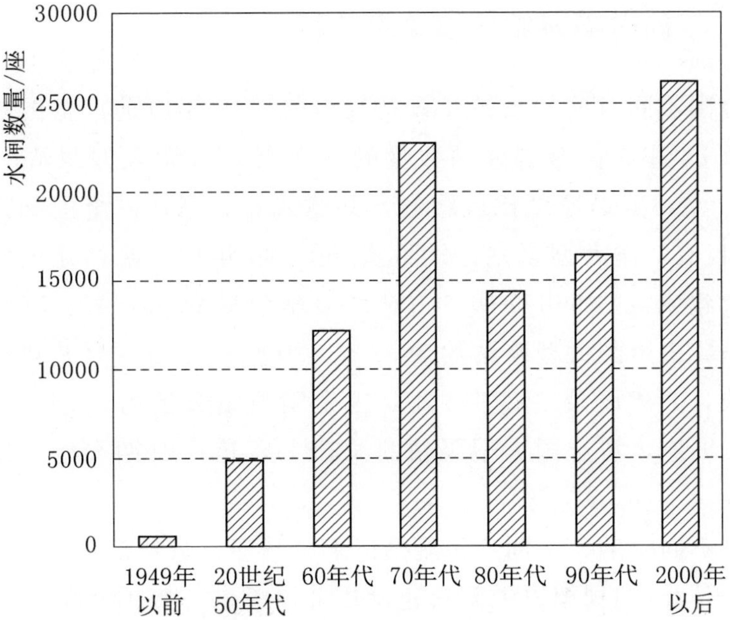

图 12-11　全国不同时期规模以上水闸建设数量

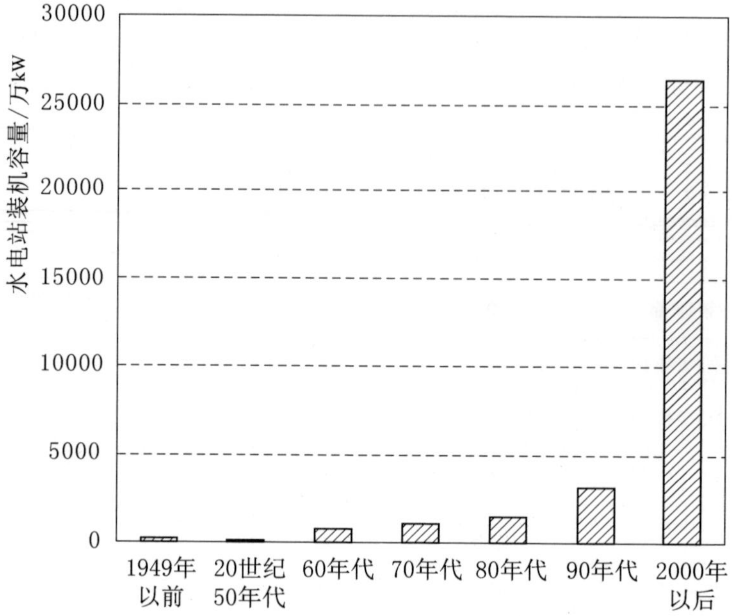

图 12-12 全国不同时期大型水闸建设数量

五、不同时期泵站建设情况分析

从全国不同时期的泵站建设情况看，1949 年以前，全国泵站数量较少，仅 56 座，占全国泵站数量的 0.06%，且无大型泵站；20 世纪 50 年代，泵站建设速度比较缓慢，共建成 972 座，占全国泵站数量的 1.1%，仅有 3 座大型泵站；20 世纪 60—90 年代，泵站建设发展速度较快，共建成泵站 60896 座，占全国泵站数量的 68.4%，其中大型泵站 168 座，占全国大型泵站的 56.2%；2000 年以后，泵站建设速度进一步加快，共建设泵站 27046 座，占全国泵站数量的 30.4%，其中大型泵站 128 座，占全国大型泵站的 42.8%，这一时期大型泵站的建设速度最快。

全国不同时期、不同年份规模以上泵站建设数量汇总成果见表 12-5，全国不同时期规模以上泵站建设数量如图 12-13 所示，全国不同时期大型泵站建设数量如图 12-14 所示。

表 12-5　全国不同时期规模以上泵站建设数量汇总表　单位：座

时期	合计	大型泵站	中型泵站	小型泵站
1949 年以前	56	0	13	43
20 世纪 50 年代	972	3	56	913
20 世纪 60 年代	8465	11	346	8108
20 世纪 70 年代	22640	65	783	21792
20 世纪 80 年代	15742	41	425	15276
20 世纪 90 年代	14049	51	571	13427
2000 年至普查时点	27046	128	1520	25398
合计	88970	299	3714	84957

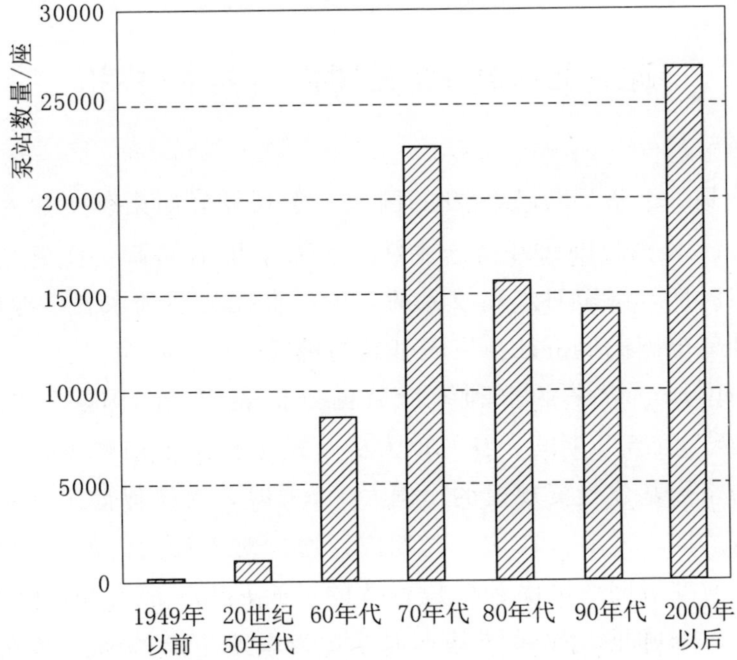

图 12-13　全国不同时期规模以上泵站建设数量

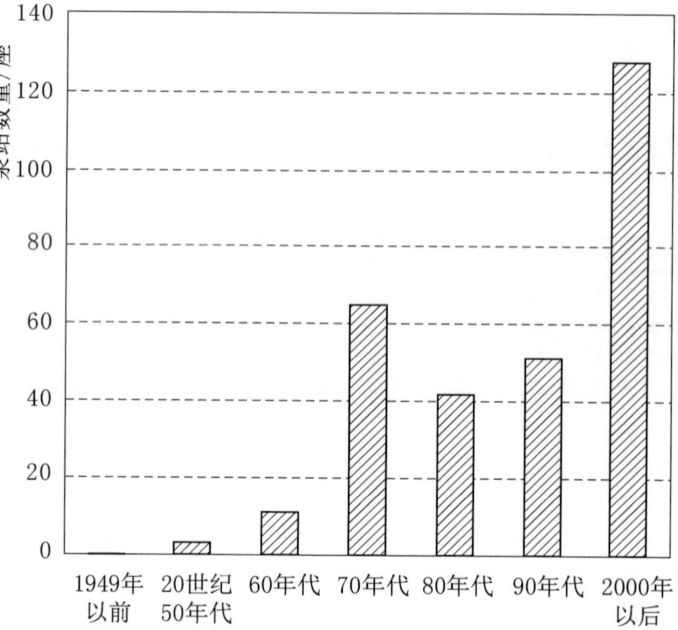

图 12-14 全国不同时期大型泵站建设数量

第三节 中国水利投资规模分析

中国是一个水旱灾害频发的国家，水利发展历来都被放在十分重要的地位。水利是国民经济、生活、生态环境的基础，在各个不同的历史发展时期，国家对水利投入的多少，直接关系到水利事业的兴衰，也关系到整个国民经济社会发展基础的稳定。

新中国成立以来的水利统计数据分析表明：在国家发展建设的“一五”至“五五”期间，在有广大群众投工投劳的前提下，当水利基建投资占全国基建投资规模的比例大于5%时，大体保证了水利建设与国民经济的同步发展。在这一时期内，通过对大江大河的大规模整治，从根本上改变了旧中国水利千疮百孔的局面，为江河安澜，恢复家园、发展生产、安居乐业提供了基本保障，为农业生产的恢复和发展打下了一定基础，使我国的粮食产量稳步增长，基本满足了全国人民的温饱需求。特别是在三年困难时期后，由于水利基础较好，国民经济社会发展较快地得到了调整和恢复。

在“六五”期间，水利投入占国家基本建设的投入规模比例下降到2.7%，而在“七五”期间下降到2.3%。由于国家对水利投入的减少，水利发展滞后，水利基础设施保障能力有所降低，其负面效应在其后几年的社会经济发展中有明显的反映。“七五”及“八五”以来，水利防洪设施抗灾能力降低，水旱灾害损失日趋严重，水资源短缺严重地制约了我国经济的发展。“六五”期末、“七五”期初，我国农业粮食生产出现连续波动，水利保障能力降低是其重要原因之一。“六五”期间是新中国成立以来灌溉面积衰减最严重的时期，灌溉效益也日趋下降，全国有效灌溉面积平均每年净减200多万亩。“七五”期间增减相抵，灌溉面积略有增加，处于维持状态。1980—1990年10年间，灌溉面积由7.3亿亩下降到7.26亿亩，直到“八五”期间，灌溉面积才逐步进入稳步增长时期。

总结历史经验，水利投资规模在国家基本建设投资规模中的份额如果达到5%以上，才能使水利发展保持较为合理的发展规模和速度，才能满足国民经济发展对防洪保安、水资源开发利用和保护的基本需求。

第四节　德国伊萨河开发治理经验与启示

一、德国伊萨河开发治理过程及其水利规划发展特点

伊萨河（die Isar）位于奥地利蒂罗尔州（Tirol）和德国巴伐利亚州（Bayern）境内，全长295km，起源于阿尔卑斯山脉的卡尔文德尔山（das Karwendel），流经慕尼黑等重要城市，最终向北注入多瑙河。

在19世纪中叶，伊萨河常年发生洪水灾害，政府通过建设堤坝、防洪墙、拦河坝等工程系统，设立平原洪泛区，截弯取直慕尼黑河段，解决了慕尼黑市洪水灾害问题，使伊萨河的水力资源得到开发，满足

了德国巴伐利亚州工业发展对电力的需求。但由于过度开发水力资源，使得伊萨河水位持续下降，直接导致了慕尼黑地区航运的衰败，水质恶化，对城市水环境、水景观产生了不利影响。到了20世纪，慕尼黑市内河段不断增高的河堤和两侧陡峭的水泥堤防，使得伊萨河更像是一条被硬质化的水渠，完全失去了其原有的面貌。

在第二次世界大战后，由于战争的破坏和影响，德国巴伐利亚州对伊萨河治理和投资重点以恢复该河的梯级水库、水电站为主，以便适应经济恢复增长期内对电力的需求。与此同时，修复了堤防等防洪工程（包括慕尼黑市内的防洪工程设施）和与多瑙河连接的航运设施，这一系列治理工程一直延续到20世纪70年代。

20世纪70年代末，德国巴伐利亚州水利投资的重点从防洪减灾逐步调整到改善水质、水环境和水生态，从水库、水电站、防洪减灾工程调整到全流域统筹协调地进行综合治理。与此同时，建立了相应的河流治理、引排水工程以及地表水、地下水等涉水事务的综合管理体系、调度体系和法规体系，水管理政策得到了进一步完善。

1995年前后，由德国巴伐利亚州水务部门发起，城市规划建设管理、卫生健康和环境主管部门参加，共同组成了一个跨学科的伊萨河联合规划工作团队，对伊萨河的水利基础状况、城市发展、休憩生息空间以及流域内动植物等生态资源，按照统一的工作要求，进行了全面的调整，提出了新的伊萨河治理要求，制定并修改了伊萨河规划，对不同时期的治河发展战略也进行了调整。

1995年以后，伊萨河的规划目标为：保证防洪安全要求，进一步提高流域总体治理水平，提高伊萨河流域的防洪能力和水质水平，构建自然的流域水景观，提供优质的生活、游览、休憩空间，更符合人与自然和谐相处、可持续发展的理念。该规划提出的工程措施也得到了各管理部门的一致同意，达到了巩固水利基础、提高河流治理和管理水平的目标。在此之后，由于水质和水环境的需求为主要问题，河流治理的投资安排重点以改善伊萨河的水生态环境为主。

水质、水环境和水生态的改善后，伊萨河从源头到入多瑙河河口全河的基本面貌发生了全新的变化，达到了上下游统筹协调、综合治理的目标，既保证了防洪安全，又实现了河流健康可持续发展和生态环境优美。

从伊萨河治理发展过程看，在不同时期，伊萨河水利建设和投资安排的重点是不同的。在河流的开发、利用、治理工作基本完成后，政府有关部门从有利于环境保护和生态修复的角度出发，综合考虑了各个方面的要求后，开始逐步地、全面地进行河流综合治理、管理和保护。第二次世界大战后，经过近 70 年的持续治理、发展、完善，逐步完成了流域综合治理保护的目标。在每一个年代、每一个发展阶段和治理过程中，都有其不同的治理重点和特色。

二、分析对比与思考

从德国伊萨河自 20 世纪 40 年代末至 90 年代末的河流治理规划变化和水利投资安排重点调整的历程来看，我国东中部地区一些江河从 50 年代初到现在的水利规划和治理投资安排重点变化，以及水利发展战略规划内容调整，都与之有相似之处。但是，由于我国的江河流域面积大，上下游、各地方、各行业的情况更为复杂，我国东部、中部和西部地区发展差异较大，我国的江河治理目标全面实现的周期将会更长。

在我国西部的一些地区，目前是以防洪和水资源开发利用为流域治理重点，在尚未形成稳定的防洪及供水安全保障的前提基础下，如若过于超前地调整水利投资的重点、治理方向，将水利投资重点转为解决水质、水生态环境问题，将可能会难以发挥最佳的水利投资效益；在防洪及供水基础仍然不够牢固、经常发生水旱灾害的情况下，水生态环境条件可能也难以得到很好的保证和改善。因此，在水利发展战略规划工作中，客观、准确地评估分析各个地方和各个领域的具体情况，解决一个发展时期内的突出水问题，对于确保明确水利治理方向、目标、任务要求和治理重点是非常重要的。

我国江河支流治理的未来规划，亦可从伊萨河治理规划的变化过程中吸取经验。在制定水利发展战略规划时，要根据不同时期、各流域不同的实际情况和各地方存在的突出水问题，重点研究流域内经济社会和生态环境的发展阶段、已有的基础水平、存在的突出矛盾；应按照我国东部、中部及西部不同地区的发展要求，研究制定不同发展水平条件下的水利发展战略规划具体方案，做好各种协调衔接工作，方可更好地解决我国江河在不同地区、不同发展阶段存在的不同问题。在国家和各地有限的水利投资条件下，过于保守地采用以往江河治理工程措施，或者在防洪安全基本条件还没有具备的情况下，过于超前地考虑河流的表面景观治理要求，都是不可取的，是解决不了一个时期突出水问题的，是实现不了一个时期水利发展的重点目标要求的，是难以达到水利投资效益最大化的。因此，正确地制定一个时期的水利发展战略规划，协调好各个方面的要求，突出解决主要的水问题，使各种治理方案相互之间不会产生矛盾，是极为重要的。

我国地域辽阔，地区差异很大，各流域的特点不尽相同，水情更为复杂，因此在水利发展战略规划制定工作中，应当更加注重地方基础情况的研究分析工作，更为慎重地制定和提出水利发展战略规划目标、任务、要求。

第五节　水利发展战略规划创新

水资源的开发、利用和保护在全世界范围内都是一个被关注的永恒主题。随着全球气候变化、经济社会发展、人类文明进步、生活水平提高，如何根据各种不同的实际情况，全面考虑，做好各个地方、各时空尺度下的水利发展战略规划是一项复杂的工作，需要综合考虑更多的基础条件，进行多目标决策；需要采用更多的新技术手段，以保证决策科学、准确、高效。这就要求今后的水利发展战略规划工作从理论到实践应不断创新。

一、规划理论创新

规划理论创新需要重点考虑和解决以下问题：

（1）水利发展战略规划与经济社会、生态、环境发展规划如何更好地协调同步发展，如何适度地超前发展。

（2）根据江河流域各种不同情况，如何将经济发展、山、水、林、田、湖、城市等协调统一规划。

（3）涉水规划工作如何与社会学、发展学、大众心理等进行协调。

（4）如何更加有效地将水利规划与其他各行业规划融合，形成“多规合一”、系统空间规划的综合规划体系。

二、规划政策创新

规划政策创新应思考和解决以下问题：

（1）当经济社会发展模式和发展观改变后，如何改革投资体制，稳定水利投资总规模和分年投资规模，形成相当长时期内稳定的水利年度投资过程，建立保证水利发展战略规划能够顺利实施的体制和机制。

（2）水管理如何与国家各类基础资源管理相协调。

（3）在大量的水利工程体系建设完成后，如何进行更好的管理体系规划，以使得水利基础设施更加持续有效地发挥效益。

三、规划技术创新

规划技术创新应解决以下问题：

（1）如何从更大的尺度、更长的监测时间，研究江河的基础资料，解决水生态环境系统监测资料少、尚未形成长系列资料的问题，为规划工作提供更好的基础。

（2）如何利用大数据方法建立数据库，更快、更高效地进行水利基础和经济社会各类数据分析。

四、规划方法创新

规划方法创新应思考和解决以下问题：

（1）如何创新规划的工作方法，统一规范工作标准，解决完善水利规划编制工作周期长的问题。

（2）在规划工作中如何进一步高效协调规划涉及的各个地方、各个行业、各个层次的不同利益要求，改进协调工作方法和决策程序。

实现流域综合规划的目标要求是通过一步一步地实现水利发展战略规划目标后完成的，是一个持续发展的过程。在国家明确发展战略规划的基本原则要求后，如何审时度势地确定水利发展战略规划的实施目标、指标、任务要求，需要水利规划工作者在掌握水利专业知识的基础上，更新知识储备，拓宽知识范围，获得广泛的基础资料，利用先进的科技手段。运用规范的工作方法，进行有效的综合协调分析，才能完成好这一项具有综合效益的规划工作任务。一代又一代的水利工作者通过不断地探索、总结、创新，才能提高规划水平，更好地为经济社会发展和生态环境保护服务。

附录1 全国水利“八五”计划和十年规划设想纲要（修订本节选）

1993 年 8 月

党的十四大和全国八届人大一次会议，提出加快改革开放和经济发展步伐，建立社会主义市场经济，将国民经济发展速度由 6% 调整到 8%～9%，提出发展高产优质高效农业，要求加快水利等基础设施和基础产业的建设与开发，为此我们对《水利“八五”计划和十年规划设想纲要》进行修订补充，以适应国民经济和社会发展的要求。

一、“八五”计划执行两年以来水利工作的回顾和形势

从 1991 年执行“八五”计划以来，特别是 1992 年邓小平同志南巡讲话和党的十四大召开，极大地鼓舞了广大水利职工的热情，水利不断深化改革，出现了全面发展的好形势，表现在：

（一）全党全社会对水利重要地位和作用的认识不断加强。水利不仅是农业的命脉，也是国民经济的命脉，是国民经济和社会发展的基础设施和基础产业。

（二）大江大河的治理步伐加快。长江流域综合规划、珠江流域综合规划已经国务院批准实施，其他大江大河规划也在积极报审中。三峡工程已经全国人大批准新建，并正式进入施工准备阶段，小浪底水利枢纽、万家寨水利枢纽、治淮、治太、桃林口水库、引黄入卫等一批重点工程进展顺利。

（三）战胜了 1991 年淮河、太湖流域严重的洪涝灾害，减轻了受害损失，取得举世瞩目的伟大胜利。又战胜了 1992 年旱灾，当年粮食产量仍然夺得大丰收。

（四）连续开展了大规模农田水利建设，灌溉面积结束了十年徘徊局面，近两年来，每年以 500 万～600 万亩速度递增。

（五）全国水利系统水电建设每年以100万千瓦的速度增长，第二批200个电气化县加紧建设。

（六）水土保持工作出现了新的局面，加强了监督预防，治理速度加快。

（七）乡镇供水和农村人畜饮水取得积极进展，受益人口每年以900万的速度递增。

（八）水利改革积极推进，水利投入，水费价格体系，运行机制等多项改革迈出较大步伐。

水利当前形势很好，遇到了难得的发展机遇，但同时也面临严峻的挑战，存在很多重大问题，有待解决。主要为：

1. 江河防洪标准普遍偏低，洪水威胁仍然是我国的心腹之患。我国主要江河只能防御常遇洪水，对超标准洪水缺乏可靠对策，1991年淮河、太湖大水，受灾严重，损失巨大，充分暴露出流域防洪基础设施薄弱，其他流域特别是黄河下游和长江中游遭遇历史特大洪水时，将会造成大面积洪水泛滥和大量人口伤亡的严重灾害，影响全国的经济发展和社会稳定。

2. 北方地区和全国许多城市严重缺水，北方地区水资源总量不足，70年代以来，不少地区持续干旱和各项用水需求的增长，出现了严重缺水问题。全国许多城市用水紧张，严重缺水的城市108个。农田灌溉用水受到影响，城乡用水矛盾增加。特别是经在京津塘地区、山西能源基地，辽河中下游地区，河北平原和沿海一些城市及经济开发区，水资源供需矛盾尖锐，已经成为工农业发展的制约因素，供水不足，对城乡人民的正常生活威胁很大，缺水，农村和牧区供水问题亟待解决。

3. 水利设施老化失修，缺乏更新的改造资金来源，无以为继。现有水利设施中，50—60年代修建的大量工程，经过30～40年的运行，工程已经老化，机电设备超过使用年限，大批老工程遗留问题很多，工程更新改造任务巨大，资金来源缺乏，不能及时进行养护维修和更新改造，水利工程效益衰减的趋势，仍未根本扭转。

4. 水质污染日趋严重，当前全国废污水年排放总量达336亿吨，80%左右未经处理直接排入水域，水源污染遍及大多数江河湖库近年来，乡镇企业的迅速发展，使污染向中小河流及水网沟渠广泛扩散，不仅破坏了宝贵水源，而且污染环境，严重影响广大地区人民的健康。

5. 水利投入不足，不能适应基础产业发展要求，近年来，各级对水利投入有所增加，但是物价涨幅较大，工程概算突破较多，国家前两年安排预算内水利投资仅为“八五”计划的 25%。当前防洪、灌溉、水电、调水等工程资金缺口较大，不能适应发展需要。

6. 水利工程管理薄弱，行业管理不健全，经营管理办法不配套，水费、电价偏低，流域滚动开发和水利部门自我维持发展、具有活力的良性运行机制还未建立起来。

7. 水利职工生活待遇差，全行业贫困。职工人均工资低于全国平均水平的 11.6%。

从总体上看，作为基础设施和基础产业的水利事业，落后于经济的发展要求，需要根据水利的新形势，调整原来的规划，同时必须深化改革，适度超前发展，使水利在 90 年代上一个新台阶，为实现我国国民经济的第二步战略目标服务。

二、2000 年水利发展任务和目标

（一）适应社会经济发展对水利的要求

2000 年国民生产总值比 1980 年翻两番，人民生活达到小康水平。据预测，2000 年全国人口将增加到 13 亿左右，耕地可能进一步减少，粮食总产量要求提高到 1 万亿斤的水平，其他经济作物和农副产品亦需相应增加，城市人口将大量增加工，农业和能源、交通将进一步发展，要求有一个城乡防洪安全的生产生活环境，并能满足其日益增长的供水要求。要求进一步控制水土流失，防止水源污染和土地恶化，努力改善生态环境，水利发展必须从国民经济和社会发展全局出发，远近结合，统筹安排，以适应国民经济发展和社会发展以及人民生活的需要。

（二）水利发展的指导思想

1. 水利要为国民经济和社会发展提供全面服务，要适度超前发展，适应国民经济持续快速健康发展的要求，为实现国民生产总值到本世纪末第二个翻番和人民生活达到小康水平的战略目标，创造条件，并为下一世纪继续发展增添后劲，打下基础。

2. 除害与兴利相结合，综合利用水资源，实现流域滚动开发，重视防洪、灌溉、除涝、水电、供水、水运、水产等多目标开发建设和协调发展。

3. 按社会主义市场经济发展要求，改革水利投资体制，转换水利运行机制，积极开展水利综合经营，发展壮大水利基础产业，提高水利工程效益。

4. 贯彻水法，健全水法规体系。须依法治水，加强水政，加强水利行业管理，加强水资源统一管理。

（三）90 年代水利发展任务和目标

1. 防洪保安全，治理大江大河，兴建长江三峡、黄河小浪底等水利枢纽，提高江河防洪能力。2000 年，七大江河达到抗御新中国成立以来发生过的大洪水，做到重要堤段不决口，减少损失，基本完成重点大型险库加固和全国 30 个重点城市的近期防洪工程。

2. 农田灌排。在巩固改造现有灌区的前提下，2000 年前净增灌溉面积 8000 万亩，达到有效灌溉面积 8 亿亩，十年排涝面积增加 4000 万亩，治理渍害田 5000 万亩，治理盐碱地 3000 万亩，为粮食总产达 1 万亿斤提供水利条件。

3. 缓解水资源紧缺状况，抓紧进行南水北调等跨流域调水工程。2000 年逐步缓解北方和主要城市以及能源基地水源紧缺局面，基本解决人畜饮水困难，积极改善乡镇供水条件，十年增加供水能力 600 亿～800 亿立方米。

4. 水电开发。水利系统十年发展水电装机 1500 万千瓦，建设 500 个初级电气化县。

5. 防止水土流失和保护水源。十年增加治理水土流失面积 40 万平方公里，主要城市的水库和河段的供水水源水质达到国家规定标准。

6. 加强基础工作，使前期工作、科技水平、职工队伍、人才素质等与水利发展相协调发展。

7. 加强水利系统自身建设，加强现有水利设施的管理、维修、配套，充分发挥工程效率，改变经营机制，改善职工生活。

（四）90 年代水利发展总体布局

水利建设的布局，应服从国民经济和社会发展的需要。根据国家计委编制的全国国土总体规划纲要，2000 年前后，我国生产力布局以沿海、沿长江、沿黄河为主轴线，结合陇海、兰新、珠江南昆、京广、浙赣、湘黔、哈大等二级轴线，构成我国国土开发和建设总体布局的基本框架。我国沿海地区人口密集，经济发达，是我国精华所在，是建国后水利建设的重点，现已初步形成的较为完整的防洪、排涝、供水体系，90年代仍是水利工作的重点，要为这一地区社会经济发展提供防洪安全保障，提供稳定水源，为水环境良性发展做好工作。

在巩固发展东部的同时，要重点加强中部，重视西部地区的水利工作，为中西部地区经济发展，为缩小东西部地区经济差距，打好水利基础。为能源基地提供水源，发展边远山区小型水利，开发中小型水电，为逐步缩小边远地区和内地经济差异创造水利条件。

三、2000年水利规划

（一）防洪

防洪的核心问题是保障我国大江大河中下游广大平原地区的安全，为社会经济发展创造安全稳定的条件。江河防洪的基本策略为：施行蓄泄兼筹的原则，整修加固堤防，进行河道、河口整治和蓄滞洪区建设，加固改造病险水库，结合水资源综合开发利用，建设重点控制工程，调蓄洪水，工程措施与非工程措施密切结合，加强管理，清除行洪障碍，保持江河湖泊调蓄能力。

1. 大江大河大湖防洪

长江：

防洪重点在中下游，防御1954年型洪水，按照1980年防洪座谈会要求，完成荆江、同马、无为、黄广、松滋、南线、武汉、南京、上海等堤防加高加固。重点进行荆江河段和重要节点的河势控制工程，进行荆江分洪区，洞庭湖、洪湖、鄱阳湖、武汉附近、华阳河等蓄滞洪区的防洪和安全建设；禁止湖泊围垦，兴建干流三峡水库，支流紫坪铺水库，亭子口水库，江垭、皂市、大桥、港口湾等水利枢纽，进一步控制干支流洪水。

太湖流域按照1991年国务院治淮治太会议要求，完成太浦河、望虞河、环湖大堤、杭嘉湖南排等工程，达到防御1954年型洪水。

黄河：

防御重点在下游，防御1958年型洪水。基本建成小浪底水利枢纽，发挥防洪和减淤作用。加速中游水土保持，减少入黄泥沙；继续加高加固黄河下游大堤，整修险工，整治河道，治理河口，稳定入海流路；进行三门峡库区和小北干流治理，基本完成下游滩区、东平湖、北金堤滞洪区的安全设施建设，继续开展宁蒙河段堤防及河道整治工程建设。

淮河：

防洪按照 1991 年国务院治淮治太会议要求，完成加固淮北大堤、洪泽湖大堤等重点堤防；扩大淮河干流上中游排洪通道，完成城西湖、丘家湖、蒙洼等退堤；加强行蓄洪区安全建设，开挖怀洪新河，新建石漫滩、下汤等水库和开始新建临淮岗控制工程，下游加固入江水道；新建入海水道应急工程、沂沭泗水系复建东调南下工程，治理包浍河、汾泉河、涡河等跨省骨干河道，提高防洪标准。

海河：

2000 年前恢复原设计的防洪治理标准，重点保障北京、天津等重要城市防洪安全，进行永定河、永定新河、独流减河、海河干流、漳河等治理，并对重点河道疏浚清淤，治理各河尾闾，增加入海泄洪能力；治理永定河泛区，东淀、宁晋泊、大陆泽、恩县洼等洼淀治理和安全建设，完成黄壁庄、西大洋、东武仕等险库加固，新建陈家庄等水库，提高下游防洪标准。

珠江：

重点保障广州、南宁、梧州等重要城市和珠江三角洲地区的防洪安全。进行西江、浔江、郁江、北江重要河段堤防加固，提高珠江三角洲五大堤围的防洪标准，整治出海口门，修建飞来峡、大藤峡、百色等水利枢纽，形成堤库结合的防洪工程体系。

辽河：

重点是保障重点城市、辽河中下游农业生产基地和石油基地的防洪安全，整修加固干流堤防，改建磐山闸，整治辽河尾闾，清除河道行洪障碍，提高泄洪能力，进行太子河、浑河、大辽河堤防加固，整治险工险段。完成观音阁水库，新建白石、石佛寺等水库，发挥防洪等综合作用。

松花江：

防御 1957 年型洪水，加高加固松花江、第二松花江、嫩江堤防，保障沿江重要城市、工矿区和重点农业区的安全，清除河道行洪障碍，提高行洪能力，新建尼尔基水库，发挥调洪作用。

其他江河和海塘建设：

2000 年对闽江、钱塘江、韩江、黑龙江、鸭绿江、塔里木河等重要江河进行堤防加固、河道险工险段整修，提高防洪标准，保护沿岸城市、重点工矿、经济开发区和农业生产区的防洪安全。

我国现有沿海海堤 1.23 万公里，其中保护万亩以上海堤 6100 公里，已达标 2300 公里，规划 2000 年前对未达标的海堤进行整修加固，加强防风暴潮的工程措施和预警报警工作，以减轻灾害损失。

2. 中小河流治理

2000 年前，重点中小河流提高抗御 10～20 年一遇的常遇洪水和 3～5 年一遇的排涝能力，重点保护沿岸城镇和交通干线的安全，减少洪涝灾害损失，加强预警措施，进一步减轻山洪暴发和泥石流的危害。

3. 蓄滞洪区建设

长江、黄河、淮河、海河蓄滞洪区有 1600 万人口、3000 万亩耕地，2000 年前按照规划完成近期建设，健全通信预警系统，修建庄台、避水台、围村堰、安全楼、撤退道路和紧急救生措施，加强管理，制定并完善有关政策，确保蓄滞洪区安全运用。

4. 险库加固

2000 年前完成第一批和第二批国家确定的 81 座重点大型危险水库加固，对于现有 8 万座中小型水库中约 1/3 的危险水库，按照分级管理、分级负责原则，分轻重缓急，分期分批加固除险。

5. 城市防洪

2000 年前完成国家确定的北京、天津、上海、南京、芜湖、安庆、九江、南昌、武汉、长沙、成都、沙市、济南、开封、郑州、广州、南宁、梧州、沈阳、盘锦、长春、哈尔滨、齐齐哈尔、蚌埠、淮南、合肥、黄石、岳阳、吉林、佳木斯 30 座重要城市的近期防洪工程。

对其他有防洪任务的 400 多座城市，由城建部门、水利部门和当地人民政府相互配合，在统一规划下，有重点地分步实施，以保证国民经济建设的安全顺利进行。

6. 防洪通信

防洪通信是提供防洪信息、进行合理调度的重要手段，是防洪工程体系的重要组成部分，是减少洪灾的重要基础设施。本世纪末，将利用卫星通信、数字微波通信和数字程控交换技术组建全国重点防洪地区通信、遥测、警报网络，为水利自动化系统建设奠定基础。

（二）农田水利建设

到本世纪末，全国粮食总产要达到 1 万亿斤。平均每年增产 200 亿斤，任务非常艰巨。从我国实际情况出发，重点挖掘约有 10 亿亩中低产田潜力，努力提高亩产来实现。农田水利建设是农业稳产高产的重要保证，农田水利建设的基本策略是：重点加强现有的灌区改造配套，对中低产田进行旱、涝、碱、渍综合治理，适当新增灌溉面积，加强坡耕地和旱田的水利土壤改良、蓄水保墒措施。结合荒地、滩涂开发和牧区发展进行农田水利建设。

1. 加强现有灌区的技术改造

现有灌区老化失修严重，配套欠缺。当前 7.4 亿亩农田灌溉面积中有一半面积为中低产田，加强灌区配套改造，增产潜力很大。规划 2000 年前，将现有灌溉面积中按节水、节能、高产要求改造 3 亿亩，更新改造机电设备 1500 万千瓦，重点进行渠道防渗，推广管道输水和喷、滴灌等节水措施。

2. 扩大灌溉面积

为了适应农业发展的要求，规划到 2000 年净增农田灌溉面积 8000 万亩。考虑工程老化、水源不足和基建占地等减少灌溉面积的因素，必须发展 1.21 亩灌溉面积才能保证净增 8000 万亩。“八五”期间，净增灌溉面积 3000 万亩；“九五”期间，净增灌溉面积 5000 万亩；至 2000 年，全国有效灌溉面积达到 8 亿亩。

3. 重视农田排水，加快除涝、治渍及盐碱地改良

全国易涝耕地 3.67 亿亩，尚未治理的近 8000 万亩，主要分布在东北平原、黄淮海平原及赣、鄂、湘、桂、蒙等地区，为了保证农业稳定增长，必

须加快易涝地治理，2000 年前规划治理 4000 万亩。

我国渍害低产田 1.09 亿亩，主要分布在南方 14 个省市，已改造 5000 万亩，2000 年前规划治理 5000 万亩。

全国盐碱地 1.1 亿亩，主要分布在黄淮海平原、黄河上游宁蒙平原和西北内陆河流域，目前已初步改良 7000 万亩。黄海平原采取水利农业综合除涝治碱措施，地下水下降，盐碱明显减轻，但仍然是一个潜在威胁。而在西北，陕西、甘肃、宁夏、新疆和内蒙古的盐碱危害乃是农业产量不高的重要原因，2000 年前规划治理盐碱地 3000 万亩。

4. 加强坡耕地、旱地水利土壤改良，提高旱地雨养农业的生产能力

全国有一半耕地没有灌溉设施，其中坡耕地 4 亿亩，梯田 1.1 亿亩，其余旱田 2 亿亩。对上述耕地要进行梯田、坝地、条田建设，加强水土保持，加强抗旱“坐水种”水源建设和水利土壤改良、蓄水保墒措施，提高抗御水旱灾害能力。

5. 进行农业开发区水利建设

全国农业开发区规划分为东北片、黄淮海片、长江片、华南片、西南片、西北片共 6 大片。下分为 60 个重点农业开发区，覆盖 1000 个县市辖区，人口 5 亿，耕地 7.7 亿亩。2000 年前，规划治理面积 3 亿亩，重点进行中低产田改造，而主要是治理旱、涝、碱的水利建设，使农业开发区逐步建设成为高产优质高效农业的旱涝保收农田。

（三）缓解水资源紧缺危机，发展城乡供水

经分析，预计到本世纪末，为基本满足国民经济发展和改善城乡人民生活的要求，全国总需水量，遇中等干旱年为 6000 亿立方米，目前全国供水能力为 5200 亿～5400 亿立方米，尚需增加 600 亿～800 亿立方米。水资源开发利用的基本策略为全面节水、合理开发当地水资源、积极兴建跨流域调水工程。加强管理，注意保护，发展城乡供水。

1. 全面节水

大力推行计划用水，节约用水，建立节水型社会。农业节水方面：调整

种植结构，进行灌区配套，加强工程管理，计划用水，平整土地，衬砌渠道，推广节水灌溉，提高水的利用率。工业节水方面：工业要合理布局，采取节水措施，提高水的重复利用率，加快污水处理回用设施建设。

2. 合理开发当地水资源

积极开发利用当地河川水资源，新建必要的调蓄工程，为工农业和城市生活用水提供水源规划，以提供工农业用水为主的水库有：辽宁观音阁，河北桃林口，云南渔洞和柴石滩，海南大广坝，四川大桥和紫坪铺，新疆乌鲁瓦提，西藏满拉，黄河大柳树，甘肃昌马，青海黑泉，西安黑河，东北尼尔基和哈达山等水库。

合理开发利用地下水，在安徽淮北、河南东部、山东河南引黄灌溉、黑龙江三江平原等地区，地下水开发利用程度不高，可进一步开发，为工农业提供水源。

3. 新建跨流域调水工程

黄淮海地区：引黄入卫、引黄入淀、引拒济京等调水工程，是近期解决北京、河北缺水的应急措施。积极兴建南水北调工程，为京津和沿线城市及华北平原提供长期可靠的补充水源。万家寨枢纽及引黄入晋工程可缓解大同、平朔、太原能源基地水资源紧缺矛盾。引青济秦工程，二期由青龙河调水至秦皇岛。引黄入莱济烟工程，为解决淄博、潍坊、烟台城市用水问题。

东北地区：引松入长工程，由二松调水入长春市；引碧入连工程，由碧流河引水到大连市；引浑济辽工程，引浑江水至沈阳市、抚顺地区。创造条件开始兴建北水南调（引松入辽）工程，为吉林、内蒙古东部和辽河下游地区城市、工农业用水增加水源。

西北地区：完成引大入秦工程，加快建设新疆水资源配置工程前期工作。

东南和沿海地区：安排东江至深圳第三期引水工程、珠海磨刀门引水工程、大亚湾西枝江引水工程、宁波白溪引水、厦门九龙江调水等，分别为香港、深圳、珠海、澳门、宁波、厦门等东南沿海重要城市用水提供水源。

4. 解决缺水地区，人畜饮水，发展乡镇供水

根据统计，由于人口增长、人民生活水平提高，原有水源不能满足需要，

与人民生活达到小康水平的要求很不适应，规划至 2000 年，基本解决缺水地区人畜饮水问题。

随着乡镇企业的发展、农村生活水平提高、农民生活习惯的改变，乡镇和农村用水有了新的要求，对水的需求量日益增长，规划到 2000 年，为乡镇和农村提供合乎卫生标准的饮用水。

（四）水电建设

按照国家提出的本世纪末水电发展目标，新增水电装机 4500 万千瓦，其中水利部承担 1500 万千瓦。水利部按照“三定”方案进行中小水电开发和结合江河治理建设大型综合水利枢纽水电站。2000 年水利部门水电规划为：

1. 大型综合利用水电站建设

2000 年前，新建小浪底、万家寨、大柳树、碛口、江垭、紫坪铺、合川、大藤峡、亭子口、彭水、尼尔基等大型综合利用水利枢纽，总装机 1173 万千瓦，投产 300 万千瓦。

2. 中型水电站建设

“八五”期间计划建设规模总装机 1123 万千瓦，“九五”期间规划装机 1587 万千瓦，2000 年前计划投产中型水电站 700 万千瓦。小型水电站 500 万千瓦。

3. 相应电网建设

至 2000 年，发展跨县电网 80 个，其中装机容量 50 万千瓦以上的电网 10 个，新增高压电力线路 27 万公里，交配电容量 3000 万千伏安。

4. 电气化县建设

在继续巩固提高现有电气化县标准的同时，“八五”期间建成 200 个初级电气化县，“九五”期间建成 300 个初级电气化县。到 2000 年，全国共建成初级电气化县 600 个。

（五）水土保持

认真执行《水土保持法》和《水土保持法实施条例》，贯彻预防为主、治管结合、全面规划、因地制宜、综合防治、加强管理、注重效益的方针，有计划、有步骤地防止水土流失，使水土保持与国民经济发展相协调。

1. 全面开展监督、防治作用工作

预防重点是轻度以下的水土流失区，监督重点是工矿、交通等建设。要求到本世纪末，水土流失区建立预防队伍和监督执行机构；在水土流失区新建的工程建设项目，实施水土保持方案报告书和审批制度，建成全国水土流失监测网络，按时公告和预警，各级逐步设立水土保持重点保护区和重点监督区。

2. 加快治理水土流失区

全国每年完成综合治理水土流失面积 4 万平方公里，分项整治措施为：修水平梯田 600 万亩，沟坝地 80 万亩，水保林 2500 万亩，经济林果 400 万亩，种草 600 万亩，并修建谷坊、拦沙坝、塘坝、沟头防护、沟道整治等工程措施。

抓好重点治理区的水土保持，以点带面，做出示范，带动全局，重点治理区做好国家已确定的无定河、三川河、皇甫川、柳河、葛洲坝库区、江西兴国、甘肃定西、金沙江下游与毕节地区、陕南与陇南、嘉陵江中下游、三峡库区、密云库区、潘家口库区、永定河上游、南北盘江上游、淮河干流上游等 16 片重点水土流失区。逐步再扩大到窟野河、延河、县川河、湫水河，昕水河、湘江资水赣江中上游、沅水澧水清江中上游、汉江中游、华阳河、沂沭泗上游、洪河颍河上游、西江干流与北柳江、大凌河、辉发河、乌裕尔河、松花江沿岸、赛江汀江晋江与九龙江中下游等 33 片。各省市抓好几个重点县或重点支流，各县应抓好几条重点小流域，分批进行，逐步推进。

（六）保护水资源，改善水环境

保护水资源应按照以防为主、防治结合的原则，切实加强水资源的统一管理。健全机构，完善法制，依法加强排污的监督管理，同时不断进行重点治理。2000 年以前，会同国家有关部门重点做好以下工作：

1. 基本解决饮用水源地污染和风景游览区水环境保护问题。

2. 城市和重点工业区要加速污水处理，使主要江河、湖泊、水库和重要输水渠道的水质逐步达到国家规定的标准。要重点保护太湖、白洋淀、滦河、永定河、南四湖、滇池等河流和湖泊。

3. 城市饮用水的地下水源水质达到国家规定的饮用水水源水质标准。

4. 结合水源工程的兴建和节水，控制工矿区超采地下水，有条件采取地下水回灌措施，有效地制止北方地下水水位的继续下降，防止海水入侵。

5. 控制农村水环境污染，乡镇企业执行“三同时”，处理好废、污水。

（七）水利工程管理

新中国成立以来，修建了大批水利工程，是水利为国家经济服务的主要物质基础，是巨大的生产力，加强这些工程的管理、充分发挥其综合效应，是水利工作的十分重要的任务，是水利全局的主要立足点。

2000 年前工程管理的主要任务：

1. 完成重要险库、大闸的加固，对主要江河的重点河段和重要城市的险工堤防整修加固，使已建工程达到设计效益。

2. 供水工程经济收入达到维持简单再生产。2000 年前实现按成本计收水费。

3. 深化改革。逐步建立水利工程管理良性运行机制。

4. 完成大型水库观测设施的完善和改造，逐步实现大型水库和大江大河主要河段的水情测报、调度自动化。

（八）水库移民

新中国成立以来，我国修建各类水库，淹没了耕地，增加了工程移民，这些移民长期以来，受到自然条件等因素的制约，有 1/3 的人均耕地不到半亩，约有 1/4 的移民尚未解决温饱，因此，必须十分重视解决。

1. 处理好已建水库移民遗留问题

实行开发性移民方针，继续扶持移民发展以种养业为主的生产建设，改善库区移民基础设施，落实移民优惠政策，到本世纪末，使已建水库移民稳定地解决温饱，大多数移民达到或超过当地县农村人均收入水平，移民遗留问题得到妥善解决，以消除社会不安定隐患。

2. 做好在建水库的移民安置

新建的水库要十分重视移民工作，认真贯彻大中型水利水电工程建设征地补偿和移民安置条例，从建设投资中安排经费，妥善做好移民安置工作。

（九）前期工作与水文等基础工作

1. 前期工作

（1）规划工作。长江、珠江流域规划已经国务院审批，抓紧完成黄河、淮河、海河、松花江、辽河流域规划修订审查和报批工作，抓紧进行国际河流和跨省河流以及重要中小河流的规划修订工作。组织编制修订地区水利规划、农业综合开发区水利规划、缺水地区及缺水城市水资源规划、重点地区水土保持规划、牧区水利规划、主要河口规划、沿海滩涂开发规划、灌区技术改造规划、中小型水电及电网规划、主要江河水源保护地规划等。

（2）重点项目的前期工作。抓紧进行重点工程的勘测设计工作，2000年前完成重点工程项目主要有皂市、紫坪铺、亭子口、大柳树、碛口、龙口、西霞院、临淮岗、百色、大藤峡、尼尔基、哈达山等水利枢纽。完成南水北调东、中线和东北北水南调的前期工作，加快南水北调西线前期工作，研究安排下一个世纪初后续建设项目的前期工作。

中小型项目也要严格按照基本建设程序办事，按项目做好前期工作。

2. 水文基础工作

水文是防汛决策和水资源开发利用与管理保护的科学依据，必须加强。2000年前规划：

（1）完善水文站网建设，实施站队结合的管理运行机制。调整充实水文站网，在西部地区增设必要的水文站；东部平原地区，重点是调整站网，增设辅助水文站。改革水文站管理体制，2000年前实现全国站、队结合。

（2）水文站设施更新改造和新技术应用。解决测报设施老化失修，更新仪器设备，研究应用卫星遥测、遥感等现代化技术于水文观测，拓宽搜集水文资料领域。

（3）建立健全水文信息网络，水文测报和水文数据库等服务体系。实现水文情报预报系统现代化，开展水资源调查评价和水文分析计算服务，2000

年前基本建成全国分布式水文数据库。

（十）水利综合经营

随着水利基础产业地位的确定，水利综合经营为水利基础产业的重要组成部分，要充分利用现有水利工程设施、水土资源和技术优势，开展水利综合经营，增加水利效益，更好地发挥改善职工生活、提供就业机会和稳定职工队伍的作用，不断增强水利的经济活力和实力。

1. 水利渔业

要充分利用水利工程形成的水域、滩涂等发展水产养殖业。现有 8 万余座水库，可养鱼水面有 3000 万亩，要开发利用这一资源，争取向市场多提供商品鱼。水库养鱼要继续贯彻养殖鱼增殖并重、精养与粗养并举、因地制宜、综合开发的方针，至 2000 年，利用水面 2300 万亩，连同其他水域滩涂养殖，年产 65 万吨商品鱼。

2. 发展水利旅游商贸

目前全国水利部门组建近 80 处具有一定规模的旅游、疗养基地，每年接待国内外游客数百万人次，要进一步利用水利工程的地理位置，水面、自然景观等优势发展水利旅游，有条件的水利单位，可发展边贸、商贸业。

3. 经营供水水电工程

利用已建、新建水利工程水源和水电站，发展经营城镇供水和水电工程，实行新水新价、新电新价，进行有偿滚动发展。

4. 发展工业建筑业房地产业

利用水利行业人才、设备、技术优势，根据市场需要选准项目，发展各类制造、加工和建筑业，结合河道治理和滩涂围垦等开发水利房地产业。

（十一）水利科技

水利要贯彻"经济建设要依靠科学技术，科学技术工作必须面向经济建设"的基本方针，充分发挥科学技术第一生产力的作用，走科技兴水道路，促进水利事业的发展，2000年前主要任务：

1. 抓好重点科学技术研究。根据《水利中长期科技发展纲要》的安排，重点围绕江河治理、防治水害灾害、农田水利、水资源开发利用、节约用水工程管理、水利渔业、改善水利环境、水工程建设和施工机械化等重大课题，从宏观决策的关键技术措施进行攻关和应用开发研究，以提高工程效益和管理运用水平。

2. 建立科技推广机构，推广水利科技成果，使科技成果尽快形成生产力，并积极引导和支持有条件的科技成果进入技术市场。

3. 深化科技体制改革，重视科研基础设施建设，提高科学研究水平。

4. 继续完善技术规范标准建设，加强水利水电技术监督工作。

（十二）人才培养和队伍建设

全国水利职工队伍现有145万人。努力建成一支政治强，技术精、勇于开拓、真抓实干的职工队伍，是加速水利事业发展的根本保证，2000年前规划为：

1. 加快改革，积极发展高等教育和职业技术教育。以水利建设和市场需要为导向，调整层次结构和专业设置，改革教学内容和教学方法，培养数量足够、质量优秀的高校、中专和技工学校毕业生，充实水利职工队伍，提高专门人才在水利职工中的比重。

2. 积极开展以岗位培训为主的成人教育，逐步做到先培训后上岗，提高职工队伍的整体素质。发展成人学历教育、继续教育和技术等级培训，贯彻业余和短期培训为主，面向基层，开发乡镇水利、水保函授中专教育和其他形式的培训，尽快提高基层水利职工的业务水平。

3. 逐步提高队伍素质，改善职工生活待遇，稳定水利队伍。根据水利事业发展的需要，在巩固现有水利职工队伍的同时，有计划地更新水利职工的队伍，建立一支多层次、结构合理的队伍。积极改善水利职工基本生活条件，逐步提高水利职工的收入水平，2000年前使其与基础产业地位相适应。

（十三）水利改革和法治建设

水利改革的中心问题是：水利作为国民经济和社会发展的基础设施和基础产业，应力求适应社会主义市场经济新体制的客观需要，并不断发展壮大。

2000 年前主要做好以下工作：

1. 加强宏观调控，搞好水利行业管理。加强各级政府的水行政管理职能，抓好水利行业管理，加强流域管理，协调流域区域间对水宏观的要求，促进水资源的综合开发利用，实现经济协调发展。

2. 改革投资体制，拓宽水利资金来源渠道。水利基础设施与基础产业的范围广泛，包括防洪、排涝、灌溉、供水、水电、水土保持等，根据不同的业务性质，分为社会公益型（防洪、除涝、防潮等）、有偿服务型（灌溉、排水、水运等）、生产经营型（供水、水电等），采取不同的投入产出政策。建立分级负责投资体制，各级财政增加对水利投入，发行债券、股票吸收社会资金，积极利用外资和政策性贷款，建立专项的水利发展基金。

3. 按照市场经济原则，建立合理的水利产业价格体系和收费办法。水利产业应讲投入产出，必须按市场经济、价值规律原则，实行有偿服务。对已建工程的水价、电价，要逐步到位；对于新建工程实行新水新价、新电新价，确保水利工程管理运用的良性运行。

4. 依法治水，制定有关水利法规和条例。在水法规体系总体规划的基础上，2000 年前基本建成符合我国国情，具有我国特点、比较完善的水法规体系，继续制定防洪法、水资源综合利用促进法、流域管理法、江河水量分配与管理条例、水利专项建设资金建立和管理办法、水资源费征收与管理办法、防汛经费使用管理办法、非农业建设项目占用灌溉水源和灌溉设施补偿办法、水利工程管理单位转换经营机制办法、水利工程确权划界和管理保护范围内土地使用办法等行政法规办法，使有关水资源开发利用和防治水害的各项水事活动做到有法可依、依法治水。

5. 建立健全水利执法体系。巩固现有 6 万人的水政监察队伍，“九五”期间，水政监察队伍将稳定在 8 万人左右，并不断提高队伍素质和执法水平，使各类水事违法案件及时得到查处，确保正常的水利秩序不遭破坏。

四、投资规模及资金来源

1. 投资规模

按照修订十年规划，初步匡算 2000 年前共需各类资金 4146 亿元。

2. 资金来源

本世纪内，水利建设的任务是十分艰巨的，水利项目与资金要分级负责，多渠道、多层次地进行投入，水利部与地方要密切配合，骨干工程与配套工程紧密结合，切实发挥投资效果。

根据中央地方分灶吃饭的财政体制，新建水利工程要贯彻分级负责的原则，中央的事中央办，地方的事地方办，大江大河大湖治理的骨干工程、跨流域跨省际调水工程等由国家和地方受益单位共同负担；重点大型病险加固和 30 座城市防洪工程以地方为主，国家适当补助；边远贫困地区的大型骨干工程，国家可予以适当扶持；一省范围内的河道治理、防洪、除涝、灌溉、发电、供水等水利工程，由地方和受益部门单位投资兴建。

水利建设资金要拓宽资金来源渠道。除已建设的国家预算内投资（包括中央基建和地方统筹资金）、包干到地方的农田水利费、农业开发基金、粮食发展专项资金、以工代赈专项、银行贷款及地方自筹资金等渠道外，建议各级政府要增辟财源，实行对水利倾斜政策，国家在现有投资水平基础上保持一定增长率，增加水利投入；建设银行和农业银行要增加贷款数量，积极创造条件利用外资，鼓励发行水利债券、股票吸收社会资金；要动员社会各个方面，增加水利投入，建立水利建设专项资金，做到多渠道、多层次、分类型地筹集资金，形成水利为社会、社会办水利、多元化的投资体系，以适应国民经济和社会发展对水利建设的需要。

附录2　全国水利发展“九五”计划（节选）

“九五”计划是我国在20世纪的最后一个五年计划。水利作为国民经济的基础设施和基础产业，必须从战略的高度认识水利的地位和作用，采取有效措施，深化改革，加快水利建设步伐。江泽民同志指出：“得认真研究水的问题，人无远虑，必有近忧，应该未雨绸缪。”基于我国的自然、地理和水资源条件，以及人口多、底子薄、经济还比较落后的基本国情，水利要为实现党中央提出的经济发展分三步走的战略目标，为国民经济和社会的全面发展打好基础。根据国家计委《关于部署研究制定“九五”和2010年长远规划的通知》（计规划〔1994〕515号）的精神，我部在《全国水利发展“九五”计划思路》的基础上，组织全国水利系统有关单位和所属各流域机构，积极开展工作，反复研究讨论后，制订了全国水利发展“九五”计划。

一、我国水利基本情况，以及“八五”以来我国水利建设取得的成就和存在的问题

（一）我国水资源和水利基本情况

我国水资源总量约28000亿立方米，列世界第6位。人均占有水资源量2300立方米左右，为全球人均占有水量的1/4，在统计的世界149个国家中，我国排名第109位。由于我国所处的自然地理条件属于季风性气候带，雨热同期，决定了我国水资源地域分布不均匀，降雨时空和年际变化很大，水土关系不平衡，使我国南方水多，北方水少，东部水多，西部水少；淡水集中，河道泥沙含量大，水旱灾害严重。在我国历史发展进程中，发展水利，开发水资源无不是历代统治者治国安邦、发展生产、开垦国土的重要措施。

新中国成立以来，全国人民在中国共产党的领导下，在发展水利、除害兴利、保证江河防洪安全、开发利用水资源等方面取得了伟大成就。

目前，全国已兴建大中小型水库8万多座，总库容4500亿立方米，修建堤防24.5万多公里。大江大河的防洪能力有了较大提高。保护全国人口近一

半，耕地 5 亿多亩，大中小城市 475 座（人口近 1 亿）。

全国城乡供水能力达到 5200 亿立方米，其中农业供水 80%以上。农业排灌动力由建国初的 7.2 万千瓦发展到 6584 万千瓦；配套机电井 300 多万眼；农田灌溉面积从 2.4 亿亩增加至 7.4 亿亩，占全国耕地的 50%左右，约占世界灌溉总面积（40 亿亩）的 18.5%，灌溉面积上所生产的粮食和经济作物分别占全国粮食总产量的 2/3 和经济作物产量的 60%。累计解决 1.6 亿人、9000 多万头牲畜的饮水困难；由水利部门建设和管理的乡镇供水工程 8000 多处，受益人口 2000 多万。

全国水土流失面积 367 万平方公里（含风蚀地区 188 万平方公里），已初步治理了 61 万平方公里，占水土流失总面积的 17%。每年减少土壤侵蚀量 11 亿吨，保护了土地资源，在一定程度上减轻了河道淤积。

全国水电装机达到 4850 万千瓦，居世界第五位，其中水利部门管理的大中小水电站 4.7 万座，装机容量 1906 万千瓦，年发电量 625 亿千瓦时；有 793 个县、近 3 亿人主要依靠中小水电供电，形成了 40 多个区域性地方电网；中小水电供电区内拥有高低压线路 229 万公里，变配电容量 6120 万千伏安；有 214 个县通过发展中小水电实现了农村电气化。

经过 40 多年的建设，水利系统已形成固定资产达 2800 多亿元。

（二）“八五”以来，我国水利建设上了一个新台阶

1. 全社会对水利减灾兴利的重要地位和作用的认识不断增强，基本确立了水利作为国民经济和社会发展的基础设施和基础产业的地位。水利不仅是农业的命脉，也是整个国民经济的命脉，也是社会安定团结的重要保障。

2. 中央、地方各级政府及广大群众，加大了对水利的投入，初步形成了多层次、多元化、多渠道的水利投资体系。水利系统利用外资工作也开创了新的局面。据初步统计，全国水利“八五”期内预计各种投入为“七五”的 4 倍。“八五”期间，中央已安排水利基建投入为“七五”投资的 5 倍多。

从“八五”水利建设投资看，投入结构有了很大变化。预算内拨款主要用于公益型、基础性的大江大河治理。江河治理以工代赈弥补了预算内资金的不足，加快了江河治理的进度，为修复灾区水毁工程、及时安置灾民起到了很好的效果。同时中央水利贷款投资的增加，促进了供水、水电事业的发展。利用外资有了突破性进展，其中包括黄河小浪底等大型水利工程，既弥补了国内资金不足，又引进了国外先进技术和管理经验。

3. 战胜了1991年的江淮和1994年的珠江、湘江、辽河等大洪水，已建水利工程经受了考验，发挥了重要作用，减轻了灾害损失。

4. 一批重点骨干工程顺利开工建设，如：

——长江三峡、黄河小浪底、万家寨、湖南江垭、四川大桥、广东飞来峡、河北桃林口等水利枢纽相继开工建设。大规模地开展治理淮河太湖，加快黄河下游、长江中下游、洞庭湖区的防洪工程和蓄滞洪区安全建设等。

——持续开展大规模的农田水利基本建设和农业综合开发水利建设，改善了农业生产条件，经过十年徘徊，灌溉面积开始逐年增加，预计“八五”净增灌溉面积约3000万亩。

——大规模地开展黄河中游、长江中上游水土保持工程建设，改善了生态环境，促进了中西部地区群众脱贫致富。预计“八五”可以完成治理面积15万平方公里，其中黄河中游重点水土流失区治理面积6万平方公里，长江上游四大片重点水土流失区治理面积2.6万平方公里。积极开展小流域治理、“四荒”拍卖，开创了水土保持的新局面。

——加快了水电资源开发及农村电气化县建设，对振兴边远山区农村经济、改善人民生活、保护生态环境起到了推动作用。预计“八五”水利部门将完成水电装机541万千瓦，以及第二批200个农村水电初级电气化县建设任务。同时地方电网建设得到重视，不断扩大联网范围，与电源建设获得同步发展。

——城乡供水工程和农村人畜饮水工程建设有了较大的发展。一批长距离调水工程开工建设，如东北引松入长、引碧入连，华北引黄入卫等。预计“八五”内可解决4500万人、2500万头大牲畜的饮水困难，建成8800处乡镇供水工程。

5. 贯彻《水法》《水土保持法》等一系列水利法规，法制建设取得了很大成就，依法治水管水，初步建立了水利法制体系，提高了全社会的水法制意识，一些影响大的水事矛盾得到缓解，水资源统一管理工作得到进一步加强。深化水利改革，加大改革力度，建设水利“五大体系”取得初步成效。

6. 水利前期工作和基础工作得到加强。“八五”期间，已全部完成七大江河的流域规划，其中长江、珠江、海滦河、松花江、辽河的流域综合规划已经国务院批准。此外，还开展了一批中小河流的规划工作，完成了270座缺水城市供水水源规划，提出了一批骨干工程的前期工作成果，基本扭转了前期工作被动局面，保证了“八五”新开工项目的前期工作要求，为“九五”

计划及2010年规划的工程建设储备了项目。特别是南水北调中线以及东线、西线的前期工作有了很大的进展，为国家决策提供了科学依据。

水文、科技、教育事业通过深化改革得到了加强，为大规模的水利建设提供了基础资料、新技术和专业人才。水文情报预报在防洪减灾中发挥了重要作用。防汛通信等非工程基础设施的建设也得到了一定发展。

（三）水利建设面临的问题

我国水利建设虽取得了很大的成就，但是水旱灾害仍是制约我国经济社会发展的重要因素，在水资源开发利用程度上与世界上许多国家相比差距还很大。目前仅开发利用了我国水资源的18%，远低于世界平均水平。这与我国国民经济社会发展的要求严重不相适应。水利建设还面临着许多问题，主要表现有：

1. 防洪安全问题仍是我国的心腹之患。我国现有1/2人口，1/3耕地和主要大中城市处在江河洪水威胁之下，这些地区的工农业总产值占全国的70%以上。而目前大江大河大湖防洪标准仍然偏低，尚难以抗御新中国成立以来曾经发生过的大洪水，加之工程年久失修，水土流失严重，河道淤积，人为设障等原因，防洪除涝治理任务更加艰巨；城市防洪标准低，中小河流洪涝损失日趋严重，沿海风暴潮威胁严重，病险水库多，蓄滞洪区安全建设进展缓慢，运用困难，洪涝灾害损失严重。1991年的江淮大水，直接损失779亿元。1994年的珠江、湘江、辽河洪水，洪涝受灾面积2.9亿亩，成灾1.8亿亩，受灾人口2.23亿，因灾死亡5000余人，直接经济损失1792亿元。

七大江河防洪形势依然十分严峻：

长江：下游及湖区主要堤防可达到10～20年一遇标准，（其中荆江河段堤防标准为10年一遇）。如遇1954年型洪水，在运用现有蓄滞洪区后，仅能保荆江大堤和武汉市安全，但难以保证黄广大堤等干支流及湖区重要堤段安全。

全国重点防洪城市，除武汉市接近防御1954年型洪水标准（约合百年一遇）外，南京、芜湖、合肥、安庆、九江、南昌、黄石、沙市、岳阳、成都、长沙多为10～20年一遇。

黄河：下游按1958年型洪水（花园口洪峰流量22000秒立米[1]），相当于

[1] 流量单位，即立方米每秒，下同。

60 年一遇设防。但当花园口流量超过 15000 秒立米时，需相机运用东平湖等滞洪区。由于堤防单薄，主流游荡，以及河床不断淤积抬高，需继续除险和加固堤防。

全国重点防洪城市郑州、开封、济南市防御洪水标准 60 年一遇。

淮河：中游干流按 1954 年型洪水设防，标准不足 40 年一遇。当遇 1954 年型洪水时，为确保淮北大堤等重要堤防安全，需洼地行洪和运用蒙洼、城西湖等行蓄洪区。沂沭泗中下游河道防洪能力为 10～20 年一遇洪水。

全国重点防洪城市蚌埠、淮南市防御洪水标准 40 年一遇。

海河：海河流域堤防防洪标准不到 20 年一遇，辅以运用蓄滞洪区后，北系按 1939 年型洪水，南系按 1963 年型洪水，相当于 50 年一遇标准设防。但因河道淤积严重，河口尾闾堵塞，防洪能力严重下降，如海河干流实际泄洪能力不足 5 年一遇标准。

全国重点防洪城市北京市防御洪水标准百年一遇，天津市 20 年一遇。

太湖：防洪标准不足 20 年一遇洪水。

全国重点防洪城市上海市防御洪水标准为 100 年一遇。

珠江：北江大堤按百年一遇标准设防，但尚有险工险段。三角洲重点堤垸可防 50 年一遇洪水，一般地区可防 20 年一遇洪水。西江干流主要堤防可防 10～20 年一遇的洪水。

全国重点防洪城市除广州市防御洪水标准 100 年一遇外，南宁、梧州、柳州不足 20 年或基本不设防。

松花江、辽河：松花江干流堤防防洪标准约 20 年一遇。但堤防断面单薄、多沙基沙堤和险工险段。辽河干流堤防保证流量曾达到 5000～5500 秒立米，相当于 20 年一遇标准。近年来由于河道淤积和人为设障，行洪能力大大下降，保证流量仅为 3000 秒立米，相当于 5 年一遇标准。

全国重点防洪城市除哈尔滨、齐齐哈尔、沈阳、长春市防御洪水标准 50～100 年一遇外，佳木斯、吉林、盘锦市仅 20 年一遇。

2. 水资源供需矛盾日益加剧，水资源开发利用的程度不能满足国民经济发展的要求。随着我国社会经济的发展和人民生活水平的不断提高，水资源供需矛盾日益突出。华北、西北、东北、西南的许多地区、一些能源基地，以及沿海经济开发区，都不同程度地缺水。全国缺水城市达 300 余个（其中，严重缺水城市 108 个），缺水量达 58 亿立方米。

我国现有的水利灌排设施严重不足，已建工程老化失修，效益衰减，难以为继。近几年由于效益衰减、人为占用等原因，每年造成灌溉面积减少，并且由于自然条件的变化、干旱灾害面积的扩大，对我国农业生产条件的不利影响越来越大，尤其是春旱灾害面积的增加，对我国粮食产量影响很大。华北、西北地区的农业发展，从根本上来说是受制于当地的水资源条件和水利设施保障程度。要解决13亿人吃饭问题，现有水利灌排设施已极难支撑。目前全国还有大量的人口饮水困难，未用上电，成为贫困地区脱贫致富的首要问题，也成为实现党中央提出的到本世纪末奔小康、解决贫困落后地区人民群众温饱问题和基本生存条件的一大障碍。

总之，水资源的短缺已严重地影响了社会经济稳定持续发展的大局，并成为严重制约国民经济发展的“瓶颈”。

3. 全国水土流失和水污染治理进展缓慢，生态环境继续恶化。在人口增长、经济发展的情况下，水土流失边治理、边破坏严重，新的水土流失仍在不断产生，因投入不足等种种原因，目前的水土保持治理速度难以达到国务院确定的每年治理4万平方公里的要求。工业和乡镇企业的迅速发展，污水未经处理就排入河道，严重地污染了水体，恶化了生态环境，加剧了水资源短缺，影响了人民群众的身体健康。同时，由于缺水而引起城乡、工农业用水矛盾加剧，超量开采地下水引起了生态环境的恶化。华北、西北内陆地区生态用水的减少，引起绿洲消失，草场退化，土地沙漠化程度加剧，使当地人民的生存环境更加恶劣。

4. 水利投入严重不足，制约了水利建设的发展，难以保证水利持续稳定并适当超前发展。自20世纪80年代后，在我国基建规模逐年大幅增加的同时，水利财政和基建投入所占比例却逐年下降。1991—1993年水利财政支出占国家财政支出的比重分别是3.3%～2.4%（“一五”至“五五”为5.3%～5.7%）。水利基建投资规模同期分别占全国基建投资规模的3.3%～2.7%（“一五”至“五五”为8%～6.7%），这不仅远低于我国“一五”至“五五”期间的比例，也远远低于水旱灾害与我国相似的一些发展中国家。由于投入不足，措施不到位，水利建设严重滞后，不能适应国民经济社会发展的要求。

5. 现行的水价、水电价格偏低，严重偏离了价值规律，不能按经济规律办事，缺乏自我维持、自我发展、具有活力的良性运行机制、流域滚动开发机制。水利全行业贫困尚未得到解决，使水利行业内部建设问题很突出，水利法制不够健全，严重影响了水利事业的发展。

6.“八五”以来水利建设出现的新情况及面临的形势。

——进入90年代以来，随着乡镇企业的迅速崛起，广大农村地、市经济获得了快速发展。特别是江河下游、河口三角洲地区、沿海地区，经济发展尤为迅速，成为流域内乃至全国经济发展的龙头地区。农村中小城镇迅速发展，人口向城市集中，经济集约化程度提高，使中小城镇在经济发展中所占的位置越来越重要。随着经济社会的发展以及经济结构的变化、经济布局的调整，给这些地区的防洪提出了新的要求，城市水利问题日益突出。如广东珠江三角洲五大联围的工农业总产值已达1000亿元，防洪保安工程的建设速度远远跟不上城镇和地区经济发展的速度，防洪形势面临着新的挑战。

——在社会主义计划经济向社会主义市场经济转轨过程中，新的生产关系对水利建设影响较大。目前，水利尚缺乏在两种体制转换条件下的良性循环机制和投入产出机制。一方面，水利建设按社会主义市场经济规律办事，调动各级各地的积极性，供水水电事业发展较快。另一方面，公益型、基础性的防洪、灌溉排水与水土保持等工程投入与需求不相适应，各级政府的财政投入力度不够。

——因物价上涨和水利概预算定额偏低等原因，导致水利工程超概算严重，使有限的水利投入更加难以为继，雪上加霜。据对部分大中型水利水电工程的测算成果，按现物价水平工程投资比90年代初确定的概算投资增加60%～100%。

面对上述问题和困难，水利事业的发展在“九五”将处于严峻时期，存在着发展的机遇和挑战，如果问题难以得到充分重视和解决，势必对我国的社会经济发展产生十分不利的影响。

二、水利“九五”计划的基本原则及指导思想

制定水利“九五”计划的基本原则和指导思想是：

1. 在邓小平同志建设有中国特色的社会主义理论指导下，以党中央我国经济发展分“三步走”的战略目标为中心，以国家经济和社会发展“九五”计划以及区域经济发展规划为依据，以《中国二十一世纪议程》为指导，根据我国国情和社会经济发展对水利的要求，依照可持续发展战略的思路，充分考虑目前水利建设已有的基础和存在的问题。

2. 认真贯彻落实党和国家关于水利建设的各项方针政策，按照国家明确制定的产业政策，进一步加强水利在国民经济中的基础设施和基础产业的地

位，确保水利与整个国民经济和社会协调发展，与国家宏观经济发展战略布局及流域经济发展布局相结合，水利建设要向中西部地区倾斜。

水利建设发展的速度必须适应全国“九五”计划内国民经济发展的速度要求，基于水利的重要地位和作用，应适当超前发展，为国民经济的发展奠定防洪保安、优化配置水资源的物质基础。

3. 在国家经济体制从传统的计划经济向社会主义市场经济体制转变过程中，水利建设要根据自身发展的需要，按照建设社会主义市场经济的要求，进一步深化投资体制改革，划分中央与地方事权，明确工程项目的投资责任主体，建立和完善多元化、多渠道、多层次的水利投资体系。

4. 加强宏观调控，优化和调整投资结构，集中财力办几件事关国计民生全局的大事。

5. 坚持科技是第一生产力，科教兴水的方针，坚持水资源开发与节约并重，把建设节水型社会放在突出的位置。要不断提高水利科技的应用水平和应用基础研究水平。

6. 加强改革，以建立水利改革五大体系为中心，依法治水管水，加强水资源的统一管理，形成水利部、流域机构、省级水行政主管部门相协调的管理体制。

7. 基本建设项目计划安排要实事求是，统筹兼顾，量力而行。首先要充分考虑“八五”结转规模，保证已开工大江大河大湖治理重点骨干工程的建设资金需要。其次，要加强宏观调控，按轻重缓急安排一批新开工项目，保证南水北调中线、七大江河防洪等一批重点工程实施。对于前期工作、建设资金等条件落实的地方大中型水利骨干工程，要择优安排。

三、水利“九五”计划的目标、任务及宏观布局

（一）目标、任务及宏观布局

水利“九五”计划的目标、任务及重点项目的布局要与全国国民经济社会发展目标相适应。根据国家计委编制的《全国国土总体规划纲要》和国务院制定的产业政策以及《九十年代中国农业发展纲要》，2000年前后，我国生产力布局以沿海、沿长江、沿黄河为主轴线，结合京九、陇海、兰新、珠江-南昆、浙赣-湘黔、哈大等二级轴线，构成我国国土开发和建设总体布局的基本框架。在满足国民经济和社会发展的需要，适应国家的生产力发展宏观布

局要求的前提下，依照“九五”水利发展的指导思想和原则，安排基本建设重大项目布局。即：在东部及沿海，大江大河大湖防洪重点地区，抓好在建防洪工程和拟建的重点工程建设，巩固、提高防洪标准。中部地区以搞好南水北调中线建设为重点，安排建设水资源综合利用水库等工程。逐步向自然资源较丰富的中西部倾斜，促进中西部地区社会经济的迅速发展，加强老少边穷地区的水利骨干工程建设。并按照“流域、梯级、综合、滚动”的方针，重点安排好实施流域滚动开发的龙头工程。

1. 防洪

——七大江河干流能够防御新中国成立以来发生的最大洪水。做到重要堤段不决口，遇超标准洪水，能有效地分蓄滞洪水，以确保重要城市和重要经济区域的防洪安全，减少受灾范围和损失。

长江：防御1954年型洪水，确保荆江大堤以及长江干支流、湖区重要堤段和武汉等重要城市的防洪安全。可更加有效地调度运用蓄滞洪区，保障分蓄洪时群众生命安全。重点河段的河势基本得到控制。

续建工程：在三峡水利枢纽建设的同时，继续按照1980年中下游防洪会议确定的系列防洪工程，加大建设力度，力争在“九五”计划内完成。同时，完成同马、无为、松滋等大堤加固。加大中下游蓄滞洪区安全建设力度，保障分蓄洪时群众生命安全。加快长江中下游河势控制治理和武汉等重点防洪城市的防洪工程建设。同时继续抓紧建设湖南江垭、云南渔洞、四川大桥等水利枢纽。

新建工程：进一步加大长江中下游治理工程力度，开工加固黄广大堤等工程。进一步控制干、支流洪水，兴建四川紫坪铺、安徽港口湾、江西大坳等综合利用水利枢纽工程。

黄河：防御1958年型洪水，确保花园口流量22000秒立米时黄河下游的防洪安全。小浪底水库将于2000年左右开始发挥蓄水拦沙作用（并发电），使下游河道淤积抬高的不利局面得到初步控制。当发生百年一遇洪水时，经小浪底水库调洪，可使花园口流量由25000秒立米削减至15000秒立米，基本不启用下游东平湖等滞洪区。

续建工程：基本建成小浪底、万家寨等水利枢纽，并开始发挥防洪减淤兴利效益。继续加固黄河下游大堤，整修险工险段，整治河道，治理河口，稳定入海流路，加快三门峡库区和小北干流治理。

新建工程：进行宁蒙河段堤防加固工程和河道整治工程建设。创造条件开工建设大柳树水利枢纽、沙坡头水利枢纽工程。

淮河：防御1954年型洪水。在继续完成治淮任务的情况下，中游的淮北大堤等重要堤防达到百年洪水标准；在完成入海水道情况下，洪泽湖大堤可抗御100年一遇洪水；可更加有效地调度运用分蓄洪区，保障分蓄洪时群众生命安全。沂沭泗中下游河道防洪标准达到20～50年一遇。

续建工程：按照1991年《国务院关于进一步治理淮河和太湖的决定》所确定的任务，加大治理建设力度，完成石漫滩水库复建、怀洪新河工程、淮干上中游河道整治和扩大泄洪通道的关键工程；完成沂沭泗洪水东调南下20年一遇防洪标准工程建设，并按50年一遇防洪标准续建；抓紧蓄滞洪区安全建设；完成包浍河、汾泉河等跨省骨干河道治理工程。

新建工程：研究建设入海水道和临淮岗洪水控制工程。

海河：按防御南系1963年型、北系1939年型、滦河1962年型洪水的防洪标准，恢复河道原有行洪能力。重点保证首都防洪安全万无一失。可更加有效地调度运用蓄滞洪区，保障分蓄洪时群众生命安全。

续建工程：进行河道整治、清淤和下游海口尾闾整治，提高天津市防洪标准。完成上游各病险大中水库的加固。建成河北桃林口水库。

新建工程：兴建河南盘石头水库，进行海河河口清淤等综合治理工程。研究兴建北京陈家庄水库。

珠江：北江大堤达到防百年一遇洪水，珠江三角洲经济发达重点地区防洪标准50～100年一遇。西江沿岸重点防洪工程可防20～50年一遇洪水。

续建工程：重点确保广州市防洪安全，提高南宁、梧州、柳州等重要城市和珠江三角洲的防洪标准。建成广东飞来峡水利枢纽。继续综合整治珠江出海口门、加固三角洲围堤及西江重点堤段的堤防建设。

新建工程：开工建设广西百色水利枢纽、云南柴石滩水库，提高下游防洪标准，发挥水库综合利用效益。

太湖流域及东南沿海独流入海水系：防御1954年、1991年型洪水，防洪标准达50年一遇。

续建工程：按照91年国务院治理淮河、太湖会议确定的任务，基本完成十项重点工程建设。确保太浦河、望虞河、杭嘉湖南排工程及环湖大堤在“九五”期间内相继发挥总体防洪效益。加快沿海独流入海水系下游尾闾的堤防建设和河口整治，提高泄洪能力，使防洪标准达到20～50年一遇。沿海重要城市、经济开发区、港口的防洪标准达到50年一遇，整修加固海堤，减少风暴潮的损失，提高防洪标准。

新建工程：兴建浙江珊溪水利枢纽工程。开工建设浙江钱塘江海堤加固工程，闽江口三期治理工程。

松花江、辽河：重点堤段达到50年一遇，一般堤段达到10～20年一遇。

续建工程：重点确保沈阳、长春、哈尔滨、盘锦等重要城市以及重要工业区的防洪安全，提高国家粮食基地的防洪标准，继续进行三江平原的综合治理，辽河三角洲平原的综合治理。松花江、辽河的干流堤防加固、险工整治、河口尾闾治理。

新建工程：建设辽宁大凌河白石水库，嫩江控制性骨干工程尼尔基水库。

——基本完成危险水库加固。全国第一批43座和第二批38座重点危险水库，至1995年已分别加固39座和10座，两批共余32座危险水库尚未加固。“九五”要求各地加大力度，力争基本完成危险水库加固任务。

——加快河道清淤清障工程建设。目前河道淤积严重，其中黄河、海河、长江河道淤积问题最为严重，现黄河下游不同断面每年淤高0.08～0.18米，地上悬河已高出地面10余米；海河河口防潮闸淤积厚度达6～7米。洞庭湖每年淤积泥沙1亿立方米，湖底平均抬高1米，湖面由解放初4000多平方公里减少至目前只有2600平方公里。“九五”要采取使用大型挖泥船等措施加快河道清淤。

——加强城市防洪工程建设。全国有防洪任务的城市约470余座（列为全国重点防洪城市31座），其中超过50万以上人口大城市71座（含重点防洪城市26座），20万～50万人口中等城市159座。现有防洪标准为大于100年一遇标准城市有北京、上海、哈尔滨、福州等大城市11座，50～100年一遇标准城市有广州、郑州、吉林等44座（其中大城市20座），20～50年一遇标准城市有武汉、济南、长沙等88座（其中大城市25座），10～20年一遇标准有天津、西安、南京、南宁等69座（其中大城市14座），不足10年一遇标准城市有柳州等18座（其中大城市1座）。

“九五”期间将完成全国31座重点防洪城市近期工程。武汉、济南、长沙等47座大城市达到100年一遇标准；天津、成都等20个大城市达到50～100年一遇标准；西安、南宁等4座为20～50年。159座中等城市（20万～50万人口）达20～50年一遇标准；20万以下人口小城市达10～20年一遇标准。

——加大非工程防洪体系的建设力度，完成中央和省一级防汛抗旱调度指挥系统和防汛决策支持系统的建设，提高洪水预警预报的自动化水平。

2. 供水

新增供水能力 600 亿～800 亿立方米，缓解严重缺水地区的供需矛盾，重点解决沿海、沿江、沿边重点城市的缺水问题，尽可能满足重点工业开发区，经济开发区，能源、原材料基地和新增灌溉面积农业用水要求。

——兴建跨流域长距离调水工程南水北调中线工程，为从根本上解决京、津、华北地区缺水问题打下基础。南水北调中线工程将在 2000 年前后具备调水到北京、天津的条件。在完成东北引松入长、引碧入连、西北引黄入晋、引大入秦等一批长距离引水工程的同时，根据财力可能及地方经济发展，兴建新疆供水工程等。

——开发建设流域控制性综合利用骨干工程，如青海黑泉水库、甘肃昌马水库工程等。计划新建大中型水库 200 余座，总库容 446 亿立方米。

——坚持开展以农田水利为重点的农业基础设施建设，增加有效灌溉面积，发展农业灌排和人畜饮水工程，主要是大中型泵站以及抽水井站、小水窑等。新增城乡供水 600 处，同时配合“八七”扶贫攻坚计划，加快老少边穷地区人畜饮水工程建设，基本解决 4600 万人的饮水困难问题。

“九五”内增加灌溉面积 5000 万亩，治理易涝地 3000 万亩，治理渍害低产田 1000 万亩，改良盐碱地 1000 万亩，新增节水灌溉面积 5000 万亩。

农田水利灌排工程的建设很大程度上决定着我国粮食稳定高产，直接关系到满足 13 亿人口吃饭、保持我国社会经济稳定发展的大局。根据中央农村工作会议精神，按分级负责的原则，各级人民政府在抓好“米袋子”和“菜篮子”时，必须重视灌排工程建设，提高农田抗御水旱灾害的能力，为“九五”增产 1000 亿斤粮食打好水利基础。

按照开源与节流并举的原则和“九五”计划目标，搞好现有灌区的更新改造，节约用水，科学用水，把农业节水放在首位，作为战略措施来抓。扩大灌溉面积，重视农田灌溉排水、提高除涝标准，治理盐碱渍地，加快坡耕地改造和旱地水利土壤改良，合理开发利用地下水。同时，为我国下世纪发展粮食生产，要面向中西部，开垦荒地，超前搞好水利基础设施，开发新的水源工程。

中央水利投资起积极发展灌排、农田水利建设的引导作用，投入重点应集中用于骨干水源和国家的商品粮基地水利工程建设，做好东北粮仓，三江平原，黄淮海、宁蒙河套，河西、新疆以及长江中下游等产粮地区的引导资金安排。同时鼓励粮食调入省份大力加强对农田水利的投入，积极发展粮食生产，努力实现粮食自给，调剂余缺。积极扶持老、少、边、穷地区和滇、黔、桂石灰岩地区农田水利建设，力争做到粮食自给。

结合目前我国城市严重缺水的形势，要大力推行计划用水、节约用水，开源与节流并重，建成节水型农业、工业和节水型社会。加强水行政主管部门对供水工作的统一领导和管理，狠抓取水许可制度的实施，做好水资源归口管理。供水水源工程的建设要以规划为依据，按照社会主义市场经济规律，立足于地方各级人民政府和地方水利部门为投入主体，大力发展城乡供水事业，工程安排的重点一是沿海城市一条线；二是华北地区、辽河中下游二大片；三是西北内陆、能源基地、沿江开发三个重点。

据测算，新增供水能力600亿～800亿立方米中，农业用水400亿立方米，工业用水200亿立方米，城市生活用水100亿立方米。

3. 水土保持及水资源保护

计划完成水土流失治理面积25万平方公里。每年新建1250座、加固1250座淤地坝工程，建设沟坝地、引水拉沙造田，新修梯田500万亩，治理1万多个南方风化花岗岩地区的“崩岗”，新增耕地、保护耕地，以改善当地生态环境，保护水土资源，减少江河及水库泥沙淤积，为群众脱贫致富创造条件。重点仍是以黄河中游和长江中上游地区为主，并抓好其他全国重点治理区的水土保持工程建设。主要分布在晋、陕、蒙、川、滇、黔等省（自治区）的33片重点治理区，占治理面积的68%（17万平方公里）。以小流域为单元，集中联片，形成规模，抓好治沟骨干工程建设，推进小流域治理和“四荒”拍卖工作。搞好水库库区综合治理，减少泥沙淤积。同时，抓好城市水土保持工作。

建立健全水土保持法规体系及监督执法体系，加强水土保持执法的深度与广度，减少因人为活动、经济建设造成的新增水土流失，重点预防轻度以下的水土流失区，重点治理水土流失严重地区。加快全国水土流失监测网建设。

保护水资源，改善水环境。水利部门要协同国家环保部门努力做到控制江河水污染所引起的生态环境恶化，做好江河湖泊的水资源保护工作。重点是淮河、太湖等流域污水排放总量，以及加强大中城市河流的下游地区、沿海经济开发区、乡镇企业集中地区的水污染防治以及沿海地区海水入侵监测。保护重要水源地，监督对污染源进行治理。通过新建水源工程、供水工程，减少地下水的过量开采，强化水资源的统一调配，在“九五”内使重点地下水漏斗地区地下水下降引起的地面沉降和生态环境恶化问题得到进一步缓解，并初步得到控制。通过实施《取水许可制度实施办法》加强向水体排污的监督管理工作，力争“九五”期间对向大江大河大湖及水库排污实行登记许可。

4. 水力发电及农村电气化县建设

“九五”期间，结合流域综合开发，共新增水电装机1000万千瓦，继续实施“农村水电123扶贫工程”。配合国家“八七”扶贫攻坚计划，建设第三批300个农村水电初级电气化县。到本世纪末共建成600个农村水电初级电气化县。水利部门管理水电装机达到3000万千瓦，约占全国水电装机的37.5%。

工程建设重点仍在我国西南、华南、华东以及东北水电开发条件优越地区，要加快水电建设的步伐，实行大、中、小并举。建设一批具有综合利用效益的大中型水利水电工程；对水力资源集中、效益好、见效快的中小河流实行“流域、梯级、综合、滚动”开发，由水利部门组建流域水电梯级开发公司，以开发龙头水库电站为先导，实行滚动开发；在中小水电供电区内建设一批有调节能力的中型骨干电站；积极发展农村小水电。

在四川、云南、广西、江西、福建、新疆、甘肃、陕西等22个省（自治区）的小水电供电区内建设第三批300个农村水电初级电气化县。以地方政府和群众自建小水电为主，同时发展负荷和完善电网，在五年的时间内使县通用电水平达到初级电气化标准。

发展地方电网建设，巩固现有区域性电网，建设新的区域性电网，建成部分跨地区的骨干电网。

水电及农村电气化建设要按照社会主义市场经济的基本原则，立足于各级地方政府投入为主，国家采取适当的鼓励措施和政策措施予以扶持。

（二）重点工程

续建工程：黄河小浪底、万家寨、广东飞来峡、湖南江垭、河北桃林口、西藏满拉、新疆乌鲁瓦提等水利枢纽及水库工程，治理淮河、太湖，荆江大堤、四川大桥、洞庭湖治理；黄河中下游治理，黄河中游及长江上游水土保持工程等共35项。

新建工程：南水北调中线工程、青海黑泉水库、贵州王二河水库、广西百色水利枢纽、新疆供水工程等25项。

（三）支撑体系建设规划

1. 水利法制建设

——按照水利部《水法规体系总体规划》，积极配合国家有关部门制定有关的水利法规。近期立法的重点是：促进水利基础产业发展的有关水利经济法规；加强宏观调控，合理开发利用保护水资源的法规；维护水利工程管理单位合法权益的有关法规。

——积极开展流域立法，强化流域水行政管理职能。在建设国家水法规体系的同时，依据国家的有关法规，按近期立法的重点，开展流域性的水法规的制订。把流域水资源开发利用与保护从规划、建设、管理中以责、权、利通过法律形式予以明确。

——加强行业、立法队伍建设，建立一支高效、公正、廉洁的水政执法队伍，不断提高执法人员的政治、业务素质，做到敢于执法又善于执法。同时，水政执法要实行“宣传教育、预防为主”的方针，以法律规范水事行为，调处水事纠纷，维护社会安定，巩固水利建设成果，促进水利事业健康发展。

2. 水利管理

理顺管理体制，核定并明确水利工程管理单位财务管理形式，健全管理机构，提高管理人员素质。按照分级管理的原则管好用好各类水利工程，并加强对流域性工程的管理和经营管理，制定相应配套法规和办法，严格依法管理。

完成水利工程与设施的管理、保护范围的划界确权发证工作。

对已建的水利工程要有计划地进行大修和更新改造。争取“九五”期间内使重点水库、堤防、水闸、灌区、机电泵站等水利工程达到正常的大修和更新改造的要求。

改善管理设施，提高管理水平。完成大型水库、重要中型水库、大型水闸、重点堤防的观测设施的完善与改造。结合防汛通信系统建设，完成大型水库、大型水闸、主要江河重要河段的水情自动测报和通信设施建设，并实现重要大型水库工程监测自动化。在全面规划基础上，逐步建立自动测报站网、信息传输系统和调度运用模型，实行流域优化调度，并逐步建立全国大坝安全管理信息网络系统。

完善水利工程的经营管理体制，初步建立起良性运行机制，提高水利管理单位自我维持和发展的能力，水利企业要按照经济体制改革的要求，把握国有企业改革方向，建立现代企业制度，基本解决行业贫困问题。

大力发展水库渔业和旅游业。充分利用水利部门管理的水库水面和库区优良环境条件，发展水产养殖、水利旅游，增加水库管理单位的经济收入，充分发挥水利工程的综合效益。

3. 水库移民

要结合国家“八七”扶贫攻坚计划，把新、老移民问题解决好。处理好已建水库移民遗留问题，实行开发性移民方针，继续扶持移民发展以种养业为主的生产建设，改善库区移民基础设施，落实移民优惠政策。使已建水库移民解决温饱问题，大多数移民达到当地县农村人均收入水平。

努力做好在建和新建水库的移民安置工作。建设单位必须认真贯彻执行《大中型水利水电工程建设征地补偿和移民安置条例》，按照移民安置规划，依靠地方政府，妥善做好移民安置工作。“九五”要重点做好三峡、小浪底、万家寨等移民数量大、问题较多的水库的移民安置工作。

4. 前期工作

完成七大江河及重要支流的流域规划审批工作。对已批准的流域规划执行情况进行检查监督，抓紧未批流域规划的审查、报批工作。继续开展流域综合规划、区域规划、专业规划以及进行全国中长期水利发展规划编制工作。搞好跨省河流、国际河流及重要中小河流的规划和补充修订工作。开展七大江河重要支流及河口地区综合利用水利规划及地下水资源开发利用规划等工作。

建立全国水利规划体系，以此作为加强水利行业宏观管理的重要依据。

抓紧进行“九五”拟建工程和跨世纪骨干工程的规划设计工作，搞好项目储备。“九五”重点前期工作项目主要有：南水北调、东北北水南调等跨流域调水工程，长江上游金沙江等河流规划，大柳树、碛口、紫坪铺、亭子口、临淮岗、尼尔基、哈达山等水利枢纽工程。

5. 水文工作

改革基层水文站生产运行机制，初步完成415个水文站队结合的基地建设；基本完成水文站网优化工作，完成一批全国重要水文站的达标建设。

解决水文测验设备、仪器老化更新问题，基本实现水文巡回监测。推进水文现代化的自动监测系统建设，将微电子技术、卫星遥感遥测等现代化技术应用于收集传输水文数据。建成各级水环境中心化验室，更新和充实水质仪器和设备。

完善水文信息网络，保证基层测站的水文信息及时传输到各级防汛指挥机构。基本建成水文数据库系统，并进行水文地理信息系统建设，提高预报精度，增长预见期，提高水文、水资源分析评价技术水平，为国民经济建设提供优质服务。

6. 水利科技

贯彻全国科学技术大会的精神和科技改革方针，深化科技体制改革，增强水利行业科技实力，依靠科技进步调整水利产业结构、提高技术水平和水利经济增长质量。水利科技对水利发展的贡献率由目前的32%提高到近50%。建立健全科技推广机构，推广水利科技成果，使科技成果尽快形成生产力，并积极引导和支持有条件的科技成果进入技术市场。

继续贯彻“稳住一头，放开一片”的方针，增加科技投入，稳住一支高水平的科技队伍，从事应用基础、社会公益性、有关国家整体利益、长远利益的研究及重大科技攻关活动。加强科技成果转化工作，重点推广节水灌溉技术、小流域综合治理技术等一批优秀成果。

重点进行水资源开发利用、水环境保护、防洪减灾、水土保持、节约用水、水利工程建设和管理、水利信息技术等重大课题的科学研究工作。同时，加强水利科技推广工作。

加强水利水电技术监督工作：基本建立水利水电技术标准与技术法规体

系，加大采用和国外先进标准的力度，提高技术标准的科技含量，完成近100个技术机构、实验室的国家计量认证工作，在全行业建立5～10个部级计量检定中心。建立健全对重点建设工程和重点产品的安全质量监督抽查制度，建立完善质量保证体系。

7. 教育与队伍建设

以提高教育质量和办学效益为重点，加快水利高等教育的改革与发展，积极发展水利职业技术教育。以水利建设和市场需要为导向，调整专业层次和结构，加强学科建设，扩大学校的服务面，努力培养数量足够、质量优秀的各类高、中、初级科技和专门人才。并在考虑自然减员因素的情况下，科技、经济、管理等专业人员由目前32万人增至40万人。

积极开展以岗位培训为主的各种层次和类型的成人教育，不断提高职工队伍的整体素质。发展成人学历教育、继续教育和技术等级培训，贯彻业余和短期培训为主，面向基层，尽快提高干部队伍素质和基层水利职工的科学文化素质、职业技能。“九五”期间全员培训率120%。

在巩固现有水利职工队伍的同时，有计划地调整水利职工的队伍结构，建立一支多层次、结构合理的队伍。积极改善水利职工的工作和生活条件，逐步提高水利职工的收入，达到全国职工平均收入水平。

加强精神文明建设，重视职工的政治思想教育和文化建设，加强社会主义市场经济理论和现代科学知识的学习，造就一大批有理想、懂技术、善管理、会经营的跨世纪水利人才，包括实施“四个一”人才培训工程（即10名部级、100名正司局级、1000名正处级、10000名经营管理干部培养选拔培训工程）。

8. 农村水利及水土保持服务体系建设

认真贯彻执行“农业技术推广法”和国务院关于大力加强农业社会化服务体系建设的决定，用好政策和现有各项有关资金，加强农村水利及水土保持服务体系基础设施建设，更新和购置必要的仪器设备，提高服务手段，增强服务功能，壮大基层水利服务机构的经济实力，稳定队伍，为农业生产发展提供有效和优质的水利服务。

四、水利“九五”计划投资规模

（一）投资总规模和投资分布

中国是一个农业大国，水利历来都被放在十分重要的地位。在当前建设有中国特色社会主义新的历史时期，水利作为国民经济的基础设施和基础产业的地位必须得到切实的重视和加强。新中国成立以来，党和政府对水利建设一直给予直接的领导和关怀，投入了大量的人力、财力、物力，才形成今天这样一种局面。但在各个历史时期，国家对水利的投入多少，直接关系到水利事业的兴衰，关系到农业和整个国民经济基础稳定的大局。

统计分析表明“一五”至“五五”期间，水利基建投资占全国基建投资规模的比例大于5%时，水利建设得到了加强，大体保证了水利建设与国民经济的同步发展。建国初期通过对大江大河的大规模整治，从根本上改变了旧中国水利千疮百孔的面目，为江河安澜，人民群众恢复家园、发展生产、安居乐业提供了基本保障，为农业生产的恢复和发展打下了一定基础，使我国的粮食产量稳步增长，基本满足了全国人民的温饱需求。特别是三年困难时期后，由于水利基础较好，国民经济较快地得到调整和恢复。而“六五”期间，水利占国家基本建设的投入比例下降到2.7%，“七五”下降到2.3%，实际投资额甚至比“五五”期间还小。水利投入的减少，发展滞后，水利基础设施保障能力的降低，其负面效应在其后几年的社会经济生活中有明显的反映。“七五”及“八五”以来，水利防洪设施抗灾能力降低，水旱灾害损失日趋严重，水资源短缺严重地制约了我国经济的发展。“六五”期末、“七五”期初，我国农业粮食生产出现连续波动，水利保障能力降低是其重要原因。“六五”期间是新中国成立以来灌溉面积衰减最严重的时期，灌溉效益也日趋下降，全国有效灌溉面积平均每年净减200多万亩。“七五”期间增减相抵略有增加，处于维持状态。1980—1990年十年间灌溉面积由7.3亿亩下降到7.26亿亩，直到“八五”期间才逐步进入稳步增长时期。

“八五”期间水利投资额度较前一时期有了较大增幅，但水利投入在全国基建中所占的比例仍无大的改观。水利投入仍然不足。特别是十多年的改革开放，我国社会经济生活发生天翻地覆的变化，沿海、沿江经济开发带逐步形成，乡镇企业迅速崛起，对防洪保安提出了新的更高的要求；人口的增加，耕地后备资源的减少，环境条件的变化，对水资源开发利用的要求越来越迫切。特别是近几年的洪涝灾害更是给我们敲响了警钟。因此水利必须要有一个大的发展，才能满足国民经济建设和人民生活不断增长的要求。

总结历史的经验，较高的水利投入比例是水利事业发展的必要保障。水利投资在国家基本建设投资中应占到5%以上，才能使水利保持一个较为合理的发展规模和速度，满足国民经济的发展对防洪保安和水资源开发利用的基本需求。

此外，水利投入在农口中所占比例也应有一个适当的比例，大体在60%以上。低于这个比例，则会造成农业生产与农田灌排设施建设比例的失调。因此，在国家投资政策向农业倾斜的同时，应重点向水利这个基础倾斜，才能保证总体目标的顺利实现。

按水利“九五”计划目标和任务，根据国民经济社会发展需求和国家投资体制改革的有关精神，以及“八五”计划执行情况和在建工程在“九五”计划内投资走势分析，全国各类水利建设项目需要投资总规模为3582亿元（以1995年物价水平计算）。

从上述总规模在各流域的分布看，投资的安排既考虑到我国江河中下游防洪治理任务较重，重点保证长江、黄河、淮河、太湖的治理需要，也考虑了投资向西部倾斜，增加投入的力度。中央投资安排比例从地区上对西部经济落后地区要较经济较为发达的东部沿海地区的比例高；从项目类型上，中央对大江大河防洪工程项目的投资要较水电、供水项目的比例高，对中央重点工程项目也要较一般工程项目比例高。

在3582亿元的投资总规模中，大型骨干水库建设、江河防洪及治理工程（包括堤防加固、河道整治、防洪水库建设、险库加固、蓄滞洪区建设、城市防洪、海堤加固、防汛通讯等）投资占总规模的47.4%。供水工程投资（包括南水北调中线等跨流域调水工程、提水、引水工程、井站等）占总规模的38.88%；水电站及中小电网，电气化县建设投资占总规模的8.04%；水土保持工程投资占总规模的4.31%；科技、教育、水文、信息、前期工作等基础性工作投资占总规模的2.37%。

从上述各种类型水利投资占总规模的比重看，投资主要集中在防洪和水资源工程上，反映了“九五”水利建设的重点得到了较充分的保证，基本符合中央地方财政“分灶吃饭”和分级负责的原则。

（二）投资分年安排趋势分析

“八五”结转规模较大，在考虑价格上涨因素情况下，为保证工程合理工期，尽快发挥工程效益，应首先安排续建工程的投资规模。水利“九五”计划新开工项目的安排，以南水北调中线等一批工程为重点，以江河治理骨干工程，发展 1000 亿斤粮食和“九五”计划各目标为基本内容，按轻重缓急安排开工规模。

按照持续稳定发展水利的要求，在水利“九五”计划分年投资的安排上，各年的投资规模，充分考虑续建项目逐年减少的趋势和新建项目投资逐年增加的要求，以使分年的投资安排基本维持在一个基本平缓上涨的幅度范围内。

（三）关于资金的筹措

“九五”计划水利建设任务重、投资大，必须采取有效措施，拓宽资金渠道，逐步建立多元化、多渠道、多层次水利投资体系。国家预算内水利基本建设投资、政策性贷款、银行贷款、技改贷款、以工代赈等现有渠道的水利投资要长期稳定，并逐年增加。各级政府还要在预算外基建规模中加大对水利的投入。农业开发资金、粮食发展等专项资金要更多的用于农田水利基本建设和改善农业生产的工程设施建设。同时，还可通过政策性收费与征收水资源费、防洪费、占用农业水源和灌溉面积补偿费，提高供水水费和水电电费，建立水利发展基金等办法筹集水利建设资金。“九五”期间除了中央要增加对水利的投入外，地方要更大幅度地增加水利投入。

积极创造条件，扩大对外开放，采取不同形式，争取更多地吸收和利用外资。对水利利用外资要采取更多的优惠政策，世界银行、亚行贷款和日本海外协力基金等各种双边政府贷款均要争取多用于水利建设项目，选择一些水利项目开展 BOT 方式建设。

调动全社会兴办水利的积极性，积极引导地方、集体和农民增加对水利资金投入和劳动积累，多方开辟水利建设资金来源。按照“谁受益、谁负担”的原则，对受益于水利工程的工矿、企业要分摊防洪、除涝等水利工程建设投资，同时鼓励企业、集体、个人按照水利部门统一规划和制定的政策采取各种形式兴办水利水电、供水等水利工程。

五、完成水利“九五”计划的主要政策措施

水利是国民经济的重要基础设施和基础产业，为了完成水利“九五”计划目标，必须加强政府宏观调控能力，加强组织协调和投资行为的引导工作，搞好统一规划及产业政策和法规的制订。按照国家制定的产业政策，在资金投入和政策上给水利以倾斜，并如同能源、交通、通讯等部门一样，切实加以落实。为此需要采取以下政策措施：

（一）增加水利投入，深化投资体制改革，建立多元化、多层次、多渠道的水利投资体系

1. 中央和地方各级政府在基建和更新改造方面需要从基建、财政、信贷、外资、水利专项资金等多种渠道增加对水利的投入。投入增加的力度应高于物价增长的幅度，以使水利投入增加幅度与国民经济发展相适应。同时，水利投入比例应占全国基本建设总规模的5%以上。对于大农业增加的各类资金投入要优先安排好大江大河大湖治理和农田灌排工程等水利设施建设，其中用于水利资金的比例应不低于60%。中央水利资金要首先保证大江大河大湖治理和跨省、跨流域、重点骨干工程的需要，并按照中央和地方事权划分原则逐步加大地方投资责任和投入力度。

2. 以社会效益为主的防洪基础设施建设是政府行为，对不具备还贷能力的防洪工程程项目，应由各级政府为主加大投入力度，并主要由各级财政安排资金。各级政府需在财政收入上明确对水利基础建设支出的比例，作为各级政府的基本支出。

3. 国家要制订水利贷款、税收优惠政策并增加用于水种政策性贷款和专项贷款。

由于水利供水、发电设施初期投资较大且大部分服务于农业，有的还承担部分防洪等综合利用任务，还贷能力低，且在价格上受制于政府部门的政策性控制，还不能完全按市场经济机制运行。因此，从国家政策上给予扶持是十分必要的。要求银行、税收部门在利率、还款期和税收方面制定优惠政策。对水利基建项目的政策性贷款按现有利率下浮50%以上，还款期延长至15～30年；技改贷款由国家给予50%的财政或基建投资贴息，还款期延长至10～15年。银行部门安排贷款，要按国家产业政策优先用于水利基础设施项

目建设，并逐步增加贷款规模。

在税收方面需实行以下优惠政策：①对防洪工程在税收上实行减免；②水利供水、发电收入应征所得税在还贷期间实行挂税，还清贷款后再逐步征收；③减免水利产品增值税，征收比例由现行规定的17％减为5％～6％；④对于水利建设项目进口设备实行减免税政策。也可实行将减免税返还水利部门仍用于水利工程项目建设的政策；⑤对于发展水利新技术、节水等所需要的引进国外设备、原材料供应，继续实行进口减免税和补贴政策，以扶持发展。

以上具体实施办法建议由国家计委组织国家开发银行、财政部、国家税务局、水利部等部门研究制定。

4. 按照国家农业法规定，分别建立中央和地方水利建设专项基金。

中央水利建设专项基金来源：一是从全国固定资产投资中征收1％～2％的附加费，中央、地方按1∶1比例分成。或者中央及各省从预算外基本建设投资和国有土地转让费中提取一定比例，其中60％上缴中央；二是凡建设用地占用灌溉面积的，征收灌溉工程投资的4～6倍占地费，征收费的60％留地方，40％上缴中央；三是从企业收入、个人收入征税中，以及从投资方向调节税中划出一定比例或附加1％～2％比例。

5. 实行流域滚动开发和促进综合利用工程开发的方针。国家对综合利用水利、水电工程建设使用国家开发银行资金时，予以优惠贷款政策，还贷期15～30年；年息为5％～7％。对某一流域已开发的水利水电枢纽工程其供水、发电回收的利税，除还贷外，仍返还用于其他工程枢纽的开发，促使流域开发治理的滚动发展。

6. 加强水利前期工作，建立前期工作基金。

水利前期工作所需时间长，费用多，需要超前安排。为了使前期工作经费有稳定来源，需要建立基金。资金来源：①一定比例的财政专项事业费和基建拨款；②从电费和供水水费中征收附加费用于水利资源勘察；③从已开工项目的基建投资中回收垫付的前期费用。

（二）加强协调，发挥水利建设资金整体效益，更好为农业增产服务

1. 农业综合开发、商品粮棉基地建设等的水利灌排工程建设要服从于水行政主管部门的统一规划。

2. 灌溉工程从水源到灌区各项配套工程投资要同步安排，统一纳入投资规模，应逐步实现由建设业主落实各项资金后由水行政主管部门审查后报各级计划主管部门审批立项。并按项目法人负责制建成交付使用，发挥工程投资整体效益。

（三）加强水资源合理开发利用和保护的统一管理，依法治水

1. 加快修订《水法》，制订《水资源综合利用促进法》《水资源费征收和使用办法》等有关法规，进一步加强水行政主管部门和流域机构对水资源保护的监督和执法职能。

2. 认真抓好综合利用、节约用水和水资源保护三个重要环节，建立节水型社会（包括节水型农业、工业和城市），应将节水如同节约耕地一样作为我国的一项基本国策，国家从规划、立法、政策、资金投入和组织机构等方面予以落实，使我国有限的水资源获得最佳效益。

（四）制定水利产业政策，进一步理顺水价、电价和收费制度，建立水利投资公司，促进水利产业的良性运行

1. 完成水利产业政策的制订工作。

2. 进一步理顺水价、电价和实施已出台的各种收费制度，加大依法征收的力度，使国有水管单位建立良性运行机制。

3. 国家积极扶持水利部门建立水利投资公司，作为中央或省级政府投资主体代表，对控股的供水发电项目进行投资，实行全过程负责，并承担国有资产的保值增值责任。

附录3　全国水利发展第十个五年计划和2010年规划（节选）

前　言

水是人类生存与发展的生命线，是国民经济与生态环境的命脉，是实现可持续发展的重要物质基础。水旱灾害防治和水资源可持续利用，关系到国家安全和现代化建设进程。新中国成立50多年来，特别是改革开放20多年来，党和国家高度重视水利建设，兴建了大量的水利基础设施，发挥了显著的效益，为保障经济建设和社会稳定做出了巨大贡献。但是，由于特定的自然条件和气候特点，我国降雨时空分布不均，水旱灾害频繁，水利建设任务十分艰巨。随着人口增加、经济发展、社会进步和城市化水平的提高，对水资源的需求将进一步增加，对水的安全保障程度的要求也越来越高。水利滞后于经济社会发展要求的突出问题，已成为我国实施可持续发展战略的严重制约因素。

党的十五届五中全会通过的《中共中央关于制定国民经济和社会发展第十个五年计划的建议》和九届全国人大第四次会议审议通过的《中华人民共和国国民经济和社会发展第十个五年计划纲要》（以下简称《建议》和《纲要》）深刻地阐明了新时期水利发展的重要地位和作用，进一步明确了新时期的治水方针，对水利工作提出了新的任务和要求，指出水资源短缺已经成为国民经济和社会发展的严重制约因素，水资源可持续利用是我国经济社会发展的战略问题。要重点加强大江大河大湖防洪工程体系建设和综合治理，在加强防洪减灾的同时，把解决水资源不足和水污染问题放到更加突出的位置。

水利部认真贯彻江泽民总书记“三个代表”重要思想和《建议》与《纲要》精神，按照经济社会发展总体战略目标、布局和任务，新时期的治水思路，以及国家发展计划委员会关于编制“十五”规划的总体要求，组织各流域机构及各省（自治区、直辖市）水利部门，分析研究水利发展面临的形势任务和经济社会发展对水利的要求，编制完成《全国水利发展第十个五年计划和 2010 年规划》，明确了近期全国水利发展的总体思路、目标任务、建设重点和保障措施。

一、水利发展现状

新中国成立 50 多年来，我国水利事业在党和政府的高度重视和人民群众的积极参与下蓬勃发展。特别是改革开放 20 多年以来，随着经济社会的快速发展，水利建设进程加快，尤其是“九五”期间水利事业全面推进，取得了突破性进展。截至 2000 年底，全国累计新建、整修和加固堤防 27 万多公里，兴建大中小型水库 8.5 万余座，初步形成了大江大河大湖的防洪排涝工程体系，有效地控制了常遇洪水，战胜了大洪水和特大洪水，减轻了洪涝灾害损失，特别是确保黄河 50 多年大汛的岁岁安澜；全国总供水能力从 1949 年的 1030 亿立方米增加到 5800 多亿立方米，其中工业及城市生活用水量从 30 多亿立方米增加到 1720 多亿立方米，累计解决了农村 2.3 亿人口、1.5 亿头牲畜的饮水困难，有效灌溉面积从 2.4 亿亩发展到 8.2 亿亩，初步形成了以当地水资源利用为主体的供给格局和农田灌排工程体系，灌区生产的粮食占全国粮食总产量的 2/3 以上；全国水电总装机容量从 36 万千瓦增加到 7297 万千瓦，其中水利系统水电装机容量达 3110 万千瓦，完成了 653 个初级电气化县建设；初步治理的水土流失面积累计达到 81 万平方公里；开展了七大江河流域综合规划和一大批防洪、水资源和水土保持等专业规划，有效地指导了全国水利建设；已颁布《中华人民共和国水法》《中华人民共和国水土保持法》《中华人民共和国防洪法》《中华人民共和国水污染防治法》等 4 部水法律，以及水行政法规 19 项、部规章 80 多项，各省（自治区、直辖市）制定地方性水法规规章和省级规范性文件 700 余件，初步建立了水管理和水法规框架体系。

水利在促进经济发展，保持社会稳定，保障供水和粮食安全，提高人民生活水平，改善人居环境和生态环境等方面做出了巨大的贡献。

（一）“九五”成就

“九五”是我国经济社会发展承上启下的重要时期，也是水利快速发展的时期。党中央和国务院对水利工作高度重视，进一步明确了治水方针，提出了新的任务和要求，把水资源的可持续利用提高到保障经济社会可持续发展的战略高度，加大投入，加快水利基础设施建设，全社会的水患意识和节水意识不断增强。水利部门积极调整治水思路，认真探索由传统水利向现代水利转变，推进水利投资体制和建管体制改革，加强水资源的统一管理和水利队伍建设。在各级政府领导和广大人民群众参与下，水利工作取得了突破性进展。

1. 战胜罕见的水旱灾害，保障了经济发展和社会稳定

“九五”期间，先后战胜了1998年长江、嫩江、松花江和1999年太湖大水，最大限度地减轻了灾害损失，保护了人民群众的生命财产安全，为维护改革、发展、稳定的大好局面做出了贡献。2000年，我国发生了新中国成立以来严重的干旱，波及20多个省（自治区、直辖市），农作物受旱面积达6.1亿亩，其中成灾4.0亿亩，绝收1.2亿亩。北方一些大中城市的缺水形势更加严峻，约有620座县级以上城市缺水，其中300多座城市被迫限时限量供水，2600多万城市人口的用水受到影响。大旱面前，各级政府加大投入，强化管理，采取各种节流和开源措施，广大干部群众奋力抗灾，及时实施了引黄济津等应急调水工程，基本保证了城市居民生活和重点工业用水，大大减轻了因干旱造成的经济损失和危害。

2. 深化水利改革，明确了治水思路

水利部党组遵照中央提出的新时期治水方针，结合水利工作实际，深化水利改革，提出了从传统水利向现代水利转变，城市建设和工农业布局要充分考虑水资源承载能力，积极协调人水关系，以水资源的可持续利用保障经济社会可持续发展的治水思路。在重视水资源开发、利用、治理的同时，更加重视水资源的配置、节约、保护和水资源的统一管理，促进水资源的可持续利用；全面推进依法行政、依法治水进程；积极进行水权理论探讨，建立合理水价形成机制，加快城市水务管理体制和灌区管理体制改革，不断提高水资源利用效率；坚持科学治水，推进决策的科学化、民主化，加强水利信息化建设，进一步推动水利事业的全面发展。

3. 加强水利规划和计划，保障了水利建设有序进行

随着“九五”后三年水利建设投资的增加，为切实发挥投资效益，按照

国务院领导指示和水利部党组的部署，加大了水利规划计划工作力度。“九五”期间，组织编制和完成了《全国防洪规划》《加强长江近期防洪建设若干意见》《黄河的重大问题及其对策》《加强嫩江松花江近期防洪建设若干意见》《西部地区水利发展规划纲要》《全国水资源保护规划》《黑河流域近期治理规划》《塔里木河流域近期综合治理规划》等一系列规划和工作方案；加强项目前期工作，强化设计方案的优化比选，提高工程建设的安全与经济的合理性；重视计划与投资管理，优化投资结构，保证建设重点，采取投资计划与实物工程量同时下达，进行跟踪管理。发挥水利规划计划的指导和调控作用，满足了大规模的水利基本建设的要求，保障了水利建设的有序进行。

4. 增加水利投入，基本完成了“九五”投资计划目标

“九五”计划拟定的全国水利基建总投资规模为3590亿元，其中中央投资1260亿元，地方投资2330亿元。通过建立水利建设基金、特别是国家增发国债用于基础设施建设，“九五”期间全国共完成水利基建投资2716亿元，是“八五”的4倍，其中中央投资1206亿元，安排水利基本建设项目1820多个。中央投资构成中非经营性投资1014亿元（其中国债投资629亿元，中央预算内资金313亿元，水利建设基金72亿元），利用国内外贷款等资金192亿元。中央水利投资安排防洪工程954亿元，占79%，其中大江大河干支流堤防及河道整治478亿元；水资源工程120亿元，占10%；水土保持工程33亿元，占3%；农村电气化县建设等其他工程99亿元，占8%。“九五”后期，中央水利投资加大了向西部地区倾斜的力度，共安排166亿元，是“八五”的6倍多。水利投资的增加不仅进一步加强了水利基础设施建设，还有效地扩大了内需，带动相关产业发展，增加社会就业，为拉动经济增长做出了贡献。

5. 加快基础设施建设，重点工程建设成效显著

长江三峡等重点工程建设进展顺利，黄河小浪底和万家寨、广东飞来峡、湖南江垭、新疆乌鲁瓦提、西藏满拉、辽宁观音阁等25座控制性枢纽工程相继建成发挥效益。南水北调等一批重大水利工程的前期工作步伐加快。1998年“三江”大水后，根据党中央、国务院的部署，加快了以大江大河堤防加固为重点的防洪工程建设，共加固、新建堤防3万公里，完成堤防断面达标

长度1.6万公里，其中大江大河干支流Ⅰ、Ⅱ级重要堤防达标长度1万多公里。长江中下游堤防达标长度6100公里，占设计长度一半以上，黄河下游1400公里大堤全面加高加宽，松辽流域完成Ⅰ、Ⅱ级堤防断面达标长度1840公里，占需达标长度的46%。治淮、治太工程建设进展顺利，珠江、海河等其他河流的治理工作也相应加快。重点海堤加固达标长度6000多公里，占需达标长度的44%。全国81座第一、二批重点病险水库中，已有78座完成了除险加固任务，恢复防洪库容58亿立方米。新增防洪达标城市59个，累计达到236个，城市防洪工程建设取得显著成效。

“九五”期间全国新增供水能力400亿立方米，进一步提高了城乡供水能力。在农业总用水量基本未增加的情况下，新增灌溉面积6400万亩，解决了5000万农村人口的饮水困难；水土保持生态建设进一步加强，治理速度和质量明显提高，年均治理面积达到4.6万平方公里，是建国50年平均年治理速度的3倍；水利系统新增水电装机1100万千瓦，其中中小水电装机800多万千瓦，完成了335个农村水电初级电气化县建设。

6. 增强全社会节水意识，节水工作迈上了新台阶

党的十五届三中全会提出，要把推广节水灌溉作为一项革命性措施来抓。经国务院批准成立了全国节约用水办公室，加强节水工作，全社会节水意识增强。“九五”全国用于节水灌溉工程建设的投资达430亿元，重点组织实施了300个节水增产示范县建设和200多个大型灌区以节水为中心的续建配套和技术改造。全国发展工程节水灌溉面积近1.2亿亩，累计达到2.5亿亩，灌溉用水效率明显提高，全国亩均灌溉用水量从1995年的476立方米减少到2000年的439立方米。各地相继出台了一些节约用水的政策措施，有力地加强了需水管理，城市及工业节水力度加大，全国城市累计节约用水量100多亿立方米。

7. 加强水资源管理，推进了水务一体化

“九五”期间，各级水行政主管部门依法加强水资源管理，完善取水许可制度，推进流域和区域的水资源统一管理。全国已有25个省（自治区、直辖市）出台了取水许可制度配套法规和水资源费征收管理办法，有效地促进了水资源的合理配置和节约用水。经国务院批准，1998年国家计委、

水利部联合颁发《黄河干流可供水量年度分配方案》《黄河干流水量调度管理办法》，1997 年水利部批复了《黑河流域水量分配方案》。通过对流域年度水量的统一调度与管理，2000 年在北方大旱之年，实现黄河全年没有断流，并首次成功地实施了向塔里木河下游和黑河下游输水，为改善流域生态环境创造了条件，也为加强流域水资源统一管理提供了经验。加强水质监测和保护工作，太湖、淮河等流域实施跨流域调水和截污等措施，改善了局部地区水质状况。通过不断改革水管理体制，推进水务一体化，“九五”期间全国新成立县级以上水务局近 400 个，累计达到 464 个，有效地促进了水资源的统一管理。

8. 完善水法规体系，加大了水行政执法力度

“九五”期间，国家颁布了《防洪法》《水利产业政策》《蓄滞洪区运用补偿暂行办法》等水法律和水行政法规 5 件，水利部发布了《水利产业政策实施细则》等部规章 40 件。《水法》修改和防洪法配套法规建设等工作进展顺利。全国 7 个流域机构、19 个省（自治区、直辖市）、300 多个地（市）和 2000 多个县（市）分别建立了专职水政监察队伍，在编专职、兼职水政（含水保）监察人员达 6 万多名，加大了水行政执法力度。通过加强规章制度和监察能力建设，提高了队伍素质和执法水平。近五年来，全国共查处水事违法案件 15 万多件，妥善处理各类水事纠纷，挽回直接经济损失 1 亿多元，保障了水利建设和管理工作的顺利进行，为维护社会稳定做出了贡献。

9. 加强工程建设管理，提高了工程质量

“九五”期间，全面加强水利工程建设管理，推行项目法人责任制、招投标制和建设监理制，做到机构、职责、权力、人员素质四到位，严格规范水利建设市场，招投标过程中坚持公平、公开、公正原则，大江大河干堤加固等骨干水利工程招投标率接近 100%，90%以上实施了施工监理。水利部成立了水利基本建设项目稽查办公室和质量监督总站，各流域机构和各省（自治区、直辖市）水利厅（局）均建立了质量监督机构，重点工程设立了质量监督站，形成了较为完善的质量监督管理体系，切实加强工程建设管理，水利工程建设质量显著提高。

（二）存在的主要问题

1. 防洪能力低，洪灾威胁严重

我国是世界上洪涝灾害最为严重的国家之一，洪涝灾害历来是中华民族的心腹之患。目前，全国70%以上的固定资产、44%的人口、1/3的耕地，数百座城市以及大量重要的国民经济基础设施和工矿企业，都分布在主要江河的中下游地区，受洪水威胁严重。虽然“九五”期间国家重点加强了长江、黄河等以堤防为重点的防洪工程建设，大江大河的抗洪能力有了较明显的提高，但由于长期以来水利建设欠账较多，防洪体系尚不完善，致使主要防洪保护区的实际防洪标准仍然偏低。目前仍有70%的城市未达到国家规定的防洪标准，部分堤防仍存在着不同程度的隐患；蓄滞洪区安全建设严重滞后，缺乏灵活运用的条件，启用困难；50%的海堤未达到设计标准；40%的水库带病运行，不仅影响效益发挥，还对下游构成严重的洪水威胁；防洪非工程措施不够完善，有些地方仍然盲目围垦河湖，严重侵占行洪通道和调蓄空间，加之人口增长，经济发展，使一些地方的洪灾损失呈上升趋势。据统计，90年代以来，洪涝灾害造成的直接经济损失累计已超过1万亿元，约相当于同期国家财政收入的1/5。

随着国民经济的快速发展和城市化进程的加快，防洪保护区内的经济存量、人口密度、社会财富大幅度增长，洪水灾害的风险和损失增大，因此，防洪减灾仍是我国经济建设的一项长期而艰巨的任务。

2. 干旱缺水问题突出，水资源供需矛盾尖锐

我国降雨时空分布不均，人均占有水资源量较少，水资源与耕地、人口及经济布局不相匹配，加之长期以来水源工程建设严重滞后，供水增长速度不能满足国民经济发展、人口增长及城市化发展的要求，全国区域性缺水越来越严重，特别是北方地区的水资源供需矛盾十分突出，加之一些地区不合理地开发利用水资源，用水浪费和水污染，使缺水矛盾进一步加剧。

目前，全国正常年份缺水量近400亿立方米，其中灌区缺水约300亿立方米，平均每年因旱受灾的耕地达3亿多亩，年均减产粮食200多亿公斤；还有历史遗留的2400万农村人口饮水困难；城市、工业年缺水60亿立方米，影响工业产值2300多亿元。全国668座城市有400多座城市缺水，其中108

座严重缺水，尤其是京津等特大城市，在连续遭遇枯水年时将会发生严重的水危机。2000年我国北方地区发生大面积干旱，粮食损失约600亿公斤，减产量相当于近几年平均年总产量的11%。据不完全统计，全国有136座城市已经发生水危机或出现供水紧张状况。

全国地下水多年平均超采量高达92亿立方米，已形成164个区域性地下水超采区，总面积达6万多平方公里，部分地区已经发生地面沉降、海水入侵现象。

随着人口的持续增长，我国人均水资源占有量将进一步减少，经济社会的快速发展，城市化进程加快，以及人民生活质量的提高和生态环境的改善，用水需求将不断增加，对供水量和水质的要求不断提高，水资源供需矛盾将更加突出。缺水已成为我国经济社会发展的严重制约因素。

3. 水土流失严重，水环境不断恶化

全国水土流失面积367万平方公里，占国土面积的38%，其中水蚀面积179万平方公里，风蚀面积188万平方公里。每年流失耕地100多万亩，流失土壤50多亿吨，导致土地贫瘠，河湖水库淤积，生态环境恶化，加剧了洪涝、干旱和风沙灾害。

根据1999年中国水资源公报，全国工业废水（不包括水电直流冷却水）和城镇生活污水年排放总量已从1949年的20多亿吨增加到606亿吨（工业废水占67%，生活污水占33%，其中COD含量达1700万吨），而城市污水处理率仅为14%，工业污水处理达标率也很低，大量未经处理或不达标的废污水直接排入江河湖库水域，造成严重的水污染。根据全国水环境监测网的水质监测资料和国家《地面水环境质量标准》，对全国700多条主要河流的水质进行监测评价，在总长11.4万公里的评价河长中，Ⅰ、Ⅱ类水只占30%，Ⅲ类水占32%。流经城市的河段64%为Ⅳ类或劣Ⅴ类水，50%的城市地下水均不同程度地遭到污染，城市湖泊受到中度污染，有些淡水湖泊水体富营养化严重；在118座大城市中约有98%的浅层地下水受到不同程度的污染；近岸海域劣Ⅳ类海水占32%。水污染进一步加剧了部分地区的水资源紧缺状况。

我国西北地区自然生态十分脆弱，加之人类活动影响，部分地区水土资源过度开发利用，导致下游河道断流、河湖萎缩、胡杨林枯死、草场退化、沙漠化加剧、沙尘暴发生频次增加，使西部地区有限的生存与发展空间受到严重威胁，水土保持生态建设与水环境治理任务更加艰巨。

综上所述，新中国成立50多年来，水利基础设施建设已初具规模，但特殊的水情决定了我国治水任务的长期性和艰巨性。依然严峻的防洪形势、不断加剧的水资源供需矛盾和日趋恶化的生态环境状况，已成为我国经济和社会发展的严重制约因素。因此，必须把防洪减灾、水资源可持续利用、水环境改善、水土保持生态建设作为国家基础设施建设的根本任务和战略重点，加大投入力度，加快建设步伐，适当超前发展。

二、面临的形势

随着经济社会发展和人口增长，对水的需求量与安全度的要求越来越高，水利面临的形势愈加严峻。深入研究经济社会发展与水利的关系，研究水利发展的制约因素和有利条件，从战略的高度全面加快水利发展，是今后五至十年我国经济建设的一项十分重要的任务。

（一）经济社会发展对水利的要求

1. 人口持续增长对水的要求

"十五"期间我国人口预计增加0.5亿，人均水资源占有量将由目前的2220立方米下降至2000立方米左右，北方九省市人均水资源量将不足500立方米。随着人口的持续增长和人民生活水平的提高，对供水和食物的安全，以及人居环境改善等方面的要求会越来越高。

2. 经济快速发展对水的要求

"十五"期间我国GDP年均增长率预计7%左右，到2010年国内生产总值将比2000年翻一番。经济快速发展，社会不断进步，资产与财富的加大，增加了洪水灾害的风险；同时，用水增长，相应废污水排放量也增加，以及用水结构、用水方式等的变化，将进一步加剧水资源供需矛盾。因此，全社会对防洪安全、水资源供给、水资源保护会提出更高的要求。

3. 城市化进程加快对水的要求

"十五"期间，城市化水平将会显著提高，2010年达到40%以上，届时全国城市人口将增加1亿～2亿，城市生活用水量预计达到575亿～660亿立方米。城市化发展对供水安全、城市防洪安全以及城市水环境治理与景观建设将提出更高的要求，因此，面向21世纪，城市的防洪、供水、水污染防治和水资源保护任务将更加繁重。

4. 生态保护和建设需要水资源作保障

随着城乡居民对环境质量要求的不断提高，改善生态环境和美化生活环境将逐步提到重要位置。江河、湖泊、湿地生态系统保护，水土流失治理、荒漠化防治、盐碱地改良，以及生态建设与人居环境的美化和改善，都需要水资源提供支撑和保障，需水量将大量增加，特别是我国北方，对于日趋紧张的水资源将构成巨大的压力。

5. 西部大开发需要水利支撑

西北地区干旱少雨，生态环境脆弱，生产、生活及生存条件对水的依赖性很大；西南地区山多地少，田高水低，水资源开发利用难度大。西部地区水土资源分布极不均匀，由于受到水的制约，经济社会发展相对落后，贫困人口比重较大，因此，实施西部大开发战略，解决水问题是关键。在当前和今后一个时期，急需加快西部地区水利基础设施建设，突出抓好节流与开源工作，加强水土保持生态建设和环境保护，西部大开发要在五至十年取得突破性进展，水利建设任务将十分艰巨。

（二）水利发展的制约因素

1. 经济社会发展与水的关系不协调

长期以来，在发展经济、改造自然的过程中，人们往往忽视自然规律和水资源条件，经济结构、生产力布局不考虑防洪要求和水资源的承载能力。有些地区盲目围垦河湖进行开发建设，侵占洪水行泄和调蓄空间；一些地区缺水与用水浪费、污染水资源现象并存；有些河流上下游水资源开发失衡，致使下游河道断流和区域性地下水位下降，带来一系列生态环境与社会问题。经济社会发展与水的关系不协调，进一步加剧了洪涝灾害、水资源短缺和水环境的恶化。

2. 不少工程老化失修严重，配套率低

我国大多数水利工程建于20世纪五六十年代，由于历史原因，设计标准偏低，建设质量较差，工程不配套（有的工程配套率不到20%），加之长期以来重建轻管思想尚未从根本上扭转，管理粗放，手段落后，经费不足，缺乏工程良性运行机制，致使许多工程老化失修，效益衰减。根据对全国195处大型灌区的调查，骨干建筑物老化失修，损坏率达到40%。全国约有40%的大中型水库存在不同程度的病险隐患。有些工程已达到设计使用寿命，面临报废或重建，一部分工程急需加固和改造。水利工程续建配套改造的任务十分繁重。

3. 水利投入不足且不稳定

水利是公益性极强的国民经济和社会发展的基础设施，具有投资规模大、建设周期长、投资回报慢、财务收益率低、社会筹资难等特点。长期以来水利建设与管理投入不足，缺乏稳定的投入保障机制，导致水利基础设施建设严重滞后于经济社会发展要求。目前，易于实施的水利工程已相继建设，未来治水和水源开发工程的难度和成本将越来越高，所涉及的社会、经济、技术、环境等问题也将越来越复杂。投入不足以及缺乏投入保障机制，将严重制约我国未来水利事业的发展。

4. 水管理体制与运行机制不顺

水法规体系不健全，“多龙管水”的体制尚未理顺，不利于水事活动的统一协调与依法行政；水管理运行机制不完善，缺乏管理经费，不适应水资源可持续利用和市场经济的要求，尤其是水价、电价和水利服务价格长期背离价值规律，难以保证水利建设与管理的有序进行，难以实施水资源的合理配置、高效利用和有效保护；管理人员素质和管理手段还远不能适应新时期水利发展的要求。

（三）水利发展的有利条件

1. 水利在国民经济中的基础地位进一步提高

“八五”期间，国家确立了水利在国民经济体系中的基础设施和基础产业地位，全社会的水利与水忧患意识不断增强，中央和地方的水利建设投资不断增加。“九五”期间，党中央、国务院进一步作出了一系列关于加强水利建设的重要决定，将水利摆在基础设施建设之首，把推广节水灌溉作为一项革命性措施来抓，各级政府更加重视水利建设，全社会参与水利建设的积极性大大提高，基本形成了“水利为社会，社会办水利”的新局面。党的十五届五中全会《建议》和九届人大四次会议通过的《纲要》，把水资源可持续利用作为我国经济社会发展的战略问题，强调水利是国民经济建设的战略重点，要求进一步加快水利建设步伐。

2. 经济社会发展迫切要求加快水利建设

21世纪初期，我国经济仍将保持较快的发展速度，经济建设和社会发展对水利的需求不断增加，对水的安全保障要求将越来越高，特别是随着产业结构调整与优化升级、我国加入WTO及西部大开发，以及城镇化建设和社会主义市场经济体制的完善，都需要提供优质、高效、公平的水利公共服务，水利发展的需求动力强劲，市场广阔，潜力巨大。

3. 综合国力增强为增加水利投入提供了条件

随着我国经济发展、社会进步和综合国力的增强，以及社会财富增加，各级政府对水利基础设施建设的投资能力不断提高，筹资渠道增加，为加快水利发展提供了有利条件。近三年来国家实行积极的财政政策，发行财政债券建设基础设施，水利建设投资较大幅度增加，充分显示了我国综合国力增强后的实力和社会主义制度能集中力量办大事的优越性。

4. 市场经济体制逐步完善为水利发展提供了广阔的空间

按照市场经济体制和经济社会发展的要求，深化水利改革，不断推进水权制度和水市场的建立、完善和发展，按市场经济规律进行水利工程的建设与管理，将有力地推进水价改革，逐步形成和确立水利产品和服务的价格体系，并最终为按市场经济规律培育和规范水市场，建立水资源有偿使用和取水权转让制度等创造条件。加入WTO后，更多地引进国外资本、先进技术及管理经验，将进一步拓宽供水、水电等基础设施建设的投融资渠道，转变管理与运营机制，为水利发展提供广阔的空间。

5. 科技进步与能力建设为水利发展提供了有力支持

经过50多年的水利建设，水利基础设施已初具规模，存量不断增加，同时在水利规划、设计、科研、建设、管理等方面积累了丰富经验，培养了一支基础扎实、作风过硬的技术和管理队伍；水利科技和水利信息化的发展，以及在新材料、新方法应用等方面也取得了较大进步，为依法治水、科学治水，推进传统水利向现代水利转变，加快水利发展奠定了基础。

综上所述，进入21世纪，水利迎来了难得的发展机遇，也面临着新的挑战。水利行业要抓住机遇，迎接挑战，认真贯彻"三个代表"的重要思想和《建议》《纲要》精神，进一步深化水利改革，加大投入力度，加快发展步伐，推进水利现代化建设，为国民经济可持续发展和社会文明进步提供支撑与保障。

三、发展战略与目标

（一）指导思想

全面贯彻党中央、国务院关于水利发展的方针政策，从战略高度认识和推进水利事业，把防洪减灾、水资源可持续利用、生态建设和环境保护作为国家安全和经济建设的战略重点。坚持兴利除害结合，防汛抗旱并举，开源节流与保护并重，对水资源进行合理开发、优化配置、高效利用、有效保护和综合治理，以水资源的可持续利用支持经济社会的可持续发展。

面对新时期经济社会发展的形势和任务，"十五"水利发展的方针是：

——以发展为主题。水利是国民经济和社会发展的重要基础设施，解决制约我国经济发展的水问题，必须加快水利基础设施建设和提高管理水平。要从保障经济可持续发展和维护社会稳定的高度，在速度和效益、数量和质量相统一的基础上加快水利发展。

——以水资源的可持续利用为主线。优化配置水资源，正确处理防洪抗旱、兴利除害，以及水资源利用和生态环境保护之间的关系，节流优先，合理开源，治污为先，综合治理，大力提高用水效率，统筹安排生活、生产和生态环境用水。

——以改革和科技进步为动力。改革和完善水利发展机制和管理体制，突破束缚水资源可持续利用的体制性和机制性障碍，实现水资源的统一管理，依法治水，科学治水，培育人才，通过科技进步与创新以及信息化建设，提高科技水平，推进传统水利向现代水利的转变。

——以满足人民群众对水的基本需求为根本出发点。通过水资源的合理开发、优化配置、高效利用、有效保护和综合治理，不断提高城乡居民的生活质量，改善人居环境和生产条件，提高水的安全保障程度，为广大人民群众的根本利益提供水利支撑和保障。

（二）基本原则

1. 坚持人与水的协调和谐

通过加强管理规范水事行为，扭转对水土资源的不合理开发，逐步减少和消除影响水资源可持续利用的生产行为与消费方式。遵循自然和经济规律，协调人与自然的关系，科学有效地控制洪水，抗御干旱，合理开发利用和有效保护水资源，不断改善生态环境。

2. 坚持水利与经济社会协调发展

按照人口、资源、环境与经济协调发展的要求，水利发展要与国民经济和社会发展的水平与速度相适应，并适当超前，要统筹考虑国民经济各部门对水利的需求。城市建设和工农业布局要充分考虑水资源条件和承载能力。

3. 坚持以改革促进水利发展

深化水管理体制、水利投资体制、建设管理体制、水价形成机制、水工程运行机制、水工程产权制度等改革，理顺体制，完善法制，改革机制，加大执法力度，建立适应社会主义市场经济体制要求的水利投入、价格和管理的良性运行机制，促进水利事业全面发展。

4. 坚持政府宏观调控，综合运用经济杠杆

进一步提高各级政府对水利建设的投入力度和宏观调控能力，区分工程的不同功能和效益的类型，建立和完善以政府行为为主体的水利建设与管理体制，同时注重发挥市场对水资源配置的基础性作用，吸引国内外资金投入水利建设，积极鼓励社会各界和受益者参与水利建设和管理。

5. 坚持全面规划、统筹兼顾、标本兼治、综合治理

科学制定并严格实施水利规划，统筹兼顾防洪保安、水资源可持续利用和生态环境保护，依法进行水资源的开发、利用、治理、配置、节约和保护，

妥善处理上下游、干支流、左右岸、部门间、城乡间、区域（流域）间，以及开发与保护、建设与管理、近期与远期等关系，协调工业、农业以及生活、生产、生态用水。

6. 坚持向西部倾斜，促进东中西协调发展

在继续加强中东部地区水利建设的同时，切实加快西部地区的水利基础设施建设。通过建设和完善水利工程体系，合理开发和配置水资源，保护生态环境，缓解西部地区水资源供需矛盾，实现东西协调、南北互济，为西部大开发奠定基础。

7. 坚持量力而行，突出重点，提高效益

根据水利建设实际和国家财力状况，优化配置水利建设资金，突出重点，优先安排续建工程，开工建设一批事关全局的防洪、供水等重点骨干水利工程。确保投资使用安全和工程建设质量，充分发挥水利投资效益。

8. 坚持依法治水，科学治水

加强和促进水法制建设，进一步提高水法规的立法质量和效率，提高法制化水平，增强队伍素质，加大水行政执法力度，做到有法必依、执法必严、违法必究。依靠科技创新，提高水利整体技术水平和创新能力，尊重自然规律，坚持科学治水。

（三）战略目标

根据经济社会发展对水利的要求，我国水利发展的战略目标是：

——**优先满足城乡人民生活用水要求。**以人为本，为城乡居民提供安全、清洁的饮用水，改善公共设施和生活环境，逐步提高生活质量。

——**基本满足国民经济建设用水要求。**为日益增长的经济建设，特别是为城市和工业提供比较稳定的供水，保障经济快速、持续、健康发展。

——**基本保障经济发展和社会安全对防洪的要求。**基本保障人民生命和财产的防洪安全，为经济社会的安全运行和稳定发展提供支撑和保障。

——**基本满足粮食安全生产对水的要求。**提高农业供水保证率，改善农业生产条件，为我国粮食的安全提供水利保障。

——**努力改善生态环境用水的要求。**逐步增加生态环境用水，不断改善自然生态和美化生活环境，努力建设人与自然和谐共处的优美人居环境。

实现水利发展的战略目标，必须建立水利综合保障体系，包括：

——**建立较为完善的防洪减灾保障体系。**主要防洪保护区的防洪标准达到与其经济发展水平相适应的标准，基本保障大江大河大湖和沿海主要防洪保护区及城市的防洪安全，提高中小河流的防洪标准和抗御洪涝灾害的能力。

——**建立水资源供给与高效利用保障体系。**通过开源和节流，形成水资源合理配置的格局，提高水资源利用效率和效益，逐步建设节水防污型社会。

——**逐步建立维护生态环境安全的水利保障体系。**抓紧水污染治理和水资源保护，切实搞好水土保持，有效控制和减少水土流失及水污染。

——**建立健全水法规政策保障体系。**加强水法规体系建设和水行政执法队伍建设，完善水政监察制度，实施水利产业政策，建立规范的水利发展机制和合理的水价形成机制，为水利建设提供政策法规保障。

——**建立水利投资保障体系。**以政府为责任主体，逐步建立稳定的政府投资渠道，发挥市场对资源配置的基础性作用，积极利用国内外贷款和社会资金，形成多元化、多渠道、多层次的水利投资体系。

——**建立较为完善的水管理保障体系。**加大依法治水和依法管水力度，加强对水资源的宏观调控，实现水资源的统一管理，保障水资源可持续利用。

——**建立水利科技创新保障体系。**实施水利科技创新计划，加强水利技术的研究开发、引进消化和推广普及，促进科技成果转化和技术装备的现代化，建立水利信息网络，为水利现代化建设提供强有力的科技支持。

——**建立水利人才保障体系。**按照“献身、负责、求实”的水利精神，加强人才培育，提高水利队伍的政治、文化、技术等综合素质和创新能力，为水利现代化建设提供保障。

（四）总体布局

根据我国自然特点和东中西部的经济发展水平，按照我国现代化建设的发展目标，水利建设要全面规划，统筹兼顾，标本兼治，综合治理。全国水利建设的总体布局为：以长江、黄河等七大江河为轴线，以东北、黄淮海平原、长江中下游地区和东南沿海四个经济区的水利工程为重点，以西部大开发的水利建设为新的增长点，逐步形成全国水利保障体系。巩固提高东部，稳定发展中部，加快发展西部水利事业。针对东、中、西部不同的水问题及水利建设特点，通过保障防洪安全和水资源可持续利用支持经济社会的可持续发展。在受洪水影响地区，重点解决防洪问题，经济建设、生产力布局和城市建设必须符合防洪规划要求，并承担相应的风险，严禁盲目围垦、设障、侵占河湖洲滩及行洪通道。在水资源紧缺地区，大力推行节约用水，实行计划用水，重点解决供水问题，要根据水资源承载能力，合理确定工业、城市及灌溉发展规模和产业结构，避免布置高耗水、重污染的工业项目，严禁盲目发展灌溉面积，生态环境建设要考虑降雨和水资源条件。从全局出发统筹考虑，合理配置水资源，通过兴建南水北调等大型跨流域跨地区的调水工程，形成东西互补、南北互济的水资源配置格局，采取多种方式缓解北方地区缺水矛盾。

东部沿海发达地区：以巩固和提高为主要目标，初步建成现代化的水利保障体系。进一步提高沿海地区及重要城市防洪和防风暴潮的标准，增强抗御洪涝灾害能力，减轻受洪水威胁地区的风险；建立并完善水资源供给和高效利用保障体系，大力推行节约用水，提高效益。建设环京津生态圈，加大污水处理力度，改善水环境，逐步满足经济运行的安全性和社会环境的舒适性对水利发展的要求。

中部地区：以提高和发展为主要目标，逐步建成与经济发展和自然条件相协调的水利保障体系。建立并完善防洪减灾体系，缓解中部广大地区的防洪压力；提高水资源利用效率，优化配置水资源，逐步形成水资源合理配置的格局，缓解北方地区水资源短缺的矛盾，为中部地区经济社会稳步发展创造良好的水利条件；加强水土保持生态建设，积极治理水污染。

西部地区：以开发和保护为主要目标，贯彻预防为主原则，切实保护生态系统，建立符合西部特点的水利保障体系，加大水利扶贫力度，切实解决人畜饮水困难，改善西部地区生活生产条件。根据当地及中东部地区可持续发展的需求，建设控制性水利枢纽，提高水利工程的综合效益，通过开发西部水能资源，实现西电东送，促进东中西互补，联动发展。

西北地区要根据水资源的承载能力确定合理的经济结构和产业布局，根据内陆河的水土资源特点以保护和发展绿洲经济为重点，加强管理，大力节约用水，提高水资源利用效率，逐步改善内陆河下游的生态环境用水条件，加强以黄河中上游和风沙源区为重点的水土保持综合治理，保护生态环境。

西南地区要因地制宜，大中小工程并举，以中小型为主，蓄、引、提结合，建设山区水利工程，加强以长江上游为重点的水土保持综合治理，积极发展中小水电和农村水电电气化县建设。

（五）“十五”规划目标

“十五”和2010年水利发展的目标是：

1. 防洪安全

确保重要城市和重点地区的防洪安全，完善防洪减灾体系。

“十五”期间，长江、黄河等七大江河中下游干流及重要支流和太湖、洞庭湖、鄱阳湖的Ⅰ、Ⅱ级堤防达到国家规定的防洪标准。特大城市防御100年一遇以上洪水；大城市防御50～100年一遇洪水；中等城市防御20～50年一遇洪水。重点海堤防御50年一遇潮水位加8～12级风暴潮。中小河流重点河段防御10～20年一遇洪水。建设一批防洪控制性枢纽，初步完成重点蓄滞洪区的安全建设，强化城市防洪建设，抓紧病险水库的除险加固，基本消除现有病险水库的隐患。

到2010年，进一步完善大江大河以堤防为基础，干支流控制性枢纽、蓄滞洪区和非工程措施相结合的防洪减灾体系，使主要防洪保护区达到流域综合规划确定的防洪标准。对流域性超标准洪水，可通过蓄泄兼筹的综合措施，确保重要城市和重点地区的防洪安全，避免出现严重影响社会稳定和经济运行的灾难性局面。

2. 节约用水

推广节水技术，大力节约用水，提高水的利用效率，初步建立节水型农业、节水型工业和节水型社会。

“十五”期间，在全国农田灌溉总用水量基本不增加的情况下，净增灌溉面积3000万亩，使全国有效灌溉面积达到8.5亿亩。新增工程节水灌溉面积1.0亿亩，农业灌溉水有效利用系数再提高3～5个百分点，多数地区达到0.45，大中城市郊区达到0.5以上，全国平均综合亩均毛灌溉用水量较现状减少15～20立方米。

全国工业用水重复利用率达到60%以上，工业万元产值取用水量由现状的94立方米下降到65立方米以下，城市节水水平有明显提高。

到2010年，在全国灌溉总用水量基本稳定的情况下，再净增农田有效灌溉面积2000万亩，有效灌溉面积发展到8.7亿亩。再新增节水灌溉面积1.0亿亩，全国节水灌溉面积占总灌溉面积的比重提高到55％以上，农业灌溉水有效利用系数争取达到0.50左右，全国平均综合亩均毛灌溉用水量在2005年水平的基础上再减少20～30立方米。

全国工业用水重复利用率提高到70％，工业万元产值取用水量下降到35立方米以下，建设一批节水型城市。

3. 水资源开发利用与合理配置

合理开发、高效利用和优化配置水资源，调整产业布局与经济结构，优先满足生活用水，基本保障经济和社会发展用水，努力改善生态环境用水，逐步形成水资源合理配置的格局和安全供水体系。

“十五”期间，全国新增供水能力400亿立方米，总供水能力达到6200亿立方米，其中新增城市供水能力120亿立方米，新增乡镇供水能力120亿立方米。基本解决2400万农村贫困人口的饮水困难，初步解决部分重点缺水城市的生活及工业用水。稳定现有农业用水总量，根据水资源条件改善部分地区的生态环境。

加快小水电开发，水利系统新增水电装机容量500万～800万千瓦，总装机容量达到3600万～3900万千瓦，建设400个农村水电电气化县。

到2010年，全国供水能力达到6600亿～6700亿立方米，城市及工农业抗御干旱的能力进一步增强，初步形成北方地区水资源合理配置的格局，华北地区、东部沿海地区和重要城市的水资源供需矛盾得到初步缓解；生态环境严重恶化地区的生态用水状况得到初步改善；水利系统水电装机容量达到5400万千瓦。

4. 水土保持与水资源保护

加快水土保持生态建设，改善水土流失区的生活和生产条件，控制人为造成新的水土流失，减少江河湖库泥沙淤积，加大水污染防治和水资源保护力度。

“十五”期间，新增治理水土流失面积25万平方公里，其中长江、黄河流域分别治理8万平方公里和7万平方公里。确定一批水土流失重点治理区和重点预防保护区与监督区。

按照水功能区划要求初步实施水域排污总量控制，要求主要工业废污水基本实现达标排放，城市污水集中处理率达到45%。力争主要城市供水水源地的水质达到国家规定的标准，主要江河湖库水质状况恶化的趋势有所遏制，地下水严重超采区和重点河湖的生态环境恶化趋势得到初步控制。

到2010年，再治理水土流失面积25万平方公里，其中长江、黄河流域分别治理8万平方公里和7万平方公里。

主要生活供水水源地水质达到国家规定的标准，其他供水水质基本满足用水部门要求。主要江河湖库水质状况得到明显改善，逐步缩小地下水超采区范围，改善和修复河湖、湿地的生态环境。

四、主要任务

（一）防洪工程

1. 七大江河治理

江河治理是防洪之本。加强大江大河大湖治理，以堤防为基础，控制性枢纽工程为骨干，蓄滞洪区为保障，防汛调度指挥系统为中枢，确保城市和重点地区的防洪安全。

"十五"防洪建设的重点：争取在2003年内基本完成1998年中央15号文件提出的防洪建设任务。继续加强长江、黄河等大江大河大湖的Ⅰ、Ⅱ级堤防建设和重点河段河道整治，以及其他重要堤防建设；加强重要防洪控制性骨干水利枢纽工程建设，抓紧开工建设一批控制性枢纽工程，以发电和供水为主的水利枢纽要按照流域防洪规划的要求，安排留足防洪库容；按照分级负责的原则，抓紧进行病险水库除险加固，五年内完成影响城市、人口密集区、重要工业、交通设施的大中型病险水库的除险加固任务；加强蓄滞洪区安全建设，保证重点蓄滞洪区能够正常启用；加强水文测报、防汛调度指挥系统等非工程措施建设，逐步建立与经济社会发展水平相适应的防洪减灾保障体系。

七大江河防洪建设的重点是：

长江：以防御1954年洪水为目标，重点进行中下游防洪建设，采取综合措施保障沿江大中城市和主要保护区的防洪安全。抓紧完成长江中下游干流

Ⅰ、Ⅱ级堤防的加高加固、基础防渗、填塘固基、穿堤建筑物加固等工程建设，使长江干流堤防全面达标，基本完成武汉等重点防洪城市、洞庭湖、鄱阳湖等重点圩堤的达标建设。继续建设三峡工程，抓紧研究已建隔河岩、五强溪等大型水库进一步合理承担防洪任务的工程措施，兴建皂市、亭子口等一批主要支流控制性水利枢纽；进行干流和主要支流中下游重点河段河道整治和重点蓄滞洪区安全建设，继续实行平垸行洪、退田还湖，巩固平退成果，疏浚洞庭湖、鄱阳湖和长江干支流淤积严重的河段；到 2010 年基本建成长江流域防洪减灾体系。

黄河：以确保花园口站洪峰流量 22000 秒立方米安全通过为防御目标，完成小浪底枢纽等工程建设，进行下游堤防加高加固和淤背，加强中下游险工段控导工程建设，结合调水调沙整治下游河道，逐步形成“相对地下河”，扭转过洪能力减少的趋势，加强下游滩区和蓄滞洪区安全建设。兴建沁河河口村等支流水库，做好干流中上游的调水调沙水库工程的前期工作，并适时兴建。搞好三门峡库区及渭河下游、小北干流和宁蒙河段的治理，提高防洪防凌能力，加强河口治理，相对稳定入海流路。2010 年基本建成较完善的黄河防洪工程体系。

松花江：以松花江、嫩江、二松干流的Ⅰ、Ⅱ级堤防建设为重点，加强哈尔滨、齐齐哈尔、长春等重要城市堤防建设，兴建嫩江尼尔基水利枢纽，进行重点河段整治、阻水桥梁扩孔改建、蓄滞洪区建设，以及湿地保护工程等，结合非工程措施建设，力争用 10 年左右的时间初步建成流域综合防洪减灾体系。

辽河：以加高加固辽干、东西辽河的骨干堤防为重点，配合河道整治工程，兴建石佛寺水利枢纽，完善流域防洪工程体系，提高沿河重要城市及下游地区的防洪能力，重点保障沈阳、盘锦等城市和辽河中下游油田的防洪安全。

淮河：以保障淮北平原、淮河下游地区及淮南、蚌埠等重要城市的防洪安全为重点，全面完成国务院治淮治太会议确定的 19 项骨干治理工程，继续整治淮河干流河道，建设入海水道工程，兴建临淮岗洪水控制工程，实施沂沭泗河洪水东调南下二期工程，合理安排干流重点堤防达标建设，加快行蓄洪区安全建设和淮北重点支流和湖洼的治理。

海河：以南系 1963 年、北系 1939 年、滦河水系 1962 年洪水为防御目标，确保北京、天津等特大城市及重要基础设施的防洪安全。以加高加固堤防和河道疏浚整治为重点，对永定河、大清河、漳卫河、子牙河、北三河等河流进行治理，恢复主要河道的行洪能力，加强蓄滞洪区安全建设，建设盘石头、永定河滞洪水库等工程，基本完成国务院批准的海河流域综合规划确定的主要工程建设任务。

珠江：以防御 1915 年洪水为目标，重点保障广州、南宁、梧州、柳州、桂林等沿江重要城市和珠江三角洲地区的防洪安全。加强江、海堤防工程建设和珠江入海口门治理，兴建百色等水利枢纽，做好大藤峡等水利枢纽的前期工作，力争尽早开工建设，逐步形成流域防洪减灾体系。

太湖：以防御 50 年一遇流域性洪水为近期治理目标，在全面完成国务院确定的治太一期工程建设基础上，完善环湖大堤建设，疏浚东太湖行洪通道，重点抓好重要城市防洪设施建设，建立流域防洪预警预报系统和防洪调度指挥系统。针对太湖流域 1996 年、1999 年发生的大洪水和特大洪水，研究开展太湖治理二期工程建设，进一步提高流域防洪能力，完善流域防洪减灾体系。

2. 其他江河治理

以地方投入为主，对闽江、钱塘江、韩江等独流入海河流，以及其他重点中小河流进行治理，因地制宜采取加固兴建堤防、河道整治等措施，逐步使其达到国家规定的防洪标准。采取必要措施，减少滑坡、泥石流等山地灾害损失。

对东北、西北和西南地区的边境河流和国际河流，在做好规划的基础上，进行综合治理开发，修建必要的河道、堤防等工程。

3. 重要基础设施的防洪工程

铁路、交通、油田等重要基础设施要严格按照国家规定的防洪标准要求设防，新建基础设施的防洪工程投资要列入其工程概算，已建成的基础设施未达到国家规定设防标准的要进行复核和改造，其投资由建设单位专项安排。

4. 国家防汛指挥调度系统建设

加强水文基础设施建设，通过采用现代化信息采集、通信与信息传输、信息处理与决策支持等手段，建设中央、流域、省（自治区、直辖市）三级现代化的防汛通信指挥调度系统。各省（自治区、直辖市）在国家系统基础上根据防洪要求进行系统配套建设。

（二）节约用水

要把节水放在突出位置，把推广节水灌溉作为一项革命性措施来抓，结合产业结构调整，全面推广和普及节水技术，提高水的利用效率，实现水资源利用从粗放型向集约型方式的转变，发展节水经济、壮大节水产业，建立节水型社会。

1. 节水灌溉

大力发展节水灌溉，通过推广渠道防渗、管道输水等措施，减少输水损失，提高渠系水的利用率；积极采用喷灌、滴灌和平整土地等措施，提高田间灌溉水的有效利用率。加强用水管理，通过总量控制和定额管理，利用经济杠杆，采取计划用水、超额加价等措施，促进农业节水。节水灌溉要紧密结合农业产业结构调整和农业节水综合措施，促进农业增产、农民增收。

严格按照基本建设程序，集中力量，重点抓好大中型灌区的续建配套与技术改造，同时加快灌区管理体制和运行机制的改革。北方缺水地区，不宜盲目扩大灌溉面积，应结合农业结构调整，适当压缩高耗水作物的种植比例。经济发达地区以及大中城市郊区，要以节水灌溉和灌区改造为龙头，推进农田水利现代化。

2. 工业节水

根据区域和流域水资源条件，确定合理的生产力布局，调整产业结构，严禁在缺水地区建设高耗水工业项目。按照行政首长负责制的原则，以地方政府和用水户投入为主，加大工业节水力度，加快企业节水技术改造，提倡清洁生产。实施计划用水，定额管理、超额加价等鼓励节约用水的政策，促进工业节约用水和污水处理再利用，加大污水处理力度，提高工业用水的重复利用率和单位水生产效率，减少单位产品取水、耗水量。

3. 城市节水

加强节水宣传，进一步增强全民节水意识，强制淘汰费水的器具和设备，加快节水器具的开发和产业化，推广使用节水器具和设备。建立合理的水价形成机制，尽快使原水水价到位，缺水严重的城市要运用经济杠杆提高水价。逐步对城市配水管网及供水设施进行更新改造，加强对用水大户的监督管理，降低城市供水及配水管网的漏损率，有条件的要逐步建立中水系统，建立节水型城市。

（三）南水北调等水资源开发利用工程

在加强防洪减灾的同时，把解决水资源短缺放到更突出的位置，优化配置多种水资源，提高抗御干旱的能力，优先满足生活用水，基本保障经济和社会发展用水，努力改善生态环境用水。

1. 南水北调工程

南水北调工程是缓解我国北方地区缺水矛盾和提高城乡抗御干旱能力、实现水资源合理配置的重大战略性工程。通过东、中、西三条调水线路，实现江、淮、黄、海四个流域的水资源合理调配，形成南北方和东西部水资源互相补充的格局。南水北调直接供水的主要目标是城镇生活和工业用水，并可通过水量调配和优化调度等多种方式，缓解农业和生态环境的缺水状况，确保京津等特大城市的供水安全。要加紧南水北调工程的前期工作，“十五”期间尽早开工建设。

合理确定南水北调工程的水价，处理好不同水源的水价关系，运用市场机制提高受水地区的水价，尽快建立调水基金，专户存储，用于南水北调工程建设。

南水北调工程浩大，涉及面广，任务艰巨，对工程方案要做深入细致的研究论证，对配套工程、资金筹集、管理体制、水量分配、水价政策等要进行多方案的比选，处理好中央与地方以及省际之间的关系，以求取得最大的综合效益。要充分发扬民主，积极研究，科学决策，分期实施。

2. 地表水资源工程

（1）区域引水和调水工程

适时建设其他区域调水工程，缓解缺水地区的缺水矛盾。完成万家寨引黄入晋、引大入秦、宁夏扶贫扬黄、武都引水、东深供水改扩建等工程，建设大连引英入连等引水和调水工程，做好引大济湟等区域调水工程的前期工作。

（2）调蓄水库工程

抓紧完成青海黑泉、陕西金盆等水库工程，开工兴建岷江紫坪铺、黄河沙坡头等骨干水源调蓄枢纽工程，并建设一批中小型蓄水水源工程，增加水资源调控能力。做好大柳树等工程的前期论证工作，按照积极研究、慎重决策的原则，在具备条件后适时建设。

3. 地下水开发利用

在地下水尚有一定开发潜力的淮北平原、松嫩平原和沿黄灌区，有计划地合理开发利用地下水资源；严禁在华北等超采地区和沿海海水入侵地区扩大开采地下水，并逐步控制减少地下水超采量，特别是严禁超采深层地下水。

4. 其他水源工程

积极开展雨洪资源利用，加大城市及工业废污水的处理与再利用，以及开发利用微咸水等水资源。沿海缺水城市要多渠道开源，加强对微咸水和海水资源的研究和利用，多种方式缓解水资源供需矛盾。缺水地区兴建水源工程，要服从流域水资源的统筹配置规划，兼顾上下游经济及生态环境用水。

（四）农村水利

以改善农村生活和生产条件，发展“两高一优”农业，确保国家粮食安全，促进农村经济社会发展和农村城镇化建设为目标，加强农村供水、灌排和防污等基础设施建设。

1. 人畜饮水

按照1993年《国家八七扶贫攻坚计划》在册的饮水困难人数，尚有未解决饮水困难的人口2400万。据最新的统计分析，由于人口增长、水源条件变化等原因，目前全国实际待解决饮水困难人数远大于此数。要采取多种方式，加大对人畜饮水工程建设力度，集中使用中央和地方各类资金，发挥农民的积极性，因地制宜地修建小型、微型水利工程和在有条件的地区修建集中供水工程，利用三年时间基本解决2400万人的饮水困难问题。“十五”后期，继续加大力度，进一步提高饮水质量，在中央的支持下，各地要基本解决人畜饮水困难问题。对少数生存环境恶劣、人畜饮水极度困难的地区，要结合异地扶贫开发等措施，优先建设人饮工程，提供水源条件。

2. 乡镇供水

预计 2005 年乡镇人口将由现状的 2.40 亿达到 3.79 亿，要结合小城镇建设，以县乡和受益者投入为主，省级政府适当补助的方式，充分利用多种渠道筹集资金，加强乡镇及农村供水工程建设，“十五”期间计划建设乡镇供水工程 6000 处，促进农村经济社会发展，努力使广大群众饮用卫生合格的水。

在加强乡镇供水建设的同时抓好乡镇的排水、防污等基础设施建设，重视防治水污染；受洪水影响地区的小城镇建设，要注意避洪并建设相应的防洪设施。

3. 灌区建设

加强灌区水利设施建设，统筹协调使用水利、农业综合开发等各类建设资金，搞好配套和农田水利基本建设。“十五”期间以北方缺水地区为重点，按照基本建设程序要求列入计划，集中力量对大型灌区进行续建配套与节水改造，推广先进的节水增效技术，提高水资源利用效率和生产效益，推进经济发达地区以及大中城市郊区的农田水利现代化。同时要加强水利工程的维护和管理，改革管理体制和运行机制，对中型灌区进行续建配套和改造，结合农业结构调整，改革耕作和生产方式，减少严重缺水地区种植高耗水作物的比例。

根据流域水资源规划，有条件的地区，在控制用水总量基本不增加的条件下，大力推广节水灌溉，适当发展灌溉面积。通过完善灌排设施和农业综合开发，实行旱涝盐碱渍害综合治理，对灌区内现有的 2 亿多亩中低产田逐步进行改造，提高农业生产效益和水土资源利用效率。

4. 雨水集蓄利用工程

在陕西、山西、甘肃、宁夏等黄土高原地区，河南、河北、内蒙古等干旱、半干旱缺水地区，以及东北的缺水旱地农业区，四川、广西、贵州等西南土石山区，通过修建水窖、水柜、旱井、蓄水池等小型微型水源工程，发展集雨节灌和推广“坐水种”等非常规补水灌溉方式，结合水土保持建设基本农田，提高农业生产水平，改善农民生活条件。

5. 牧区水利建设

在西北、东北和西南部分省区，选择具备水资源条件的牧区，通过采取蓄引水、雨水集蓄、开发利用地下水、引洪淤灌和兴建草库仑囤栏等措施，建设一批节水型人工饲草饲料基地示范工程，取得经验后逐步推广。

6. 农业综合开发水利建设

搞好以中低产田改造为重点的农业综合开发，加强农业综合开发项目区水利建设，大力发展节水灌溉，充分利用农业综合开发资金，对中型灌区骨干工程设施进行以节水为中心的更新改造和续建配套。

（五）城市水利

1. 城市防洪

为适应我国城市化水平的迅速发展，要大力加强城市防洪工程建设。全国现有防洪任务的城市约 640 座，目前达到国家规定防洪标准的仅 236 座，应在做好防洪规划的基础上，以全国重要防洪城市的防洪建设为重点，以地方投入为主，推动未达到国家规定防洪标准的 400 多座城市的防洪建设。沿江河的主要城市结合大江大河堤防加固进行防洪工程建设，尽快提高城市防洪能力。新建和扩建城市建设要注意避洪，不能侵占洪水调蓄场所和行洪通道，各类基础设施建设都要充分考虑江河防洪要求。在加强城市防洪骨干工程建设的同时，应特别重视市区排涝设施建设。

2. 城市供水

根据流域和区域水资源条件，合理配置水资源，调整用水结构，通过建立有利于加快城镇供水工程建设的投融资机制，多渠道开源和节流，建设稳定可靠的城市供水水源。大中城市要重点加强水源工程建设，建设备用水源工程，改变单一水源供水状况，减少供水风险；加强城市供水水质监测网络和监管体系建设，提高生活饮用水卫生标准，保障城市居民生活用水质量。

3. 城市排水

加强城市排水、治污设施建设。坚持防治并重、以防为主，加强治污，采取末端治理与源头控制相结合，并由末端治理为主转向源头控制为主，集中治理与分散治理相结合的方针，按照“谁污染，谁付费”的原则筹集资金，加强水污染防治和城市排水建设，新建城市供水设施要同时规划建设相应的污水处理及再利用设施。

（六）水土保持生态建设

水土保持要以预防保护和有效监督为主，加快小流域治理，采取工程措施和生物措施相结合，实行山水田林路综合治理。结合农业结构调整，改变落后的生产方式，增加植被，拦蓄泥沙，保护水土资源和生态环境，改善贫困地区人民生产、生活条件。西北干旱半干旱地区，生态建设要充分考虑降雨和水资源条件。

1. 长江上游及石灰岩地区水土流失治理

以坡面水系小型水利工程建设和坡耕地整治为基础，进行综合治理，提高土壤涵养水分能力和生产能力，采取封山育林和退耕还林还草等措施，充分利用自然条件恢复乔灌草植被。重点建设嘉陵江中下游地区坡面水土整治工程，石灰岩地区土地抢救工程和泥石流治理工程。建立泥石流、滑坡预警系统，减少山地灾害损失。

2. 黄河中上游水土流失治理

以中游多沙粗沙区治理为重点，以小流域为单元，整治坡耕地，退耕还林（灌、草），修建淤地坝、治沟骨干工程和小微型蓄水工程，以及已建库坝的除险加固和砒砂岩区沙棘生态工程建设，保水保土，减少入黄泥沙。重点加强三川河、无定河、延河、窟野河、孤山川、皇甫川等重点水土流失区的水土保持工程建设。

3. 其他江河水土流失治理

重视珠江、海河、松辽、淮河等流域的水土保持工作，加快建设京津生态圈，加强对南方丘陵红土区、北方土石山区、东北黑土漫岗区等地区水土流失和黔桂滇岩溶地区石漠化的综合治理。

4. 风沙草原区防治

坚持预防为主，防治结合，保护优先的原则，加快对京津沙尘暴风沙源区和重点农牧交错区水土保持生态建设，以绿洲为依托，修建小微型水利工程、营造经济林和人工草场，建设一批水土保持和绿洲生态建设环境保护工程。

5. 内陆河流域综合治理

通过水资源的合理配置，增加下游生态环境用水，逐步恢复下游生态系统，采取多种措施，重点加强塔里木河、黑河、石羊河等内陆河流域的水资源统一管理和生态环境抢救工程建设，缓解下游生态环境严重恶化的趋势。

6. 加强水土保持监测、监督工作

建设全国水土保持监测网络系统，加强水土保持的监测力度，开展重点地区的水土流失监测和监督，控制人为的水土流失。

（七）水资源保护工程

加强水污染防治和水资源保护。根据江河湖库的水功能区划和水环境的容量，严格控制入河排污总量，对入河排污口进行统一规划，完善水质监测网络，对省界断面进行水质监控，严禁污水未经处理、未经达标或超量直接向江河湖库排放，禁止在缺水地区建设重污染工业项目。

1. 供水水源区保护与建设

划定供水水源保护区，在供水水源区内严禁导致水源污染的各类活动。开展重要水源地的水资源保护，建成一批重要城市和重点地区供水水源地保护区，重点保护好城市和农村饮用水源。

2. 加强水资源保护

按照行政首长负责的原则，各有关部门要明确职责，落实责任，加快城市污水处理设施建设，推进污水集中处理，加大清洁生产和废污水处理力度，坚决关停并转污染严重的企业，严禁废污水不达标直接排放。利用已有和兴建水利工程进行优化调度，改善重点河湖的水质状况。巩固“三河”（淮河、海河、辽河）“三湖”（太湖、滇池、巢湖）水污染治理成果，做好长江、黄河上中游、松花江流域、北京官厅水库以及南水北调水源地及其沿线的水污染防治工作。调整农业结构，改革农业生产方式，合理使用化肥、农药，逐步减少面源污染，重视乡村水污染治理。

3. 控制地下水超采

建立地下水监测网络，加强监督管理。通过严格施行取水许可制度，对地下水超采地区，要严格控制开采量，有条件的地区要采取措施回灌地下水。对于公共配水管网已通的区域，要逐步封闭自备井。

（八）病险水库除险加固

目前，全国共有大型病险水库 143 座，中型病险水库 1092 座，小型病险水库 29146 座。其中影响县以上城镇、重要交通干线的重点中型病险水库 543 座。

按照分级负责的原则，抓紧进行病险水库除险加固，以部属、跨省（自治区、直辖市）及影响大中城市和重要基础设施安全的 148 座大中型病险水库的除险加固为重点，力争三年内完成影响城市、人口密集区、重要工业、交通设施的 686 座重要位置的病险水库的除险加固任务，“十五”期间现有病险水库的除险加固基本完成，逐步对重点大中型病险水闸进行除险加固。

（九）水电及农村水电电气化县建设

水电工程要根据流域综合规划和水电开发规划，利用多渠道资金进行建设。结合江河治理，加快长江三峡工程等综合利用控制性枢纽的水电建设，以及红水河、澜沧江、金沙江、黄河中上游水电基地开发。

按照“流域、梯级、综合、滚动”的模式，开发中小河流的水电资源，大力发展中小水电，在四川、云南、广西、江西、福建、新疆、甘肃、陕西等 22 个省（自治区、直辖市）的小水电供电区内，结合水利扶贫，因地制宜，建设 400 个水电电气化县。完成水利系统负责的农村电网改造工程。

（十）水管理

1. 水资源统一管理

实施水资源有偿使用制度和完善取水许可制度，制定江河水资源分配方案，建立适合我国国情的水权制度，并加强监督和处罚力度，实现水资源的合理配置；建立和实施入河排污许可制度，实行排污总量控制，加强省际断面和重要支流入河口的水质监测，以及对重大水污染事件的责任追究；加强对城乡供水、污水排放和节水的统一管理，全面推进水务一体化管理体制。

加强需水管理，将节约用水纳入国民经济和社会发展计划，制定相应的政策和目标责任，促进全面节水。加大对节水技术改造的投入，并通过税收优惠政策等措施，壮大节水产业，推广节水技术，调整经济结构，建立节水型经济社会。实现水资源的有效监控管理，抑制需水过度增长。

2. 水利工程建设管理

加强对水利建设项目的论证和比选，严格按照国家基本建设程序要求，抓紧重点工程审批立项，落实建管机制。加强投资计划和资金管理，严格实行项目法人责任制、招标投标制、建设监理制和工程建设合同制，强化建设管理。制定相应的标准和规范，加强对工程招标投标和工程施工的管理，充分发挥各级质量监督机构的作用，严格项目的审计监督、稽察以及竣工验收管理，确保投资专款专用，确保工程质量。

3. 水利工程运行管理

改革水利工程管理体制和运行机制，根据水利工程的性质明确划分并落实管理职责。新建项目要在工程设计和立项审批过程中，明确和落实管理运行机制和管理经费来源，确保工程良性运行；已建工程要通过改革，进一步明确管理运行机制，逐步落实管理经费。对防洪等公益性水利工程，管理单位要按运行管理职责定编定员，合理核算所需运行管理成本，按工程的隶属关系，由各级财政足额支付管理经费；以经济效益为主的供水、发电工程，要按照“产权清晰、权责明确、政企分开、管理科学”的原则，逐步建立适应市场经济要求的现代企业管理制度，按照国家规定的标准收取水费、电费，加强管理。对于兼有公益性和效益性的水利工程，难以维持正常管理和维护的管理单位，应按工程的隶属关系，由各级财政予以定额补助。同时，要改革产权制度和建立水价形成机制，加快大中型灌区专业管理与农民参与管理相结合的改革，以及小微型水利工程管理体制改革，通过落实各种形式的管理责任制，提高管理水平和效率，充分发挥工程效益，逐步减少财政负担。水利企业和水利管理单位，要大力发展多种经营，增加收入，不断改善和提高职工的生活水平。

4. 依法行政管理

依法加强水事活动管理，规范水事行为，监督水规划的实施。严禁在河道内进行开发建设等侵占行洪通道以及乱采沙活动，加强蓄滞洪区管理，逐步做到重点蓄滞洪区能够按计划运用；严格实施洪水影响评价和规划同意书制度，加强对在河道上和重点防洪保护区内以及缺水地区兴建开发建设项目的管理，严格实施开发建设项目水土保持方案报告制度和设计、施工、验收三同时制度，切实加强水土保持监督管理；加强水行政执法和监察，及时协调水事矛盾，处理水事纠纷，查处水事违法案件，保障水利建设有序进行。

（十一）水库移民安置

坚持开发性移民方针，认真贯彻《大中型水利水电工程建设征地补偿和移民安置条例》，进一步完善水库移民的法律法规，充分依靠和发挥各级地方政府的作用，依法深入细致地做好水库移民工作，确保水利建设顺利实施，妥善处理水库移民的有关问题，保障当地和库区的社会稳定、经济发展。对新建水利工程的移民，要切实做好前期工作，加强监督和管理，调动群众的积极性，按照工程的移民安置规划，认真组织实施，使移民“搬得出，安得下，稳得住，能致富”；老水库移民工作要进一步转变观念，做好规划，实行多渠道、多门路筹集资金，加快解决历史遗留问题，促进当地的社会稳定和经济发展。

（十二）水文、前期等基础工作

1. 水文设施建设

调整、充实和发展国家基础水文站网，特别是水资源和水质监测站网的建设，以及水文站队结合基地建设。加强水文观测、水资源监测、水土流失监测等工作。推进水文信息化工作，完成全国水文数据库建设。

2. 水利基础工作

加大对基础工作以及科学研究、科技推广、管理设施、教育和人才培养的投入力度，加强勘测、规划、设计、咨询等前期工作，提高勘测设计质量，保证水利基本建设的顺利实施。完善水管理体制和机制，加强信息化工作，采用现代化管理技术与手段，提高水行业建管能力，推进水利现代化进程。

五、投资规模与效果

（一）投资规模

根据主要任务初步匡算，“十五”期间水利基本建设投资总规模为4625亿元（1999年物价水平）。在总投资中，“九五”结转项目投资1870亿元，“十五”新开工项目投资2755亿元。

“九五”结转的工程项目，主要包括长江、黄河、松花江等大江大河堤防加固，洞庭湖、鄱阳湖治理，长江中下游退田还湖、移民建镇，治淮治太等骨干水利工程，以及病险水库除险加固、重点城市防洪、节水灌溉、人畜饮水、水土保持生态建设等项目。要确保投资，使在建工程及时建成发挥效益，避免因缺少投资而形成不能发挥效益的半拉子工程，影响投资效果。

目前，已经批准立项的水利项目，包括嫩江尼尔基水利枢纽、淮河临淮岗洪水控制工程、岷江紫坪铺水利枢纽、澧水皂市水利枢纽、右江百色水利枢纽、黄河沙坡头水利枢纽、引松入长、胶东供水等工程，都是大江大河治理、重点水资源和西部大开发的骨干水利工程，要及时开工建设，尽快发挥效益。

根据“十五”水利发展目标任务，在确保在建和已批项目建设投资的同时，要抓紧南水北调工程等特大型以及西部大开发重点水利工程的前期工作，尽早安排资金，开工建设一批事关国民经济和社会发展大局的重点水利工程。

鉴于“十五”水利建设任务十分繁重，同时实施西部大开发战略还需加大西部水利建设力度，“十五”中央水利建设投入水平至少要保持1998年的年度投资水平并略有增加，因此，要积极争取中央重视和支持，加大投资力度，建议在现有投资规模的基础上，通过增加财政预算内资金投入、扩大水利建设基金征收范围和加大征收总量、加大水利建设专项资金、增加用于水利的国债资金，以及积极、合理和有效地利用国内外各种优惠贷款等措施，使中央水利年均投资保持在 440 亿元左右的规模。各级政府的水利投入和配套资金以及其他投资也需相应增长，多层次、多渠道、多方面扩大水利建设资金来源。

（二）投资效果

“十五”期间，投入到位，强化管理，可达到如下预期效果：

防洪安全：长江、黄河等七大江河干流重点堤防得到全面加高加固，基本达到防洪规划确定的防洪标准，重要堤防和重点病险水库的隐患基本消除，大江大河防御洪水的能力显著提高，遇设计标准洪水，基本能够避免重大灾害和紧张的抢险局面；遇超标准洪水，通过蓄泄兼筹等综合措施，防洪体系能够正常运行，把洪水灾害损失降到最低程度。

水资源有效供给：一批重点水资源工程逐步建成，南水北调东、中线工程相继开工。北方缺水地区的供需矛盾得到缓解，全国总体抗旱能力进一步加强，农村贫困地区饮水困难基本解决；灌溉面积有所扩大，灌溉水利用率和灌溉保证率逐步提高，基本保障农业增产用水；通过多种措施，确保重要城市生活用水和重点工业用水需求；初步改善重点地区的生态环境用水。

水土保持生态建设：全国水土流失的预防保护、监督体系初步形成，水土流失治理加快，人为造成新的水土流失有所遏制，全国重点水土流失区得到初步治理，重点治理区生态环境得到明显改善。

六、保障措施

（一）加强领导，强化政府宏观调控的主导作用

以政府行为为主体，切实加强各级政府对水利的宏观调控和领导，落实行政首长负责制，把抓好水利工作列入各级领导的考核目标，真正做到责任、措施和投入三到位。从战略高度把解决洪涝灾害、干旱缺水、水污染等三大问题作为重点，纳入全国及地方“十五”计划，加快水利事业的快速发展，使水利更好地为国民经济发展和社会进步服务。

（二）做好规划，保障水利建设健康有序地进行

1. 做好规划。制定规划应根据国民经济和社会发展总体部署，按照自然、经济规律和综合国力，确定水利建设的目标和方向、任务和重点、规模和步骤、对策和措施。建立和完善全国水利规划体系，在做好全国防洪规划、北方水资源规划、全国节水灌溉规划、全国水土保持生态建设规划等基础上，抓紧做好全国水资源综合规划，对水资源开发、利用、治理、配置、节约、保护做出总体安排。要加强水利规划管理，制定有关条例和管理办法，做到规范化、制度化，以保证规划工作的顺利开展。各地也要结合实际，加强水利规划和基础工作。

2. 强化监督实施。经批准的流域综合规划和专业规划，是开发利用水资源和防治水旱灾害的基本依据。各级政府和水行政主管部门要采取有效措施，加强规划实施过程中的协调与监督，使江河治理开发与建设管理能够依照江河流域规划进行，各类基本建设都要符合流域综合规划和防洪、水资源、水土保持等专业规划的要求，严禁任何违背规划进行建设的行为。

（三）增加投入，建立稳定的投入保障机制

1. 划分事权。按照《水利产业政策》，划分中央和地方以及政府、市场及受益者的事权与责任，明确各类水利工程的投资主体。对国家重点支持建设的水利项目，由中央和地方政府共同负责；局部受益的防洪除涝、城市防洪、灌溉排水、水资源开发利用等工程，按“谁受益、谁投资”的原则，主要由受益地方负责；以社会效益为主、公益性较强的项目，包括防洪除涝，灌排骨干工程、节水重点工程、城市防洪、水土保持生态建设、水资源保护等，主要由各级政府财政预算内和水利专项资金投资建设；经济效益较明显的项目，如城镇供水、水电等工程，通过政府或项目业主注入资本金，采用多种方式筹集资金，按照市场机制建设；为特定用户服务的水利项目，由受益者负责建设，并要符合水利规划的规定和要求。

2. 加大政府对水利的投入力度。各级政府要调整财政支出结构，增加对水利的投入，加强骨干防洪设施、大型水资源工程和西部水利设施的建设，确保用于水利的财政支出与国家财政支出总量的同步增长，力争“十五”期间水利财政预算稳定在全国财政总预算的5%，水利基本建设投资占国家基本

建设投资的比重达到6%左右。建议扩大水利建设基金筹措的范围，提高征收比例，建立与国家公共财政框架体系相适应的水利投资体制。近期国家实行积极财政政策继续发行财政债券建设基础设施，要把水利基础设施作为重点安排。西部开发专项基金，应重点加强水利基础设施和生态建设。

3. *积极利用市场机制筹集水利建设资金*。对于城镇供水、水电、旅游等经济效益较明显的水利工程，通过批准特许经营权、放宽社会资金参与水利建设的限制条件和提高回报保障等措施，以及建立财政信贷机制，实行财政贴息，提供长期优惠贷款，增加水利利用国内外贷款的额度，有条件的项目经批准后采取多种形式向社会筹集资金，并积极推行利用债券筹资建设水利设施。鼓励外商、社会各界及企事业单位、个人，积极参与城镇供水、节水灌溉、中小水电等项目的投资建设和运营。

4. *调动广大人民群众参加水利建设的积极性*。对小、微型水利工程和水土保持生态建设等水利设施，在政府给予适当补助和扶持的同时，有条件的逐步采取租赁、承包经营等方式盘活存量资产，调动广大农民积极参与农田水利基本建设、“四荒”治理、水土保持生态建设的积极性。

（四）深化改革，完善水利发展机制

1. *建立合理的水价形成机制*。按照社会主义市场经济的要求，制定《水利工程供水价格管理办法》，建立有利于促进节约用水和水资源持续利用良性运行的水价体系。城市生活和工业用水要按照补偿成本、合理盈利、公平负担的原则，核定供水价格，逐步大幅度提高水价；对于农业用水既要考虑农民的承受能力，又要实行定额用水，超额加价，全面实行按水量计收水费，提高水费的实收率。要减少中间环节，提高水费计收的透明度，建立容量水价与计量水价相结合的水价机制，实行计划用水、定额管理，对不同水源和不同类型用水实行差别水价，使水价管理走向科学化、规范化轨道。

2. *建立健全水资源有偿使用制度*。抓紧制定《水资源费征收使用管理办法》，合理确定征收标准，全面开征水资源费。水资源严重紧缺及生态环境恶化的地区，要较大幅度地提高水资源费征收标准，用经济手段制约用户随意取水、浪费水资源的现象。

3. *完善河道及防洪工程等的管理机制*。按照《中华人民共和国防洪法》《河道管理条例》等有关法规，制定《河道工程修建维护管理费征收使用办法》，修订各地已出台的河道工程修建维护管理费征收使用政策，适当扩大征

收范围，合理确定征收标准，用于防洪工程的运行管理；依据《蓄滞洪区运用补偿暂行办法》等法规，规范蓄滞洪区管理，建立防洪补偿、防洪保险和灾情评估机制，研究设立防洪基金，确保防洪工程和蓄滞洪区正常运行。

（五）完善法规，强化执法

1. 加强水法规体系建设。抓紧修订《中华人民共和国水法》和《取水许可制度实施办法》，制定《黄河法》《江河流域管理法》《黑河流域管理条例》等法律法规，以及《建设项目水资源论证管理办法》《洪水影响评价报告制度实施办法》《规划同意书制度实施办法》等相关配套法规和实施细则，进一步完善水法规体系。逐步建立适合我国国情的水权管理制度，完善水资源配置、用水审计和节水等技术经济政策和法规规章。

2. 完善水利技术标准体系。加强水利技术标准化工作，不断完善工程设计、建设与管理以及水资源管理、水利经济方面的技术规范、技术标准及相关制度，提高水利的整体技术水平。

3. 提高执法能力和水平。加强水政监察规范化建设，加快推行执法责任制、评议考核制，完善监督机制，规范水事行为；强化水行政执法队伍建设，提高执法人员素质，建立一支高效、公正、廉洁的水行政执法队伍；进行水政执法能力和执法保障的基础建设，健全水政执法网络，增强执法手段，提高执法水平。

（六）依靠科技进步，推进水利现代化进程

1. 对水利的重大发展战略，建设与管理的关键技术，组织跨部门、跨学科的联合攻关，积极探索新理论、新方法、新技术，推广应用新工艺、新材料，提高勘测、规划、设计、施工、管理决策等方面的总体技术水平。加快科技成果的推广，促进水利科技成果转化，提高水利工作的科技含量，依靠科技进步和体制创新，促进水利现代化建设。

2. 采用信息网络、数字化等新技术，提高水信息的测报和处理水平，逐步实现水信息测报自动化、信息传输与处理网络化、水管理调度自动化；建立流域和区域的防洪指挥和水资源管理调度中心以及水土保持监测中心，实现防洪指挥科学调度和水资源配置实时调度，推进水利信息化。

3. 切实加强水利干部职工队伍建设，努力培养造就大批高素质的水利科

技、建设和管理的人才，为水利现代化建设提供坚实的人才保证。

（七）扩大对外交流，加强国际合作

积极合理有效地利用外资，加强外资项目的管理，不断提高外资使用效益。拓宽国际合作领域，加强水利的国际学术交流和人才培训，引进、消化、吸收国外先进的水利技术与管理经验，积极参与国际项目的竞争。

附录4　水利发展“十一五”规划

前　言

党中央、国务院高度重视水利发展。“十五”期间，中央水利建设投资达到创历史纪录的1600多亿元，水利基础设施建设的长足进展，使水利防灾减灾能力大大增强。与此同时，水利发展和改革实现了一系列重大跨越，水资源保护、节约、合理开发和高效利用的理念已为全社会普遍接受，水利管理体制和运行机制改革稳步推进，行业管理逐步加强，依法治水取得显著成效。

但是，与国民经济发展、人民生活水平提高、生态环境改善的需求相比，水利的支撑和保障能力还有很大的差距。突出表现为：水资源短缺和水污染仍然是影响全局的突出问题，水土流失、生态恶化状况尚未从根本上得到扭转，流域和区域的防洪基础设施依然相对薄弱，水利发展的体制性障碍还有待进一步克服。

“十一五”期间，要以水资源和水利工程的可持续利用，保障经济和社会可持续发展为目标，认真贯彻落实科学发展观，加强水利基础设施建设，强化政府对水资源的社会管理和公共服务，确保国家防洪安全、供水安全、生态安全和粮食安全，为全面建设小康社会和构建社会主义和谐社会提供坚实的水利基础。

根据《国民经济和社会发展第十一个五年规划纲要》，结合国民经济发展目标和规划布局，国家发展改革委会同水利部、建设部编制了《水利发展“十一五”规划》，提出了“十一五”时期水利发展和改革的思路、目标、主要任务和保障措施。

一、水利发展和改革现状及形势

（一）“十五”期间取得的成就

“十五”期间，为适应国家发展的总体战略部署，水利发展思路和工作重点逐步调整，水利服务领域不断拓展，开展了新中国成立以来投资规模最大的水利建设，节水型社会建设迈出重要步伐，水利改革与管理取得重要成果，“十五”计划确定的主要目标和任务基本实现，重点领域取得明显进展，为“十一五”水利发展和改革打下了良好的基础。

治水思路逐渐转变。在发展进程中，从传统水利向现代水利和可持续发展水利转变的治水新思路逐步确立。强调以实现人与自然和谐发展为核心理念，加强水资源管理，优化水资源配置，探索国家水权制度，实行用水总量控制和定额管理，严格水资源保护，通过建设节水型社会，提高水资源利用效率和效益，以水资源的可持续利用支撑经济社会的可持续发展。根据实际情况，适时调整水利建设的重点，集中力量于防洪减灾、保障饮水安全、建设节水型社会、保护和恢复生态系统等重要领域，为构建和谐社会提供水利保障。

“十五”计划目标基本完成。“十五”期间水利建设投资规模为新中国成立以来历次五年计划之最，五年累计完成固定资产投资3625亿元，有力地推进了水利基础设施建设。

全国新增堤防长度8600多公里，长江中下游3576公里堤防实现了修完修好的目标；新一轮治淮工程建设全面展开，在19项骨干工程中，已有8项工程全部或基本完成，其他各项工程正在抓紧实施；黄河下游堤防加固工程的建设，使下游防洪能力不断增强；全国新增水库总库容448亿立方米，黄河小浪底、万家寨、湖南江垭、新疆乌鲁瓦提、广东飞来峡等工程建成投产，三峡工程已开始发挥效益，淮河临淮岗、广西百色、嫩江尼尔基、四川紫坪铺等工程建设顺利推进；1803座重点病险水库得到除险加固；重要城市和重点地区的防洪安全基本得到保障。

南水北调工程开工建设并按计划取得进展；重点水资源工程建设明显加快，全国新增年供水能力370亿立方米；人畜饮水解困建设成效显著，五年共解决6700多万农村人口（包括“八七”扶贫攻坚计划中剩余的2423万人）的饮水困难和不安全问题；灌区节水改造力度进一步加大，五年新增工程节水灌溉面积7420万亩，新增有效灌溉面积2323万亩，大型灌区亩均毛灌溉用水量由641立方米降低到450立方米，全国农业灌溉水有效利用系数提高到0.45；塔里木河、黑河生态恶化趋势得到初步遏制，黄河实现不断流；五年全国综合治理水土流失面积约24万平方公里，新增封育保护面积约30万平方公里；水利系统新增水电装机容量1600万千瓦，解决了1200万无电人口的用电问题。

防汛抗旱工作成效显著。实施政府有效的社会管理，逐步提高对水旱灾害的防控和灾后救助能力，成功抵御了2002年长江、2003年淮河和2005年珠江洪水，人员死亡大为减少，有效应对了2001年和2002年严重的持续干旱，减轻了水旱灾害对经济社会以及生态环境造成的损失和影响；水利信息化建设步伐加快，水文站网建设和水资源监测能力得到加强，国家防汛抗旱指挥系统、水土保持监测网络系统建设取得进展。

水利改革取得明显进展，水利管理体制不断完善。水利工程管理体制改革迈出了重大步伐，水价、水管理体制和机构改革等稳步推进。以2002年国务院办公厅转发《水利工程管理体制改革实施意见》为契机，水利工程管理体制改革全面启动，全国已有29个省、自治区、直辖市出台了实施方案，改革试点取得阶段性成果。《水利工程供水价格管理办法》颁布实施，水价改革步伐加快。探索和实施水能资源有偿使用和市场化配置，已有十几个省、自治区、直辖市开始通过招标、拍卖等方式有偿出让水能资源开发使用权。大力推广用水户参与管理的灌区管理模式，小型水利工程建设与管理体制改革取得新进展，通过采取承包、租赁、拍卖、股份合作等改革措施，初步探索出了一条解决农村小型水利工程管理主体缺位、管理责任不落实等问题的路子。全面推行了建设管理的“四项制度”，水土保持方案论证制度日趋完善，水利建设管理水平逐步提高。研究制定有关移民政策和管理制度，重视和加强了水利工程移民安置工作。根据国务院《关于投资体制改革的决定》，深化水利投融资体制改革，积极探索建立适应社会主义市场经济要求的水利投融资体制和机制，开展项目法人招投标试点。

依法治水进入新阶段，能力建设得到加强。新修订的《水法》颁布实施，制定和实施了一系列重要水利规划。实行了建设项目水资源论证制度、取水许可制度和水资源有偿使用制度，在水权、水市场和建设节水型社会方面进行了积极探索。积极利用高新技术改造传统水利行业，加强了科学研究、技术开发和成果转化应用，科技创新能力得到提高。质量监督工作有效开展，对外交流与合作取得成效，人才培养和教育也得到进一步重视和加强。

（二）经济社会可持续发展对水利的要求和水利发展的有利条件

经济社会可持续发展对水利提出了越来越高的要求。“十一五”期间，随

专栏1　　“十五”水利建设主要成就

——全国新增水库总库容448亿立方米，新增供水能力370亿立方米，每年为工农业、生活供水5500多亿立方米
——解决了6700多万农村人口的饮水困难和不安全问题，每年解决2700多万人口的临时饮水困难
——全国新增堤防长度8600多公里，长江中下游3576公里干流堤防修完修好；19项治淮骨干工程已有8项全部或基本完成，洪涝灾害死亡人数比90年代平均水平减少了59%
——对1803座重点病险水库进行了除险加固
——对306个大型灌区，99个中型灌区进行节水改造，建设了1100多个节水增效示范项目，全国新增工程节水灌溉面积7420万亩，新增有效灌溉面积2323万亩
——农业抗旱平均每年挽回粮食损失500多亿公斤，减少经济作物损失400多亿元
——实施引黄济津和从山西、河北向北京集中输水，珠江压咸补淡应急调度，引江济太和淮河闸坝防污调度，保证重点地区供水安全
——全国综合防治水土流失面积54万平方公里，其中综合治理24万多平方公里。黄土高原地区新建淤地坝4000多座
——三峡工程实现二期蓄水、发电、通航，小浪底、万家寨、飞来峡等工程投产运行，临淮岗、沙坡头、西霞院、尼尔基、百色、紫坪铺、皂市等工程进展顺利，部分发挥作用
——南水北调东、中线一期工程开工建设，四川武都、山西张峰、海南大隆、云南麻栗坝等水源工程和辽宁大伙房输水等区域水资源调配工程得到实施
——根据调整后的GDP和2000年不变价，万元GDP用水量从2000年的554立方米下降到357立方米，单位GDP用水量降低35.6%；农业节水灌溉年节水60亿立方米，形成120亿立方米的节水能力
——对17处湖泊湿地和河流进行调水和补水，累计水量达173亿立方米，实现黄河连续6年不断流，塔里木河、黑河生态恶化趋势初步遏制，南四湖、扎龙等湖泊湿地生态状况得到改善
——新增农村水电装机容量1600万千瓦，水利系统装机达到5219万千瓦
——累计完成固定资产投资3625亿元，其中中央水利建设投资1600多亿元
——建立了7000多个灌区农民用水户协会，有700多万处小型农村水利工程进行了产权改革

着人口的增长，我国人均水资源占有量将由目前的2160立方米下降至不足2100立方米，用水总量增长，废污水排放量增加，使水资源供需矛盾进一步加剧。人民生活水平的提高，将对供水安全提出更高的要求。经济与社会的快速发展，资产与财富的不断增加，对抗御洪涝和地质灾害的要求进一步提高。在推进城镇化的进程中，需要进一步加强对城镇水源的安全保障，提高供水水源保证率和饮用水源水质达标率，城市防洪、供水、排涝、水污染防治和水资源保护任务将更加繁重。江河、湖泊、湿地生态系统保护，水土流失治理、荒漠化防治、盐碱地改良，也都需要水资源提供支撑

和保障。全社会对防洪安全、水资源供给安全、水生态环境安全和粮食安全的要求将越来越高。科学发展观要求在治水实践中坚持以人为本、节约资源、保护环境、人与自然和谐相处，走全面、协调、可持续发展之路，水利发展面临着各种挑战，观念亟待更新。完善社会主义市场经济体制，要求转变政府管理职能，克服体制性和机制性障碍，强化社会管理，提高公共服务水平，加快水资源管理体制、水利投资体制、水利国有资产管理体制、水价机制等改革的步伐，创新和完善水利发展的体制和机制，实现科学、民主、依法行政。

当前和今后一个时期，水利发展面临诸多有利条件。党中央、国务院高度重视水利工作，使水利在经济社会可持续发展中的基础性地位进一步加强；科学发展观为进一步发展和完善治水新思路，坚持正确的水利发展道路、发展模式和发展战略提供了有力的理论指导；国家高度重视区域协调发展，继续推进西部大开发，振兴东北老工业基地，促进中部地区崛起，鼓励东部地区率先发展，有利于加强水利基础设施建设，促进经济与资源、环境的空间均衡发展；国家高度重视“三农”问题，采取了一系列有效政策和措施，有利于进一步加强农村水利基础设施建设，增强农村经济发展后劲，推进社会主义新农村建设；建设资源节约型、环境友好型社会有利于推进节水型社会建设进程，有利于改善水生态环境状况，有利于改善城乡人民的饮用水安全状况和生活质量；市场经济体制的不断完善，推动水利各项改革不断深化，为水利发展增添了活力；全社会对水的认识发生了重大转变，水的忧患意识和节约保护观念的增强，为水利发展提供了良好的社会环境；多年来不断强化依法行政，建立和完善规划体系，加强制度建设，推动体制和科技创新，为提高水利服务经济社会的能力提供了基础条件。

（三）存在的问题

我国特定的自然地理条件和社会经济条件，决定了水利建设的重要性、长期性、艰巨性和复杂性。随着经济社会发展对水利的要求越来越高，江河治理和水资源开发利用的难度越来越大，国家仍面临着严峻的水问题。

水资源短缺加剧，供需矛盾突出。我国水资源总量不足且时空分布极不均衡，全国大部分地区最大四个月的降雨量约占全年降雨总量的70%，人均水资源占有量约为世界平均水平的30%，缺水问题突出，北方大部分地区存在资源型缺水问题，海河流域的人均水资源量仅相当于全国平均水平的1/7，即使南水北调工程建成后，人均水资源量也不到全国平均水平的1/5；黄河、淮河、辽河流域的人均水资源量分别相当于全国平均水平的1/3、1/5、1/3。按目前的正常供水需求，全国每年缺水约300亿～400亿立方米；部分城市供水水源单一，供水水源保证率不高，干旱年份缺水严重；还有3亿多农村人口存在饮用水水质不合格或水量不足、取水不便等问题，每年因干旱造成的临时性饮水困难人口超过1000万人；农田受旱面积年均达3亿亩左右。“十五”期间年均因缺水影响工业产值2300多亿元，占同期全国GDP的1.62%，成为我国尤其是北方地区经济社会发展的重要制约因素。

另外，受全球性气候变化和人类活动等因素的影响，近20年来我国北方地区水资源明显减少，其中海河流域年径流减少了41%，黄河、淮河、辽河流域年径流分别减少了15%、15%和9%，部分流域和地区水资源开发利用程度已接近或超过水资源和水环境承载能力，靠大量挤占生态和环境用水维持经济社会发展用水需求；水资源相对丰沛的南方地区也出现了区域性甚至流域性缺水的现象。在缺水的同时，用水浪费、效率低的状况还十分普遍，全国平均单方水GDP产出仅为世界先进水平的1/4，工业万元产值用水量为发达国家的5～10倍；农业灌溉水有效利用系数仅为0.45，与先进国家的水平有很大差距；全国城市供水管网漏损率平均在20%左右。

水污染严重，全国水环境状况依然严峻。2005年，全国污水排放总量717亿吨，水质Ⅳ类和劣于Ⅳ类的河长占总评价河长的39%；全国七大水系的411个地表水监测断面中，Ⅳ～Ⅴ类和劣Ⅴ类水质的断面比例为59%。北方地区河流水体污染严重，太湖、滇池和巢湖等湖泊水质较差；东部地区局部河网水污染严重，水质型缺水问题日益突出。在部分流域和地区，水污染已呈现出从支流向干流延伸、从城市向农村蔓延、从地表向地下渗透、从陆域向海域发展的趋势。全国以城市和农村井灌区为中心形成的地下水超采区数量已从20世纪80年代初的56个发展到目前的164个，超采区面积从8.7万平方公里扩大到18万平方公里，已引起地面下沉、矿化度增高、海水倒灌等严重生态问题。

总体防洪能力偏低，洪涝灾害损失严重。大江大河综合防洪体系还不完善，蓄滞洪区建设严重滞后，部分大江大河重要支流防洪能力偏低，主要易涝地区排涝能力严重不足，对山洪灾害缺乏有效的监测和防御措施，洪水管理尚待加强。汛期山丘区、沿海风暴潮地区人员伤亡多。每到汛期，大部分地区都有防洪任务，相当一部分人口和财产集中地区、工农业生产基地受到洪水的威胁。根据统计分析，“十五”期间，全国年均洪涝灾害损失约1000亿元，约占同期全国GDP的0.71%，发生流域性大洪水的年份，洪涝灾害损失占同期全国GDP比例超过1%。

水土流失和生态恶化趋势尚未得到有效遏制。目前全国水土流失面积为356万平方公里，占国土面积37%，每年流失的土壤总量达50亿吨，人为水土流失加剧的趋势尚未得到有效遏制。严重的水土流失，导致土地贫瘠、生态恶化、河湖淤积，加剧了江河下游地区的洪涝灾害，防洪、供水、发电、航运等能力下降。一些地区水资源不合理开发，造成河流断流，湖泊干涸，湿地萎缩，绿洲消失，地下水位下降，对生态环境造成一系列严重影响。

现有水利基础设施老化失修，存在严重安全隐患。目前全国病险水库约有3万多座，占水库总数的近40%；一些河流堤防标准低，质量差，存在严重的防洪隐患。农田水利设施仍很不完善，402处大型灌区的骨干建筑物损坏率近40%，1505处重点中型灌区干支渠道及其建筑物损坏率分别为51%和50%；大型排灌泵站老化破损率达75%左右。

水资源可持续利用的体制和机制不完善。权威、协调、高效的水资源管理体制尚未完全形成，规划、政策、制度等社会管理事务仍待加强；经济社会发展布局与水资源分布不相匹配，一些水资源短缺的流域，上游过度开发，严重影响了下游的生产生活用水和生态环境。洪水管理工程体系和制度还不健全，防洪减灾社会化保障体系亟待完善，一些地区经济活动侵占河道和妨碍河道行洪的现象还时有发生；一些城乡建设和产业布局，尚未建立规避洪水风险的机制，造成洪水损失较大。资源使用权益不够明晰，既造成对水资源开发利用上的无序竞争，也使得水资源保护缺乏责任主体；水功能区划保护政策和措施尚未落实。在应对重大水利突发事件方面，相应的预案和对策尚需不断完善。水库移民政策法规的落实工作尚待加强，移民管理体制尚待理顺，水库移民中存在的一些遗留问题需要妥善解决。水利改革相对滞后，市场在水资源配置中的基础性作用还需进一步加强；一些水利工程存在“重建设轻管理”“重工程轻移民”“重规模轻效益”“重骨干轻配套”“重经济轻生态”等问题，以及水管体制不顺、机制不活、维护管理经费不足等现象，严重影响了水利基础设施的安全维护和良性运行。

水利投入尚缺乏多层次的稳定增长机制。近年来，国债减发、中央水利投资大幅减少，南水北调工程、治淮工程、塔里木河流域综合治理等一些已经开工并以中央投资为主的工程，存在很大的资金缺口；地方水利投入也严重不足，部分已经开工的工程由于资金缺口问题，难以按照合理工期施工。农村税费改革后逐步取消“两工”，农民群众的投工投劳数量大幅减少，有些需要农民投入建设的农田水利工程，往往“事难议，议难成，成难办”，亟需建立和完善农田水利建设新机制。另一方面，由于水利工程移民占地补偿资金增加、工程建设造价提高等因素，水利工程建设成本提高，造成水利建设资金缺口进一步加大。

二、水利发展和改革的指导思想、基本原则和总体思路

（一）指导思想

按照科学发展观和构建社会主义和谐社会的要求，进一步完善水利发展思路，加强水利建设和管理。增加投入，深化改革，科学治水、依法治水，兴利除害并重，防汛抗旱结合，把解决好关系群众切身利益的水问题放在更加优先的位置，把解决好干旱缺水和水污染防治问题摆到更加突出的位置，增强防灾减灾能力，强化水资源的节约与保护，提高防洪、供水和生态安全保障程度，以水资源和水利工程的可持续利用，促进经济社会又好又快发展。

（二）基本原则

——坚持人与自然和谐。尊重自然规律和经济规律，按照人口、资源、环境与经济社会协调发展的要求，根据水资源和水环境承载能力，合理开发利用水资源，促进调整优化经济社会发展布局，妥善处理与防洪减灾、水资源开发利用和生态环境保护的关系。

——坚持资源节约和保护。坚持走资源节约、环境友好的可持续发展之路，继续把水资源的有效保护和节约利用放在突出位置，坚持节水为主，治污优先，多渠道开源，全面推进节水型社会建设，转变粗放式的水资源开发利用方式，大力发展循环经济，提高水资源利用效率和效益。

——坚持以改革促进发展。改革和创新水利发展与管理机制，切实转变政府职能，加强社会管理和公共服务，改革体制机制，克服水利发展中的体制性障碍，健全法制，依法治水，提高科学化、民主化程度，全面增强水利服务于经济社会可持续发展的能力。

——**坚持全面统筹协调。**水利发展要兴利除害结合，开源节流并重，防洪抗旱并举。统筹考虑不同流域、区域和城乡经济社会发展的特点和需求；统筹兼顾上下游、干支流、左右岸，水资源开发、利用、节约、保护和防洪排涝等关系，促进区域和城乡协调发展，建立公平合理、利益共享、良性互动的水利发展格局。

——**坚持量力而行、突出重点。**根据国家公共财政状况和投资政策，合理确定水利建设规模和投资规模，优化配置水利建设资金，有所为有所不为，保续建保投产。坚持以人为本，配合新农村建设，优先解决涉及群众切身利益的水利保障问题。切实搞好关系国家全局的供水安全、防洪安全、粮食安全、生态安全等方面的重要工程。

——**坚持建管并重、注重效益。**坚持扩大能力与巩固提高相结合，注重现有工程挖潜改造，在搞好工程建设的同时，高度重视工程的运行管理，确保工程良性运行，实现水利工程社会效益、经济效益和生态效益的统一。

（三）总体思路

合理开发利用水资源。根据水资源承载能力调整经济结构和优化生产力布局，统筹协调生活、生产和生态用水，优先保障城乡居民生活用水。合理规划和建设水资源调配工程，搞好流域和区域水资源优化配置，提高对水资源在时间和空间上的调控能力。全面建设节水型社会，不断提高用水效率和效益。

加强防洪减灾能力建设。按照人与自然和谐的理念，给洪水以出路，防治洪水与规避洪水风险相结合，科学合理地安排河道整治、堤防加固、湖泊治理、控制性枢纽和蓄滞洪区建设，合理调节和利用洪水；建立洪水管理制度，避免经济建设、城市建设盲目向洪水高风险地区发展，努力实现由控制洪水向管理洪水转变。

加大农村水利基础设施建设力度。大力发展节水灌溉，健全和完善农田灌排体系，保护和提高农业特别是粮食综合生产能力。探索建立新时期农田水利建设新机制，在不断加大政府投入的同时，调动广大农民自觉开展农田水利基本建设的积极性。在保护生态的基础上有序开发小水电资源。

加快水资源保护和水污染防治步伐。严格保护地表和地下水资源，进一步强化环境监管，加快推进重点流域水污染防治进程，加强污水处理和再利用，扭转水环境恶化趋势，维护河流健康。以预防保护为主，加强有效监督，充分依靠生态自我修复能力，采取综合措施，国家投入与政策引导相结合，加强对重点水土流失地区和生态脆弱地区的综合治理，保护水土资源和生态环境。

进一步深化改革，强化管理。系统分析制约水利发展的主要体制性障碍和水利管理中的薄弱环节，以水资源管理体制、流域管理体制、水利工程建设运行管理体制和投融资体制、水利资产管理体制等方面改革为重点，推进制度创新，使关系水利发展全局的重大体制改革取得突破性进展；建立国家初始水权分配制度和水权转让制度；建立健全水资源开发、利用、节约、保护和防治水害的制度体系，完善政府的社会管理和公共服务职能，全面提高管理能力和水平，为可持续发展提供强有力的体制和制度保障。

深入研究气候变化与水利建设的相互影响关系。密切关注和研究全球气候变化对水资源开发利用，以及重大水利工程建设对局部气候变化的可能影响，加强监测分析，预筹对策。扩大水电等再生能源利用，减少温室气体排放。加强水利防灾减灾工程建设，提高抗御水旱灾害的能力，降低极端气候事件的危害程度。

三、水利发展的目标任务和总体布局

（一）发展目标

1. 水资源保障。“十一五”期间，全国新增年供水能力300亿立方米，南水北调东、中线工程发挥作用，重点地区和城市的缺水状况得到有效缓解。在全国灌溉用水总量不增加的前提下，通过节水和调整用水结构，净增有效灌溉面积2000万～3000万亩，为国家粮食安全提供水利保障。

2. 饮用水安全。到2010年，解决农村1.6亿人的饮水安全问题；城市主要供水水源地水质达标率提高到90%以上；城市供水水源保证率应不低于95%。

3. 防洪减灾。“十一五”期间，大江大河重点防洪保护区基本达到规划规定的防洪标准，特大城市防御100年一遇以上洪水，大城市防御50～100年一遇洪水，中等城市防御20～50年一遇洪水；重点海堤能防御50年一遇潮水位加8～12级风；重点低洼地区排涝标准基本达到3～5年一遇。

4. 节约用水。“十一五”期间，全国新增工程节水灌溉面积1.5亿亩，灌溉水有效利用系数提高到0.50，自然降水利用率得到进一步提高；全国万元工业增加值用水量降低到120立方米以下，比现状降低约30%，工业用水重复利用率提高到70%；污水再生利用工作得到加强，再生水应用领域不断扩大，北方缺水城市再生水利用率达到污水处理量的20%以上；降低城市供水管网漏损率，全面推广使用生活节水器具。

5. 水土保持和水生态保护。“十一五”期间，新增水土流失治理面积25万平方公里，实施生态修复面积30万平方公里；部分生态脆弱或生态严重损坏的河流得到初步治理；湿地面积得到合理恢复；地下水超采趋势减缓。

主要江河湖库二级水功能区水质达标率提高到55%左右，城市污水处理率达到70%以上。

专栏2　　“十一五”期间水利发展的主要目标

指　标	2005年	2010年	备注
解决农村饮水安全人口/亿人		[1.6]	约束性
新增年供水能力/亿立方米	[370]	[300]	预期性
城市供水水源保证率/%	90	95	预期性
净增有效灌溉面积/万亩	[2323]	[2000～3000]	预期性
灌溉水有效利用系数	0.45	0.5	预期性
万元工业增加值用水量/立方米	173	120	约束性
新增水土流失综合治理面积/万平方公里	[24]	[25]	预期性
农村集中式供水受益人口比例/%	40	55	预期性
新增农村水电装机/万千瓦	[1600]	[1500]	预期性
主要江河湖库二级水功能区水质达标率/%	48	55	预期性
城市主要供水水源地水质达标率/%	85	90	预期性
城市污水处理率/%	52	70	预期性

注　指标带［ ］为5年累计数。

（二）主要任务

1. 水资源开发利用

加强水源建设。加快前期工作，按计划完成南水北调中、东线一期工程建设任务，解决好水污染防治和水源地保护问题，加快受水区配套工程建设；加强西线工程前期工作。继续建设辽宁大伙房输水、宁夏扶贫扬黄、山西引黄入晋等跨流域和区域调水工程。继续实施《“十五”期间全国大型水库建设规划》，研究制定“十一五”大型水库和中型水库建设规划，按照可持续发展的方针，重视水库建设对生态环境、移民安置、土地利用等方面的影响，协调好各方面意见，适时开工建设一批综合利用大中型水库工程。在地下水有一定开发潜力的地区，在保护生态环境的前提下，合理开发利用地下水资源；严格控制华北等超采区和沿海海水入侵地区的地下水开采量，逐步改善地下水超采区的环境状况；加强三江平原等地区的地表水资源开发利用，改善局部地下水超采状况。在干旱缺水地区和山区，因地制宜修建中小微型蓄引提工程和雨水集蓄工程，在沿海缺水城市和岛屿，积极进行海水资源的利用。

保障饮水安全。对农村，重点解决饮用水高氟、高砷、苦咸、污染及微生物病害等严重影响身体健康的水质问题，以及局部地区的严重缺水问题，优先解决人口较少民族、水库移民、血吸虫病区和农村学校的饮水安全问题。东部较发达地区要率先解决农村饮用水安全问题，有条件的地方尽早实现城乡统筹供水。国家重点支持中西部农村饮水安全工程建设。

对城镇，合理划分水源地保护区，健全水源地监测系统和安全防护设施，保障城镇集中式饮用水水源地安全。根据各地水资源条件，结合城市化进程和区域水资源状况，优化、调整水源地，多渠道筹集资金，加快城镇供排水设施的改造和建设，加强污水处理。大中城市根据条件逐步建立特枯年或连续干旱年的供水安全储备，因地制宜地规划建设城市备用水源。

2. 推进节水型社会建设

农业节水。根据不同地区的水资源承载能力，确定与之相适应的农业发展布局和规模。调整农业种植结构和用水结构，实施节水高效的现代灌溉农业和现代旱作农业，常规技术与高新技术相结合，建设先进的节水灌溉体系和旱作节水农业体系。在西北等水资源短缺和生态脆弱地区，做好以水定灌溉面积的同时，大力发展旱作节水农业。

继续加大灌区节水改造力度，减少输水损失和田间无效蒸发；在有条件的地区，配合农业综合措施、旱作节水和土地平整保墒，推广喷、滴灌等先进节水增效技术。新灌区要全部建成节水型灌区。

城市和工业节水。城市发展和工业布局要充分考虑水资源条件，加强城市和工业节水。推进南水北调工程受水区开展节水型社会建设试点工作。大力开展节水型企业和节水型城市创建活动。积极推行以节水为重点的企业技术改造，加快淘汰落后耗水的生产工艺和设备，改进工艺流程，提高工业用水重复利用率，减少工业用水量和污水排放量。实行计划用水和超定额加价制度，全面推行和普及节水器具，加快城市供水管网设施改造，到2007年底前基本完成运行超过50年及老城区严重漏损的供水管网改造工作，减少跑冒滴漏；加强城市污水处理设施及配套管网建设，大力推进再生水和雨水利用，增加城市可利用水源。缺水城市的新建、改扩建工程、居民小区应配套雨水集流利用和再生水利用工程；在沿海地区缺水城市，积极开发利用海水（微咸水）资源。

3. 防洪减灾

加快以治淮为重点的大江大河治理，完成嫩江尼尔基、右江百色、四川紫坪铺、湖南皂市、河南燕山、安徽白莲崖等枢纽工程建设，适时开工建设一批防洪重点工程；继续开展河道整治和堤防建设；对蓄滞洪区进行合理分类，优先安排使用频率较高、在流域防洪体系中发挥重要作用的蓄滞洪区安全建设，尤其要进一步重视在蓄滞洪区内生活和生产的群众的安居问题，采取综合措施，为群众建设安全住房创造条件。加强国家确定的重点防洪城市和重要经济区的防洪工程建设，通过制定城市河湖治导控制线，避免城市向洪水高风险区发展，优化城市布局，加强城市水系综合整治，构建城市综合防洪减灾体系。加快中小河流治理步伐，加强山洪灾害易发区和中小型水库的监测预警预报系统建设，强化以非工程措施为主的山洪灾害防治。避免城镇和居民点向山洪灾害易发区扩展，引导现有高风险区的人口有序外迁。重点建设东海和南海沿海地区的标准海堤。按规划实施第二批病险水库除险加固工程。加快行政区界水文站网建设，完成跨界河流水文站网和中央直属水文站网改造。完成国家防汛抗旱指挥系统工程，扩大应用系统的覆盖范围，加强系统的应用工作。加强暴雨洪水预测、预报和预警设施建设，提高预报的准确率和时效性。

4. 生态建设和环境保护

水土保持生态建设。对“三江”源区、内蒙古草原区、重要水源地等实施重点预防和保护。对晋陕蒙接壤区、豫陕晋接壤区及西部开发建设等区域实施重点监督，减轻人为造成新的水土流失。对长江上中游、黄河上中游、京津风沙源、首都水源区、晋陕蒙砒砂岩区、珠江上中游石灰岩地区、东北黑土区、北方土石山区等水土流失严重地区，实施重点治理。加强对水土流失主要来源区的治理，开展以治坡与治沟相结合、治土与治水相结合的坡耕地水土综合整治工程；改革传统耕作模式，推广保护性耕作技术。

地表水保护。重点加强南水北调工程水源区和输水沿线、三峡库区、承担供水任务的大中型水库的水资源保护；加大“三河三湖”等水污染严重的江河湖库的治理力度；在加强治污和整治入河排污口的基础上，因地制宜地通过优化水库闸坝调度运用方式、加快换水周期以及清污分流、引清释污、底泥清淤等措施，改善水质，增强水体的净化能力。

地下水保护。加强黄淮海平原地区地下水资源的监测和保护，重点增加南水北调受水区、大中城市、重要水源地、大面积超采区的地下水监测站网密度，加强地下水自动监测系统建设，实现地下水严重超采区的有效监控。结合南水北调东中线工程等水资源配置工程建设，合理置换地下水，对城市公共供水管网已覆盖的地区，限期封闭自备井，有条件的要采取措施回灌地下水，增强水源的应急储备，压缩地下水开采量。

河流湖泊和湿地水生态修复。努力维护河流建康，通过生态补水、面源治理等综合措施，逐步修复部分生态脆弱河流、湖泊、湿地的水生态系统和部分城市水生态系统。充分利用水生生物的净化作用，改善水域生态环境。继续实施塔里木河、黑河流域综合治理工程，启动石羊河流域重点治理工程。

5. 农村水利基础设施建设

继续开展灌区续建配套与节水改造，提高灌溉水的利用效率和灌区生产能力；扩大灌区特别是井灌区高效节水示范区范围；在水资源相对丰富和土地条件相对较好的地区，结合水源工程建设，适量开发建设后备灌区。加快对中部地区湖北、湖南、江西、安徽四省大型排涝泵站的改造，恢复和改善灌排条件。在水源条件较好的地区适当发展节水灌溉饲料基地和人工灌溉草场，配合禁牧、轮牧、休牧、舍饲圈养和异地搬迁、转产安置等措施，促进草原生态修复。因地制宜开展雨水集蓄利用，发展小微型水利工程。根据血防工程与水利工程相结合的原则，按规划开展主要疫区的水利血防工作。在保护生态的基础上有序开发小水电资源，按规划继续实施水电农村电气化县和小水电代燃料生态保护工程建设。配合社会主义新农村建设，实施农村河道水系整治，推广生态清洁小流域建设模式，实施改水改厕，保护水源，改善村容村貌，提高农民生活质量。

专栏3　　水利发展主要任务

水资源开发利用

——按计划完成南水北调中、东线一期工程建设任务，解决好水污染防治和水源地保护问题；加强西线工程前期工作，研究对调水区生态环境和经济社会的影响及受水区经济政策

——建成四川武都、海南大隆、吉林老龙口、新疆下坂地等水库工程

——续建辽宁大伙房输水、宁夏扶贫扬黄、山西引黄入晋、甘肃引洮供水等跨流域、区域调水工程

——开工建设青山嘴、九甸峡、桃山二期、青龙山、山口岩、金钟、合溪等水库工程

——继续支持云南“润滇”、重庆“泽渝”、四川“兴蜀”、贵州“滋黔”等中型水库建设

——保障饮水安全。加快解决农村饮水安全问题，保障城镇集中式饮用水水源地安全，建设重点城市备用水源

推进节水型社会建设

——推进南水北调东、中线受水区等重点区域节水型社会建设试点工作

——大力发展节水灌溉和旱作节水农业

——推进产业布局、结构调整和工业企业的节水改造

——在城市全面推行和普及节水型器具

——加快城镇供水管网设施改造

——大力推进城市再生水利用

——加强雨洪水、海水、微咸水等非传统水源利用

——积极鼓励发展节水产业

防洪减灾

——完成治淮19项骨干工程，进一步加强行蓄洪区、平原洼地治理等工程建设

——加强大江大河蓄滞洪区安全建设

——完成全国第一批病险水库除险加固，按规划实施完成第二批病险水库除险加固

——建成右江百色、嫩江尼尔基、黄河西霞院、岷江紫坪铺、澧水皂市等控制性枢纽工程，继续开展重大枢纽工程前期工作，适时开工建设

——完成国家防汛抗旱指挥系统工程，完成跨界河流水文站网和中央直属水文站网改造，加快行政区界水文站网建设

生态建设与环境保护

——重点实施长江、黄河上中游、京津风沙源、首都水源区、珠江上中游石灰岩地区、东北黑土区、北方土石山区水土流失治理

——加强对水土流失主要来源区的治理，实施坡耕地水土综合整治

——推进黄土高原淤地坝工程、晋陕蒙砒砂岩区沙棘生态工程建设

——加大南水北调水源地及沿线、三峡水库及上游区、“三河三湖”等重点流域区域的水污染防治力度

——继续实施塔里木河、黑河等流域综合治理和首都水资源可持续利用规划，启动石羊河流域重点治理工程
——加强地下水保护
——实施流域生态与环境修复工程
农村水利基础设施建设
——加强大中型灌区续建配套和节水改造
——推进节水增效示范项目建设，扩大实施范围
——启动中部四省大型排涝泵站改造工程
——实施血吸虫病疫区水利血防工程
——加快以小型灌区节水改造和雨水集蓄利用为重点的小型农田水利工程建设
——结合社会主义新农村建设，进行农村河道水系整治
——有条件的牧区，扩大以节水灌溉饲草料地为主要内容的牧区水利建设

（三）总体布局

“十一五”期间，统筹协调流域、区域和城乡水利发展，突出重点，加强薄弱环节建设，形成合理、高效的水利发展格局。

1. 华北地区。该区域水资源紧缺问题已经严重制约经济、社会和生态环境的协调发展。在这一地区应以水资源保障、水生态恢复为重点，以节水为前提，当地水资源和调水相结合，充分利用雨洪资源，辅以海水利用等措施，形成较为完善的城乡水资源供给保障体系。通过加强水污染防治和严格地下水管理，使重要水源地得到充分保护，地下水超采和污染得到有效控制，河湖水系环境整治和水土保持取得明显成效。逐步恢复流域主要河系中下游河道防洪能力，确保京津等重要地区防洪安全。

2. 东北地区。结合振兴东北老工业基地，资源枯竭型城市经济转型等对水利的要求，做好区域流域水资源优化配置，加强节水和治污，优化产业布局；加快城市供水管网改造；积极开发利用水资源相对丰富河流的水资源，建设跨区域水源工程；保障能源基地、中心城市带、国家商品粮基地用水和重要湿地等生态用水需求；进一步增强防洪除涝能力；加强黑土地水土流失治理。

3. 华中地区。继续加强流域综合防洪减灾体系建设；合理开发利用江湖水资源，有效保护水源地，努力满足本区域城乡供水需求，保证向北方调水；进一步改善大江大河中下游粮食主产区的水利基础条件，提高低洼地区排涝

能力，为国家粮食安全提供保障；做好水利血防工作。

4. 西南地区。要加强山洪、泥石流等灾害的预警预防工作，减少灾害损失；合理规划和建设部分水库工程，重点解决工程性缺水问题；缺水城镇和地区要通过开源、节流、治污等多种措施，提高水资源利用效率，优化升级产业结构，缓解水资源供需矛盾；加强规划和政府监管，充分发挥市场机制的作用，在保护生态和确保移民合法权益的条件下，合理、有序开发水电资源；加强水土流失综合治理和石漠化防治，保护高原湖泊及江河上游地区的水环境和生态环境。

5. 西北地区。要把解决水资源短缺和遏制生态环境恶化趋势的问题放在中心位置，加快推进节水型社会和环境友好型社会建设，推动产业结构优化升级和经济增长方式的转变；加强生态脆弱河流的修复治理，处理好上下游用水关系，增加生态用水，保护绿洲；重点开展黄土高原多沙粗沙区水土流失治理。严格控制和合理开发利用地下水资源，维持地下水合理生态水位，防止生态环境恶化。对生态环境脆弱、水资源和水环境承载能力较低的区域，要科学合理进行产业布局，限制或禁止不合理开发活动，严禁污染大的企业向江河上游区转移；加强江河源头区生态环境保护，重视多沙河流治理。合理建设区域调水工程，提高重点城市的供水保障能力。

6. 东部沿海地区。要结合现代化建设，调整产业结构和产业布局，确定合理的防洪、防潮标准，建立防台风、防山洪应急预警机制；协调好水资源供、用、耗、排的关系，强化各类水源、用水总量和定额的综合管理，保障城市的供水安全；加强河口综合整治，严格控制河口地区地下水开采，维系河流尾闾良好的生态系统，防止海水入侵；加强水资源保护与管理，突出排污控制和污水处理及再生利用，努力修复生态环境，提高水资源和水环境承载能力。

（四）重要工程建设

1. 南水北调工程。以保证东线2007年、中线2010年通水为目标，抓紧主体工程建设。充分发挥山东、江苏两省建设积极性，加快东线治污工作、截污导流工程和调水工程建设；加强对两省的协调，做好省际工程的建设和运行管理；加快中线京石段应急工程建设，确保2008年具备向北京供水的条件；加强中线水源保护工作，落实丹江口库区及上游水污染防治和水土保持规划，做好丹江口水库大坝加高的移民安置。加强工程中关键技术的研究，加快配套工程的前期工作和建设进度，确保按计划通水、用水和正常发挥效益。同时，加强南水北调西线工程前期工作，开展西线调水区生态环境影响和补偿机制研究，合理拟定工程调水规模，研究切实可行的投融资机制和受水区用水制度，为工程实施创造条件。

2. 农村饮水安全工程。在实施《2005—2006年农村饮用水安全应急工程规划》的基础上，按照国务院批准的《全国农村饮水安全工程“十一五”规划》，因地制宜选定工程建设和管理方式，解决农村1.6亿人口的饮水不安全问题。

3. 城市饮用水水源安全保障工程。在对城市饮用水水源地安全状况进行全面调查和评价基础上，建立水源地保护管理制度、监测体系和应急预案与机制；实施水源地保护及污染治理工程、城市饮用水水源调配和水源建设等工程，基本解决城市和问题突出的县级城镇集中式饮用水水源地安全保障问题。水源地水质、水量和供水保证率达到相应的规划标准。

4. 节水灌溉和中部地区大型排涝泵站改造工程。继续加大灌区续建配套和节水改造力度。在水源条件较好的地区，结合重点水源工程建设，规划和开工建设一批水库配套灌区。通过雨水集蓄，提高旱地农业的生产水平。因地制宜地进行灌区水利设施产权制度改革，扩大用水户参与，积极引导农民开展田间节水工程建设、改造和维护，加强灌区用水计量，提高灌区整体效益。继续推进节水增效示范项目建设，扩大实施范围，大力推广先进适用的节水灌溉技术。

完成中部湖南、湖北、江西、安徽四省大型排涝泵站改造建设，改善排涝条件，促进泵站管理单位体制机制改革。

5. 治淮骨干工程等大江大河治理工程。继续把治淮骨干工程作为近期全国大江大河治理的重点，加快国务院确定的治淮19项骨干工程建设，包括淮河干流河道整治，沙颍河、涡河等干支流治理，燕山、白莲崖水库建设，沂沭泗河洪水东调南下续建工程等，使淮河干流上游基本达到10年一遇、中游主要保护区达到100年一遇、下游达到100年一遇以上的防洪标准，沂沭泗河中下游达到50年一遇防洪标准，淮北跨省骨干河道和流域重要支流防洪标准达到10～20年一遇，基本完成国务院确定的治淮近期建设任务。在完善前期工作的基础上，进一步加强行蓄洪区、平原洼地治理等工程建设。长江、黄河等大江大河，也要根据需要和可能，进一步加强治理工程建设。

6. 中小河流治理工程。根据长期以来特别是近几年来，洪涝灾害以及引发的泥石流、山体滑坡等灾害的情况，对易灾多灾的中小河流，按照工程措施与非工程措施相结合的原则，区分轻重缓急，做好规划设计，以地方投资为主，多渠道加大投入力度，提高防灾能力。

7. 水库工程。一是病险水库除险加固，对保护下游安全具有重要作用、险情较重的水库，在做好规划设计等前期工作的基础上，抓紧进行除险加固；二是保证在建大中型水库工程按合理工期建成发挥效益，同时，在合理配置水资源、注重保护生态环境、妥善安置移民的前提下，根据前期工作情况和资金可能，慎重决策，逐步安排水库工程建设。

（五）环境影响评价

“十一五”水利发展任务主要包括水资源开发利用、节水型社会建设、防洪减灾建设、生态建设和环境保护、农村水利基础设施建设等五个方面。规划实施后，可有效提高防洪减灾能力和水资源合理配置能力，保障经济社会发展，改善生态环境。主要体现在以下六个方面：一是防洪减灾建设可进一步完善防洪工程体系，推进洪水风险管理制度的建立，提高重点地区和重点城市的防洪标准；二是水资源开发利用可新增年供水能力 300 亿立方米，进一步完善水资源合理配置工程体系，逐步完善水资源管理制度，提高供水安全保障程度；三是城乡饮水安全建设可解决 1.6 亿人的城乡饮水安全问题；四是节水型社会建设可进一步提高农业、工业和城镇生活用水效率；五是新农村水利基础设施建设，可促进农村经济发展，改善农村生态环境；六是水资源保护和水土保持生态建设，可改善重点地区、重点城市、重点河湖的环境质量，逐步恢复生态环境。

同时，规划实施也可能对局部带来一些不利环境影响。疏导河流、整治河道、加固堤防、筑坝建库和大规模引水等水利工程建设改变了河流上下游的水文情势，改变了河流生态系统的结构和功能，有时还会对物种多样性，下游湿地和自然保护区等环境敏感区带来不利影响。大型水库、跨流域调水等水利工程一般具有淹没及占地多、移民数量大的特点，库区人地矛盾突出，移民安置难度大，带来一些社会问题。

专栏 4　　　　重　要　工　程

南水北调工程

——以东线 2007 年、中线 2010 年通水为目标，抓紧主体工程建设

——加强中线水源保护工作，加快东线治污工作

——2007 年底完成中线京石段应急工程建设

——加快配套工程的前期工作和建设进度，确保按计划通水、用水和正常发挥效益

——加强南水北调西线工程前期工作，特别是开展调水区生态环境影响和补偿机制以及受水区经济政策的研究

农村饮水安全工程

——解决 1.6 亿农村人口饮水安全问题

——重点解决饮用水高氟、高砷、苦咸、污染及微生物病害等严重影响身体健康的水质问题，以及局部地区的严重缺水问题

——优先解决人口较少民族、水库移民、血吸虫病区和农村学校的饮水安全问题

——东部地区率先完成全部农村饮水安全工程建设，有条件的地方尽早实现城乡统筹供水

城市饮用水水源安全保障工程

——水源地保护及污染治理工程。制定饮用水水源保护区划分方案和准保护区污染物总量控制目标及措施，开展饮用水水源地保护工程建设，加强湖库型水源地泥沙和面源污染控制

——城市饮用水水源调配和水源建设工程。在供水水源功能调整和优化配置的基础上，改扩建和新建设水源工程

——饮用水水源综合管理。加强饮用水水源的监督管理和监控体系建设，制定应急预案，建设备用水源，实现大中城市多水源联调

节水灌溉和中部地区大型排涝泵站改造工程

——加大大型灌区续建配套和节水改造力度

——在水源条件较好的地区，结合重点水源工程建设，规划和建设水库配套灌区

——继续推进节水增效示范项目建设，扩大实施范围，大力推广先进适用的节水灌溉技术和设备

——完成中部湖南、湖北、江西、安徽四省大型排涝泵站改造，促进泵站管理单位体制机制改革

治淮骨干工程

——完成国务院确定的治淮 19 项骨干工程建设任务，进一步加强行蓄洪区、平原洼地治理等工程建设

中小河流治理工程

——对中小河流特别是易灾多灾河流，加大治理力度

水库工程

——抓紧进行病险水库除险加固工程

——保证在建水库工程按期完成，发挥效益

——在合理配置水资源、注重生态保护、妥善安置移民等前提下，慎重决策、逐步安排水库工程建设

为此，要高度重视规划实施和水利工程建设的不利环境影响，统筹做好水利发展与环境保护工作。依法加强建设项目水资源论证和环境影响评价等工程建设前期工作，强化对工程建设全过程的监督管理，认真落实各项环境保护措施。在地质灾害易发区进行工程建设，要做好地质灾害危险性评估工作。严格按规定办理用地手续，切实做好工程征地补偿、移民安置和后期扶持工作，确保被征地农民的生活水平不因征地而降低，保证长远生计，维护移民合法权益。加强对规划实施可能影响的重要生态环境敏感区水生态系统的监测，及时掌握环境变化，采取相应的对策措施。加强规划实施的环境风险评价工作，针对可能发生的重大环境风险问题，制定突发环境事件的风险应急管理措施。

四、水利改革和管理的目标和主要任务

“十一五”期间水利改革和管理的总体目标是：按照国家发展和改革的大方向和总体目标，并从水利的特点出发，加快推进水利各项改革，完善法规体系，加强制度创新，科学民主决策，依法行政，推行政务公开、信息公开，扩大公众参与，使关系水利发展全局的体制改革取得突破性进展，政府社会管理能力得到加强，公共服务水平得到提高，为推进水利可持续发展提供强有力的体制和制度保障。

（一）深化体制改革，促进水利发展

——水资源管理体制改革。加强水资源统一管理。初步建立国家水权制度，基本完成主要江河水量分配方案，明晰初始水权；在总结试点经验和扩大试点范围的基础上，制订水权制度实施意见。运用市场机制优化配置水资源，培育水权转让市场，规范市场交易行为。全面推行用水总量控制与定额管理，明晰各行政区域的总量控制指标，制订行业及产品用水定额。明确政府与用水户的权利、责任和义务关系，建立公众参与水量分配、水质监测、水价制定等的管理和监督制度。

——流域管理体制改革。以事权清晰、分工明确、行为规范、运转协调为目标，完善流域与区域相结合的水资源管理体制，切实解决职能不合理交叉、权责脱节和执法不严等问题。逐步建立各方参与、民主协商、科学决策、

分工负责的权威、高效、协调的流域管理机制，统筹兼顾各方利益，实行流域综合管理。

——水利工程建设管理体制和投融资体制改革。坚持政企分开、政事分开、政资分开、事企分开，在水利工程建设领域全面实行市场竞争机制，推行项目法人招标、“代建制”等项目法人责任制实现形式，建立公开、公平、公正的水资源开发权许可机制，引导和规范市场主体通过公平竞争获得水资源开发权。

合理界定政府投资范围和中央与地方投资事权，统一规划，加强协调，严格管理，整体推进，提高投资效率和效益。调动社会投资于水利的积极性，形成多元化、多层次、多渠道的水利投资保障机制。完善政府水利投资的管理制度和项目决策机制，规范水利投资行为，完善水利投资项目后评价制度。

——水利国有资产管理体制改革。明晰水利国有资产管理权责，合理划分中央和地方分别履行出资人职责的资产范围，实施分级监管和分级享有所有者权利；进一步明确国有资产出资人代表，落实资产监管的主体和职责；完善水利国有资产监管制度，加强监督管理，确保资产的安全，提高资产使用效率；探索建立水利国有资产分类管理体制，规范运作，对以非经营性为主的水利国有资产，逐步建立授权管理、权责明确、补偿合理的管理体制和运营机制，着力降低运行成本和提高运行效率，确保其社会公益性功能的实现；对以经营性为主的水利国有资产，要按照政企、政资职责分开等原则，完善法人治理结构，提高资产运营效率和效益，实现资产的有效利用和保值增值；对资源性水利国有资产，按照依法取得、依法使用的原则，由有关占有使用单位加强管理和控制，合理、节约、高效利用；研究构筑有效的水利国有资产管理激励约束机制，改革和创新水利国有资产的评价指标体系，建立有效的信息公开和监督机制，加强信息披露，提高管理水平。

按照国务院办公厅转发的《水利工程管理体制改革实施意见》，规范和落实工程的维修养护和管理经费来源，开展工程管理和维修养护项目的招投标，推进管养分离和合同管理，积极培育维修养护企业和市场，探索采用招投标等形式择优聘用水利工程经营管理主体。

——农村水利改革。建立农田水利建设资金稳定增长的机制，切实加大公共财政对农田水利建设的支持力度。认真做好农田水利建设规划工作。完善村级“一事一议”筹资筹劳政策，努力把政府加大支持力度和充分尊重农民意愿、调动农民增加投入有机结合起来；推进小型农田水利工程产权制度改革，明晰工程所有权，在民主协商并保护农民用水权益的基础上，以承包、租赁、拍卖、股份合作等多种方式，推进产权流转；改革灌区管理体制，合理划分灌区灌溉设施的产权，国有水管单位管理的骨干工程，要按照《水利工程管理体制改革实施意见》加快完成改革，属于农民的灌区田间工程，积极组织和引导农民成立用水合作组织，对工程的建设、维护、用水、交费等各方面进行自主管理；完善占用基本农田灌溉设施的补偿机制。

——水价改革。建立充分反映我国水资源紧缺状况，有利于节水和合理配置水资源、提高用水效率、促进水资源可持续利用的水价机制。逐步提高水资源费征收标准，严格水资源费支出管理；对城市供水公共管网覆盖范围内和地下水严重超采的地区，应加大水资源费调整力度，控制地下水超采。按照节约用水、补偿成本、合理盈利、市场竞争、用水户参与的原则，调整水利工程供水和城市供水价格，全面开征污水处理费，切实加大对自备水源用户污水处理费的征收力度；合理确定再生水价格，促进再生水利用。在充分考虑农业用水特殊性和强化供水单位成本约束的基础上，合理确定和逐步调整农业供水价格；改革灌区水价制定方式和水费计收方式，规范水价秩序，接受群众监督，促进节约用水、农业发展和水利工程的良性运行。

专栏5　　水利改革主要任务

水资源管理体制

——初步建立国家水权制度，基本完成主要江河水量分配方案，明晰初始水权；规范水权转让市场

——全面推行用水总量控制与定额管理

流域管理体制改革

——建立各方参与、民主协商、科学决策、分工负责的权威、高效、协调的流域管理机制，实行流域综合管理

——规范和界定流域管理与区域管理事权与职责

水利工程建设与投融资体制

——引进市场竞争机制，推行项目法人招标、“代建制”等市场取向的项目法人责任制实现形式，建立公开、公平、公正的水资源开发权许可机制

——建立水利投资稳定增长机制，扩大水利投资渠道和规模

——完善政府水利投资的管理制度和项目决策机制

——完善水利投资项目后评价制度

水利国有资产管理体制

——明晰产权，合理划分中央和地方出资人职责范围

——非经营性水利国有资产：授权管理、权责明确、补偿合理

——经营性水利国有资产：政企、政资职责分开，完善法人治理结构，提高资产运营效率和效益

——资源性水利国有资产：依法取得、依法使用

——完善水利国有资产考核与监管制度

农村水利改革

——建立农田水利建设资金稳定增长的机制，加大公共财政支持力度

——完善村组“一事一议”筹资筹劳政策

——推进小型农田水利工程产权制度改革，明晰工程所有权，推进产权流转

——改革灌区管理体制，推行管养分离，成立农民用水合作组织，扩大自主管理范围

——完善占用基本农田灌溉设施的补偿机制

水价改革

——扩大水资源费征收范围，提高征收标准

——全面开征污水处理费，提高征收标准

——完善水价形成机制

——改革灌区水价制定方式和水费计收方式

（二）加强制度建设，提高管理水平

——防灾减灾。根据防洪规划，划定重点防洪保护区、蓄滞洪区、洪泛区以及规划保留区，进行洪水风险分析，在试点的基础上，编制七大江河干流重点地区、重点蓄滞洪区的洪水风险图，编制重点山洪灾害防护区山洪灾害风险图。进行洪水风险评估，制定洪水风险区土地利用规划，建立规避、控制、分散风险的机制，探索建立洪水保险制度。制订蓄滞洪区管理条例，完善蓄滞洪区运用管理与补偿办法。修订和建立相关法规，明晰中央与地方、流域与区域的河道管理事权。拟定国家确定的重要江河规划治导线，完善涉河湖建设项目管理，实施洪水影响评价制度、规划同意书制度，制订河道采砂管理条例。加强防汛应急管理体系建设，完善队伍建设和物资储备。基本完成大江大河部分重要河段和重要支流的防御洪水方案。开展洪水资源利用研究和试点。编制抗旱预案和干旱应急水量调度预案，加强抗旱服务体系建设，逐步形成完善的抗旱减灾组织体系。

——水资源开发利用。强化对水资源开发利用的监督管理，加强用水、排水的计量和管理，加强水文测报，完善水资源公报、地下水通报制度。建立水文、气象信息资源公开、共享制度。依法推行建设项目水资源论证制度、水资源费征收和取水许可制度。建立合理的水库移民补偿和利益分享机制，完善和落实水利工程建设移民后期扶持政策。完善水利建设监理制度体系和

各类建设主体间的制衡机制；加强和改进政府对招标投标活动的行政监督管理；健全水利建设工程质量与安全保障体系。建立政府调控、市场运作、企业开发的水务运行与发展机制。实行水务行政管理与水务经营管理分开，政府从直接监管向更多的间接监管转变，加强对市场准入的监管，制定并监督检查公共产品或服务的行业标准和价格，推行特许经营制度和委托代理制度，规范水务市场。

——水资源节约和保护。加快推进节水型社会建设，制定节约用水管理条例，建立以经济手段为主的节水激励机制，完善计划用水制度和节水绩效考核制度，鼓励节水产业发展，建立节水产品认证和标识制度，严格市场准入。完善节水管理的部门协调机制，强化对水源工程建设、供水、用水等各个环节的节水管理，加强农业节水，重点推进火电、冶金等高耗水行业的节水技术改造，抓好城市节水工作。鼓励开发和利用雨洪水、再生水、海水、微咸水等非传统水源。

完善以水功能区管理为基础的水资源保护制度，核定水域纳污总量，制定分阶段控制方案，依法提出限排意见。加强入河排污口管理，建立入河排污总量控制和重大水质污染事件应急管理制度，制定应急预案，建立重大水污染事件快速反应机制。加强地下水资源保护，制定地下水保护规划，划定地下水超采区，控制地下水超采。制定南水北调工程用水条例和东、中线工程受水区地下水限采及保护方案。合理划定饮用水水源保护区，制订保护管理条例，建立安全保障技术标准体系，加强饮用水安全监督管理。编制城乡饮用水安全保障应急预案，建立应急机制。研究制定河流健康指标及评价体系，加强河流生态系统的监测，制定生态保护和修复目标，保证河流生态用水，建立水利工程有利于生态的调度和运行模式。研究建立生态补偿机制。完善水土保持管理制度，推进生态修复，严格控制人为的水土流失。

专栏6　　水利管理制度建设主要任务

领域	主 要 制 度	任务
防灾减灾	重点地区洪水风险图、主要江河防御洪水方案	编制
	蓄滞洪区管理条例、河道采砂管理条例	制订
	防洪区风险管理制度，洪水影响评价制度、规划同意书制度	建立
	蓄滞洪区运用管理与补偿办法、调度运行管理制度	完善
	河道管理条例、水库大坝安全管理条例	修订
	洪水保险制度	试点
	抗旱预案和干旱应急水量调度预案	编制

续表

领域	主 要 制 度	任务
水资源开发利用	建设项目水资源论证制度、水资源费征收和取水许可制度	完善
	水库移民补偿和利益分享机制	建立
	水资源开发利用特许经营制度和委托代理制度	建立
	国有资产出资人代表制度，现代水务企业制度	建立
水资源节约保护	节约用水条例	制订
	计划用水制度、节水绩效考核制度、节水产品认证制度	完善
	水功能区管理条例、饮用水水源地保护管理条例	制订
	饮用水水源保护区，饮用水安全保障技术标准体系，城乡饮用水安全保障应急预案	编制
	主要江河生态用水标准、生态用水保障制度	建立
	地下水功能区划、地下水保护规划	制定
	南水北调工程用水条例和东、中线工程受水区地下水限采及保护方案	制定
	入河排污口管理制度、入河排污总量控制制度、重大水污染事件应急预案与管理制度	完善
	水土保持监督检查制度、水土保持方案报告制度	完善

五、保障措施

（一）多渠道筹集资金，合理划分事权

完成规划确定的各项建设任务，投资需求量大，必须坚持多渠道增加投入的原则，研究增加水利投入的新渠道，广辟资金来源。要从水利公益性强这一特征出发，切实增加中央和地方财政预算投入，建立政府水利投资稳定增长机制。同时，要合理划分中央与地方、政府与市场在水利建设中的事权与职能，明确各类水利工程的投资主体，按照分级负担、分类筹措的原则，形成多渠道、多层次、多元化的水利投入保障机制。要大力推进水利投融资体制改革，通过财政贴息、投资补助、水价改革、水资源开发许可等多种方式，保障投资者利益，广泛吸引各类社会资金投入水利建设，确保“十一五”各项水利建设任务的顺利有序实施。

中央水利投资重点安排农村饮水安全等农业和农村水利基础设施、南水北调等重点水源和水资源配置工程、治淮骨干工程等重要防洪工程以及其他关系全局的重要水利工程，并向中西部地区倾斜。各地要进一步加大水利投

入力度，对群众急需的、效益好的小（微）型水利工程、粮食主产区水利工程等，要建立健全长效投入机制。严格建设程序，加强水利资金使用管理监督，确保资金安全和工程质量，提高投资效益，实现水利发展目标。

（二）正确履行职责，提高管理水平

合理界定政府职责范围，正确履行职责，提高社会管理和公共服务水平。调控引导社会资源，合理配置公共资源，保障规划顺利实施，努力实现规划目标。加强水利社会管理，规范水事行为；提供公共服务，完善基础设施，加强生态建设和环境保护。依法行政，依法治水，加大执法力度，提高执法水平。

（三）加强研究论证，完善规划体系

做好本规划与相关规划的衔接和协调，继续完善全国水资源综合规划、流域综合规划、防洪规划和重点专项规划，强化规划的约束和指导作用。加强和完善项目前期工作，统筹规划，科学论证，重视工程项目建设的环境影响、移民安置、土地利用等问题，全面落实建设条件，健全项目决策机制，依法规范建设行为。

（四）注重培养人才，提高创新能力

在饮用水安全、水资源可持续利用、防洪抗旱减灾、水环境保护、流域治理开发、重大工程建设等领域进行关键技术科技攻关，加强科技创新，深化科技体制改革，增加科技投入。加强重点实验室、工程技术研究中心、科技试验站、科学数据和文献资料共享平台等科技基础平台建设。加快技术成果的推广和转化，完善质量技术监督体系和技术标准体系。推进技术信息资源共享，加强技术交流与合作，引进和吸收国内外先进的技术和经验。大力实施和推进人才战略，建立一支与水利现代化建设相适应的高素质人才队伍。

（五）鼓励公众参与，保证规划实施

广泛宣传本规划，在全社会形成关心和参与规划实施的氛围。各地要在本规划指导下，组织编制本地区的水利发展规划，并做好组织实施工作。

要加强规划实施的跟踪分析，自觉接受社会监督。在规划实施过程中，要广泛听取公众意见，保证规划实施的科学性与合理性。当发生重大自然灾害或因其他重要原因，本规划目标、任务等需要调整时，及时提出调整方案，按程序审议批准后实施。

附录5　水利发展规划（2011—2015年）

前　言

水是生命之源、生产之要、生态之基，水利是经济社会发展的基本条件、基础支撑、重要保障，兴水利、除水害历来是治国安邦的大事。“十一五”时期，在党中央、国务院的高度重视和全社会的共同努力下，水利投入持续增加，重点工程建设取得重大进展，水利基础设施体系不断完善，水利管理不断加强，完成了五年规划确定的主要目标和任务，是新中国成立以来历次五年计划、规划中水利投资规模最大、规划目标实现最好、人民群众直接受益最多的时期，有力地保障和促进了国民经济和社会发展，也为今后的发展打下了坚实基础。

“十二五”时期是我国全面建设小康社会的关键时期，是深化改革开放、加快转变经济发展方式的攻坚时期，是可以大有作为的重要战略机遇期。新形势下，我国经济社会发展和人民生活改善对水提出了新的要求，发展和水资源的矛盾更加突出，水对经济安全、生态安全、国家安全的影响更加突出，成为制约可持续发展的重要因素。特别是2010年西南地区发生特大干旱、多数省区市遭受洪涝灾害、部分地方突发严重山洪泥石流，充分反映了上述问题的严重性，加快水利改革发展刻不容缓。

2011年1月，中共中央、国务院以中发〔2011〕1号文件印发了《关于加快水利改革发展的决定》，从经济社会发展全局出发，科学阐述了水利发展的阶段性特征和战略地位，明确提出了水利改革发展的指导思想和主要原则，全面部署了今后10年水利改革发展的目标任务和政策举措。7月，中央召开了水利工作会议，对贯彻落实2011年中央1号文件进行了全面部署，动员全党全社会力量，推动水利实现跨越式发展。“十二五”时期，要针对水利发展中的突出问题和重点薄弱环节，紧密围绕全面建设小康社会和加快转变经济发展方式要求，把水利作为国家基础设施建设的优先领域，把农田水利作为农村基础设施建设的重点任务，把严格水资源管理作为加快转变经济发展方式的战略举措，通过深化水利改革、加快水利基础设施建设、加强水资源管理，不断提升水利服务于经济社会发展的综合能力，为促进经济长期平稳较快发展和全面建设小康社会提供坚实的水利保障。

按照《国民经济和社会发展第十二个五年规划纲要》《中共中央、国务院关于加快水利改革发展的决定》和中央水利工作会议的有关精神和要求，以及“十二五”国家重点专项规划编制工作安排，国家发展改革委、水利部、住房城乡建设部编制了《水利发展规划（2011—2015 年）》，提出了“十二五”及今后一个时期水利发展的总体思路、目标任务、建设重点和改革管理举措。本《规划》是“十二五”国家重点专项规划之一，是指导今后五年水利改革发展的重要依据。

一、“十一五”水利发展改革主要成就

“十一五”时期，水利发展改革取得了明显成效，完成了“十一五”规划确定的主要目标任务，实现了一系列重大跨越，为粮食连续增产、农业农村稳步发展提供了有力保障，为经济社会发展、人民安居乐业做出了重要贡献。

防灾减灾能力显著增强。按照人水和谐的理念，坚持防汛抗旱并举，防治洪水与规避洪水相结合，科学合理安排各类防灾减灾措施。五年来，新建和加固堤防 17080 公里，长江下游河势控制、黄河堤防建设稳步推进，治淮 19 项骨干工程、长江三峡、嫩江尼尔基、广西百色、湖南皂市、黄河西霞院等一批重点水利枢纽建成投入运行，四川亭子口、江西峡江、广东乐昌峡、内蒙古海渤湾等水利枢纽工程开工建设，洞庭湖、鄱阳湖综合治理顺利实施，开展了 1000 余条中小河流重点河段治理和 103 个县的山洪灾害防治试点建设。如期完成专项规划内 6240 座大中型及重点小型、东部 1116 座重点小型病险水库除险加固任务，启动实施新一轮小型病险水库除险加固。有效抗御了 2006 年川渝地区特大干旱、2007 年淮河流域性大洪水、2009 年大范围特大春旱、2010 年西南地区特大干旱和全国大范围频发的洪水灾害，多次成功防御了强台风及风暴潮的侵袭。在应对汶川特大地震和舟曲特大山洪泥石流灾害中，妥善处置了唐家山堰塞湖和白龙江险情。

供水保障能力进一步提高。根据水资源承载能力和经济社会发展需求，规划兴建了一批蓄、引、提水工程，新增年供水能力 285 亿立方米。南水北调东、中线一期工程按计划推进，京石段建成发挥效益，对保障首都供水安全发挥了重要作用。辽宁大伙房输水工程正式通水，甘肃引洮、贵州黔中水

利枢纽、广西桂中治旱乐滩引水、西藏旁多、吉林哈达山等一批重点水源工程开工建设，西南中型水库建设加快推进，基本完成了陕甘宁盐环定扬黄续建任务。

农村水利建设取得重大进展。坚持以人为本，把解决农村民生问题放在更加突出的位置，全面加快农村饮水安全、大型灌区和泵站改造等工程建设步伐，农田水利基本建设实现恢复性增长。累计解决了2.1亿农村人口的饮水安全问题，提前1年并超额完成“十一五”规划任务。对全国434处大型灌区和216处中型灌区进行续建配套节水改造，其中80处大型灌区基本完成规划骨干工程建设任务，开工建设了一批新灌区，对200多处大型灌排泵站进行更新改造，节水灌溉增效示范和牧区水利试点初见成效。启动实施了850个小型农田水利重点县建设。新增小水电装机容量2185万千瓦，建成432个水电农村电气化县，解决了46万户农民的小水电代燃料问题。如期完成《全国血吸虫病综合治理水利专项规划（2004—2008年）》任务。

水资源节约保护不断加强。在加快水利建设的同时，高度重视水资源的节约保护和可持续利用，全面推进节水型社会建设，不断提高水资源利用效率和效益。单位工业增加值用水量提前实现“十一五”规划纲要确定五年降低30%的目标，农田灌溉水有效利用系数由0.45提高到0.50，在保障粮食连续增产的同时实现了农业灌溉用水总量零增长。江河流域水量分配逐步开展，省级行政区用水定额指标体系基本建立，水资源有偿使用制度逐步完善，水资源论证和取水许可工作不断强化，水权转换深入实践，开展了100个国家级和200个省级节水型社会建设试点。水资源保护力度加大，流域和省级地表水功能区划全面完成，太湖流域水功能区划得到国务院批复，饮用水水源地保护不断加强。

水土保持和河湖生态修复加快推进。坚持人与自然和谐，充分发挥生态自我修复能力，加强对重点水土流失地区和生态脆弱河湖的综合治理。完成水土流失综合治理面积23万平方公里，治理小流域2万多条，实施水土保持生态修复22万平方公里。基本完成塔里木河、黑河、石羊河流域近期治理任务，太湖流域水环境综合治理水利项目全面启动，南水北调东、中线水源保护取得明显成效，重点地区和城市水生态系统保护与修复进一步推进。通过全流域水资源统一调度和调水调沙，保障了黄河干流自1999年以来连续12年不断流。

水利改革和管理取得新突破。坚持改革创新，把体制机制创新和法治建设放在更加突出的位置，进一步深化改革，强化管理，推动建立最严格的水资源管理制度。流域管理和行政区域管理相结合的水资源管理体制不断健全，国有水利工程管理体制改革长足推进，水利工程管理效率和维修养护水平逐步提高，农民用水合作组织蓬勃发展，农业水价综合改革试点取得初步成效，水价形成机制不断完善，水利投融资体制改革取得积极进展。水土保持法、水污染防治法修订出台，取水许可和水资源费征收管理条例、大中型水利水电工程建设征地补偿和移民安置条例、水文条例、抗旱条例、黄河水量调度条例等相继颁布实施，水法规体系不断完善，依法治水管水能力不断增强。全国水资源综合规划、流域防洪规划等24项重要水利规划得到国务院批复。水利信息化建设步伐加快，科技创新能力持续提升，国际交流与合作广泛开展，队伍整体素质不断提高。

水利建设投资规模再创新高。“十一五”时期，全国共完成水利建设投资超过7000亿元，与“十五”相比翻了近一番，其中中央水利建设投资2934亿元，干成了一些多年想干而未能干的大事。在中央加大投入的同时，地方水利建设投资规模也快速增长，多元化、多渠道的水利投入机制初步建立。

水电建设规模在“十一五”期间达到了空前的水平，龙滩、景洪、构皮滩、拉西瓦、小湾、瀑布沟等大型水电站先后建成，向家坝、锦屏二级等大型、特大型水电站陆续开工，5年新增装机容量接近1910年中国第一座水电站兴建以来前95年的总和，水电总装机容量突破2亿千瓦，发挥了发电、防洪、供水等综合效益。

二、“十二五”水利发展改革面临的形势

“十二五”时期，是全面建设小康社会的关键时期，是深化改革开放、加快转变经济发展方式的攻坚时期，是可以大有作为的重要战略机遇期。保持经济平稳较快发展，转变经济发展方式，保障和改善民生，在工业化、城镇化深入发展中同步推进农业现代化，保障国家粮食安全，促进区域协调发展，建设资源节约型、环境友好型社会，积极应对气候变化、增强抵御自然灾害综合能力等国家重大战略，都对水利发展提出了新的更高的要求，迫切需要深化水利改革，加快水利发展，充分发挥水资源要素配置的先导作用和水利基础设施的保障作用。但是，与需求相比，水利仍然存在着一些薄弱环节，洪涝灾害、干旱缺水、水污染严重以及农田水利建设滞后等问题突出，水利

设施薄弱仍然是国家基础设施的明显短板。

一是防洪减灾体系尚不完善，中小河流治理和山洪地质灾害防御滞后。大江大河防洪减灾工程体系初步形成，但仍存在一些重点薄弱环节，中小河流尚未得到全面治理，小型水库和大中型水闸病险问题突出，山丘区暴雨洪水监测预报预警和防御措施亟待加强，一些城市排涝能力严重不足，主要易涝地区农田排涝能力和沿海地区防御风暴潮能力偏低，蓄滞洪区建设与管理问题突出，难以及时有效运用。随着经济社会的快速发展、社会财富的大幅增长，洪水灾害风险和损失可能进一步增大，保障国家防洪安全的任务更加艰巨。

二是城乡供水保障能力不足，水资源供需矛盾突出。目前全国仍有近 3 亿农村人口存在饮水安全问题，部分城市水源供水保证率和水源水质不达标问题突出，相当一部分城市重要经济区、能源基地、粮食主产区缺乏水源保障工程，应对严重和特大干旱的防灾减灾能力不足。随着工业化、城镇化和农业现代化的深入发展，用水需求在相当长的一个时期内还将持续增长，加之水资源的浪费、污染和过度开发等问题，城乡生活用水和农业生产用水形势将日趋严峻。另外，受全球气候变化影响，水资源系统的不确定性增加，供水安全保障难度加大。

三是水污染和水土流失问题严重，部分地区水生态环境恶化。2010 年全国全年Ⅰ～Ⅴ类和劣Ⅴ类水河长占评价河长的比例分别为 4.8%、30.0%、26.6%、13.1%、7.8%和 17.7%。204 条河流的 409 个地表水国控水质监测断面中，Ⅰ～Ⅲ类、Ⅳ～Ⅴ类和劣Ⅴ类水质断面比例分别为 59.9%、23.7%和 16.4%。海河等流域水污染仍然较为严重，部分河湖河道断流、湖泊萎缩、生态退化、水体富营养化等问题突出。广大农村地区排水河道污染严重、排水不畅，人居环境亟待改善。突发性水污染事件时有发生，严重威胁公共安全。地下水超采严重，全国已形成 160 多个地下水超采区，超采区面积近 19 万平方公里，年均不合理超采量达 215 亿立方米，部分地区持续发生地面沉降和海水入侵等环境地质问题。全国亟待治理的水土流失面积仍有 180 多万平方公里，严重的水土流失，导致了部分地区土地荒漠化、河湖淤积、耕地损毁等问题，加剧了江河下游地区的洪涝灾害。

四是农田水利基础设施薄弱，农业用水方式粗放。全国一半以上耕地缺少基本灌排条件，40%的大型灌区骨干工程、50%～60%的中小型灌区存在不配套和老化失修问题，大型灌排泵站设备完好率不足 60%，农田灌溉“最后一公里”问题凸显，严重影响农业稳定发展和国家粮食安全。农业节水总体水平不高，全国9亿亩有效灌溉面积中节水灌溉工程面积仅占46%，旱作节水农业技术推广力度不够，且区域发展不平衡，单方水粮食产出只有发达国家的一半。

五是制约水利发展的体制机制性障碍依然较多，水利改革的深层次问题尚未解决。水资源管理制度与政策尚不健全，流域综合管理薄弱，水资源开发利用的统筹协调与统一规划不够，导致一些地方过度开发、粗放利用的现象严重；国家水权制度、主要江河水量分配方案等关键领域的改革进展不快。水利工程项目法人责任制、招标投标制等建设管理制度执行不规范，部分领域进入仍存在困难，竞争不足，水利投融资体制改革滞后，水利建设资金来源渠道不宽，多层次、多渠道、多元化的水利投入机制尚未完全建立。重建轻管，水利工程管理体制不顺、机制不活、维护管理经费不足等问题依然存在。水利国有资产管理激励约束机制不健全，管理效率和效益不高。不少地区水价改革尚不到位，农业水价总体较低与部分农民水费负担偏重并存。

六是科技创新能力不强，社会管理相对薄弱。水利科技创新体系不健全，科研成果推广和产业化程度不高。人才分布不均衡，高层次、高技能、复合型等人才偏少，基层水利单位人才匮乏。水文水资源监测能力不足，部分水文测报基础设施标准低，设备老化，水文数据共享和应用不够。洪水资源化利用程度不高，流域水量调度和水利工程调度方案有待优化。洪水管理和防灾减灾社会化保障体系亟待完善，侵占河湖和妨碍行洪的现象仍时有发生。水利应急处理能力不足，公共服务水平亟待提高。

七是水利投入不足，稳定增长的投入机制尚未形成。现有投资规模和渠道难以满足水利快速发展的需要，水利投资缺口仍然较大。水利投入占公共财政支出的比例偏低且不稳定，民间资本进入和市场化融资渠道不畅。一些地方对水利建设的投入严重不足，建设资金到位率低，部分工程难以按合理工期建成发挥效益。

当前和今后一个时期，水利发展也面临诸多有利条件和难得的机遇。党中央、国务院高度重视水利工作，2011年中央1号文件和中央水利工作会议全面总结了我国水利改革发展的实践经验，分析了水利工作面临的新情况新问题，对新形势下水资源的重要作用和水利的战略地位进行了全面阐释，明确提出了今后10年水利改革发展的目标任务和政策措施，为加快水利改革发展提供了新的强大动力和保障。经过长期的努力，水利发展已具有良好基础，全社会对水的认识不断深化，水忧患意识和节约保护观念增强，对提高水利保障服务能力的期盼也更加强烈，为进一步加快水利改革发展提供了良好环境。随着我国经济社会的持续快速发展，综合国力和财政实力将进一步增强，对水利这一基础设施建设和改善民生的重点领域，国家有能力加大投入，继续保持较高的投资强度。

三、水利发展改革的总体思路、目标和布局

（一）指导思想

全面落实党中央、国务院关于水利改革发展的一系列重大战略部署，以科学发展为主题，以加快转变经济发展方式为主线，把水利作为国家基础设施建设的优先领域，把农田水利作为农村基础设施建设的重点任务，把严格水资源管理作为加快经济发展方式转变的战略举措，注重科学治水、依法治水，突出加强薄弱环节建设，大力发展民生水利，不断深化水利改革，加快建设节水型社会，着力提高水旱灾害综合防御能力、水资源合理配置和高效利用能力、水资源保护和河湖健康保障能力、水利社会管理和公共服务能力，尽快从根本上扭转水利建设明显滞后的局面，为促进经济长期平稳较快发展和全面建设小康社会提供坚实的水利保障。

（二）基本原则

——坚持以人为本，保障改善民生。把保障和改善民生作为水利工作的根本出发点和落脚点，着力解决群众最关心最直接最现实的水利问题，加快水利基本公共服务能力建设，保障城乡居民饮水安全和防洪安全，改善生活生产条件和人居环境，推动水利基本公共服务均等化，使水利发展成果更好地惠及全民。

——坚持统筹兼顾，促进协调发展。科学规划，兴利除害并举、防灾减灾并重、治标治本结合，充分发挥水资源的多种功能，合理安排生活、生产、生态用水，促进流域与区域、城市与农村、东中西部地区水利协调发展，实现经济效益、社会效益、生态效益有机统一。突出加强水利薄弱环节建设，切实加大农田水利、中小河流治理、山洪地质灾害防御和重点水源工程建设力度。

——**坚持节约保护，转变发展方式。**强化水资源需求侧管理，量水而行、因水制宜，全面加强水资源的合理开发、高效利用和有效保护，规范水资源开发利用秩序，加快建设节水型社会，促进经济发展方式转变。加大水生态保护和水环境治理力度，加强水污染防治。从严控制水利工程建设用地规模，严格执行项目建设用地标准，尽量不占或少占耕地，促进土地节约集约利用。

——**坚持人水和谐，维护河湖健康。**尊重规律、尊重科学，把生态环境保护理念贯穿于水利工程规划、设计、建设和运行管理的各个环节，优化工程调度，统筹兼顾经济社会发展和河湖健康以及水生生物保护的基本生态环境用水需求。注重给洪水以出路，加强洪水资源利用，充分发挥自然的自我修复能力，着力改善河湖水环境，实现河畅其流、水复其清，提升水景观和生态服务功能。

——**坚持政府主导，社会大办水利。**把水利工作摆上党和国家事业发展更加突出的位置，进一步加强组织领导，落实工作责任，加大资金投入，完善政策措施，严格监督管理。充分发挥公共财政对水利发展的保障作用，鼓励引导和广泛动员各方面力量参与水利建设与管理，形成政府社会协同治水兴水合力。

——**坚持改革创新，增强发展活力。**加强顶层设计，加快建立国家水权制度，积极推进流域综合管理体制、水利投融资体制、水利工程建设和运行管理体制、水价等重点领域和关键环节改革攻坚，破解制约水利发展的体制机制障碍。进一步健全完善水法规体系和水利规划体系，提高水利工作科学化、法制化水平，提高水资源管理的透明度、公信力和执行力。增强水利科技创新能力，提升水利信息化水平。

（三）主要目标

1. 防洪减灾。基本建成工程措施与非工程措施相结合的大江大河综合防洪减灾体系。基本完成重点中小河流（包括大江大河支流、独流入海、内陆河流）重要河段治理，全面完成水库除险加固任务，重要海堤达到规划标准，重要防洪城市达到国家规定的防洪标准，基本建立山洪地质灾害重点防治区监测预报预警体系，重点低洼地区排涝标准达到5年一遇以上。

2. 水资源保障。全面解决约3亿农村居民饮水安全问题，农村集中式供水受益人口比例提高到80%左右；水利工程新增年供水能力400亿立方米，其中新增城市供水能力260亿立方米左右，城市供水水源保证率不低于95%；

充分发挥现有灌溉工程作用，力争完成70%以上的大型灌区和50%以上的重点中型灌区骨干工程续建配套与节水改造任务，新增农田有效灌溉面积4000万亩。初步建立抗旱减灾体系，重要城市应急备用水源建设得到全面加强，干旱易发区、粮食主产区抗旱能力显著提高。

3. 水资源节约保护。全国用水总量力争控制在6350亿立方米以内；单位工业增加值用水量比2010年下降30%以上；新增高效节水灌溉面积5000万亩，农田灌溉水有效利用系数提高到0.53以上。重要江河湖泊水功能区水质达标率提高到60%以上，提高集中式饮用水水源地水质达标率；城市污水处理率达到85%，资源型和水质型缺水城市的污水再生利用率达到20%以上。

4. 水土保持与河湖生态修复。新增水土流失综合治理面积25万平方公里。生态环境脆弱地区及重点河湖的生态环境用水状况得到初步改善，生态环境得到一定程度修复；地下水严重超采区超采状况初步好转。

5. 水利改革与管理。初步建成有利于水利科学发展的制度体系。建立和完善国家水权制度，基本完成主要江河水量分配方案，流域综合管理体制改革取得明显进展。水利投融资改革取得重大突破，水利建设领域全面开放，项目法人招标、代建制等加快推进，水利工程良性运行与管护机制基本健全。形成较为完善的水法规体系，河湖管理水平大幅提升。水利科技创新能力显著增强，信息化水平进一步提高。

专栏1　　“十二五”水利发展主要指标

指　标	2010年	2015年	属性
解决农村饮水安全人口/亿人	[2.1]	[2.98]	约束性
水利工程新增年供水能力/亿立方米	[285]	[400]	预期性
其中：新增城市年供水能力/亿立方米	[140]	[260]	预期性
新增农田有效灌溉面积/万亩	[5000]	[4000]	预期性
新增高效节水灌溉面积/万亩	[4660]	[5000]	预期性
全国用水总量/亿立方米	6022	6350	预期性
农田灌溉水有效利用系数	0.50	>0.53	预期性
单位工业增加值用水量降低/%		[30]	约束性
新增水土流失综合治理面积/万平方公里	[23]	[25]	预期性
新增小水电装机容量/万千瓦	[2185]	[1000]	预期性

注　[ ] 内为5年累计数。

上述指标中，解决农村饮水安全人口和单位工业增加值用水量降低为约束性指标，要进一步细化分解到有关地区，明确工作责任和进度，主要通过政府运用公共资源全力完成。水利工程新增年供水能力、新增农田有效灌溉面积等预期性指标和任务，主要通过政府创造良好的政策环境、体制环境和法治环境，完善市场机制和利益导向机制，多措并举促进目标的实现。

6. 2020年展望。到2020年，基本建成防洪抗旱减灾体系，重点城市和防洪保护区防洪能力明显提高，中小河流得到有效治理，基本建成山洪地质灾害防治区防灾减灾体系；抗旱能力显著增强，重点地区、重要城市和旱灾易发区的水资源供需矛盾得到明显改善。基本建成水资源合理配置和高效利用体系，全国用水总量力争控制在6700亿立方米以内，城乡供水保证率显著提高，城乡居民饮水安全得到全面保障，万元国内生产总值和万元工业增加值用水量明显降低，农田灌溉水有效利用系数提高到0.55以上。基本建成水资源保护和河湖健康保障体系，主要江河湖泊水功能区水质明显改善，城市污水处理率进一步提高，城镇供水水源地水质全面达标，重点区域水土流失得到有效治理，生态脆弱地区及重点河湖的生态环境用水状况得到明显改善，地下水超采基本遏制。基本建成有利于水利科学发展的制度体系，最严格的水资源管理制度基本建立，完成江河水量分配方案，流域综合管理成为流域管理和区域管理的基本模式；水利投入稳定增长机制进一步完善，形成健全的水利投融资体制机制；有利于水资源节约和合理配置的水价形成机制基本建立，水利工程良性运行机制基本形成；水利社会管理和公共服务水平显著提升，水法规体系进一步健全，水利科技创新能力和信息化水平显著提高。

（四）总体布局

按照国家实施区域发展总体战略和主体功能区战略部署，针对流域和区域实际，合理布局，突出重点，加强水利薄弱环节建设，提高水利支撑与保障能力，逐步形成与经济社会发展相适应的水利发展格局。

——华北地区。以解决缺水和水污染问题为重点，以节水和治污为主要手段，着力提高水资源保障能力。率先完成主要江河水量分配，加强区域用水总量控制和定额管理，深化水价改革，大力推广农业高效节水，加大雨洪水、空中云水和再生水、海水等非常规水源利用力度，切实强化节约用水。结合南水北调工程建设，优化调度当地水资源和外流域调水，健全水资源配置体系。以兴建集中式供水工程为主，加快解决农村饮水安全问题。加强重要水源地、河湖及湿地的水资源保护和水生态修复，以地下水严重超采区为重点，严格控制地下水开采；加大京津风沙源区水土流失治理力度。确保京津等重要地区防洪和供水安全。

——**东北地区。**围绕全面振兴老工业基地和建设国家粮食战略基地的要求，加大防洪减灾工程建设和水资源开发利用力度，保障重点地区防洪安全、供水安全。加快水源工程、引调水工程和灌区建设，合理开发利用和调配水资源，保障哈长地区、辽中南和辽西北地区、长吉图开发开放先导区、吉林中西部、三江平原、松嫩平原、蒙东等区域工业化城镇化发展和粮食主产区的用水要求。加强水资源节约与保护，继续推进黑土区水土流失综合治理和重要湿地保护，改善河湖水环境。加大松花江、辽河干流和中小河流以及涝区治理力度，开展界河重点河段防护和整治。

——**华中地区。**按照实施中部崛起战略的要求，进一步加强大江大河大湖和重点中小河流治理，完善水资源配置格局，形成较为完善的防洪减灾和城乡供水保障体系。加强农田水利基础设施建设，完善农田灌排体系，改善农业生产条件，增强区域粮食供给能力，巩固提升全国重要商品粮生产基地地位。改善重点地区、重要河湖水生态环境，加强南水北调水源地保护，在满足本区域供水需求的基础上，合理规划向北方调水。加强山洪地质灾害防御和重点区域水土流失综合治理，做好水利血防工作。

——**西南地区。**按照深入推进新一轮西部大开发的要求，加快重点水源工程建设，强化山洪地质灾害防御，尽快建成监测预报预警体系。合理规划，蓄引提调结合、大中小微并举，加强水源及输配水工程建设，解决重点城市、重点地区和易旱地区的工程性缺水问题。加强地下水勘查，在有开发利用潜力的地区增加地下水开采量。加快场镇密集、居民集中地区的中小河流治理。实施坡耕地水土流失综合治理，加强高原湖泊水资源、水生态和水环境保护。在保护生态和落实移民安稳致富措施的前提下积极开发水能资源。

——**西北地区。**按照深入推进新一轮西部大开发的要求，重点解决水资源短缺和生态环境恶化问题。大力推进农业高效节水，全面建设节水型社会，促进产业结构优化升级和经济社会发展方式转变。统筹调配流域和区域水资源，合理控制水土资源开发规模，保障重要经济区和重点城市的供水安全。加快实施农村饮水安全工程。加大黄土高原和青海“三江源”等地区的水土保持和生态修复力度，积极实施人工增雨（雪）作业，继续推进石羊河、渭河等生态脆弱河流的修复治理，加强敦煌水资源合理利用和生态保护，改善区域生态环境。在全面加强地下水超采区控制和治理的同时，加强地下水库的开发利用。提高山洪地质灾害防御能力，防御突发性融雪洪水灾害。

——东南沿海地区。按照率先发展的要求，加快推进水利基础设施建设，完善防灾减灾和水资源调控体系。加强山洪地质灾害、台风灾害应急预警机制建设，继续开展中小河流治理和海堤建设，提高重点地区和重点河段的灾害防御能力。城乡统筹，科学规划，合理布局，加强水资源调蓄和供水工程建设，保障重点区域用水需求。积极开发利用海水资源。加强水污染防治和水资源保护，实施河口综合整治，维系河流尾闾良好的生态系统。严格控制沿海地区地下水开采，防止海水入侵。

四、水利建设主要任务

（一）突出加强农田水利建设

大中型灌区续建配套节水改造。抓紧修订实施新一期全国大型灌区续建配套节水改造规划，合理核定改造范围、投资规模和建设内容，完善前期工作，优化审批流程，集中加快建设进度，到2020年基本完成大型灌区、重点中型灌区续建配套和节水改造任务。

大型灌溉排水泵站更新改造。全面实施全国大型灌排泵站更新改造，争取到2015年基本完成全国251处大型灌排泵站更新改造任务。优先安排工程改造效益明显和粮食主产区等重点地区的项目，统筹考虑泵站改造和区域内灌排配套工程建设，促进工程发挥整体效益。加强重点涝区治理，完善灌排体系。适时研究启动中型灌排泵站更新改造工作。

增加农田有效灌溉面积。结合全国新增千亿斤粮食生产能力规划实施，外延发展与内涵挖潜相结合，到2015年新增农田有效灌溉面积4000万亩。在三江平原、长江流域等水土资源条件具备的地区，新建一批灌区；在黄淮海地区加快南水北调工程及其配套工程建设，通过水源置换退还挤占的农业用水，恢复部分有效灌溉面积；在西南盆地、平坝水源条件丰沛地区，结合新建水源工程配套发展一批中小灌区。

小型农田水利建设。加快推进小型农田水利建设，优先安排产粮大县和农业大县，加强灌区田间灌排设施配套，注重工程建设与农艺、农机、生物、化学等措施的结合，加强灌溉与排水、骨干与田间的工程配套。健全农田水利建设新机制，通过政府增加补助、民办公助、以奖代补、先建后补、奖补结合等多种方式，引导和鼓励农民自愿投工投劳。因地制宜兴建中小型水利设施，支持山丘区小水窖、小水池、小塘坝、小泵站、小水渠等“五小水利”工程建设。

强化农业节水。把节水灌溉作为发展现代农业的一项根本性措施和重大战略来抓，因地制宜大力推广渠道防渗、管道输水、微灌、滴灌、喷灌等节水灌溉技术。采用地膜覆盖、深松深耕、保护性耕作等技术，积极发展旱作农业。推动农业节水增效技术的综合集成和规模化、产业化发展，优先推进水资源短缺地区、生态脆弱地区和粮食主产区农业高效节水工程建设，争取5年内新增高效节水灌溉面积5000万亩，全国农田灌溉水有效利用系数达到0.53以上。稳步发展牧区水利，建设节水高效灌溉饲草料地。

（二）着力加强防洪薄弱环节建设

大江大河大湖治理。进一步治理淮河，继续加强长江、黄河、珠江、太湖、洞庭湖、鄱阳湖等大江大河大湖治理，积极推进重要河口整治。加快重点平原涝区治理，加强城市排涝设施改造和建设。完成四川亭子口、江西峡江、河南河口村、内蒙古海渤湾、广东乐昌峡等控制性枢纽工程建设，适时开工建设一批防洪重点工程。加快使用频繁、防洪作用突出的蓄滞洪区建设，引导和鼓励居民迁出蓄滞洪区，使重度风险区内的居民得到妥善安置，初步建立较为完善的管理体制和运行机制。加强海堤建设和跨界河流整治。

专栏2　“十二五”新增农田有效灌溉面积指标构成

序号	工程类别	增加农田有效灌溉面积/万亩	备注
一	新建灌区	1500	
二	大型灌区续建配套节水改造	1900	
三	中型灌区续建配套节水改造	1400	
四	其他农田水利工程	700	泵站更新改造、中小型水源建设、小型农田水利建设等

注　一至四项合计增加农田有效灌溉面积5500万亩，计入因水源条件变化、工程老化失修和建设占地等因素减少的灌溉面积，“十二五”预计新增农田有效灌溉面积4000万亩。

中小河流治理和病险水库除险加固。尊重自然规律，统筹协调上下游、干支流、区域和流域的关系，合理确定治理范围、措施、建设规模和标准，对流域面积200平方公里以上有防洪任务的重点中小河流治理加大治理力度，优先安排洪涝灾害易发、保护区人口密集、保护对象重要的河流及河段，加固堤岸，清淤疏浚，使治理河段基本达到国家防洪标准。巩固水库除险加固成果，加快推进大中型病险水库除险加固，全面完成小型病险水库除险加固任务。统筹安排大中型病险水闸除险加固工程建设。

山洪地质灾害防御。坚持防治结合、以防为主的方针，深入开展山洪地质灾害调查评价，全面查清灾害隐患点基本情况，尽快在山洪地质灾害易发地区建成监测预报预警系统和群测群防体系。对重点防治区中灾害风险较高、居民集中且有治理条件的地区逐步开展治理。对危害程度高、治理难度大的地区，加快实施搬迁避让。

防洪非工程措施。统筹加强水文气象基础设施建设，健全应对严重自然灾害和突发事件的监测能力，强化部门应急联动和信息实时共享，完善中小水库防汛报警通信系统，制定完善中小河流、中小水库防洪预案，建立洪水风险管理制度，提高洪水资源化利用水平。

（三）大力提高城乡供水保障能力

水资源配置工程建设。在保护生态的前提下，因地制宜科学实施一批水资源配置工程建设，提高水资源调控水平和供水保障能力。加快推进南水北调东、中线一期工程及配套工程建设，确保工程质量，如期实现通水目标和发挥效益。妥善处理南水北调中线干渠防洪影响问题。继续开展南水北调东、中线二期工程和西线工程等一批跨流域和区域引调水工程的前期工作，进一步优化配置水资源。

重点水源工程建设。完成西藏旁多、吉林哈达山等在建骨干水利工程建设任务，继续推进西南等工程性缺水地区重点水源工程建设。加强老少边穷地区城镇和农村水源建设，改善饮水安全状况，发展和改善灌溉面积，提高城乡供水和工农业供水保证率。加快干旱易发区、粮食主产区以及城镇密集区的水源工程及配套设施建设，同时积极实施人工增雨（雪），提高应对特大干旱、连续干旱和供水安全突发事件的能力。

城镇供水保障能力建设。加大现有城镇水源地挖潜改造，提升蓄供水能力。综合考虑城镇发展和应对极端天气、水源污染等突发事件的水源保障需求，加快城镇新水源和相关供水设施建设，因地制宜优化水源结构，确保供水安全。加快城镇供水设施和管网改造，加强公共建筑和住宅小区节水配套设施建设，全面推广城市生活节水器具，逐步淘汰不符合节水标准的用水设备及产品，推进城镇污水再生利用。加大工业节水力度，重点抓好火电、石油石化、钢铁、纺织、造纸、化工、食品等高耗水行业的节水工作，推广先进的节水技术、节水工艺和节水器具，大力提高水循环利用率，降低工业企业单位产品用水量，鼓励工业废水处理回用。建设一批高水平、具有代表性的节水型社会示范区和节水增效示范项目。

农村饮水安全工程建设。进一步加快建设进度，因地制宜采取集中供水、分散供水和城镇供水管网向农村延伸等方式，全面解决2.98亿农村人口（含国有农林场）和11.4万所农村学校的饮水安全问题。要扎实做好项目前期工作，加强水源可靠性论证和工程卫生学评价，优化工程建设方案，强化工程运行管理，落实管护主体，严格水源保护和水质监测，确保工程长期发挥效益，让农民喝上洁净水、放心水。

专栏3　“十二五”解决农村饮水安全问题指标构成

区域	规划解决人数/万人			规划工程类型及受益人口			
				集中供水工程		分散工程	
	合计	水质不达标	水量、取水方便程度及供水保证率不达标	受益人口/万人	处数	受益人口/万人	处数
全国	29810	16755	13055	29106	225168	704	520412
东部	5546	3113	2433	5495	38197	51	13346
中部	14042	10264	3778	13957	65471	85	43776
西部	10222	3378	6844	9654	121500	568	463290

非常规水源利用。扩大污水再生利用量，因地制宜推广分质供水技术，科学合理利用雨洪水和微咸水，扩大沿海地区海水直接利用和海水淡化规模。加快区域人工影响天气中心建设，完善跨区域作业调度运行决策机制，加大人工增雨（雪）作业力度，科学开发利用空中云水资源。

（四）加快构建水生态安全保障体系

饮用水水源地保护。合理布局城乡饮用水水源地，加强水源地涵养、保护和综合治理，依法取缔饮用水水源保护区范围内的排污口。加大南水北调东、中线一期工程、三峡库区、大中型水库等重要饮用水水源地及输水沿线的水资源和环境保护力度。

专栏4　　“十二五”水利工程新增年供水能力指标构成

序号	工程类别	预计新增供水能力/亿立方米	备　注
合计		400	
一	南水北调中、东线一期工程	134	
二	大型水库工程	60	
三	中型水库工程	40	
四	西南五省重点水源工程	80	包括中小型水库、引提水工程和连通工程
五	区域引调水工程	46	
六	其他	40	包括地下水资源开发、非常规水源利用、病险水库除险加固新增库容等

地下水保护与修复。加大地下水超采区治理力度，严格控制地下水开采。启动南水北调东中线受水区、地面沉降区、滨海海水入侵区、石羊河流域等重点地区的地下水压采计划。建设地下水压采地区的替代水源工程，压减地下水开采量，逐步建立以地下水为主的多水源应急备用与战略储备体系，增强地下水的应急抗旱能力。有条件的地区，要通过建设地下水库、利用雨洪水和再生水回灌等措施，补充涵养地下水源。继续开展全国地下水保护行动试点工作。

水文水资源监测。优化水文站网布局与结构，完善各类水文监测站网。建设国家地下水监测工程、国家水资源管理信息系统。加强省界等重要控制断面、水功能区和地下水的水质水量监测能力以及取水、排水、入河湖排污口计量监控设施建设。积极推进重要饮用水水源地、规模以上取水户在线监测设施建设。

重点地区水土流失治理。继续加大长江上中游、黄河中上游、西南石漠化地区、珠江上游、东北黑土区、京津风沙源区、西北内陆河流域、青海“三江源”、三峡库区、丹江口库区等重点区域及山洪地质灾害易发区水土保持生态建设与修复力度。对西南土石山区、西北黄土高原区、南方红壤丘陵区、北方土石山区等坡耕地集中、人地矛盾突出、水土流失严重的地区，加快推进坡耕地水土流失综合治理，保护耕地和生态环境。积极推进黄土高原淤地坝建设。通过上拦、下堵、中间削坡绿化等措施，开展南方崩岗综合治理。大力开展生态清洁型小流域建设。加强水土保持监测设施建设。

河湖生态修复。根据流域和区域水资源条件，通过合理确定水土资源开发规模、优化调整产业结构、强化节水治污、利用再生水增加生态水源和适度调水等措施，实施生态脆弱和污染严重河湖生态修复与综合治理。巩固塔里木河、黑河、石羊河流域近期综合治理成果，加强敦煌、海河、太湖等重点地区与河湖的水生态修复治理。加强河湖入河排污口整治与规范化管理，采取截污导流、河道整治、生态清淤、生态修复等措施，减少污染物进入水体；有条件的地区可通过水资源调度和跨流域引水，增加湖泊生态水量，促进区域水环境改善。因地制宜研究采取修建过鱼设施、人工增殖放流、生态调度等措施，加强鱼类等水生生物保护。实施农村河道综合整治，改善农村水生态环境。

小水电建设。在保护生态和农民利益的前提下，有序发展小水电，建设300个水电新农村电气化县，继续因地制宜实施小水电代燃料工程，搞好农村水电配套电网改造工程建设。

水利血防工程。加快长江中下游等区域的水利血防工程建设，配合其他血吸虫病防治措施，到2015年底，使全国所有血吸虫病流行县（市、区）达到传播控制标准，已达到传播控制标准的县（市、区）力争达到传播阻断标准。

专栏5　　水利建设重点工程

01 农田水利

——加快大中型灌区续建配套节水改造步伐，完成全国251处大型灌溉排水泵站更新改造任务，推进淮河平原洼地、长江中下游、东北三江平原等重点涝区治理。

——结合全国新增千亿斤粮食生产能力规划实施，加快三江平原、尼尔基水库下游等新建灌区建设，增加农田有效灌溉面积。

——加快推进小型农田水利建设，加强灌区田间灌排设施配套，促进工程发挥整体效益。

——大力发展节水灌溉，推动农业节水增效技术的综合集成和规模化、产业化发展。

——稳步推进牧区水利工程建设，建设节水灌溉饲草料地。

02 防洪减灾

——继续实施大江大河大湖治理，推进淮河干流扩大行洪能力、长江中下游河势控制、黄河宁蒙河段治理及下游河段治理、松花江干流治理等河道整治和堤防建设，加快四川亭子口、江西峡江、河南河口村、湖南涔天河等流域控制性枢纽工程建设步伐，推进西江大藤峡、淮河出山店、克孜河卡拉贝利、叶尔羌河阿尔塔什、黄河黑山峡河段开发等重大水利工程前期工作，加强洞庭湖、鄱阳湖重点圩垸整治，加快重点蓄滞洪区建设，加大海堤达标建设和重要河口治理力度。

——加快中小河流治理和病险水库除险加固，优先治理洪涝灾害易发、保护区人口密集、保护对象重要的 5000 多条河流重点河段，完成 300 多座大中型病险水库和 4.1 万多座小型病险水库除险加固任务，统筹安排大中型病险水闸除险加固工程建设。

——加快山洪地质灾害防御，抓紧完善有防治任务的县级行政区及以下基层监测预报预警体系，加快实施搬迁避让和工程治理。

03 城乡供水保障

——完成南水北调东、中线一期主体工程建设，加快配套工程建设步伐。结合黄河水资源的优化配置和调度，开展东、中线二期工程和西线工程前期工作。

——加快推进贵州黔中、西藏旁多、辽宁青山、海南红岭、云南小中甸、四川小井沟、重庆金佛山、甘肃引洮、浙江舟山大陆引水、桂林漓江补水、吉林引嫩入白、青海引大济湟、西南中型水库等一批重点水源和跨流域、区域调水工程建设。

——深入开展引汉济渭、引江济巢、鄱阳湖水利枢纽、滇中引水等工程前期工作。

——加强干旱易发区、粮食主产区以及城镇密集区的水源工程及配套设施建设。

——加强城镇和工业节水，建设一批高水平、具有代表性的节水型社会示范区。

——全面解决 2.98 亿农村人口（含国有农林场）和 11.4 万所农村学校的饮水安全问题。

——推进非常规水源利用，扩大污水再生利用量，科学合理利用雨洪水、微咸水和矿井水，扩大沿海地区海水直接利用和海水淡化规模。加大人工增雨（雪）作业力度，科学开发利用空中云水资源。

04 水生态安全保障

——加大重要饮用水水源地涵养、保护和综合治理力度。

——加强太湖、滇池、巢湖等地区水环境综合治理。

——严格控制地下水开采，实施南水北调东、中线受水区、地面沉降区、滨海海水入侵区、石羊河流域等重点地区的地下水压采计划，建设地下水压采区的替代水源工程。

——继续开展全国地下水保护行动试点。

——优化水文站网布局与结构，完善各类水文监测站网，加强水文水资源监测。

——加强长江上中游、黄河中上游、西南石漠化地区、东北黑土区、京津风沙源区、西北内陆河流域、青海“三江源”、三峡库区、丹江口库区等重点区域及山洪地质灾害易发区的水土流失防治。

——加快推进坡耕地水土流失综合治理，开展南方崩岗综合治理。

——巩固塔里木河、黑河、石羊河流域近期综合治理成果，加强敦煌、海河等重点地区与河湖的水生态修复治理。

——加强河湖入河排污口整治与规范化管理。

——实施农村河道综合整治，改善农村水生态环境。

——积极开展水电新农村电气化县建设和小水电代燃料生态保护等工程建设。

——加快长江中下游等区域水利血防工程建设。

五、水利改革和管理主要任务

（一）创新水利科学发展的体制机制

水资源管理体制改革。建立和完善国家水权制度，制定主要江河水量分配方案，明晰初始水权，建立用水总量控制指标体系，制订行业及产品用水定额，提出水权制度实施意见，培育水权转让市场，规范水权转让活动。在保障灌溉面积、灌溉保证率和农民利益的前提下，建立健全工农业用水水权转换机制。强化水资源统筹规划和统一调度，协调好生活、生产、生态用水。建立健全水资源开发权许可制度，引导和规范市场主体通过公开公平竞争获得水资源开发权。完善水资源有偿使用制度，科学制定水资源费征收标准，严格征收、使用和管理。

流域综合管理体制改革。明晰流域管理和行政区域管理责权，完善流域管理与区域管理相结合的管理体制。建立各方参与、民主协商、共同决策、分工负责的流域议事决策和高效执行机制，统筹兼顾地表水和地下水、水量和水质、上下游、左右岸、干支流，以及水资源保护、开发、利用的各个环节，综合运用法律、经济、行政等措施，实行流域综合管理。进一步完善水资源保护和水污染防治协调机制。

水利投融资体制和建设管理体制改革。在加快建立政府水利投资稳定增长机制、发挥政府投资主渠道作用的同时，进一步放开水利工程建设领域，建立收费补偿机制，采取业主招标、承包租赁、投资补助、特许经营等方式，吸引民间资本参与水利工程建设和管理。对有合理回报和一定投资回收能力的项目，要推行项目法人招标；对非经营性政府投资项目，要加快推行代建制。鼓励和引导外资参与《外商投资产业指导目录》中鼓励类、允许类水利项目建设与管理，同时有效利用国外优惠贷款和国际商业贷款，提高水利利用外资的规模和质量。

水利工程管理体制改革。区分水利工程性质分类推进改革，健全良性运行机制。坚持政企分开、政事分开、政资分开、事企分开，明晰水利工程产权，明确管理主体，完善公益性水利工程管护机制，开展工程管理和维修养护项目的招投标，普遍推行管养分离和合同管理，落实管理人员和管护经费，加强资产及收益监管。以乡镇或小流域为单元，进一步健全基层水利服务体系，大力发展农民用水合作组织，逐步完善专业化服务与用水户自主管理相结合的管理模式，健全管护机制。依法加强水工程保护和环境与安全管理，优化工程调度运用方案，保障下游生产、生活和生态用水需求，确保工程建得成、管得好、用得起、长受益。

水价改革。加快完善水价形成机制，充分发挥水价的调节作用，大力促进节约用水和产业结构调整。稳步推行阶梯水价制度，对高耗水的特种行业用水实行高水价，鼓励中水回用。按照促进节约用水、降低农民水费支出、保障灌排工程良性运行的原则，继续推进农业水价综合改革，农业灌排工程运行管理费用由财政适当补助，探索实行农民定额内用水享受优惠水价、节约转让、超定额用水累进加价的办法。

建立水生态补偿机制。鼓励同一流域上下游生态保护与生态受益地区之间协商建立生态补偿机制。加大对西部地区重要水源涵养区域、江河源头区、集中式饮用水水源地、水土流失预防保护区、蓄滞洪区等禁止和限制开发区域的财政转移支付力度。明确禁止和限制开发区域以及治理修复区域的生态环境保护与治理责任、目标，完善绩效考核办法和利益补偿机制。探索建立流域上下游不同区域的水生态环境保护和协作机制。

（二）加强依法治水管水

实行最严格的水资源管理制度。始终坚持把节水型社会建设作为解决我国水资源问题的根本性、战略性措施，确立水资源开发利用控制、用水效率控制、水功能区限制纳污“三条红线”，充分发挥红线约束调节作用，从制度上推动经济社会发展与水资源水环境承载能力相协调。严格执行建设项目水资源论证制度和取水许可制度，国民经济和社会发展规划以及城市总体规划的编制、重大建设项目的布局，要与当地水资源条件和防洪要求相适应。积极实施地下水保护行动计划，划定地下水功能区，制定地下水开采控制目标，严格控制地下水超采，限期关闭城市公共供水管网服务范围内的自备井，并作为应急水源纳入城市供水保障体系统一管理。抓紧制定并实施南水北调东中线受水区地下水压采方案。根据不同地区的水资源状况和用水水平，制定和完善农业、工业、服务业等用水定额体系。强化计划用水管理和定额管理，对达到一定取用水规模以上的用水户实行重点监管，实行超计划、超定额累进加价。实行节水产品认证和市场准入，开展用水产品用水效率标识管理。

制定并公布落后的、耗水量高的用水工艺、设备和产品名录，逐步淘汰不符合节水标准的用水设备及产品。建立水功能区限制纳污制度，从严核定水域纳污容量，严格控制入河排污总量。各级政府要把限制排污总量作为水污染防治和污染减排工作的重要依据。对排污量已超出水功能区限排总量的地区，限制审批新增取水和入河排污口。建立水功能区水质达标评价体系，加强水功能区动态监测和科学管理。加强水源地保护，依法划定饮用水水源保护区，强化饮用水水源应急管理。建立水资源管理责任制，县级以上地方政府主要负责人对本行政区域水资源管理和保护工作负总责。严格实施水资源管理考核制度，把对各地区水资源开发利用、节约保护主要指标落实情况的考核结果，作为地方政府相关领导干部综合考核评价的重要依据。加强“虚拟水”的研究和利用。

加强河湖和水土流失监督管理。划定河湖管理和保护范围，明确管护主体和责任，建立责任追究机制。强化河湖管理执法，依法查处非法围垦水面、侵占河湖岸线的行为，保证河湖畅通和防洪安全。对新建涉河（湖）项目，要严格执行水工程建设规划审查、洪水影响评价等制度，坚决查处未批先建和不按批准的建设方案实施的行为。加强河道采砂管理，严厉打击河湖非法采砂活动。建立健全农村河道管护机制，明确管理管护责任，按照分级管理的原则落实管护人员和经费渠道。加强水土保持预防监督管理，从严控制重要生态保护区、水源涵养区、江河源头区和山洪地质灾害易发区等水土流失严重地区的开发建设活动。落实开发建设项目水土流失防治责任，完善开发建设项目水土保持“三同时”制度。

加强水利防灾减灾管理。编制重点区域的洪水风险图，建立洪水风险管理制度，加强洪水科学调度和有效利用。对蓄滞洪区进行分类管理，制定不同洪水风险区域居民避洪安置方案，对运用几率较高的蓄滞洪区和洪水淹没风险较大的滩区，按照尊重群众意愿的原则，积极稳妥地推进居民迁建。抓紧制定和完善洪水防御方案与洪水调度方案，明确洪水调度管理权限和责任，统筹安排超标准洪水的出路。建立特大干旱灾害应对机制，修订完善各类抗旱预案和旱情紧急情况下的水量调度预案，多措并举增加水资源战略储备，加强旱情紧急情况和突发性供水安全事件的水量调度管理。鼓励和支持发展洪水保险，初步建立水旱灾害保险制度。完善防汛抗旱行政首长负责制和防汛抗旱统一指挥、分级分部门负责制度，加强监督考核，健全灾害预警响应和转移安置群众应急管理机制。建立专业化与社会化相结合的应急抢险救援队伍，着力推进县乡两级防汛抗旱服务组织建设，健全应急抢险物资储备体系，完善应急预案。

建立健全水法规和水利规划体系。进一步完善适合我国国情水情的水法规体系，全面推进水利综合执法，健全预防为主、预防与调处相结合的水事纠纷调处机制。深化水行政管理体制和水行政许可审批制度改革，切实转变政府职能，积极推进政务公开，加强社会监督，提高工作透明度和公众参与度。完善全国、流域、区域水利规划体系，强化水利规划对涉水活动的管理和约束作用。做好水库移民安置工作，创新移民安置方式，落实后期扶持政策，保障移民合法权益。加大力度宣传水情国情，提高全民水法治意识、水患意识、节水意识、水资源保护意识，广泛动员全社会力量参与水利建设。

（三）推进水利科技创新

健全和完善水利科技创新体系。继续深化科技体制改革，进一步创新和完善管理体制机制，统筹协调和优化配置现有科技资源，推动部级重点实验室、部级工程技术研究中心和具有一定创新能力的基层水利科技试验站或科技园区建设，强化水利科技基础条件平台，推进技术信息共享。多渠道、多层次地增加水利科技投入，加强科技管理，提高科技管理效率和水平。

深入开展重大水利科技问题研究。加强饮用水安全保障、水资源可持续利用、防洪抗旱减灾与水资源调度、节水灌溉、水资源保护与水生态修复、重大工程建设等领域的关键技术与重大问题研究，凝炼对水利可持续发展具有战略性、基础性、关键性作用的重大课题和关键领域，集中优势力量，力争重点突破。

加强水利科技成果推广与普及。积极推广转化和应用一批高效、节水、降耗和环保的水利新技术、新工艺、新装备、新材料，全面提高水利科技含量和装备水平。完善质量技术监督体系和技术标准体系。加强水利科学知识的宣传普及，培养广大群众的科学观念，营造有利于水利科技创新的社会环境。

推进水利信息化建设。以信息共享、互联互通为重点，大力推进水利信息化资源整合与共享，向全社会提供基础信息服务。实施“金水工程”，加快完善国家防汛抗旱指挥系统，提高水利管理信息化水平。做好第一次全国水利普查工作，建立国家基础水信息平台。

加快水利人才队伍建设。大力实施和推进水利人才战略，完善人才引进、培养、使用三个环节，优化水利人才结构，加强创新型人才培养。进一步优化环境，鼓励创新，造就一批具有国内领先水平、国际上有一定影响的学科带头人。

加强国际科技合作与交流。积极实施“引进来、走出去”战略，以科技合作为先导，进一步扩大水利国际合作与交流范围，深化合作交流内容，主动利用全球科技资源，更好地服务于水利可持续发展。

六、环境影响评价

“十二五”水利建设任务主要包括防洪减灾、城乡供水保障、农田水利、水生态安全等四个方面。规划实施后，可有效提高水旱灾害综合防御能力、水资源合理配置和高效利用能力、水土资源保护能力，保障经济社会发展，改善生态环境。一是防洪减灾薄弱环节建设可进一步完善防洪减灾工程体系，基本完成重点中小河流重要河段治理，基本消除现有病险水库和大中型病险水闸安全隐患，基本建立山洪地质灾害防御体系，为推进建立洪水风险管理制度提供基础，提高重点地区和重点城市的防洪标准，全面改变中小河流日益严峻的防洪形势，为保障人民群众生命财产安全提供基础支撑。二是城乡供水保障工程建设可进一步完善水资源配置工程体系，初步形成流域和区域水资源合理配置格局，基本建立与工业化、城镇化、农业现代化相适应的城乡供水安全体系；在确立用水总量控制、用水效率控制、水功能区限制纳污“三条红线”，落实最严格水资源管理制度的基础上，不断提高供水安全保障程度。三是农田水利建设可从根本上提高农业综合生产能力，改善农村生活、生产条件与生态环境，促进社会主义新农村建设，保障国家粮食安全。四是水生态安全保障工程建设将加强饮用水水源地保护，逐步遏制地下水超采局面，改善重点地区水土流失状况和重点河湖水生态环境质量。

同时，规划实施和水利工程建设也可能对局部带来一些不利环境影响。整治河道、加固堤防、筑坝建库和大规模引水等水利工程建设将改变河流、湖泊的水文情势及水生态环境；水库蓄水可能改变岩体的应力状态，产生局部的应力集中，可能产生滑坡塌岸，诱发水库地震；可能对自然景观和文物、水生生物栖息繁衍环境、生物多样性等产生影响，拦河建筑物可能阻断鱼类洄游通道。灌区扩建和取水可能导致河流和地下水循环状况的改变，产生土壤潜育化和次生盐碱化，并对河道生态环境造成一定的不利影响；农业节水工程建成运行后，减少了沿程和田间的渗漏，可能对输水渠沿途的植物生长和地下水的补给带来不利影响，特别是干旱半干旱地区灌区地下水补给量的减少，会对灌区植物生长以及植被带来不利影响；灌区退水的减少，可能对灌区盐分平衡带来一定的影响。同时，水库建设具有淹没及占地多、移民数量大的特点，库区人地矛盾突出，移民安置难度大，带来一些社会问题。

为此，要高度重视水利工程建设的不利环境影响，依法加强相关规划和建设项目环境影响评价等工程建设前期工作，采取相应的生态环境保护措施，并根据生态环境对规划实施的响应及时优化调整实施方式，强化对工程规划、设计和建设管理全过程的监管，最大限度地减免规划实施的不利环境影响。

重点是以下几个方面：一是要坚持科学发展、绿色发展，在水资源开发利用过程中高度重视对河流生态环境和地下水系统的保护。要加强流域和区域用水总量控制，减少对水资源的过度消耗，逐步退还挤占的河道内生态环境用水和超采的地下水。在水资源配置中，要保障河流的基本生态环境用水要求，维护河流合理流量，维持湖库和地下水的合理水位。要按照减量化、再利用、资源化的原则，加快建立全社会的水资源循环利用体系，提高水资源的利用效率和效益，推进水资源可持续利用，努力形成节约水资源和保护水环境的产业结构、增长方式和消费模式，促进保护生态环境。二是要认真落实工程建设项目环境影响评价制度和各项环境保护措施，足额计列和保证环境保护工程投资，严格执行“三同时”管理制度。在中小河流治理中，要坚决避免束窄河道、减少行洪断面，以及河流渠道化的倾向，尽量保持河道自然形态，提倡采用与环境保护相结合的生态型河道治理措施，护坡、护岸尽量采用植物措施和天然材料、生态复合材料，注意与城市景观、生态环境的协调。小水电要在保护生态环境的前提下适度有序发展，严格工程建设管理和环境监管，不得引起河段断流。同时，要依法加强相关专项规划环境影响评价工作，提高规划的科学性，努力从源头预防环境污染和生态破坏。三是要妥善安置工程建设被征地居民，切实做好工程征地补偿、搬迁安置和水库移民后期扶持工作，确保被征地居民的生活水平逐步提高，保障其合法权益，维护社会稳定。农村移民集中安置的农村居民点、城（集）镇、工矿企业以及专项设施等基础设施的迁建或者复建选址，应当依法做好环境影响评价、水文地质与工程地质勘察、地质灾害防治和地质灾害危险性评估。四是要加强对规划实施可能影响的重要生态环境敏感区和重要目标的监测与保护，及时掌握环境变化，采取相应的对策措施。对直接影响重要生态环境敏感区域和重要目标的规划和项目，应优化调整规划项目布局和选址，严格依法落实保护要求。五是要加强规划实施的环境风险评价与管理，针对可能发生的重大环境风险问题，制定突发环境事件的风险应急管理措施。

七、保障措施

加快水利改革发展，是事关我国社会主义现代化建设全局和中华民族长远发展重大而紧迫的战略任务。“十二五”时期，水利建设任务重、规划投资强度大、管理要求高、改革难度大，各地区、各有关部门要进一步深化认识，细化措施，实化工作，采取有力措施，保障规划顺利实施。

（一）加强组织领导

加快水利改革发展是党中央、国务院在新时期做出的重大战略部署，是“十二五”时期各级政府的重要工作任务。各地区、各有关部门要站在全局和战略高度，进一步深刻理解加快水利改革发展对保障我国经济社会又好又快发展的重大意义，把思想和认识统一到中央的精神和决策部署上来，把行动统一到中央的要求上来，切实把水利摆在更加突出的位置，在组织领导、政策制定、工作部署和资金投入等方面，切实体现对这项工作高度重视，做到认识到位、责任落实、措施得力。

（二）落实目标责任

各地要根据国家“十二五”水利改革发展总体任务和要求，抓紧建立工作责任制，把各项目标任务细化分解到部门、落实到岗位，加强统筹协调，形成一级抓一级、层层抓落实的工作局面。进一步完善工作考核评价和责任追究制度，严格落实防汛抗旱、饮水安全保障、水资源管理、水库安全管理等行政首长负责制。发展改革、财政、国土资源、环境保护、住房城乡建设、水利、农业、卫生、林业、气象等各有关部门要按照职能分工，各司其职、各负其责、协调联动、齐抓共管，合力推进落实规划各项任务。

（三）加大投入力度

水利工程是公益性很强的基础设施，加强水利建设是党和政府的重要职责。要发挥政府在水利建设中的主导作用，把水利作为公共财政投入的重点领域，建立水利投入稳定增长机制，大幅增加水利建设投资。进一步合理界定中央与地方、政府与市场的水利建设事权和支出责任，建立财权及财力与事权相匹配的公共财政体制，增强地方政府特别是基层政府提供水利基本公共服务的能力，保障各项重点水利工程建设投资需求及前期工作经费。加快建立与规划任务相匹配的中央政府水利投资规模形成机制，重点安排农村饮水安全等农业农村水利基础设施、南水北调等重点水源和水资源配置工程、治淮骨干工程等重要防洪工程以及其他关系全局的重要水利工程，并向中西部地区特别是革命老区、民族地区、边疆地区、贫困地区、库区和移民安置区倾斜。地方各级政府的水利投资也要随经济社会发展逐步增加，优先安排群众急需、效益好的小（微）型水利工程、粮食主产区水利工程等项目。要认真落实好从土地出让收益中提取10％用于农田水利建设的政策，同时充分利用市场机制多渠道筹集资金，加强对水利建设的金融支持，积极研究采取扩大水利建设贷款贴息规模等措施，完善政策环境，广泛吸引社会资金投资水利。

（四）强化建设管理

进一步做好和完善各类水利项目前期工作，足额落实前期工作经费，充分利用全社会勘测设计资源，加快前期工作进度，提高成果质量。严格执行项目建设程序和相关技术规程规范，大中型项目要全面推行项目法人责任制、招标投标制、建设监理制、竣工验收制，依法规范工程建设管理各项活动，确保工程建设质量和安全。进一步探索完善适合中小型水利工程特点的项目建设管理办法，积极推广项目公示、资金县级报账、主要设备集中采购、巡回监理、受益农户参与、农民自建自管等行之有效的工作机制。健全和完善政府投资监管体系，投资主管部门、财政主管部门以及有关行业主管部门要依据职能分工切实加强协调，科学规划，统筹安排，强化监管。鼓励公众和新闻媒体对政府投资项目进行社会监督。整顿和规范水利建筑市场秩序，为水利建设创造良好的外部环境。加强水利资金使用管理和监督，加快预算执行进度，确保资金安全，提高投资效益。

（五）加强跟踪评估

本规划是统筹和制订“十二五”时期水利有关专项规划的重要依据，要做好本规划与经济社会发展规划的衔接以及土地利用总体规划等各专项规划之间的协调，体现规划的权威性、指导性、约束性。要加强规划实施的监督检查和跟踪分析，完善规划实施和评估机制，推进规划科学实施。

附录6　水利改革发展“十三五”规划

前　　言

水利是国民经济社会发展的重要基础设施，不仅直接关系防洪安全、供水安全、粮食安全，而且关系到经济安全、生态安全、国家安全。“十二五”时期，党中央、国务院高度重视水利工作，出台了加快水利改革发展的决定，把水安全上升为国家战略，实行了最严格水资源管理制度，作出了加快推进重大水利工程建设的决策部署，制定了水污染防治行动计划，水利改革发展取得重大成就，治水兴水进入一个新的阶段。五年来，水利基础设施建设全面加快，水利改革全面推进，依法治水管水得到加强，圆满完成了“十二五”规划确定的主要目标和任务。

“十三五”时期是我国全面建成小康社会的决胜阶段，是加快推进“四个全面”战略布局的关键五年。随着经济社会快速发展和气候变化影响加剧，在水资源时空分布不均、水旱灾害频发等老问题仍未根本解决的同时，水资源短缺、水生态损害、水环境污染等新问题更加凸显，新老水问题相互交织，已成为我国经济社会可持续发展的重要制约因素和面临的突出安全问题。落实中央决策部署，提升国家水安全保障能力，加快推进水利现代化，需要统筹谋划好“十三五”时期的水利改革发展工作。根据《中共中央关于制定国民经济和社会发展第十三个五年规划的建议》和《国民经济和社会发展第十三个五年规划纲要》，按照国家关于“十三五”规划编制工作的总体要求，国家发展改革委会同水利部、住房城乡建设部组织编制了《水利改革发展“十三五”规划》（以下简称《规划》）。《规划》紧紧围绕实现全面建成小康社会这个奋斗目标，从全局和战略的高度，研究提出了“十三五”时期水利改革发展的总体思路、发展目标、主要任务、总体布局和政策措施。

本《规划》是指导今后五年水利改革发展的重要依据。

一、发展基础

（一）主要成就

“十二五”时期，党中央、国务院相继作出加快水利改革发展、保障国家水安全、推进重大水利工程建设等一系列决策部署，水安全上升为国家战略，治水理念不断升华，治水兴水进入一个新的阶段。五年来，重大水利等工程建设全面提速，最严格水资源管理制度加快实施，水生态环境稳步改善，水利改革深入推进，圆满完成了规划确定的主要目标和任务，投资规模大、建设进度快、改革力度强、综合效益好、群众受益多，为稳增长调结构促改革惠民生防风险等发挥了重要作用，在我国治水史上写下了浓墨重彩的一笔。

1. 防汛抗旱减灾取得重大胜利。成功应对了2012年长江三峡水库建库以来最大洪水、黄河上游干流洪水和2013年黑龙江、松花江、嫩江发生的流域性大洪水，有效防御了“菲特”“海燕”“威马逊”“苏迪罗”等强台风和洪涝灾害，最大程度减轻了2011年北方冬麦区、长江中下游和西南地区大范围严重干旱影响，以及2014年黄淮、华北和西北干旱损失。全国防洪减淹耕地近1.86亿亩，累计避免城市进水受淹551座次，解决了7000多万城乡居民因旱临时饮水困难，完成抗旱浇地面积12.9亿多亩。与“十一五”相比，洪涝灾害死亡失踪人数、受灾人口、农作物受灾面积分别减少64%、38%、28%，因洪灾死亡失踪人数为新中国成立以来最少。

2. 重大水利等工程建设全面提速。国务院确定的172项重大水利工程已开工85项。南水北调东中线一期工程建成通水，大江大河大湖防洪体系、流域区域水资源配置格局不断完善。全面完成“十二五”农村饮水安全工程规划任务，3.04亿农村居民和4133万农村学校师生喝上安全水，农村饮水安全问题基本解决。实施了156条主要支流和4500多条中小河流重要河段治理，全面推进病险水库水闸除险加固，基本建成2058个县级山洪灾害监测预警系统和群测群防体系。推进大中型灌区、大型灌排泵站改造与建设，加快东北节水增粮、华北节水压采、西北节水增效、南方节水减排等区域规模化高效节水灌溉，开展小型农田水利重点县建设，基本覆盖农业大县。继续推进牧区水利建设。实施水电新农村电气化县和小水电代燃料、农村水电增效扩容改造建设。“十二五”期间，全国水利建设完成总投资达到2万亿元，年均投资 4000 亿元，是“十一五”年均投资的 2.9 倍。

3. 最严格水资源管理制度初步建立。制定并落实水资源开发利用控制、用水效率控制、水功能区限制纳污“三条红线”，并将指标逐级分解到省市县三级行政区，建立水资源管理责任制，开展最严格水资源管理制度考核工作。开展 53 条主要江河水量分配方案制订工作。开展大型煤电基地、城市新区等规划水资源论证，强化重大建设项目水资源论证。制定南水北调东中线一期工程水量调度方案并启动水量调度工作，继续推进黄河、黑河、塔里木河、石羊河等重点流域水量统一调度。制定《全国重要江河湖泊水功能区划》，完成全国重要水功能区纳污能力核定，提出了限制排污总量意见。启动重要饮用水水源地安全达标建设，按照《地表水环境质量评价标准》，2014 年全国 175 个重要饮用水水源地水质达到或优于Ⅲ类标准的占 98.8%。

4. 水生态文明建设加快推进。开展了 105 个全国水生态文明城市建设试点工作。加强河湖生态补水和重要江河水量调度，实施引江济太、珠江压咸补淡、南四湖和白洋淀应急补水等，改善河湖水生态环境。强化地下水保护和管理，完成全国地下水超采区评价，实施南水北调工程受水区、汾渭盆地等地区地下水超采治理，开展河北省地下水超采区综合治理试点，启动实施国家地下水监测工程。推进长江上中游等重点区域水土流失治理，加快坡耕地综合整治和生态清洁小流域建设。太湖水环境综合治理初见成效，主要水质指标明显改善。塔里木河近期治理、石羊河重点治理任务基本完成，加强敦煌水资源合理利用与生态保护，流域生态环境得到初步改善。

5. 重点领域改革取得积极进展。创新水利投融资机制，增加财政水利投入，落实计提土地出让收益用于农田水利建设政策，发放专项建设基金和过桥贷款，加大金融支持力度，开展社会资本参与重大水利工程建设运营试点，鼓励和引导社会资本投入。大幅减少水行政审批事项，精简重大水利项目审批程序。调整水资源费征收标准，各地区最低标准平均提高约 45%。在 27 个省份 120 个县开展农业水价综合改革试点。实行城市居民生活用水阶梯式水价制度。开展水权确权和水权交易试点，水权水市场建设稳步推进。推进水利工程建设管理体制改革，项目招投标全面进入公共资源交易市场，率先开展水利建设市场主体信用体系建设。深化国有水管单位体制改革和小型水利工程管理体制改革，开展农田水利设施产权制度改革和创新运行管护机制试点。基层水利服务体系建设得到加强，全国基层水利服务机构达到 29351 个，发展 8.34 万个农民用水合作组织和 2000 多支县级抗旱服务队。

6. 依法治水管水得到加强。水法规体系进一步健全，修订后的《水土保持法》正式施行，《太湖流域管理条例》《南水北调工程供用水管理条例》颁布实施。大力推进水利综合执法，开展河湖管理范围划定及水利工程确权划界，启动河湖管护体制机制创新试点，加强河道采砂、河湖管理等监督执法。水利规划体系不断完善，国务院先后批复七大流域综合规划（修编）、水资源综合规划、水土保持规划等重大规划，组织编制全国水中长期供求规划、水资源保护规划、现代灌溉发展规划、地下水利用与保护规划等一批重要规划。第一次全国水利普查工作圆满完成。水利信息化水平加快提升，全国防汛抗旱指挥系统、水资源监控系统、水土保持监测系统初步建成。水利科技创新能力不断加强，引进、推广水利先进实用技术，建成一批国家重点实验室和工程技术研究中心。水利国际交流与合作不断深化。

总体上看，经过多年来持续大规模的投入，全国大江大河防洪减灾体系基本建成，流域和区域水资源配置格局不断优化，农田灌排体系基本建立，水土资源保护能力明显提高，为国民经济和社会发展提供了有力支撑。

专栏1　“十二五”规划主要指标完成情况

序号	指　标	指标完成情况	
		规划指标	完成情况
1	解决农村饮水安全人口/亿人	2.98	3.45
2	水利工程新增年供水能力/亿立方米	400	380
	其中：新增城市年供水能力/亿立方米	260	250
3	新增农田有效灌溉面积/万亩	4000	7500
4	新增高效节水灌溉面积/万亩	5000	12000
5	全国用水总量/亿立方米	[6350]	[<6350]
6	农田灌溉水有效利用系数	[0.53]	[0.532]
7	单位工业增加值用水量降低/%	30	35
8	新增水土流失综合治理面积/万平方公里	25	26.6
9	新增小水电装机容量/万千瓦	1000	1400

注　1. 带［］为期末达到数，其余为5年累计数。
2. 单位工业增加值用水量采用2010年不变价计算。

（二）发展形势

“十三五”时期是全面建成小康社会的决胜阶段，是全党全社会加快推进

“四个全面”战略布局的关键五年，经济社会发展对水利提出了新的更高的要求。实现全面建成小康社会目标，加快新型工业化、城镇化、信息化和农业现代化发展，实施“一带一路”建设、京津冀协同发展、长江经济带建设等重大战略，要求加快完善水利基础设施网络体系，更加精准有力地发挥对区域协同发展的先行引导作用，强化水资源管理，全面提升水利保障经济社会发展的能力。实现人民生活水平和质量普遍提高，让全体人民共同迈入小康社会，需要着力解决好水利发展中不平衡、不协调、不可持续的问题，加快推进水利公共服务均等化，强化保障和改善民生。大力推进生态文明建设，实现生态环境质量总体改善，建设美丽中国，要求坚持人水和谐，加快转变用水方式，着力缓解水资源水环境约束趋紧的矛盾，在推进水利绿色发展、可持续发展方面迈出新的步伐。全面深化改革，使市场在资源配置中起决定性作用和更好发挥政府作用，需要加快构建充满活力、富有效率、创新引领、法治保障的水利体制机制，推进水治理体系和治理能力现代化。

与经济社会发展要求和各方面需求相比，目前，我国的水安全保障能力还存在不少差距，推进供给侧结构性改革，需要补齐水利这个短板。随着经济社会快速发展和气候变化影响加剧，在水资源时空分布不均、水旱灾害频发等老问题仍未根本解决的同时，水资源短缺、水生态损害、水环境污染等新问题更加凸显，新老水问题相互交织。洪涝干旱灾害仍是心腹之患，流域性大洪水、局部强降雨、强台风、山洪、城市内涝、区域干旱等灾害时有发生，防汛抗旱仍面临严峻挑战。特别是受超强厄尔尼诺影响，2016年全国发生多次大范围强降雨过程，一些流域和区域遭受严重洪涝灾害，暴露出防洪排涝减灾体系仍存在不少薄弱环节，需要着力补齐中小河流治理、小型病险水库除险加固、城市排水防涝等“短板”，增强防洪排涝减灾能力。一些地区水供求紧张态势凸显，部分城市水源单一，水资源约束趋紧矛盾尚未有效缓解。农田水利基础仍较薄弱，农田灌溉“最后一公里”问题仍然存在。全国废污水排放量居高不下，一些河流污染物入河量超过其纳污能力。全国水土流失面积295万平方公里，约占国土面积的30%。部分地区水资源过度开发，生态用水被严重挤占，水生态环境恶化趋势尚未得到根本扭转。最严格水资源管理制度有待进一步落实，水资源要素对转变经济发展方式的倒逼机制尚未形成。河湖管理、水利工程管理、洪涝干旱风险管理亟待加强。

当前和今后一段时期，水利改革发展也面临诸多有利条件和难得机遇。

党中央、国务院作出加快水利改革发展一系列决策部署，把水安全上升为国家战略，要求加快重大水利工程建设，特别是党的十八届五中全会提出完善水利基础设施网络、实行水资源消耗总量和强度双控行动、防范水资源风险、大规模推进农田水利、加强水生态保护、系统整治江河流域、连通江河湖库水系、建立健全用水权初始分配制度等任务要求，为“十三五”水利改革发展指明了方向，提供了强有力的政策支持和保障。我国经济发展前景和市场空间广阔，全社会对水利高度关注，各地持续大规模兴修水利，公众节水洁水意识不断增强，为加快水利改革发展营造了良好氛围。

总体来看，“十三五”时期水利仍处于补短板、破瓶颈、增后劲、上水平的发展阶段，是加快完善水利基础设施网络、全面深化水利改革、有效破解新老水问题、构建国家水安全保障体系、加快推进水利现代化进程的关键时期。要立足国情水情，紧扣国计民生，着眼发展需要，按照中央关于保障水安全和加快水利改革发展的总体部署，进一步深化水利改革，加快水利发展，着力构建适应时代发展要求和人民群众期待的水安全保障体系。

二、总体要求

（一）指导思想

全面贯彻党的十八大和十八届三中、四中、五中、六中全会精神，深入学习贯彻习近平总书记系列重要讲话精神，紧紧围绕统筹推进“五位一体”总体布局和协调推进“四个全面”战略布局，坚持创新、协调、绿色、开放、共享发展的理念，按照党中央、国务院决策部署，坚持节水优先、空间均衡、系统治理、两手发力，以全面提升水安全保障能力为主线，突出目标和问题导向，以落实最严格水资源管理制度、实施水资源消耗总量和强度双控行动为抓手，全面推进节水型社会建设；以全方位推动水利体制机制创新为突破口，深化水利改革、强化依法治水、加强科技兴水；以推进重大水利工程建设、增强防汛抗旱减灾和水资源配置能力为重点，加快完善水利基础设施网络；以江河流域系统整治和水生态保护修复为着力点，把山水林田湖作为一个生命共同体，大力推进水生态文明建设，为经济社会持续健康发展、如期实现全面建成小康社会目标提供更加坚实的水利支撑和保障。

（二）基本原则

以人为本，服务民生。坚持人民主体地位，把增进人民福祉、促进人的全面发展作为水利工作的出发点和落脚点，着力解决人民群众最关心最直接最现实的防洪、供水、水生态改善等问题，加大水利扶贫攻坚力度，使广大人民群众共享水利改革发展成果，让广大人民群众有更多的获得感。

节约用水，高效利用。把节约用水贯穿于经济社会发展和群众生活生产全过程，严格落实用水总量控制和定额管理制度，建设节水型社会，不断提高用水效率和效益，加快实现从粗放用水向节约集约用水的根本转变，形成有利于水资源节约利用的空间格局、产业结构、生产方式和消费模式。

人水和谐，绿色发展。坚持以水定产、以水定城，量水而行、因水制宜，强化需水管理，合理控制水资源开发程度，努力维护河湖健康，加强水资源安全风险防控和监测预警，实现水资源可持续利用，促进经济社会发展与水资源水环境承载能力相协调。

统筹兼顾，系统治理。树立山水林田湖是一个生命共同体的思想，以流域为单元强化整体保护、系统修复、综合治理，发挥水资源综合利用效益。围绕推进供给侧结构性改革，进一步完善水利基础设施体系，补齐水利发展短板，协调解决水灾害、水资源、水环境、水生态等问题。

深化改革，创新驱动。坚持政府与市场两手发力，着力推进水利重要领域和关键环节改革攻坚，进一步推动治水思路创新、制度创新、科技创新、实践创新，引导全社会积极支持和参与水利建设与管理，实现更高质量、更有效率、更加公平、更可持续的水利发展。

依法治水，科学管水。进一步健全完善水法治体系，依法加强河湖监督管理和水资源水环境管控，强化规划对涉水活动的指引约束作用，有效协调涉水利益，规范水事行为，不断提高水利工作的科学化、法治化水平，提高水利社会管理和公共服务水平。

（三）主要目标

到 2020 年，基本建成与经济社会发展要求相适应的防洪抗旱减灾体系、水资源合理配置和高效利用体系、水资源保护和河湖健康保障体系、有利于水利科学发展的制度体系，水利基础设施网络进一步完善，水治理体系和水治理能力现代化建设取得重大进展，国家水安全保障综合能力显著增强。

防洪抗旱减灾。健全防汛抗旱指挥调度体系。大江大河重点防洪保护区达到流域规划确定的防洪标准，城市防洪排涝设施建设明显加强，主要海堤达到国家规范设定的标准，中小河流重要河段防洪标准达到10～20年一遇，主要低洼易涝地区排涝标准达到5～10年一遇，山洪灾害重点区域基本形成非工程措施与工程措施相结合的综合防御体系。重点区域和城乡抗旱能力明显增强。全国洪涝灾害和干旱灾害年均直接经济损失占同期GDP的比重分别控制在0.6%和0.8%以内。

节约用水。全国年供用水总量控制在6700亿立方米以内。万元国内生产总值用水量、万元工业增加值用水量较2015年分别降低23%和20%。全国城市公共供水管网漏损率控制在10%以内，城镇和工业用水计量率达到85%以上。农田灌溉水有效利用系数提高到0.55以上，大型灌区和重点中型灌区农业灌溉用水计量率达到70%以上。

城乡供水。全国新增供水能力270亿立方米。城镇供水保证率和应急供水能力进一步提高，城镇供水水源地水质全面达标，推动城镇供水设施向农村延伸。农村自来水普及率达到80%以上，农村集中式供水工程供水率85%以上，水质达标率和供水保障程度进一步提高。

农村水利。完成434处大型灌区续建配套和节水改造规划任务。新增农田有效灌溉面积3000万亩，全国农田有效灌溉面积达到10亿亩以上。发展高效节水灌溉面积1亿亩。新增小水电装机容量500万千瓦。

水生态环境保护。全国重要江河湖泊水功能区水质达标率达到80%以上。河湖生态环境水量基本保障，河湖水域面积不减少，水生态环境状况明显改善。新增水土流失综合治理面积27万平方公里。地下水超采得到严格控制，严重超采区超采量得到有效退减。

水利改革和管理。水权水价水市场改革取得重要进展，基本建立用水权初始分配制度，基本形成水利工程良性运行机制。依法治水全面强化，水利创新能力明显增强，水利工程管理水平显著提升。健全最严格水资源管理制度，实行水资源消耗总量和强度双控行动，用更加完善的制度保护好水生态环境。

专栏2 “十三五”水利发展主要指标

序号	指　　标	“十二五”规划指标	“十二五”末完成	“十三五”规划指标	备注
1	洪涝灾害年均损失率/%	—	(0.4)	(<0.6)	预期性
2	干旱灾害年均损失率/%	—	(0.15)	(<0.8)	预期性
3	用水总量控制/亿立方米	[6350]	[6350]	[6700]	约束性
4	万元国内生产总值用水量下降/%	—	31	23	约束性
5	万元工业增加值用水量下降/%	30	35	20	约束性
6	农田灌溉水有效利用系数	[0.53]	[0.532]	[0.55]	预期性
7	水利工程新增年供水能力/亿立方米	400	380	270	预期性
8	农村自来水普及率/%	—	[76]	[80]	预期性
9	农村集中式供水人口比例/%	—	[82]	[85]	预期性
10	新增农田有效灌溉面积/万亩	4000	7500	3000	预期性
11	新增高效节水灌溉面积/万亩	5000	12000	10000	预期性
12	新增小水电装机容量/万千瓦	1000	1400	500	预期性
13	新增水土流失综合治理面积/万平方公里	25	26.6	27	预期性
14	重要江河湖泊水功能区水质达标率/%	—	[68]	[80]	约束性
15	城镇和工业用水计量率/%	—	[70]	[85]	预期性
16	农业灌溉用水计量率/%	—	[55]	[70]	预期性

注 1. 指标带（ ）为5年平均值，带［ ］为期末达到数，其余为5年累计数。

2. 重要江河湖泊水功能区水质评价指标包括COD、氨氮两项。

3. 城镇和工业用水计量率是指有计量设施的取水量占城镇和工业用水总取水量比例，农业灌溉用水计量率是指大型灌区和重点中型灌区有计量设施的农业取水口灌溉取水量占总取水量的比例。

三、全面推进节水型社会建设

以落实最严格水资源管理制度、实行水资源消耗总量和强度双控行动、加强重点领域节水、完善节水激励机制为重点，加快推进节水型社会建设，强化水资源对经济社会发展的刚性约束，构建节水型生产方式和消费模式，基本形成节水型社会制度框架，进一步提高水资源利用效率和效益。

（一）落实最严格的水资源管理制度

强化节水约束性指标管理。严格落实水资源开发利用总量、用水效率和水功能区限制纳污总量“三条红线”，实施水资源消耗总量和强度双控行动，健全取水计量、水质监测和供用耗排监控体系。加快制定重要江河流域水量分配方案，细化落实覆盖流域和省市县三级行政区域的取用水总量控制指标，严格控制流域和区域取用水总量。实施引调水工程要先评估节水潜力，落实各项节水措施。健全节水技术标准体系。将水资源开发、利用、节约和保护的主要指标纳入地方经济社会发展综合评价体系，县级以上地方人民政府对本行政区域水资源管理和保护工作负总责。加强最严格水资源管理制度考核工作，把节水作为约束性指标纳入政绩考核，在严重缺水的地区率先推行。

强化水资源承载能力刚性约束。加强相关规划和项目建设布局水资源论证工作，国民经济和社会发展规划以及城市总体规划的编制、重大建设项目的布局，应当与当地水资源条件和防洪要求相适应。严格执行建设项目水资源论证和取水许可制度，对取用水总量已达到或超过控制指标的地区，暂停审批新增取水。强化用水定额管理，完善重点行业、区域用水定额标准。严格水功能区监督管理，从严核定水域纳污容量，严格控制入河湖排污总量，对排污量超出水功能区限排总量的地区，限制审批新增取水和入河湖排污口。强化水资源统一调度。

强化水资源安全风险监测预警。健全水资源安全风险评估机制，围绕经济安全、资源安全、生态安全，从水旱灾害、水供求态势、河湖生态需水、地下水开采、水功能区水质状况等方面，科学评估全国及区域水资源安全风险，加强水资源风险防控。以省、市、县三级行政区为单元，开展水资源承载能力评价，建立水资源安全风险识别和预警机制。抓紧建成国家水资源管理系统，健全水资源监控体系，完善水资源监测、用水计量与统计等管理制度和相关技术标准体系，加强省界等重要控制断面、水功能区和地下水的水质水量监测能力建设。

（二）大力推进重点领域节水

加大农业节水力度。继续把农业节水作为主攻方向，调整农业生产和用水结构，加强灌区骨干渠系节水改造、田间工程配套、低洼易涝区治理和农业用水管理，实现输水、用水全过程节水，提高农业灌溉用水效率，逐步降低农业用水比重，优化用水结构。积极推广使用喷灌、微灌、低压管道输水灌溉等高效节水技术，推进区域规模化高效节水灌溉发展。积极推行灌溉用水总量控制、定额管理，配套农业用水计量设施，加强灌区监测与管理信息系统建设，提高精准灌溉水平。推广农机、农艺和生物技术节水措施。

深入开展工业节水。积极推进重点用水行业水效领跑者引领行动。加快火电、石化、钢铁、纺织、造纸、化工、食品发酵等高耗水工业行业节水技术改造。大力推广工业水循环利用、高效冷却、热力系统节水、洗涤节水等通用节水工艺和技术，依法依规淘汰落后用水工艺和技术，加强非常规水资源利用，提高工业用水效率。强化重点用水单位监督巡查，开展节水型企业创建工作，鼓励产业园区统一供水、废水集中处理和循环利用，规模以上工业企业重复用水率达到91%以上。

加强城镇节水。加快城乡供水管网建设和改造，降低公共供水管网漏损率。全面推广使用生活节水器具，加快换装公共建筑中不符合节水标准的用水器具，引导居民淘汰现有不符合节水标准的生活用水器具，城市节水器具普及率达到90%以上。基本实现城市供水“一户一表”改造全覆盖。推进服务业节水改造，对非人体接触用水强制实行循环利用。深入开展节水型单位和居民小区建设活动，推进机关、学校、医院、宾馆、家庭等节水。到2020年，地级及以上缺水城市全部达到国家节水型城市标准要求，京津冀、长三角、珠三角等区域提前一年完成。

（三）建立健全节水激励机制

完善节水支持政策。合理制定水价，充分运用价格机制促进节约用水。健全水资源有偿使用制度，推进水资源税改革试点。修订《节能节水专用设备企业所得税优惠目录》，落实节水税收优惠政策。积极发挥银行、保险等金融机构作用，优先支持节水工程建设、节水技术改造、非常规水源利用等项目。推行合同节水管理，建立市场融资、利益分享的运行机制，扶持培育一批专业化节水服务企业，开展合同节水管理示范试点。进一步优化农机具购置补贴目录，扩大节水灌溉设备购置补贴范围，带动农业节水产业发展。

培育发展节水产业。规范节水产品市场，提高节水产品质量。加强节水技术创新，建立以企业为主体的节水技术创新体系，鼓励节水技术研发和装备产业化发展，推广应用节水科技成果，支持节水产品设备制造企业做大做强。建立完善节水市场准入标准和强制性认证管理制度，鼓励产品生产者或者销售者使用节水产品认证标志。

强化节水监督管理。强化节水产品认证，严格市场准入。制订国家鼓励和淘汰的用水技术、工艺、产品和设备目录。健全各行业用水定额标准体系，强化先进用水定额管理。严格建设项目节水设施与主体工程同时设计、同时施工、同时投产使用。建立重点监控用水单位名录，严厉查处违法取用水行为。

（四）培养公民节水洁水意识

积极开展节水宣传教育。充分利用各种平台和媒体，加强国情水情教育，开展节水公益性活动，大力宣传节水和洁水观念，树立节约用水就是保护生态、保护水资源就是保护家园的意识，强化公民节水义务和责任，普及节水知识和技能。建设国家水情教育基地。支持依托大中型水利水电工程建设教育展馆，为公众提供水情教育实践平台。

扩大社会参与。鼓励和引导公众增强节约水、爱护水的意识，营造全社会亲水、惜水、节水的良好氛围，推动形成全社会用水自觉、绿色消费。广泛发挥社会组织和志愿者参与节水的积极作用，强化节水的社会监督。

四、改革创新水利发展体制机制

加大水利重点领域和关键环节改革攻坚力度，推进水价、水权、工程投融资机制和建管体制改革，着力构建系统完备、科学规范、运行有效的水管理体制机制。

（一）改革完善水治理体制

完善流域管理与行政区域管理相结合的水资源管理体制。进一步明晰流域与区域、中央和地方的水利事权划分，加快建立各方参与、民主协商、科学决策、分工负责的流域议事协调机制和高效执行机制，协调好流域水资源开发利用与保护、防洪安全保障与水能资源、航道岸线等开发利用的关系。推进以流域为单元的水资源综合管理，依法发挥流域机构在流域规划管理、防洪和水资源统一调度、河湖管理、“三条红线”控制指标考核评估、流域综合执法等方面的职能和作用。加强城乡统筹，推动城镇基础设施和公共服务向农村延伸，促进基本公共服务均等化。引导和扩大社会参与，提高水资源管理透明度，建立健全社会监督机制。

（二）全面推进水价改革

稳步推进农业水价综合改革。完善农业供水计量设施，建立农业水权制度，提高农业供水效率和效益，加强农业用水需求管理，探索创新终端用水管理方式，夯实农业水价改革基础。分级制定农业水价，探索实行分类水价，逐步推行分档水价，建立健全合理反映供水成本、有利于节水和农田水利体制机制创新、与投融资体制相适应的农业水价形成机制。建立农业用水精准补贴和节水奖励机制，多渠道筹集精准补贴和节水奖励资金。

全面推进城镇供水水价改革。全面实行城镇居民用水阶梯价格制度、非居民用水超定额累进加价制度，拉开高耗水行业与其他行业的水价差价。建立鼓励非常规水资源利用的价格激励机制。

（三）积极探索建立水权制度

加快建立用水权初始分配制度。开展水流产权确权试点，研究制定国家水权制度改革总体方案。完善区域用水总量控制指标体系，抓紧制定跨省主要江河水量分配方案，确定区域取用水总量和权益。完善取水许可制度，稳步推进水权确权工作。健全水资源用途管制制度。

积极培育和发展水市场。推动水权交易制度建设，开展水权交易试点，鼓励和引导地区间、流域间、流域上下游、行业间、用水户间开展水权交易，探索多种形式的水权流转方式。统筹建立水权交易机制，推动水权交易平台建设，研究建立水权抵质押制度，加强水权交易监管，维护水市场良好秩序。探索建立流域上下游、重要水源地、重要水生态修复治理区等水生态保护补偿机制。

（四）创新水利投融资机制

继续将水利作为公共财政支持的重点。优化投资结构，创新资金使用方式。落实好土地出让收益计提农田水利建设资金政策。落实水利建设基金筹集和使用管理政策，发挥好政府性水利基金对水利改革发展的支持作用。

鼓励和引导社会资本参与水利工程建设运营。健全政府和社会资本合作机制，积极发展BOT（建设-经营-转交）、TOT（转让经营权）、BOO（建设-拥有-经营）等水利项目融资模式，完善投资补助、财政补贴、贷款贴息、收益分配、价格支持等优惠政策，鼓励和引导社会资本通过资产收购、特许经营、参股控股等多种形式参与水利工程建设和运营。

加大金融支持水利工程建设。充分发挥各类金融机构作用，用好开发性金融、政策性金融等优惠政策，拓宽水利项目融资渠道，缓解地方筹资压力。积极争取拓宽水利建设项目的抵（质）押物范围和还款来源，允许以水利、水电资产及其相关收益权等作为还款来源和合法抵押担保物。鼓励和支持符合条件的水利企业上市和发行企业债券，扩大直接融资规模。

（五）深化水利工程建设与管理改革

推进水利工程建设管理体制改革。落实建设项目法人责任制、招标投标制、建设监理制、合同管理制，推行水利工程建设项目代建制。因地制宜推行水利工程项目法人招标、设计施工总承包等模式，推动水利工程专业化、市场化、社会化建设管理。创新小型农田水利工程建设管理模式，完善财政补助、价格机制、市场准入等相关支持政策，鼓励农民、村组集体、农民用水合作组织、新型农业经营主体等参与农田水利工程建设、管理、经营。探索水利工程移民新型安置方式，健全移民安置监督管理机制。

创新水利工程运行管护机制。推行水利工程企业化、物业化管理。积极推进水利工程管养分离，通过政府购买服务方式，鼓励专业化队伍承担工程维修养护和河湖管护。深化小型水利工程管理体制和产权制度改革，明确工程所有权和使用权，落实管护主体、责任和经费，探索“以大带小、小小联合”的水利工程集中管理模式，促进工程良性运行。

优化水利工程调度运用方式。综合考虑上下游、干支流、左右岸，兼顾防洪保安和蓄水兴利，按照安全第一、风险可控、效益最大的原则，合理制订各类水利工程调度运用方案，不断提高调度的科学化、精细化和规范化水平。积极推进梯级水库群联合调度，促进流域水资源综合利用效益最大化。稳步实施水库汛限水位动态控制，完善优化洪水预报，提高预报精度，延长预见期，合理利用雨洪资源。开展长江、海河等流域蓄滞洪区布局调整研究。

提高水利工程管理现代化水平。划定国有水利工程管理与保护范围。加强水利工程管理制度化、规范化和信息化建设，建立水利基础设施管理信息网络，健全水利工程管理标准规范体系。加强大坝安全监测、水情测报、通信预警和远程控制系统建设，提高水利工程管理信息化、自动化水平。大力推进安全生产标准化建设，完善水利安全生产应急预案体系，建立重大安全隐患防范和应急机制。

五、加快完善水利基础设施网络

以完善江河流域防洪体系、优化水资源配置格局为重点，按照“确有需要、生态安全、可以持续”的原则，在科学论证的前提下，集中力量建设一批打基础、管长远、促发展、惠民生的重大水利工程，加强突出薄弱环节建设，完善水利基础设施网络。

（一）完善江河综合防洪减灾体系

加强江河治理骨干工程建设。以东北三江治理、进一步治理太湖等为重点，进一步完善大江大河大湖防洪减灾体系，提高抵御洪涝灾害的能力。加强长江中下游河势控制和崩岸治理、上游干流治理、洞庭湖鄱阳湖综合整治和蓄滞洪区工程建设。继续实施黄河下游、宁蒙河段和上游河道治理，开工建设黄河古贤、陕西东庄等水利枢纽工程，深入开展黑山峡河段开发工程前期论证。加快淮河出山店水库、平原洼地排涝治理、行蓄洪区调整与建设等治淮骨干工程建设，推进淮河入海水道二期工程前期工作。推进海河流域蓄滞洪区建设与调整，加强重要河道治理。加快西江大藤峡水利枢纽、西江干流河道治理工程建设。全面完成黑龙江、松花江、嫩江干流防洪治理，整体提高东北地区防洪排涝能力。加快太湖流域水环境综合治理和防洪重点工程建设。加快新疆叶尔羌河防洪治理以及阿尔塔什、卡拉贝利等水利枢纽工程建设，推进大石峡水利枢纽等工程前期工作。

进一步加强防洪薄弱环节建设。加快列入规划的流域面积3000平方公里以上的中小河流治理，使治理河段基本达到规划确定的防洪标准。在完成原有规划任务的基础上，扩大流域面积200～3000平方公里中小河流治理实施范围。继续开展山洪灾害防治，完善山洪灾害监测预警系统和群测群防体系，对重点山洪沟进行防洪治理。加强重点易涝区治理，对东北平原、淮河流域、长江中下游、珠江三角洲、闽浙沿海平原等涝灾问题突出的重点圩垸和涝区进行治理，加强区域应急排涝设施建设。加快实施大中型病险水闸除险加固，继续推进病险水库及病险淤地坝除险加固，结合2016年防洪抢险情况，进一步推进小型病险水库除险加固。开展水库清淤试点。开展重点海堤达标建设，以保护沿海地区重要城市、重要经济区、重要基础设施为重点，逐步构筑完善的沿海防潮减灾体系。加快建成国家防汛抗旱指挥系统，形成覆盖地市和重点县区的异地视频网络、覆盖重要水库和水电站的防汛抗旱调度体系。完善水文监测站网体系，提高自动化监测水平。

（二）优化水资源配置格局

加快重点水源工程建设。加快西藏拉洛、贵州马岭、重庆观景口、湖南莽山、黑龙江奋斗、云南德厚等在建水库的建设步伐，力争在“十三五”期间建成发挥效益，着力提高水资源调蓄能力。新开工建设安徽江巷、四川李家岩、贵州黄家湾、云南阿岗、福建霍口、浙江朱溪等一批重点水源工程。继续加强西南等工程性缺水地区中型水库工程建设，增强城乡供水保障和应急能力。

实施一批重大引调水工程。加快陕西引汉济渭、甘肃引洮供水二期、贵州夹岩水利枢纽及黔西北供水、鄂北水资源配置等在建工程建设进度。坚持“三先三后”（先节水后调水、先治污后通水、先环保后用水）原则，深入做好引调水工程前期论证工作，深化引江济淮、滇中引水、引绰济辽等工程前期工作，推进工程尽快开工建设，疏通水资源调控动脉，提高区域水资源水环境承载能力，保障重要经济区和城市群供水安全。加快南水北调东中线一期受水区配套工程建设，充分发挥工程效益。推进南水北调东中线后续工程建设。根据经济社会发展新形势、新理念、新要求和黄河流域水沙变化等情况，进一步深化南水北调西线工程前期论证。

加快抗旱水源工程建设。以干旱易发区、永久基本农田集中区、粮食主产区等为重点，因地制宜建设一批蓄引提调抗旱水源工程，通过科学配置和优化调度，发挥各类水源调节互补的抗旱作用。在中西部山丘区，以水窖、水池、塘坝等为重点，提高雨水集蓄能力，解决干旱期群众生活生产用水问题。

鼓励非常规水源利用。加大雨洪资源、海水、再生水、矿井水、微咸水等开发利用力度，把非常规水源纳入区域水资源统一配置。以缺水及水污染严重地区为重点，加快建设再生水利用设施，工业生产、城市绿化、生态景观等优先使用再生水。加大海水淡化和直接利用力度。完善雨洪资源利用设施，增加对雨洪径流的滞蓄利用能力。积极实施人工增雨（雪），科学开发利用空中云水资源。

六、提高城市防洪排涝和供水能力

（一）提高城市排水防涝和防洪能力

保障城市排水出路通畅。保护山、水、林、田、湖等自然生态要素的完整性，结合自然生态空间格局，构建和完善城市泄洪排水通道。加强对城市坑塘、河湖、湿地等水体自然形态的保护和恢复，禁止填湖造地、截弯取直、过度渠化硬化河道等侵占河湖、破坏水生态的行为。加强河道系统整治，因势利导改造渠化河道，恢复和保持河湖水系的自然连通，构建城市良性水循环系统，保障城市排水出路。

加快城市排水防涝和防洪设施建设。结合城市未来发展规模，统筹市政建设、环境整治、生态保护与修复等需要，综合确定城市河道防洪排涝标准，完善城市防洪排涝体系。通过城市规划引领，推进海绵城市建设，推广海绵型公园和绿地，推进海绵型建筑和相关基础设施建设；推进城市排水防涝工程建设，完善地下综合管廊及排水管网、泵站等设施，着力解决城市内涝问题。

加强预警预报系统建设。加强城市气象和水文信息监测和预警系统建设，提高暴雨、洪水预测预报的时效性和准确率。完善排涝和防洪应急预案，加强城市内涝和洪水风险管理，增强群众防灾避灾意识，最大限度减轻灾害损失。

（二）完善城市供水结构

加快污水再生利用设施建设。以缺水及水污染严重地区城市为重点，加快建设污水再生利用设施，按照“优水优用，就近利用”的原则，在工业生产、城市绿化、道路清扫、车辆冲洗、建筑施工及生态景观等领域优先使用污水再生水。到2020年，缺水城市再生水利用率达到20％以上，京津冀地区达到30％以上。

加强雨水和海水利用。加强城镇雨水收集、处理和资源化利用，恢复城市雨水的自然循环，涵养城市水源，科学布局建设雨水调蓄设施。雨水调蓄设施应结合城市用地情况，合理安排建设形式，尽量与绿地、水系相结合。因地制宜建设海水淡化或直接利用工程，鼓励沿海地区和工矿企业开展海水淡化水利用示范工作，将海水淡化水优先用于适用的工业企业。

（三）加强城市应急和备用水源建设

加快城市应急备用水源工程建设。对水源单一、应对突发事件能力不足的城市，要在对现有供水水源挖潜改造的基础上，统筹考虑在建和规划水源，合理确定城市应急备用水源方案，加快推进城市应急备用水源建设，完善城市水源格局，增强城市应急供水能力。单一水源供水的地级及以上城市应于2020年底前基本完成备用水源或应急水源建设，有条件的地方可以适当提前。

提高城市供水水源安全保障能力。对现状地下水超采的城市，在充分挖掘节水潜力的前提下，因地制宜开展替代水源工程建设，通过开辟新水源或外调水置换压采地下水，逐步修复地下水生态环境。对水源水质较差的城市，要针对特征污染物，实施精准治污和加强水源保护；加快城市中自然本底浓度超标的地下水水源的置换，确保城市供水水质安全。严格划定应急和备用水源水源保护区，确保城市应急和备用水源水质安全。

七、进一步夯实农村水利基础

大兴农田水利，加强农村供水设施改造与建设，因地制宜发展小水电，进一步提高粮食生产水利保障能力，改善农村生活条件和人居环境，提升农村水利基本公共服务水平。

（一）大规模推进农田水利建设

完成434处大型灌区续建配套和节水改造任务，推进中型灌区节水改造，开展大中型灌区现代化改造试点，完善灌排设施体系，提高输配水效率。全面完成列入规划的251处大型灌排泵站的更新改造任务，启动实施重点中型灌排泵站更新改造。在水土资源条件具备的地区，加快建设嫩江尼尔基、吉林松原、湖南涔天河、海南红岭、四川向家坝等一批节水型、生态型大型灌区，提高粮食产能和农业综合生产能力。在重点灌区全面开展规模化高效节水灌溉行动，以西北节水增效、华北节水压采、南方节水减排等区域规模化高效节水灌溉建设为重点，因地制宜发展低压管道输水灌溉、喷灌和微灌，突出抓好粮食主产区、生态环境脆弱区、水资源开发过度区等重点地区高效节水灌溉工程建设。着力加强农业灌溉计量设施建设，完善灌区计量设施体系，加强灌溉试验站网建设和成果应用。加强中小型农田水利设施建设，打通农田水利“最后一公里”。稳步推进牧区水利建设。

在南疆叶尔羌河、和田河等流域，以及甘肃河西走廊、吉林白城等严重缺水区域，实施专项节水行动计划。

（二）实施农村饮水安全巩固提升工程

推进农村饮水安全巩固提升，综合采取改造、配套、升级、联网等方式，进一步提高农村集中供水率、自来水普及率、供水保证率、水质达标率。在距离城镇供水管网较近的农村，通过扩容改造和管网延伸，改善农村供水条件。对部分规模较小、设施简陋的单村供水工程进行配套改造，推进联村并网集中供水。对人口相对分散区域，进行小型和分散式供水工程标准化建设。因地制宜采取适宜的水处理技术，提高水质达标率和供水保障程度，有条件的地区可实行分质供水。加强农村饮用水水源保护。加强水质检测能力建设，完善农村饮水工程水质检测监测体系，提升农村饮水安全监管水平。按照国家打赢脱贫攻坚战、全面建成小康社会的目标要求，做好贫困地区农村饮水安全巩固提升与建档立卡贫困村贫困户的精准对接，全面解决全国建档立卡贫困人口存在的饮水问题。

（三）有序发展小水电

重点扶持中西部地区、贫困地区、革命老区、偏远地区和民族地区的农村水电发展，引导农村水能资源科学、合理、有序开发。实施农村小水电扶贫工程，促进贫困地区脱贫致富。在以河流为单元进行生态修复和开展梯级联合调度的前提下，对部分具备条件的农村水电站实施增效扩容改造，巩固农村水电发展成果、提高综合能效和安全性能。开展农村水电安全生产标准化建设，推动农村水电直供电片区电网改造，推进绿色小水电建设。

八、加强水生态治理与保护

坚持节约与保护优先、自然恢复与治理修复相结合的方针，加强水生态保护和修复，推进水土流失综合治理，加快实施水污染防治行动计划，改善河湖和地下水生态环境。

（一）加大水资源保护力度

加强水功能区监督管理，建立健全水功能区分级分类监督管理体系，强化入河湖排污总量管理。优化调整沿河湖排污口、取水口布局，编制相关整治规划，对入河排污布局问题突出、威胁饮水安全或水质严重超标区域的排污口实施综合整治。落实饮用水水源地核准和安全评估制度，把供水人口20万人以上的水源地纳入全国重要饮用水水源地名录，加强监督保护。全面开展重要饮用水水源地安全保障达标建设，实施水源地安全警示、隔离防护、水源涵养和修复措施。推动科学划定饮用水水源保护区，依法清理水源保护区内违法建筑、排污口和各类养殖户。加强集中式地下水饮用水水源地保护。

（二）科学确定和维持河湖生态流量

科学确定重要江河湖泊生态流量和生态水位，将生态用水纳入流域水资源统一配置和管理。协调好上下游、干支流关系，深化河湖水系连通运行管理和优化调度。合理安排重要断面下泄水量，维持重要河湖、湿地及河口基本生态需水，重点保障枯水期生态基流。积极推进北方及水资源过度开发地区退减被挤占的河道内生态环境水量，对东北、华北及西北地区等重要湿地和湖泊实施生态补水。继续加强塔里木河、黑河、石羊河等流域水量统一调度，巩固生态综合治理成果。

（三）加强重点河湖水生态修复与治理

严格河湖生态空间管控，划定河湖管理和保护范围，加强河湖水域岸线保护，严格限制占用水域，系统整治江河流域，有序推动河湖休养生息，保护和恢复河湖生态系统及功能。通过退耕还湖还湿、退养还滩、封育保护、水源涵养等措施，强化重要生态功能区、江河源头区、自然保护区生态保护。以京津冀“六河五湖”（永定河、滦河、北运河、大清河、潮白河、南运河和白洋淀、衡水湖、七里海、南大港、北大港）、西北内陆河、重要湿地等为重点，综合运用强化水资源统一配置与管理、河道治理、清淤疏浚、生物控制、自然修复、截污治污等措施，推进生态敏感区、生态脆弱区、重要生境和生态功能受损河湖的生态修复。因势利导改造渠化河道，重塑健康自然的弯曲河岸线，营造自然深潭浅滩和泛洪漫滩，为生物提供多样性生境，加强水生生物资源养护。加强农村河道堰塘整治，改善农村人居环境和河流生态。尊重自然规律和经济规律，在保护生态的前提下，以自然河湖水系、调蓄工程和引排工程为依托，科学规划、合理布局，因地制宜实施河湖水系连通工程。

（四）加强水土保持生态建设

坚持预防为主、防治结合，注重封育保护和自然修复，加强西北黄土高原区、东北黑土区、西南岩溶区等重要江河源头区、重要水源地和水蚀风蚀交错区，以及革命老区、民族地区、边疆地区、贫困地区等重点区域水土流失防护和治理。在水土流失严重区域开展以小流域为单元的山水田林路综合治理，实施清洁小流域建设，加强坡耕地、侵蚀沟及崩岗综合整治。建立健全水土保持监管体系，强化水土保持动态监测，提高水土保持信息化水平和综合监管能力。

（五）加强地下水保护和超采区综合治理

严格地下水水量和水位双控制，强化地下水资源开发利用管理。通过加强农业、工业等各领域节水，优化城镇发展和产业布局，实行有利于地下水限采的水价政策，采取划定限采禁采范围、水源置换、休耕、试行退地减水等措施，对地下水超采较严重的京津冀晋等地区开展地下水超采区治理与修复，压减地下水超采量，逐步实现地下水采补平衡。进一步加强地下水保护和涵养，提高地下水战略储备能力。加快国家地下水监测工程建设，完善地下水监控体系，建立国家地下水管理信息系统。

（六）推进重点流域水污染防治

全面实施水污染防治行动计划，到2020年，长江、黄河、珠江、松花江、淮河、海河、辽河等七大重点流域水质优良（达到或优于Ⅲ类）比例总体达到70%以上。全面控制污染物排放，狠抓工业污染防治，实施重点行业清洁生产水平提升工程，推广清洁生产先进适用技术，实施清洁化改造。强化城镇生活污染治理，实现城镇生活污水、垃圾处理设施全覆盖和稳定达标运行，县城、城市污水处理率分别达到85%、95%。推进农业农村污染防治，在全国梯次推进农村生活污水治理，重点整治水源保护区畜禽养殖、围网养殖，控制农业面源污染，在大中型灌区和生态环境敏感区域，通过建设生态沟渠、污水净化塘、地表径流集蓄等设施，净化农田排水和地表径流。完善突发水污染事件应急预案，提高突发水污染事件应急处置能力。

九、优化流域区域水利发展布局

围绕国家区域发展总体战略，统筹流域和区域水利改革发展，明确发展重点，着力解决突出水问题，为塑造要素有序自由流动、主体功能约束有效、基本公共服务均等、资源环境可承载的区域协调发展新格局提供水利支撑和保障。

（一）加强重要流域治理开发与保护

长江流域。以三峡工程建成后长江中下游河势控制、洞庭湖鄱阳湖综合整治、蓄滞洪区建设为重点，加强防洪薄弱环节建设，优化调整长江中下游分蓄洪区；以滇中引水、鄂北水资源配置等工程为重点，完善流域水资源调配格局；把保护水生态环境放在更加突出的位置，加强流域生态系统修复和综合治理，强化长江水生生物多样性保护，构建绿色生态廊道；统筹防洪、供水、灌溉、生态、航运、发电等调度需求，协调水库群蓄泄时机与方式，实施长江三峡及上中游干支流控制性水库群联合调度；强化南水北调等重点水源地保护，确保水源地水质安全。

黄河流域。加快推进古贤水利枢纽等工程建设，深化黑山峡河段开发方案前期论证，进一步完善水沙调控体系；加大节水力度，强化流域水资源统一调度和用水管理，加快引汉济渭等工程建设，优化水资源配置格局；加强水土保持生态工程建设，推进黄河粗泥沙集中来源区水土流失治理，减少入黄泥沙；加强黄河下游及滩区治理，完成下游标准化堤防建设。

淮河流域。加快出山店水库、前坪水库、行蓄洪区调整与建设等在建工程建设；加快淮河入海水道二期、引江济淮等工程前期工作，完善水资源配置格局；以淮河干流、南水北调东线输水干线及城镇供水水源地为重点，加强水资源保护与水污染防治。

海河流域。全面推进节水型社会建设，构建多源联调的水资源配置体系，加强京津冀“六河五湖”综合治理和生态修复，多措并举推进地下水超采区治理与修复，完善中下游防洪减灾体系，着力解决水资源短缺、水生态恶化、地下水超采等突出问题。

珠江流域。加快推进大藤峡、西江干流治理等骨干工程建设，不断完善流域防洪减灾体系；加快珠江三角洲水资源配置等工程前期工作，进一步优化水资源配置格局；深入推进重点水生态保护与修复工程建设，建设绿色珠江，打造流域水生态文明建设典范。

松辽流域。以发展现代化高效节水农业为重点，加快灌区续建配套与节水改造，优化配置流域水资源，合理开发利用地下水；继续开展黑龙江、松花江等重要河段和重要支流治理，加快蓄滞洪区安全建设，着力解决水利基础设施建设滞后、供水保障能力不足等问题。

太湖流域。推进太湖流域水环境综合治理，进一步完善利用太湖调蓄、北向长江引排、东出黄浦江供排、南排杭州湾的流域综合治理格局；加强水资源保护和水生态修复，积极推进重点水源工程建设，全面实现城乡供水一体化；着力解决水污染严重、生态环境恶化、防洪减灾和水资源调配能力不足等突出问题，加快推进智慧太湖建设，率先实现水利现代化。

（二）强化“三大战略”实施的水利支撑

“一带一路”。围绕丝绸之路经济带和21世纪海上丝绸之路建设总体战略部署，以改善提升水利基础设施、加强水生态环境保护与修复为重点，深化与周边国家跨界水合作，充分发挥我国在水利规划、勘测设计、施工、科技等方面的优势，实施水利“走出去”战略，加强水利双边多边合作。在水资源开发利用方面，加快建设一批江河治理、重点水源等工程，保障区域防洪、供水安全。在生态建设方面，加大西部地区水生态保护与修复，合理开发和有效保护地下水，构建生态安全屏障。

京津冀协同发展。根据京津冀协同发展战略总体部署，强化水资源水环境承载能力刚性约束，推进水资源优化配置，加强河湖水系综合整治和水生态环境保护修复，构建现代水安全保障体系，在全国率先全面建成节水型社会。加快实施灌区节水改造，大力推广高效节水灌溉技术，压缩高耗水作物面积。制定严格的产业准入、退出政策，禁止发展新增高耗水产业项目，重点压减淘汰高耗水行业落后产能。大力推进海水淡化和直接利用，持续增加再生水、微咸水等非常规水资源利用量。加快配套工程建设和水源置换进度，充分发挥南水北调工程效益。推进地下水超采区综合治理，实施南水北调受水区地下水压采方案。加强密云、潘家口、大黑汀、于桥等重要水库水资源保护，推进永定河等绿色生态河流廊道建设，实施湖泊湿地生态保护与修复。加快制定跨省河流水量分配方案，进一步明晰三省市水权，建立水权交易平台。建立京津冀水资源协调联动机制。

长江经济带。坚持生态优先、绿色发展，把保护和修复长江生态环境摆在首要位置，共抓大保护，不搞大开发。协调处理好江河湖泊、上中下游、干流支流等关系，保护和改善流域生态服务功能。加强饮用水水源地保护，优化沿江取水口和排污口布局，建设沿江河湖水资源保护带、生态隔离带等绿色生态廊道，加强水土流失治理，增强水源涵养和水土保持能力。加强流域水资源统一管理和调度，深入开展长江流域控制性工程联合调度。加强干支流河道及中下游崩岸重点治理，尽快完成长江干堤重点薄弱环节和连江支堤达标建设，实施长江口综合治理，推进三峡库区防洪护岸和重要蓄滞洪区建设，加强城市防洪排涝体系建设，强化中小河流治理和山洪灾害防治。充分发挥流域机构在保护长江生态环境中的作用，加强省界断面水质监测与考核，强化流域水资源统一管理和调度。统筹规划和集约利用长江岸线资源，科学划分岸线功能区，强化保护区和保留区岸线保护力度，严厉打击河道和湖泊非法采砂。

（三）着力推进水利扶贫攻坚

加强贫困地区水利基础设施建设，在集中连片特困地区规划实施一批重点水利骨干工程。滇西边境山区、滇桂黔石漠化区、乌蒙山区、武陵山区等西南贫困区，重点加强水资源配置和水源工程建设，加强灌区和农村“五小水利”工程建设，加快中小河流治理和石漠化水土流失防治；燕山-太行山区、吕梁山区、六盘山区、大兴安岭南麓等北方贫困区，重点加强灌区节水改造与水生态修复，加强水土流失治理，改善和修复生态环境；大别山、秦巴山、罗霄山等中部贫困区，重点开展防洪、供水工程建设，改善贫困群众生活生产条件。加快推进南疆农业节水、山区水库、生态治理与保护等工程建设。统筹推进西藏民生水利建设，着力实施一批重大水利工程。加强四省藏区重点水源和高效节水灌溉、牧区水利、农村水电等工程建设。

按照“六个精准”的要求，瞄准贫困村、贫困户水利需求，健全完善水利精准扶贫机制。针对供水问题突出的贫困村镇，加快水源工程建设，实施农村饮水安全巩固提升工程，提升当地饮水安全保障水平；对于灌溉设施滞后的贫困地区，要重点支持灌区建设、节水灌溉、“五小水利”和小型农田水利建设；针对水旱及山洪灾害频发的贫困地区，统筹加快防汛抗旱工程措施和非工程措施建设，重点加强中小河流治理、山洪灾害防治和抗旱水源工程建设；对于水土流失严重生态脆弱的贫困地区，加强水生态保护与修复，深入开展坡耕地综合治理等水土保持建设；对于水能资源丰富的贫困地区，积极推进小水电扶贫工程和农村水电增效扩容改造，试行给原住居民集体股权方式进行补偿。

十、全面强化依法治水、科技兴水

适应水利建设、改革和管理需要，全面加强水利法治建设，加快水行政管理职能转变，强化涉水事务社会管理，切实提高依法治水管水能力。

（一）全面加强水法治建设

推进重点领域立法。完善水法规体系，加快出台《节约用水条例》《地下水管理条例》，推进河道采砂、流域管理、农村饮水安全保障、水权交易管理、农村水电等重点领域立法，开展《水法》《防洪法》修订前期研究。着力推动大中型水利水电工程建设征地补偿和移民安置、河道管理、水库大坝安全管理等法规修订工作。建立健全公开征求意见、专家咨询、立法后评估等制度，提高水利立法质量。

加强水行政综合执法。全面推进水行政综合执法，集中水行政执法职权，下移执法重心，加强基层专职水政监察队伍建设，充实基层执法力量。健全水政监察人员持证上岗和资格管理制度。全面落实执法责任制。推进执法能力和信息化建设，落实执法经费保障，实施遥感遥测工程，建设视频监控、巡查办案、统计监督等执法信息平台。完善行政执法程序，健全执法裁量基准制度，建立执法全过程记录制度和重大处罚决定合法性审查机制。加大日常执法巡查和现场执法力度，严厉打击和依法惩处水事违法行为。

有效化解水事矛盾纠纷和涉水行政争议。坚持预防为主、预防与调处相结合的原则，完善属地为主、条块结合的水事矛盾纠纷预防调处机制。加强源头控制和隐患排查化解，建立跨行政区域水事活动协商制度，加大重大水事纠纷调解力度，维护社会和谐稳定。健全水利行政复议案件审理机制，坚决纠正违法或不当行政行为，努力化解涉水行政争议，提高政府公信力。

全面加强水利依法行政。推行政府水管理权力责任清单制度。持续推进简政放权、放管结合、优化服务，进一步精简涉水审批事项和审批程序，加强事中事后监管。健全水利依法决策机制，严格执行公众参与、专家论证、风险评估、合法性审查和集体讨论决定的水利重大决策法定程序，建立水利重大决策终身责任追究制度和责任倒查机制。依法推进水利政务公开，强化对水行政权力的制约和监督。减少水利资质资格认定，适合行业组织承担的由其自律管理。

（二）切实加强涉水事务管理

加强河湖水域管理与保护。加强规划对河湖管理的指导和约束，落实河湖水域空间用途管制，明确河湖利用和保护要求，严格分区管理。开展河湖管理范围划定工作，创新河湖管护体制机制，落实河湖管护主体、责任和经费，推行河长制等管理机制。研究建立岸线资源占用补偿和有偿使用制度。强化涉河建设项目和活动监管。

加强防汛抗旱应急管理。全面落实防汛抗旱地方行政首长负责制，建立防汛抗旱责任追究制度。完善防汛抗旱物资储备制度。编制完善主要江河防御洪水方案和洪水调度方案，以及重点防洪区域洪水风险图，明确洪水风险管理目标并强化相应措施，完善防洪抗旱预案。做好洪泛区、蓄滞洪区内非防洪建设项目的洪水影响评价工作。抓紧制定江河湖库旱警水位（流量）及地下水旱警水位。强化汛旱灾情预测预报，健全预警发布服务体系。

加强水利建设市场监管。加强水利建设项目全过程质量管理，完善质量管理制度和质量标准体系，健全水利工程质量责任体系，强化政府质量监督，严格水利建设质量工作考核，实行工程质量终身责任追究制。严格落实水利工程建设安全生产管理规定，执行安全设施与主体工程同时设计、同时施工、同时投入生产使用的制度。加快水利建设市场信用体系建设，建立水利建设市场守信激励失信惩戒机制。

（三）强化水利科技创新

完善水利科技创新体系。按照国家科技改革的部署和要求，加快构建布局合理、功能完备、运转高效、支撑有力的水利科技创新体系。围绕保障国家水安全，实施一批水利重大科技项目，重点在水资源节约利用、水生态保护与修复、重大水工程、水灾害防治与风险管理、应对气候变化等方面，深入开展水利科学研究，加强综合节水与非常规水资源利用、水循环信息精准监测与预报技术、水资源系统多目标智能化调度、水旱灾害防治与风险管理、复杂条件下大型水工程建设与安全运行、河湖综合整治与水沙调控等关键技术攻关。加强先进实用技术示范和应用，推进水工产品和装备科技创新。积极组建水利国家实验室和工程技术研究中心。引导构建水利产业技术创新联盟，推动跨领域跨行业协同创新，加强水利科技资源平台共享。完善水利技术标准体系，加强水利技术监督工作。

加强水文监测服务能力建设。充实调整各类水文测站，优化完善水文站网布局和功能，加强水土保持监测网络、重要水功能区和主要省界断面水质水量监测体系建设。加强水文监测中心建设，提高水文技术装备整体水平，提升水文巡测、水质分析和水文信息处理服务能力，建立手段先进、准确及时的水资源、水环境、水生态以及城市水文监测体系。丰富水文信息产品，建设国家水文数据库，促进水文信息共享和应用，提升水文信息服务的能力和水平。

推进水利信息化建设。结合网络强国战略、“互联网+”行动计划、国家大数据战略等，全面提升水利信息化水平，以水利信息化带动水利现代化。完成水资源监控管理系统建设，建立覆盖城镇和规模以上工业用水户、大中型灌区的取水计量设施和在线实时监测体系。加快推进国家防汛抗旱指挥系统、山洪灾害监测预警系统、大型水库大坝安全监测监督平台、覆盖大中小微水利工程管理信息系统和水利数据中心等应用系统建设，提高水利综合决策和管理能力。大力推进水利信息化资源整合与共享，建立国家水信息基础平台，提升水利信息的社会服务水平。加强水利信息网络安全建设，构建安全可控的水利网络与信息安全体系。

十一、环境影响评价

《国民经济和社会发展第十三个五年规划纲要》（以下简称《纲要》）对节水型社会建设、加强水利基础设施网络建设、水生态保护与修复等方面提出了明确要求，本规划按照《纲要》的要求，从目标指标、重点任务、工程项目和政策措施等方面作了进一步统筹谋划和布局，细化相关工作措施，各项任务指标均与《纲要》保持一致。用水总量控制、水资源利用效率、水生态环境保护等方面的具体目标指标和相关任务已与国务院出台的实行最严格水资源管理制度、水污染防治行动计划等进行了衔接。列入《规划》的重大工程项目符合已批复的七大流域综合规划、水资源综合规划、流域防洪规划等规划和流域治理、开发、保护总体要求。

“十三五”水利建设任务主要包括重大水利工程、农村水利、水生态治理与保护等。规划实施后，可进一步完善水利基础设施网络，提高水资源配置利用和水土资源保护修复能力。

一是重大水利工程建设可以进一步完善水利基础设施网络，增强水安全保障能力。基本完成重大农业节水工程建设，将初步建成与水土资源条件、现代农业发展要求相适应的节水灌溉体系。科学实施一批重大引调水工程建设，将为提高区域水资源配置能力、促进区域协调发展打下基础。基本完成重点水源工程建设，可有效提高城乡供水安全保障程度和抗旱应急能力。加快江河湖泊治理骨干工程建设，实施重要河流支流和中小河流治理、病险水闸水库除险加固，不断推进海堤达标建设、山洪灾害防治工程建设和城市防洪排涝工程建设，将全面提升大江大河、重要支流和区域的防洪减灾能力，有力保障重点地区防洪安全和人民群众生命财产安全。完成一批新建大型灌区建设，将进一步提高重点地区粮食产能和农业综合生产能力，有效保障国家粮食安全。通过规划实施，预计可新增供水能力270亿立方米，新增农田有效灌溉面积3000万亩，发展高效节水灌溉面积1亿亩，主要海堤达到国家规范设定的标准，经治理的中小河流重要河段防洪标准达到10～20年一遇，进一步提升水利基础设施保障水平，增强我国水安全保障能力。

二是农村水利设施工程建设可以巩固提升农村饮水保障程度，完善农村水利基础设施体系，改善农村水生态环境质量，推动城镇供水设施向农村延伸。实施农村饮水巩固提升工程，将进一步改善农村供水条件，提高农村饮水水源稳定性，改善供水水质，提升农村供水安全监管水平。加强农田水利建设，打通农田水利“最后一公里”，将为构建系统完善的农田水利基础设施体系打下基础。推进抗旱水源建设，可进一步有力提升区域抗旱应急供水能力。加快农村小水电建设，探索形成水能资源开发新模式、管理新途径，将有效改善边远地区农村用电条件。推进农村河塘整治，将为提高农村地区水源调配能力、防灾减灾能力、河湖保护能力，改善农村生活环境和河流生态奠定基础。通过规划实施，预计农村自来水普及率可达到80%以上，农村集中式供水工程供水率达到85%以上，新增小水电装机容量500万千瓦，不断提升农业现代化和农村居民生活水平。

三是水生态治理与保护工程将有力改善河湖生态健康，推进水土流失治理。加强水资源保护，有效控制入河湖污染排放，强化饮用水水源地管理，将有效改善水环境质量，促进保障饮水安全。推进水土保持生态建设，将有效控制和减少重点防治地区水土流失。加强重点河湖生态环境治理保护，强化地下水超采区综合治理，将有效改善河湖生态环境，遏制地下水超采局面。通过规划的实施，全国重要江河湖泊水功能区水质达标率将提高到80%以上，新增水土流失综合治理面积27万平方公里，地下水严重超采区超采量得到有效退减，水生态系统健康和水生态环境质量得到进一步改善。

“十三五”时期是重大工程建设的关键时期，水利工程建设可能对局部带来一些不利环境影响。重大水利工程建设将在一定程度上改变陆域水循环过程、河湖水文情势及水生态环境；工程蓄水可能产生滑坡塌岸，诱发水库地震，并可能对自然景观和文物、水生生物栖息繁衍环境、生物多样性等产生影响。同时，部分水库建设淹没损失较大，占地移民问题复杂，可能引发一些社会问题。农业节水工程建成运行后，减少了沿程和田间的渗漏，可能对输水渠沿途的植物生长和地下水的补给带来不利影响，特别是干旱半干旱地区灌区地下水补给量的减少，会对灌区植物生长带来不利影响；灌区退水的减少，可能对灌区盐分平衡带来一定的影响。灌区扩建和取水可能导致河流和地下水循环状况的改变，产生土壤潜育化和次生盐碱化，并对河道生态环境造成一定的不利影响。

为此，要高度重视水利工程建设的不利环境影响，依法加强相关规划和建设项目环境影响评价等工程前期工作，强化相应的生态环境保护措施，并根据生态环境对规划实施的响应及时优化调整实施方式，强化对工程规划、设计、建设、管理全过程的监管，最大限度地减免规划实施的不利环境影响。

一是坚持节约和绿色发展。加强流域和区域用水总量控制，减少对水资源的过度消耗，逐步退还挤占的河道内生态环境用水和超采的地下水。水资源配置要保障河流的基本生态环境用水要求，维护河流合理流量，维持湖库和地下水的合理水位。水资源开发要高度重视对河流生态环境和地下水系统的保护。水资源利用要按照减量化、再利用、资源化的原则，加快建立全社会的水资源高效循环利用体系，提高水资源的利用效率和效益，推进水资源可持续利用，努力形成节约水资源和保护水环境的产业结构、增长方式和消费模式，促进保护生态环境。

二是坚持用法律和制度保护水生态环境。认真落实工程建设项目环境影响评价制度和各项环境保护措施，严格执行“三同时”管理制度。在水利工程前期论证中，要深入分析工程建设可能对自然保护区、重要湿地等生态敏感保护目标的影响，采取必要措施保护水生生物资源、重要景观和历史文化遗产等。坚决避免中小河流治理中束窄河道、减少行洪断面，以及河流渠道化的倾向，尽量保持河道自然形态，提倡采用生态型河道治理措施，注意与城市景观、生态环境的协调。在保护生态环境的前提下适度有序发展小水电，严格工程建设管理和环境监管，在保障生态基流的基础上维护河流生态系统结构和功能。依法加强相关专项规划环境影响评价工作，提高规划的科学性，努力从源头预防环境污染和生态破坏。

三是妥善做好移民安置工作。坚持节约集约用地，切实做好工程征地补偿、搬迁安置和水库移民后期扶持工作，确保被征地居民生活水平逐步提高，保障其合法权益，维护社会稳定。农村移民集中安置的农村居民点、城（集）镇、工矿企业以及专项设施等基础设施的迁建或者复建选址，应当依法做好环境影响评价、水文地质与工程地质勘察、地质灾害防治和地质灾害危险性评估。

四是加强对规划实施的监测评估和管理。加强规划实施后可能影响的重要生态环境敏感区和重要目标的监测与保护，及时掌握环境变化，采取相应的对策措施。对直接影响重要生态环境敏感区域和重要目标的规划和项目，应优化调整规划项目布局和选址，严格依法落实保护要求。加强规划实施的环境风险评价与管理，针对可能发生的重大环境风险问题，制定突发环境事件的风险应急管理措施。

五是优化工程设计减缓对生态环境不利影响。要优化工程设计，落实各项环境保护措施，减缓和控制水利工程建设可能产生的不利影响。水库工程要明确最小生态流量目标和调度要求，满足下游生态环境保护要求；通过加强治污、截污措施保护库区水源地水质安全；通过采取适宜的鱼类保护措施等，保护珍稀鱼类等重要生态保护目标。引调水工程要满足“三先三后”的要求，严格落实对调出区和调水沿线的各项保护措施；优化工程线路，避免或减缓工程建设对敏感保护目标的影响。河道整治工程要在确保防洪安全的基础上，充分考虑水生态环境保护和修复的需要，采取生态友好型的工程方案、材料和施工工艺。灌区工程要加强农业节水和面源污染控制，对退水采取生态净化处理等措施，减轻退水对受纳河流的不利影响。

十二、保障措施

（一）加强组织领导

强化地方各级政府的水利工作责任，切实加强对水利工作的组织领导，把水利改革发展纳入重要议事日程，形成逐级落实推动的工作格局。地方各级发展改革、水行政、住房城乡建设主管部门要切实增强责任意识，认真履行职责，具体抓好水利改革发展各项任务的落实工作。国家有关部门要各司其职，密切协作配合，形成工作合力，同时加强对地方工作的指导和支持，推动落实好《规划》各项任务。

（二）落实目标责任

各地要根据国家“十三五”水利改革发展总体部署和要求，结合本地实际，组织编制好区域水利改革发展规划，把《规划》确定的主要目标、重点任务、重大举措进一步细化落实到相关部门和地区，明确分工，精心组织，加强协调，强化政策支撑，增强要素保障，严格落实防汛抗旱、饮水安全保障、水资源管理、水库安全管理等行政首长负责制，切实做好组织实施工作。健全完善《规划》实施机制，加强对《规划》确定水利改革发展主要目标指标完成情况的考核监督，适时开展《规划》执行情况总结评估，分析实施效果，及时研究解决问题。

（三）深化前期工作

《规划》所列项目，是“十三五”期间选择建设项目的控制范围和审批、核准项目建设的前提条件，不是必须完成的约束性任务。要认真履行建设程序，逐项扎实做好各项目前期工作，妥善解决好工程建设中的生态环境保护、移民征地、区域水量分配、利益协调等问题，合理确定建设方案，加强项目储备，科学有序实施。项目单位和项目所属地方政府要保证前期工作经费投入，建立项目前期工作责任制，严格执行工程建设有关强制性标准和规程规范，确保项目前期工作质量和深度。继续推进简政放权、放管结合、优化服务，加快项目审批核准进度，明确标准，规范流程，强化监管，提高效率。

对建设条件、移民占地、用水总量指标、生态环境影响以及省际矛盾等方面存在较多问题，经论证协调仍难以有效解决的项目，不得审批和建设。

（四）提高质量效益

切实落实水利工程质量管理和安全生产责任，加强项目实施全过程监管和社会监督，确保工程建设质量和效益。大力提升水利工程的文化内涵和品位，体现先进设计理念，展示建筑美学，营造水利景观，加强文化传承。鼓励各地特别是基层在水行政审批、水利工程建设和管理、水价水权水市场改革、基层水利服务体系建设等重要领域和关键环节大胆探索，勇于创新，及时总结有效做法和成功经验，加大推广力度，发挥典型示范带动作用。

（五）凝聚社会力量

加大国情水情宣传教育力度，把水情教育纳入国民素质教育体系、中小学教育课程体系，作为各级领导干部和公务员教育培训的重要内容。持久开展水利法治宣传教育，提高全社会的水忧患和亲水、护水意识，凝聚社会共识，激发发展热情，为水利又好又快发展营造良好的社会环境。加强水利人才、队伍和能力建设，构建完善的基层水利专业化服务体系。积极引导全社会参与规划实施和水利建设管理，形成治水兴水合力。